2018 年度

中国科技论文统计与分析

年度研究报告

中国科学技术信息研究所

科学技术文献出版社
SCIENTIFIC AND TECHNICAL DOCUMENTATION PRESS
·北京·

图书在版编目（CIP）数据

2018 年度中国科技论文统计与分析：年度研究报告 / 中国科学技术信息研究所著 . —北京：科学技术文献出版社，2020. 9

ISBN 978-7-5189-7176-3

Ⅰ . ① 2… Ⅱ . ①中… Ⅲ . ①科学技术—论文—统计分析—研究报告—中国—2018 Ⅳ . ① N53

中国版本图书馆 CIP 数据核字（2020）第 187086 号

2018年度中国科技论文统计与分析（年度研究报告）

策划编辑：张　丹　　责任编辑：马新娟　　责任校对：王瑞瑞　　责任出版：张志平

出 版 者　科学技术文献出版社
地　　址　北京市复兴路15号　邮编　100038
编 务 部　(010) 58882938，58882087（传真）
发 行 部　(010) 58882868，58882870（传真）
邮 购 部　(010) 58882873
官方网址　www.stdp.com.cn
发 行 者　科学技术文献出版社发行　全国各地新华书店经销
印 刷 者　北京地大彩印有限公司
版　　次　2020 年 9 月第 1 版　2020 年 9 月第 1 次印刷
开　　本　787 × 1092　1/16
字　　数　513千
印　　张　22.5
书　　号　ISBN 978-7-5189-7176-3
定　　价　150.00元

主　　编：

潘云涛　马　峥

编写人员（按姓氏笔画排序）：

马　峥　王　璐　王海燕　田瑞强　许晓阳

苏　成　李曼迪　杨　帅　宋　扬　张玉华

张贵兰　郑雯雯　俞征鹿　贾　佳　高继平

焦一丹　翟丽华　潘云涛

目　录

1　绪论

“2018 年度中国科技论文统计与分析”项目现已完成，统计结果和简要分析分列于后。为使广大读者能更好地了解我们的工作，本章将对中国科技论文引文数据库（CSTPCD）的统计来源期刊（中国科技核心期刊）的选取原则、标准及调整做一简要介绍；对国际论文统计选用的国际检索系统（包括 SCI、Ei、Scopus、CPCI-S、SSCI、Medline 和 Derwent 专利数据库等）的统计标准和口径、论文的归属统计方式和学科的设定等方面做出必要的说明。自 1987 年以来连续出版的《中国科技论文统计与分析（年度研究报告）》和《中国科技期刊引证报告（核心版）》，是中国科技论文统计分析工作的主要成果，受到广大的科研人员、科研管理人员和期刊编辑人员的关注和欢迎。我们热切希望大家对论文统计分析工作继续给予支持和帮助。

1.1　关于统计源

1.1.1　国内科技论文统计源

国内科技论文的统计分析是使用中国科学技术信息研究所自行研制的中国科技论文与引文数据库（CSTPCD），该数据库选用我国各领域能反映学科发展的重要期刊和高影响期刊作为“中国科技核心期刊”（中国科技论文统计源期刊）。来源期刊的语种分布包括中文和英文，学科分布范围覆盖全部自然科学领域和社会科学领域，少量交叉学科领域的期刊同时分别列入自然科学领域和社会科学领域。中国科技核心期刊遴选过程和遴选程序在中国科学技术信息研究所网站进行公布。每年公开出版的《中国科技期刊引证报告（核心版）》和《中国科技论文统计与分析（年度研究报告）》，公布期刊的各项指标和相关统计分析数据结果。此项工作不向期刊编辑部收取任何费用。

中国科技核心期刊的选择过程和选取原则如下。

一、遴选原则

按照公开、公平、公正的原则，采取以定量评估数据为主、专家定性评估为辅的方法，开展中国科技核心期刊遴选工作。遴选结果通过网上发布和正式出版《中国科技期刊引证报告（核心版）》两种方式向社会公布。

参加中国科技核心期刊遴选的期刊须具备下述条件：

①有国内统一刊号（CN ××-××××/×××）；

②属于学术和技术类科技期刊，不对科普、编译、检索和指导等类期刊进行遴选；

③期刊刊登的文章属于原创性科技论文。

二、遴选程序

中国科技核心期刊每年评估一次。评估工作在每年的3—9月进行。

1. 样刊报送

期刊编辑部在正式参加评估的前一年，须在每期期刊出刊后，将样刊寄到中国科学技术信息研究所科技论文统计组。这项工作用来测度期刊出版是否按照出版计划定期定时，是否有延期出版的情况。

2. 申请

期刊编辑部须在每年3月1日前，通过网上申报系统（https：//cjcr-review.istic.ac.cn/）在线填写和提交申请，并寄送上一年度期刊。申报项目主要包括如下几项。

（1）总体情况

包括期刊的办刊宗旨、目标、主管单位、主办单位、期刊沿革、期刊定位、所属学科、期刊在学科中的作用、期刊特色、同类期刊的比较、办刊单位背景、单位支持情况、主编及主创人员情况。

（2）审稿情况

包括期刊的投稿和编辑审稿流程，是否有同行评议、二审、三审制度。编辑部需提供审稿单的复印件，举例说明本期刊的审稿流程，并提供主要审稿人的名单。

（3）编委会情况

包括编委会的人员名单、组成，编委情况，编委责任。

（4）其他材料

包括体现期刊质量和影响的各种补充材料，如期刊获奖情况、各级主管部门（学会）的评审或推荐材料、被各重要数据库收录情况。

3. 定量数据采集与评估

①中国科学技术信息研究所制定中国科技期刊综合评价指标体系，用于中国科技核心期刊遴选评估。中国科技期刊综合评价指标体系对外公布。

②中国科学技术信息研究所科技论文统计组按照中国科技期刊综合评价指标体系，采集当年申报的期刊各项指标数据，进行数据统计和各项指标计算，并在期刊所属的学科内进行比较，确定各学科均线和入选标准。

4. 专家评审

①定性评价分为专家函审和终审两种形式。

②对于所选指标加权评分数排在本学科前1/3的期刊，免于专家函审，直接进入年度入选候选期刊名单；定量指标在均线以上的或新创刊5年以内的新办期刊，需要通过专家函审才能入选候选期刊名单。

③对于需函审的期刊，邀请多位学科专家对期刊进行函审。其中，若有2/3以上函

审专家同意，则视为该期刊通过专家函审。

④由中国科学技术信息研究所成立的专家评审委员会对年度入选候选期刊名单进行审查，采用票决制确定年度入选中国科技核心期刊名单。

三、退出机制

中国科技核心期刊制定了退出机制。指标表现反映出严重问题或质量和影响持续下降的期刊将退出中国科技核心期刊。存在违反出版管理各项规定及存在学术诚信和出版道德问题的期刊也将退出中国科技核心期刊。对指标表现反映出存在问题趋向的期刊采取两步处理：首先采用预警信方式向期刊编辑出版单位通报情况，进行提示和沟通；若预警后仍没有明显改进，则将退出中国科技核心期刊。

1.1.2 国际科技论文统计源

考虑到论文统计的连续性，2018 年度的国际论文数据仍采集自 SCI、Ei、CPCI-S、SSCI、Medline 和 Scopus 等论文检索系统和 Derwent 专利数据库等。

SCI 是 Science Citation Index 的缩写，由美国科学情报所（ISI，现并入科睿唯安公司）创制。SCI 不仅是功能较为齐全的检索系统，同时也是文献计量学研究和应用的科学评估工具。

要说明的是，本报告所列出的“中国论文数”同时存在 2 个统计口径：在比较各国论文数排名时，统计的中国论文数包括中国作为第一作者和非第一作者参与发表的论文，这与其他各个国家论文数的统计口径是一致的；在涉及中国具体学科、地区等统计结果时，统计范围只是中国内地作者为论文第一作者的论文。本节附表中所列的各系列单位排名是按第一作者论文数排出来的。在很多高等院校和研究机构的配合下，对于 SCI 数据加工过程中出现的各类标识错误，我们尽可能地做了更正。

Ei 是 Engineering Index 的缩写，创办于 1884 年，已有 100 多年的历史，是世界著名的工程技术领域的综合性检索工具。主要收集工程和应用科学领域 5000 余种期刊、会议论文和技术报告的文献，数据来自 50 多个国家和地区，语种达 10 余个，主要涵盖的学科有：化工、机械、土木工程、电子电工、材料、生物工程等。

我们以 Ei Compendex 核心部分的期刊论文作为统计来源。在我们的统计系统中，由于有关国际会议的论文已在我们所采用的另一专门收录国际会议论文的统计源 CPCI-S 中得以表现，故在作为地区、学科和机构统计用的 Ei 论文数据中，已剔除了会议论文的数据，仅包括期刊论文，而且仅选择核心期刊采集出的数据。

CPCI-S（Conference Proceedings Citation Index-Science）目前是科睿唯安公司的产品，从 2008 年开始代替 ISTP（Index to Scientific and Technical Proceeding）。在世界每年召开的上万个重要国际会议中，该系统收录了 70% ～ 90% 的会议文献，汇集了自然科学、农业科学、医学和工程技术领域的会议文献。在科研产出中，科技会议文献是对期刊文献的重要补充，所反映的是学科前沿性、迅速发展学科的研究成果，一些新的创新思想和概念往往先于期刊出现在会议文献中，从会议文献可以了解最新概念的出现和发展，并可掌握某一学科最新的研究动态和趋势。

SSCI（Social Science Citation Index）是科睿唯安编制的反映社会科学研究成果的大型综合检索系统，已收录了社会科学领域期刊3000多种，另对约1400种与社会科学交叉的自然科学期刊中的论文予以选择性收录。其覆盖的领域涉及人类学、社会学、教育、经济、心理学、图书情报、语言学、法学、城市研究、管理、国际关系、健康等55个学科门类。通过对该系统所收录的中国论文的统计和分析研究，可以从一个方面了解中国社会科学研究成果的国际影响和国际地位。为了帮助广大社会科学工作者与国际同行交流与沟通，也为促进中国社会科学及与之交叉的学科的发展，从2005年开始，我们对SSCI收录的中国论文情况做出统计和简要分析。

Medline（美国《医学索引》）创刊于1879年，由美国国立医学图书馆（National Library of Medicine）编辑出版，收集世界70多个国家和地区，40多种文字、4800种生物医学及相关学科期刊，是当今世界较权威的生物医学文献检索系统，收录文献反映了全球生物医学领域较高水平的研究成果，该系统还有较为严格的选刊程序和标准。从2006年度起，我们就已利用该系统对中国的生物医学领域的成果进行统计和分析。

Scopus数据库是Elsevier公司研制的大型文摘和引文数据库，收录全世界范围内经过同行评议的学术期刊、书籍和会议录等类型的文献内容，其中包括丰富的非英语发表的文献内容。Scopus覆盖的领域包括科学、技术、医学、社会科学、艺术与人文等领域。

对SCI、CPCI-S、Medline、Scopus系统采集的数据时间按照出版年度统计；Ei系统采用的是按照收录时间统计，即统计范围是在当年被数据库系统收录的期刊文献。

1.2 论文的选取原则

在对SCI、Ei、CPCI-S和Scopus收录的论文进行统计时，为了能与国际做比较，选用第一作者单位属于中国的文献作为统计源。在SCI数据库中，涉及的文献类型包括Article、Review、Letter、News、Meeting Abstracts、Correction、Editorial Material、Book Review、Biographical-Item等。从2009年度起选择其中部分主要反映科研活动成果的文献类型作为论文统计的范围。初期是以Article、Review、Letter和Editorial Material 4类文献按论文计来统计SCI收录的文献，近年来，中国作者在国际期刊中发表的文献数量越来越多，为了鼓励和引导科技工作者们发表内容比较翔实的文献，而且便于和国际检索系统的统计指标相比较，选取范围又进一步调整。目前，SCI论文的统计和机构排名中，我们仅选Article和Review两类文献作为进行各单位论文数的统计依据。这两类文献报道的内容详尽，叙述完整，著录项目齐全。

在统计国内论文的文献时，也参考了SCI的选用范围，对选取的论文做了如下的限定：

①论著：记载科学发现和技术创新的学术研究成果；

②综述和评论：评论性文章、研究述评；

③一般论文和研究快报：短篇论文、研究快报、文献综述、文献复习；

④工业工程设计：设计方案、工业或建筑规划、工程设计。

在中国科技核心期刊上发表研究材料和标准文献、交流材料、书评、社论、消息动态、译文、文摘和其他文献不计入论文统计范围。

1.3 论文的归属（按第一作者的第一单位归属）

作者发表论文时的署名不仅是作者的权益和学术荣誉，更重要的是还要承担一定的社会和学术责任。按国际文献计量学研究的通行做法，论文的归属按第一作者所在的地区和单位确定，所以我国的论文数量是按论文第一作者属于中国大陆的数量而定的。例如，一位外国研究人员所从事的研究工作的条件由中国提供，成果公布时以中国单位的名义发表，则论文的归属应划作中国，反之亦然。若出现第一作者标注了多个不同单位的情况，按作者署名的第一单位统计。

为了尽可能全面统计出各高等院校、研究院（所）、医疗机构和企业的论文产出量，我们尽量将各类实验室所产出论文归到其所属的机构进行统计。经教育部正式批准合并的高等院校，我们也随之将原各校的论文进行了合并。由于部分高等院校改变所属关系，进行了多次更名和合并，使高等院校论文数的统计和排名可能会有微小差异，敬请谅解。

1.4 论文和期刊的学科确定

论文统计学科的确定依据是国家技术监督局颁布的《学科分类与代码》，在具体进行分类时，一般是依据参考论文所载期刊的学科类别和每篇论文的内容。由于学科交叉和细分，论文的学科分类问题十分复杂，现暂仅分类至一级学科，共划分了 39 个自然科学学科类别，且是按主分类划分。一篇文献只做一次分类。在对 SCI 文献进行分类时，我们主要依据 SCI 划分的主题学科进行归并，综合类学术期刊中的论文分类将参看内容进行。Ei、Scopus 的学科分类参考了检索系统标引的分类代码。

通过文献计量指标对期刊进行评估，很重要的一点是要分学科进行。目前，我们对期刊学科的划分大部分仅分到一级学科，主要是依据各期刊编辑部在申请办刊时选定，但有部分期刊，由于刊载的文献内容并未按最初的规定刊发文章，出现了一些与刊名及办刊宗旨不符的内容，使期刊的分类不够准确。而对一些期刊数量（种类）较多的学科，如医药、地学类，我们对期刊又做了二级学科细分。

1.5 关于中国期刊的评估

科技期刊是反映科学技术产出水平的窗口之一，一个国家科技水平的高低可通过期刊的状况得以反映。从论文统计工作开展之初，我们就对中国科技期刊的编辑状况和质量水平十分关注。1990 年，我们首次对 1227 种统计源期刊的 7 项指标做了编辑状况统计分析，统计结果为我们调整统计源期刊提供了编辑规范程度的依据。1994 年，我们开始了国内期刊论文的引文统计分析工作，为期刊的学术水平评价建立了引文数据库，从 1997 年开始，编辑出版《中国科技期刊引证报告》，对期刊的评价设立了多项指标。为使各期刊编辑部能更多地获取科学指标信息，在基本保持了上一年所设立的评价指标的基础上，常用指标的数量保持不减，并根据要求和变化增加一些指标。主要指标的定义如下。

（1）核心总被引频次

期刊自创刊以来所登载的全部论文在统计当年被引用的总次数，可以显示该期刊被使用和受重视的程度，以及在科学交流中的绝对影响力的大小。

（2）核心影响因子

期刊评价前两年发表论文的篇均被引用的次数，用于测度期刊学术影响力。

（3）核心即年指标

期刊当年发表的论文在当年被引用的情况，表征期刊即时反应速率的指标。

（4）核心他引率

期刊总被引频次中，被其他刊引用次数所占的比例，测度期刊学术传播能力。

（5）核心引用刊数

引用被评价期刊的期刊数，反映被评价期刊被使用的范围。

（6）核心开放因子

期刊被引用次数的一半所分布的最小施引期刊数量，体现学术影响的集中度。

（7）核心扩散因子

期刊当年每被引 100 次所涉及的期刊数，测度期刊学术传播范围。

（8）学科扩散指标

在统计源期刊范围内，引用该刊的期刊数量与其所在学科全部期刊数量之比。

（9）学科影响指标

指期刊所在学科内，引用该刊的期刊数占全部期刊数量的比例。

（10）核心被引半衰期

指该期刊在统计当年被引用的全部次数中，较新一半是在多长一段时间内发表的。被引半衰期是测度期刊老化速度的一种指标，通常不是针对个别文献或某一组文献，而是对某一学科或专业领域的文献总和而言。

（11）权威因子

利用 Page Rank 算法计算出来的来源期刊在统计当年的 Page Rank 值。与其他单纯计算被引次数的指标不同的是，权威因子考虑了不同引用之间的重要性区别，重要的引用被赋予更高的权值，因此能更好地反映期刊的权威性。

（12）来源文献量

指符合统计来源论文选取原则的文献的数量。在期刊发表的全部内容中，只有报道科学发现和技术创新成果的学术技术类文献用于作为中国科技论文统计工作的数据来源。

（13）文献选出率

指来源文献量与期刊全年发表的所有文献总量之比，用于反映期刊发表内容中，报道学术技术类成果的比例。

（14）AR 论文量

指期刊所发表的文献中，文献类型为学术性论文（Article）和综述评论性论文（Review）的论文数量，用于反映期刊发表的内容中学术性成果的数量。

（15）论文所引用的全部参考文献数

是衡量该期刊科学交流程度和吸收外部信息能力的一个指标。

（16）平均引文数

指来源期刊每一篇论文平均引用的参考文献数。

（17）平均作者数

指来源期刊每一篇论文平均拥有的作者数，是衡量该期刊科学生产能力的一个指标。

（18）地区分布数

指来源期刊登载论文所涉及的地区数，按全国 31 个省、自治区和直辖市计（不含港澳台）。这是衡量期刊论文覆盖面和全国影响力大小的一个指标。

（19）机构分布数

指来源期刊论文的作者所涉及的机构数。这是衡量期刊科学生产能力的另一个指标。

（20）海外论文比

指来源期刊中，海外作者发表论文占全部论文的比例。这是衡量期刊国际交流程度的一个指标。

（21）基金论文比

指来源期刊中，国家级、省部级以上及其他各类重要基金资助的论文占全部论文的比例。这是衡量期刊论文学术质量的重要指标。

（22）引用半衰期

指该期刊引用的全部参考文献中，较新一半是在多长一段时间内发表的。通过这个指标可以反映出作者利用文献的新颖度。

（23）离均差率

指期刊的某项指标与其所在学科的平均值之间的差距与平均值的比例。通过这项指标可以反映期刊的单项指标在学科内的相对位置。

（24）红点指标

指该期刊发表的论文中，关键词与其所在学科排名前 1% 的高频关键词重合的论文所占的比例。通过这个指标可以反映出期刊论文与学科研究热点的重合度，从内容层面对期刊的质量和影响潜力进行预先评估。

（25）综合评价总分

根据中国科技期刊综合评价指标体系，计算多项科学计量指标，采用层次分析法确定重要指标的权重，分学科对每种期刊进行综合评定，计算出每个期刊的综合评价总分。

期刊的引证情况每年会有变化，为了动态地表达各期刊的引证情况，《中国科技期刊引证报告》将每年公布，用于提供一个客观分析工具，促进中国期刊更好的发展。在此需强调的是，期刊计量指标只是评价期刊的一个重要方面，对期刊的评估应是一个综合的工程。因此，在使用各计量指标时应慎重对待。

1.6 关于科技论文的评估

随着中国科技投入的加大，中国论文数越来越多，但学术水平参差不齐，为了促进中国高影响高质量科技论文的发表，进一步提高中国的国际科技影响力，我们需要做一些评估，以引领优秀论文的出现。

基于研究水平和写作能力的差异，科技论文的质量水平也是不同的。根据多年来对科技论文的统计和分析，中国科学技术信息研究所提出一些评估论文质量的文献计量指标，供读者参考和讨论。这里所说的“评估”是“外部评估”，即文献计量人员或科技管理人员对论文的外在指标的评估，不同于同行专家对论文学术水平的评估。

这里提出的仅是对期刊论文的评估指标，随着统计工作的深入和指标的完善，所用指标会有所调整。

（1）论文的类型

作为信息交流的文献类型是多种多样的，但不同类型的文献，其反映内容的全面性、文献著录的详尽情况是不同的。一般来说，各类文献检索系统依据自身的情况和检索系统的作用，收录的文献类型也是不同的。目前，我们在统计 SCI 论文时将文献类型是 Article 和 Review 的作为论文统计；统计 Ei 论文时将文献类型是 Journal 和 Article 的作为论文统计，在统计 CSTPCD 论文时将论著、研究型综述、一般论文、工业工程设计类型的文献作为论文统计。

（2）论文发表的期刊影响

在评定期刊的指标中，较能反映期刊影响的指标是期刊的总被引次数和影响因子。我们通常说的影响因子是指期刊的影响情况，是表示期刊中所有文献被引次数的平均值，即篇均被引次数，并不是指哪一篇文献的被引用数值。影响因子的大小受多个因素的制约，关键是刊发的文献的水平和质量。一般来说，在高影响因子期刊中能发表的文献都应具备一定的水平，发表的难度也较大。影响因子的相关因素较多，一定要慎用，而且要分学科使用。

（3）文献发表的期刊的国际显示度

是指期刊被国际检索系统收录的情况及主编和编辑部的国际影响。

（4）论文的基金资助情况（评估论文的创新性）

一般来说，科研基金申请时条件之一是项目的创新性，或成果具有明显的应用价值。特别是一些经过跨国合作、受多项资助产生的研究成果的科技论文更具重要意义。

（5）论文合著情况

合作（国际、国内合作）研究是增强研究力量、互补优势的方式，特别是一些重大研究项目，单靠一个单位，甚至一个国家的科技力量都难以完成。因此，合作研究也是一种趋势，这种合作研究的成果产生的论文显然是重要的。特别是要关注以中国为主的国际合作产生的成果。

（6）论文的即年被引用情况

论文被他人引用数量的多少是表明论文影响力的重要指标。论文发表后什么时候能被引用、被引次数多少等因素与论文所属的学科密切相关。论文发表后能在较短时间内获得被引用，反映这类论文的研究项目往往是热点，是科学界本领域非常关注的问题，这类论文是值得重视的。

（7）论文的合作者数

论文的合作者数可以反映项目的研究力量和强度。一般来说，研究作者多的项目研究强度高，产生的论文影响大，可按研究合作者数大于、等于和低于该学科平均作者数统计分析。

（8）论文的参考文献数

论文的参考文献数是该论文吸收外部信息能力的重要依据，也是显示论文质量的指标。

（9）论文的下载率和获奖情况

可作为评价论文的实际应用价值及社会与经济效益的指标。

（10）发表于世界著名期刊的论文

世界著名期刊往往具有较大的影响力，世界上较多的原创论文都首发于这些期刊上，这类期刊上发表的文献其被引用率也较高。尽管在此类期刊上发表文献的难度也大，但世界各国的学者们还是很倾向于在此类刊物中发表文献以显示其成就，以期和世界同行们进行交流。

（11）作者的贡献

在论文的署名中，作者的排序（署名位置）一般情况可作为作者对本篇论文贡献大小的评估指标。

根据以上的指标，课题组在咨询部分专家的基础上，选择了论文发表期刊的学术影响位置、论文的原创性、世界著名期刊上发表的论文情况、论文即年被引情况、论文的参考文献数及论文的国际合作情况等指标，对 SCI 收录的论文做了综合评定，选出了百篇国际高影响力的优秀论文。对 CSTPCD 中高被引的论文进行了评定，也选出了百篇国内高影响力的优秀论文。

2　中国国际科技论文数量总体情况分析

2.1　引言

科技论文作为科技活动产出的一种重要形式，从一个侧面反映了一个国家基础研究、应用研究等方面的情况，在一定程度上反映了一个国家的科技水平和国际竞争力水平。本章利用 SCI、Ei 和 CPCI-S 三大国际检索系统数据，结合 ESI（Essential Science Indicators，基本科学指标数据库）的数据，对中国论文数和被引用情况进行统计，分析中国科技论文在世界所占的份额及位置，对中国科技论文的发展状况做出评估。

2.2　数据与方法

SCI、CPCI-S 和 ESI 的数据取自科睿唯安的 Web of Knowledge 平台，Ei 数据取自 Engineering Village 平台。

2.3　研究分析与结论

2.3.1　SCI 收录中国科技论文情况

2018 年，SCI 收录的世界科技论文总数为 206.97 万篇，比 2017 年增加了 6.8%。2018 年收录中国科技论文为 41.82 万篇，连续第 10 年排在世界第 2 位（如表 2-1 所示），占世界科技论文总数的 20.2%，所占份额提升了 1.6 个百分点。排在世界前 5 位的有美国、中国、英国、德国和日本。排在第 1 位的美国，其论文数量为 55.20 万篇，是我国的 1.3 倍，占世界份额的 26.7%。

表 2-1　SCI 收录的中国科技论文数世界排名变化

年份	2009	2010	2011	2012	2013	2014	2015	2016	2017	2018
世界排名	2	2	2	2	2	2	2	2	2	2

中国作为第一作者共计发表 37.64 万篇论文，比 2017 年增加 16.2%，占世界总数的 18.1%。如按此论文数排序，中国也排在世界第 2 位，仅次于美国。

2.3.2　Ei 收录中国科技论文情况

2018 年，Ei 收录世界科技论文总数为 74.86 万篇，比 2017 年增长 13.2%。Ei 收录中国科技论文为26.77万篇，比2017年增长17.4%，占世界科技论文总数的35.8%，所占份额增加1.3个百分点，排在世界第1位。排在世界前5位的国家是中国、美国、德国、印度和英国。

Ei收录的第一作者为中国的科技论文共计24.99万篇，比2017年增长了16.7%，占世界总数的33.4%，较2017年度增长了1.0个百分点。

2.3.3 CPCI-S 收录中国科技会议论文情况

2018年，CPCI-S收录世界重要会议论文为50.07万篇，比2017年减少了3.7%。CPCI-S共收录了中国科技会议论文6.84万篇，比2017年减少了7.2%，占世界科技会议论文总数的13.7%，排在世界第2位。排在世界前5位的国家分别是美国、中国、英国、德国和印度。CPCI-S收录的美国科技会议论文15.06万篇，占世界科技会议论文总数的30.1%。

CPCI-S收录第一作者单位为中国的科技会议论文共计6.15万篇。2018年中国科技人员共参加了在86个国家（地区）召开的2849个国际会议。

2018年中国科技人员发表国际会议论文数最多的10个学科分别为：电子、通信与自动控制，计算技术，临床医学，能源科学技术，物理学，环境科学，材料科学，地学，化学和核科学技术。

2.3.4 SCI、Ei 和 CPCI-S 收录中国科技论文情况

2018年，SCI、Ei和CPCI-S三系统共收录中国科技人员发表的科技论文754323篇，比2017年增加了91492篇，增长13.8%。中国科技论文数占世界科技论文总数的22.7%，比2017年的21.2%增加了1.5个百分点。由表2-2看，近几年，中国科技论文数占世界科技论文数比例一直保持上升态势。

表2-2 2009—2018年三系统收录中国科技论文数及其在世界排名

年份	论文篇数	比上年增加篇数	增长率	占世界比例	世界排名
2009	280158	9280	3.4%	12.3%	2
2010	300923	20765	7.4%	13.7%	2
2011	345995	45072	15.0%	15.1%	2
2012	394661	48666	14.1%	16.5%	2
2013	464259	69598	17.6%	17.3%	2
2014	494078	29819	6.4%	18.4%	2
2015	586326	92248	18.7%	19.8%	2
2016	628920	42594	7.3%	20.0%	2
2017	662831	33911	5.4%	21.2%	2
2018	754323	91492	13.8%	22.7%	2

由表2-3看，近5年，中国科技论文数排名一直稳定在世界第2位，排在美国之后。2018年排名居前6位的国家分别为美国、中国、英国、德国、日本和印度。2014—2018年，中国科技论文的年均增长率达11.2%。与其他几个国家相比，中国科技论文年均增长率排名居第1位，印度科技论文年均增长率排名居第2位，达到8.8%；日本科技论文年均增长率最小，只有2.9%。

表2-3 2014—2018年三系统收录的部分国家科技论文数增长情况

国家	2014年		2015年		2016年		2017年		2018年		年均增长率	2018年占世界总数比例
	排名	论文篇数	排名	论文篇数	排名	论文篇数	排名	论文篇数	排名	论文篇数		
美国	1	686882	1	721792	1	762105	1	780040	1	831413	4.9%	25.1%
中国	2	494078	2	586326	2	628920	2	662831	2	754323	11.2%	22.7%
英国	3	189163	3	208118	3	213990	3	215762	3	236902	5.8%	7.1%
德国	4	174344	4	191949	4	197212	4	194081	4	202673	3.8%	6.1%
日本	5	143160	5	152456	5	156038	5	154295	5	160775	2.9%	4.8%
印度	9	105753	7	126174	6	139813	6	137890	6	147971	8.8%	4.5%
法国	6	122193	6	136315	7	138964	7	134453	7	138368	3.2%	4.2%

2.3.5 中国科技论文被引情况

2009—2019年（截至2019年10月）中国科技人员共发表国际论文260.64万篇，继续排在世界第2位，数量比2018年统计时增加了14.7%；论文共被引2845.23万次，增加了25.2%，排在世界第2位。中国国际科技论文被引次数增长的速度显著超过其他国家。2019年，中国平均每篇论文被引10.92次，比2018年度统计时的10.00次提高了9.2%。世界整体篇均被引次数为12.68次/篇，中国平均每篇论文被引次数与世界水平还有一定的差距（如表2-4所示）。

表2-4 中国各十年段科技论文被引次数世界排名变化

时间段	1997—2007年	1998—2008年	1999—2009年	2000—2010年	2001—2011年	2002—2012年	2003—2013年	2004—2014年	2005—2015年	2006—2016年	2007—2017年	2008—2018年	2009—2019年
世界排名	13	10	9	8	7	6	5	4	4	4	2	2	2

注：根据ESI数据库统计。

2009—2019年发表科技论文累计超过20万篇以上的国家（地区）共有22个，按平均每篇论文被引次数排名，中国排在第16位，与2018年度持平。每篇论文被引次数大于世界整体水平（12.68次/篇）的国家有13个。瑞士、荷兰、比利时、英国、瑞典、美国、德国、加拿大、法国、澳大利亚、意大利和西班牙的论文篇均被引次数超过15次（如表2-5所示）。

表 2-5 2009—2019 年发表科技论文数 20 万篇以上的国家（地区）论文数及被引情况

国家（地区）	论文数		被引次数		篇均被引次数	
	篇数	排名	次数	排名	次数	排名
美国	4045298	1	74689004	1	18.46	6
中国	2606423	2	28452349	2	10.92	16
英国	1009859	4	19210416	3	19.02	4
德国	1082214	3	18947278	4	17.51	7
法国	748074	6	12702102	5	16.98	9
加拿大	677598	7	11830429	6	17.46	8
意大利	663433	8	10665724	7	16.08	11
日本	830355	5	10599362	8	12.76	13
澳大利亚	587286	10	9740842	9	16.59	10
西班牙	576794	11	8858482	10	15.36	12
荷兰	397979	14	8410487	11	21.13	2
瑞士	296005	16	6558049	12	22.16	1
韩国	552709	12	6311378	13	11.42	15
印度	601577	9	5761107	14	9.58	18
瑞典	266780	20	4979581	15	18.67	5
比利时	218634	22	4199092	16	19.21	3
巴西	435687	13	3981982	17	9.14	19
中国台湾	274844	19	3173240	18	11.55	14
波兰	263443	21	2531221	19	9.61	17
伊朗	292243	17	2476922	20	8.48	20
俄罗斯	341041	15	2404631	21	7.05	22
土耳其	280514	18	2158708	22	7.7	21

注：根据 ESI 数据库统计。

2.3.6 中国 TOP 论文情况

根据 ESI 数据库统计，中国 TOP 论文居世界第 2 位，为 30823 篇（如表 2-6 所示）。其中美国以 73738 篇遥遥领先，英国以 28476 篇居第 3 位。分列第 4 ～第 10 位的国家有：德国、加拿大、法国、澳大利亚、意大利、荷兰和西班牙。

表 2-6 世界 TOP 论文数居前 10 位的国家

排名	国家	TOP 论文篇数	排名	国家	TOP 论文篇数
1	美国	73738	6	法国	12431
2	中国	30823	7	澳大利亚	11880
3	英国	28476	8	意大利	10419
4	德国	18913	9	荷兰	10072
5	加拿大	12953	10	西班牙	8849

2.3.7 中国高被引论文情况

根据ESI数据库统计，中国高被引论文也居世界第2位，为30755篇（如表2-7所示）。其中美国以73663篇遥遥领先，英国以28444篇居第3位。分列第4～第10位的国家有：德国、加拿大、法国、澳大利亚、意大利、荷兰和西班牙。高被引论文与TOP论文居前10位的国家一样。

表2-7 世界高被引论文居前10位的国家

排名	国家	高被引论文篇数	排名	国家	高被引论文篇数
1	美国	73663	6	法国	12415
2	中国	30755	7	澳大利亚	11866
3	英国	28444	8	意大利	10406
4	德国	18896	9	荷兰	10067
5	加拿大	12936	10	西班牙	8830

2.3.8 中国热点论文情况

根据ESI数据库统计，中国热点论文居世界第2位，为1506篇（如表2-8所示）。其中美国以1562篇遥遥领先居第1位，英国以844篇居第3位。分列第4～第10位的国家有：德国、澳大利亚、法国、加拿大、意大利、西班牙和荷兰。

表2-8 世界热点论文居前10位的国家

排名	国家	热点论文篇数	排名	国家	热点论文篇数
1	美国	1562	6	法国	369
2	中国	1056	7	加拿大	359
3	英国	844	8	意大利	298
4	德国	511	9	西班牙	292
5	澳大利亚	421	10	荷兰	291

2.4 讨论

2018年，SCI收录中国科技论文41.82万篇，连续第10年排在世界第2位，占世界科技论文总数的20.2%，所占份额提升了1.6个百分点。Ei收录中国科技论文26.77万篇，比2017年增长17.4%，占世界科技论文总数的35.8%，所占份额增加1.3个百分点，排在世界第1位。CPCI-S收录中国科技会议论文6.84万篇，比2017年减少7.2%，占世界科技会议论文总数的13.7%，排在世界第2位。总体来说，三系统收录中国科技论文75.43万篇，占世界科技论文总数的22.7%，发表国际科技论文数量和占比都是增加的。

2009—2019年（截至2019年10月）中国科技人员发表国际论文共被引2845.23万次，

增加了 25.2%，排在世界第 2 位，与 2018 年位次一样。中国国际科技论文被引次数增长的速度显著超过其他国家。2019 年，中国平均每篇论文被引 10.92 次，比 2018 年度统计时的 10.00 次提高了 9.2%。世界整体篇均被引次数为 12.68 次 / 篇，中国平均每篇论文被引次数与世界平均值还有一定的差距。中国 TOP 论文、高被引论文和热点论文均提升 1 位，居世界第 2 位。

3 中国科技论文学科分布情况分析

3.1 引言

美国著名高等教育专家伯顿·克拉克认为，主宰学者工作生活的力量是学科而不是所在院校，学术系统中的核心成员单位是以学科为中心的。学科指一定科学领域或一门科学的分支，如自然科学中的化学、物理学；社会科学中的法学、社会学等。学科是人类科学文化成熟的知识体系和物质体现，学科发展水平既决定着一所研究机构人才培养质量和科学研究水平，也是一个地区乃至一个国家知识创新力和综合竞争力的重要表现。学科的发展和变化无时不在进行，新的学科分支和领域也在不断涌现，这给许多学术机构的学科建设带来了一些问题，如重点发展的学科及学科内的发展方向。因此，详细分析了解学科的发展状况将有助于解决这些问题。

本章运用科学计量学方法，通过对各学科被国际重要检索系统 SCI、Ei、CPCI-S 和 CSTPCD 收录情况，以及被 SCI 引用情况的分析，研究了中国各学科发展的状况、特点和趋势。

3.2 数据与方法

3.2.1 数据来源

（1）CSTPCD

“中国科技论文与引文数据库”（CSTPCD）是中国科学技术信息研究所在 1987 年建立的，收录中国各学科重要科技期刊，其收录期刊称为“中国科技论文统计源期刊”，即中国科技核心期刊。

（2）SCI

SCI 即科学引文索引（Science Citation Index）。

（3）Ei

Ei 即“工程索引”（The Engineering Index），创刊于 1884 年，是美国工程信息公司（Engineering information Inc.）出版的著名工程技术类综合性检索工具。

（4）CPCI-S

CPCI-S（Conference Proceedings Citation Index-Science），原名 ISTP。ISTP 即“科技会议录索引”（Index to Scientific & Technical Proceedings），创刊于 1978 年。该索引收录生命科学、物理与化学科学、农业、生物和环境科学、工程技术和应用科学等学科

的会议文献，包括一般性会议、座谈会、研究会、讨论会和发表会等。

3.2.2　学科分类

学科分类采用《中华人民共和国学科分类与代码国家标准》（简称《学科分类与代码》，标准号是“GB/T 13745—1992”）。《学科分类与代码》共设 5 个门类、58 个一级学科、573 个二级学科和近 6000 个三级学科。我们根据《学科分类与代码》并结合工作实际制定本书的学科分类体系（如表 3-1 所示）。

表 3-1　中国科学技术信息研究所学科分类体系

学科名称	分类代码	学科名称	分类代码
数学	O1A	工程与技术基础学科	T3
信息、系统科学	O1B	矿山工程技术	TD
力学	O1C	能源科学技术	TE
物理学	O4	冶金、金属学	TF
化学	O6	机械、仪表	TH
天文学	PA	动力与电气	TK
地学	PB	核科学技术	TL
生物学	Q	电子、通信与自动控制	TN
预防医学与卫生学	RA	计算技术	TP
基础医学	RB	化工	TQ
药物学	RC	轻工、纺织	TS
临床医学	RD	食品	TT
中医学	RE	土木建筑	TU
军事医学与特种医学	RF	水利	TV
农学	SA	交通运输	U
林学	SB	航空航天	V
畜牧、兽医	SC	安全科学技术	W
水产学	SD	环境科学	X
测绘科学技术	T1	管理学	ZA
材料科学	T2	其他	ZB

3.3　研究分析与结论

3.3.1　2018 年中国各学科收录论文的分布情况

我们对不同数据库收录的中国论文按照学科分类进行分析，主要分析各数据库中排名居前 10 位的学科。

（1）SCI

2018 年，SCI 收录中国论文居前 10 位的学科如表 3-2 所示，所有学科发表的论文都超过 1.3 万篇。

表 3-2 2018 年 SCI 收录中国论文居前 10 位的学科

排名	学科	论文篇数	排名	学科	论文篇数
1	化学	52582	6	电子、通信与自动控制	21513
2	临床医学	41975	7	基础医学	20689
3	生物学	40243	8	地学	14585
4	物理学	34403	9	计算技术	14304
5	材料科学	30790	10	环境科学	13571

（2）Ei

2018 年，Ei 收录中国论文居前 10 位的学科如表 3-3 所示，所有学科发表的论文都超过 1.3 万篇。

表 3-3 2018 年 Ei 收录中国论文居前 10 位的学科

排名	学科	论文篇数	排名	学科	论文篇数
1	生物学	26736	6	动力与电气	16783
2	电子、通信与自动控制	26164	7	化学	16564
3	材料科学	20334	8	物理学	16558
4	土木建筑	19308	9	能源科学技术	14120
5	环境科学	18212	10	计算技术	13045

（3）CPCI-S

2018 年，CPCI-S 收录中国论文居前 10 位的学科如表 3-4 所示，其中，前 2 个学科发表的论文超过 1.5 万篇，遥遥领先于其他学科。

表 3-4 2018 年 CPCI-S 收录中国论文居前 10 位的学科

排名	学科	论文篇数	排名	学科	论文篇数
1	电子、通信与自动控制	16033	6	环境科学	2431
2	计算技术	15715	7	材料科学	2314
3	临床医学	5578	8	地学	1913
4	能源科学技术	5183	9	化学	1361
5	物理学	3781	10	核科学技术	1082

（4）CSTPCD

2018 年，CSTPCD 收录中国论文居前 10 位的学科如表 3-5 所示，前 10 个学科发表的论文均超过 1.2 万篇，其中，临床医学超过了 12 万篇，远远领先于其他学科。

表 3-5　2018 年 CSTPCD 收录中国论文居前 10 位的学科

排名	学科	论文篇数	排名	学科	论文篇数
1	临床医学	123140	6	地学	14202
2	计算技术	27604	7	环境科学	14097
3	电子、通信与自动控制	24645	8	预防医学与卫生学	13948
4	中医学	22101	9	药物学	12948
5	农学	21091	10	土木建筑	12660

3.3.2　各学科产出论文数量及影响与世界平均水平比较分析

分析各学科论文数量和被引次数及其占世界的比例，中国有 6 个学科产出论文的比例超过世界该学科论文的 20%，分别是：材料科学、化学、工程技术、计算机科学、物理学、数学。

从论文被引情况来看，材料科学、化学、工程技术 3 个学科论文的被引次数排名居世界第 1 位。有 9 个学科论文的被引次数排名居世界第 2 位，分别是：计算机科学、数学、物理学、地学、农业科学、环境与生态学、药学与毒物学、植物学与动物学、生物与生物化学。综合类排在世界第 3 位，分子生物学与遗传学、微生物学排在世界第 4 位，免疫学排在世界第 5 位。与 2018 年度相比，有 11 个学科的论文被引次数排名有所上升（如表 3-6 所示）。

表 3-6　2009—2019 年中国各学科产出论文与世界平均水平比较

学科	论文篇数	占世界比例	被引次数	占世界比例	世界排名	位次变化趋势	篇均被引次数	相对影响
农业科学	63433	14.63%	599994	14.83%	2	—	9.46	1.01
生物与生物化学	123708	16.37%	1417823	10.96%	2	↑ 1	11.46	0.67
化学	466581	26.81%	6773051	25.74%	1	↑ 1	14.52	0.96
临床医学	278677	9.96%	2598826	7.09%	7	↑ 1	9.33	0.71
计算机科学	90239	24.00%	662019	23.41%	2	—	7.34	0.98
经济贸易	17406	6.17%	116797	4.69%	8	↑ 1	6.71	0.76
工程技术	336591	25.04%	2724322	24.23%	1	↑ 1	8.09	0.97
环境与生态学	92868	17.61%	1000937	14.09%	2	—	10.78	0.80
地学	93801	19.95%	1045135	17.05%	2	↑ 1	11.14	0.85
免疫学	24189	9.21%	293848	5.89%	5	↑ 6	12.15	0.64
材料科学	297966	33.18%	4330667	32.63%	1	—	14.53	0.98
数学	89655	20.57%	417365	21.10%	2	—	4.66	1.03
微生物学	28920	13.69%	278752	8.44%	4	↑ 1	9.64	0.62
分子生物学与遗传学	89259	18.65%	1199762	10.50%	4	—	13.44	0.56
综合类	3159	14.12%	52905	13.83%	3	—	16.75	0.98
神经科学与行为学	46549	8.93%	535817	5.62%	8	↑ 1	11.51	0.63
药学与毒物学	71192	17.27%	698892	13.19%	2	—	9.82	0.76

续表

学科	论文篇数	占世界比例	被引次数	占世界比例	世界排名	位次变化趋势	篇均被引次数	相对影响
物理学	251067	22.79%	2393163	19.03%	2	—	9.53	0.83
植物学与动物学	85545	11.43%	798549	11.10%	2	—	9.33	0.97
精神病学与心理学	13205	3.14%	103360	1.98%	13	↑ 1	7.83	0.63
社会科学	27639	2.90%	212186	3.06%	13	↓ 4	7.68	1.06
空间科学	14774	9.81%	198179	7.09%	9	↑ 4	13.41	0.72

注：1. 统计时间截至 2019 年 10 月。

2. "↑ 1" 的含义是：与上年度统计相比，排名上升了 1 位；"—" 表示排名未变。

3. 相对影响：中国篇均被引次数与该学科世界平均值的比值。

3.3.3 学科的质量与影响力分析

科研活动具有继承性和协作性，几乎所有科研成果都是以已有成果为前提的。学术论文、专著等科学文献是传递新学术思想、成果的最主要的物质载体，它们之间并不是孤立的，而是相互联系的，突出表现在相互引用的关系，这种关系体现了科学工作者们对以往的科学理论、方法、经验及成果的借鉴和认可。论文之间的相互引证，能够反映学术研究之间的交流与联系。通过论文之间的引证与被引证关系，我们可以了解某个理论与方法是如何得到借鉴和利用的。某些技术与手段是如何得到应用和发展的。从横向的对应性上，我们可以看到不同的实验或方法之间是如何互相参照和借鉴的。我们也可以将不同的结果放在一起进行比较，看它们之间的应用关系。从纵向的继承性上，我们可以看到一个课题的基础和起源是什么，我们也可以看到一个课题的最新进展情况是怎样的。关于反面的引用，它反映的是某个学科领域的学术争鸣。论文间的引用关系能够有效地阐明学科结构和学科发展过程，确定学科领域之间的关系，测度学科影响。

表 3-7 显示的是 2009—2018 年 SCIE 收录的中国科技论文累计被引次数排名居前 10 位的学科分布情况，由表可见，国际被引论文篇数较多的 10 个学科主要分布在基础学科、医学领域和工程技术领域。其中，化学被引次数超过了 806 万次，以较大优势领先于其他学科。

表 3-7 2009—2018 年 SCIE 收录的中国科技论文累计被引次数居前 10 位的学科

排名	学科	被引次数	排名	学科	被引次数
1	化学	8060527	6	基础医学	1398918
2	生物学	3482699	7	环境科学	1154992
3	材料科学	2601748	8	电子、通信与自动控制	1149315
4	临床医学	2515225	9	地学	1035154
5	物理学	2440291	10	计算技术	1003572

3.4 讨论

中国近 10 年来的学科发展相当迅速，不仅论文的数量有明显的增加，并且被引次数也有所增长。但是数据显示，中国的学科发展呈现一种不均衡的态势，有些学科的论文篇均被引次数的水平已经接近世界平均水平，但仍有一些学科的该指标值与世界平均水平差别较大。

中国有 6 个学科产出论文的比例超过世界该学科论文的 20%，分别是：材料科学、化学、工程技术、计算机科学、物理学、数学。从论文的被引情况来看，中国学科发展不均衡。材料科学、化学、工程技术 3 个学科论文的被引次数排名居世界第 1 位。社会科学、精神病学与心理学等学科论文的被引次数排名居世界第 13 位。

目前我们正在建设创新型国家，应该在加强相对优势学科领域的同时，资源重点向农学、卫生医药和高新技术等领域倾斜。

4 中国科技论文地区分布情况分析

本章运用文献计量学方法对中国 2018 年的国际和国内科技论文的地区分布进行了分析，并结合国家统计局科技经费数据和国家知识产权局专利统计数据对各地区科研经费投入及产出进行了分析。通过研究分析出了中国科技论文的高产地区、快速发展地区和高影响力地区和城市，同时分析了各地区在国际权威期刊上发表论文的情况，从不同角度反映了中国科技论文在 2018 年度的地区特征。

4.1 引言

科技论文作为科技活动产出的一种重要形式，能够反映基础研究、应用研究等方面的情况。对全国各地区的科技论文产出分布进行统计与分析，可以从一个侧面反映出该地区的科技实力和科技发展潜力，是了解区域优势及科技环境的决策参考因素之一。

本章通过对中国 31 个省（市、自治区，不含港澳台地区）的国际国内科技论文产出数量、论文被引情况、科技论文数 3 年平均增长率、各地区科技经费投入、论文产出与发明专利产出状况等数据的分析与比较，反映中国科技论文在 2018 年度的地区特征。

4.2 数据与方法

本章的数据来源：①国内科技论文数据来自中国科学技术信息研究所自行研制的“中国科技论文与引文数据库”（CSTPCD）；②国际论文数据采集自 SCI、Ei 和 CPCI-S 检索系统；③各地区国内发明专利数据来自国家知识产权局 2018 年专利统计年报；④各地区 R&D 经费投入数据来自国家统计局全国科技经费投入统计公报。

本章运用文献计量学方法对中国 2018 年的国际科技论文和中国国内论文的地区分布、论文数增长变化、论文影响力状况进行了比较分析，并结合国家统计局全国科技经费投入数据及国家知识产权局专利统计数据对 2018 年中国各地区科研经费的投入与产出进行了分析。

4.3 研究分析与结论

4.3.1 国际论文产出分析

（1）国际论文产出地区分布情况

本章所统计的国际论文数据主要取自国际上颇具影响的文献数据库：SCI、Ei 和 CPCI-S。2018 年，国际论文数（SCI、Ei、CPCI-S 三大检索论文总数）产出中，广东上升到第 4 位，陕西下降到第 5 位，其余居前 10 位的地区与 2017 年基本相同（如表 4–1 所示）。

表 4–1 2018 年中国国际论文数居前 10 位的地区

排名	地区	2017 年论文篇数	2018 年论文篇数	增长率
1	北京	102763	114070	11.00%
2	江苏	63029	72437	14.93%
3	上海	49142	54395	10.69%
4	广东	36061	43881	21.69%
5	陕西	36347	42378	16.59%
6	湖北	33454	37769	12.90%
7	山东	29493	34103	15.63%
8	浙江	28417	32127	13.06%
9	四川	26466	31290	18.23%
10	辽宁	23586	26278	11.41%

（2）国际论文产出快速发展地区

科技论文数量的增长率可以反映该地区科技发展的活跃程度。2016—2018 年各地区的国际科技论文数都有不同程度的增长。如表 4–2 所示，论文基数较大的地区不容易有较高增长率，增速较快的地区多数是国际论文数较少的地区。反之，论文基数较小的地区，如西藏、宁夏和贵州等地区的论文年均增长率都较高。这些地区的科研水平暂时不高，但是具有很大的发展潜力，广东和山东是论文数排名居前 10 位、增速排名也居前 10 位的地区。

表 4–2 2016—2018 年国际科技论文数增长率居前 10 位的地区

地区	国际科技论文篇数			年均增长率	排名
	2016 年	2017 年	2018 年		
西藏	53	64	94	33.18%	1
宁夏	566	599	798	18.74%	2
贵州	2149	2494	2990	17.96%	3
广东	31836	36061	43881	17.40%	4
青海	467	551	640	17.07%	5
福建	10429	11812	13358	13.17%	6
广西	4083	4476	5152	12.33%	7
山西	5757	6200	7259	12.29%	8
天津	17440	18857	21949	12.18%	9
山东	27228	29493	34103	11.92%	10

注：1.“国际科技论文数”指 SCI、Ei 和 CPCI–S 三大检索系统收录的中国科技人员发表的论文数之和。

2. $年均增长率=\left(\sqrt{\frac{2018年国际科技论文数}{2016年国际科技论文数}}-1\right)\times 100\%$。

（3）SCI论文10年被引地区排名

论文被他人引用数量的多少是表明论文影响力的重要指标。一个地区的论文被引数量不仅可以反映该地区论文的受关注程度，同时也是该地区科学研究活跃度和影响力的重要指标。2009—2018年度SCI收录论文被引篇数、被引次数和篇均被引次数情况如表4-3所示。其中，SCI收录的北京地区论文被引篇数和被引次数以绝对优势位居榜首。

表4-3 2009—2018年SCI收录论文各地区被引情况

地区	被引论文篇数	被引次数	被引次数排名	篇均被引次数	篇均被引次数排名
北京	325299	5355166	1	13.75	5
天津	54341	849302	12	13.04	8
河北	20928	226012	20	8.36	23
山西	16621	187390	23	8.98	21
内蒙古	4972	44599	27	6.71	27
辽宁	70656	1061572	9	12.52	9
吉林	47789	844543	14	14.62	1
黑龙江	50418	715621	15	11.91	13
上海	176258	2970512	2	14.16	3
江苏	189939	2819385	3	12.42	12
浙江	97663	1457456	6	12.42	11
安徽	50043	845176	13	14.12	4
福建	37469	644490	16	14.51	2
江西	17137	205039	22	9.34	19
山东	90387	1165751	7	10.62	16
河南	36717	397032	19	8.48	22
湖北	97576	1522938	5	13.19	7
湖南	61585	862490	11	11.76	14
广东	110681	1686864	4	12.47	10
广西	12901	132392	24	8.09	24
海南	3385	29622	28	6.47	29
重庆	40058	522598	17	10.73	15
四川	74849	896629	10	9.64	18
贵州	6046	60178	26	7.41	26
云南	18216	206687	21	9.32	20
西藏	131	1006	31	5.47	31
陕西	92104	1150776	8	10.27	17
甘肃	28034	443977	18	13.57	6
青海	1349	11925	30	6.64	28
宁夏	1540	13285	29	6.45	30
新疆	8145	84367	25	7.90	25

各个地区的国际论文被引次数与该地区国际论文总数的比值（篇均被引次数）是衡量一个地区论文质量的重要指标之一。该值消除了论文数量对各个地区的影响，篇均被引次数可以反映出各地区论文的平均影响力。从SCI收录论文10年的篇均被引次数看，

各省（市）的排名顺序依次是吉林、福建、上海、安徽、北京、甘肃、湖北、天津、辽宁和广东。其中，北京、上海、广东、湖北和辽宁这 5 个省（市）的被引次数和篇均被引次数均居全国前 10 位。

（4）SCI 收录论文数较多的城市

如表 4-4 所示，2018 年，SCI 收录论文较多的城市除北京、上海、天津等直辖市外，南京、广州、武汉、西安、成都、杭州和长沙等省会城市被收录的论文也较多，论文数均超过了 10000 篇。

表 4-4　2018 年 SCI 收录论文数居前 10 位的城市

排名	城市	SCI 收录论文总篇数	排名	城市	SCI 收录论文总篇数
1	北京	59229	6	西安	17962
2	上海	30907	7	成都	13695
3	南京	24607	8	杭州	13099
4	广州	19253	9	天津	11411
5	武汉	18970	10	长沙	10979

（5）卓越国际论文数较多的地区

若在每个学科领域内，按统计年度的论文被引次数世界均值画一条线，则高于均线的论文为卓越论文，即论文发表后的影响超过其所在学科的一般水平。2009 年我们第一次公布了利用这一方法指标进行的统计结果，当时称为“表现不俗论文”，受到国内外学术界的普遍关注。

根据 SCI 统计，2018 年中国作者为第一作者的论文共 376354 篇，其中卓越国际论文数为 137124 篇，占总数的 36.43%。产出卓越国际论文居前 3 位的地区为北京、江苏和上海，卓越国际论文数排名居前 10 位的地区卓越论文数占其 SCI 论文总数的比例均在 34% 以上。其中，湖南、湖北和江苏的比例最高，均在 38% 以上，具体如表 4-5 所示。

表 4-5　2018 年卓越国际论文数居前 10 位的地区

排名	地区	卓越国际论文篇数	SCI 收录论文总篇数	卓越论文占比
1	北京	21172	59229	35.75%
2	江苏	15312	40062	38.22%
3	上海	10967	30907	35.48%
4	广东	9791	25942	37.74%
5	湖北	8084	20366	39.69%
6	山东	7410	20226	36.64%
7	陕西	7361	20523	35.87%
8	浙江	6999	19014	36.81%
9	四川	5741	16778	34.22%
10	湖南	5304	12944	40.98%

从城市分布看，与 SCI 收录论文较多的城市相似，产出卓越论文较多的城市除北京、上海、天津等直辖市外，南京、武汉、广州、西安、杭州、成都和长沙等省会城市的卓越国际论文也较多（如表 4–6 所示）。在发表卓越国际论文较多的城市中，长沙、武汉和天津的卓越论文数占 SCI 收录论文总数的比例较高，均在 38% 以上。

表 4–6　2018 年卓越国际论文数居前 10 位的城市

排名	城市	卓越国际论文篇数	SCI 收录论文总篇数	卓越论文占比
1	北京	21172	59229	35.75%
2	上海	10967	30907	35.48%
3	南京	9333	24607	37.93%
4	武汉	7634	18970	40.24%
5	广州	7229	19253	37.55%
6	西安	6292	17962	35.03%
7	杭州	4901	13099	37.42%
8	成都	4740	13695	34.61%
9	长沙	4558	10979	41.52%
10	天津	4351	11411	38.13%

（6）在高影响国际期刊中发表论文数量较多的地区

按期刊影响因子可以将各学科的期刊划分为几个区，发表在学科影响因子前 1/10 的期刊上的论文即为在高影响国际期刊中发表的论文。虽然利用期刊影响因子直接作为评价学术论文质量的指标具有一定的局限性，但是基于论文作者、期刊审稿专家和同行评议专家对于论文质量和水平的判断，高学术水平的论文更容易发表在具有高影响因子的期刊上。在相同学科和时域范围内，以影响因子比较期刊和论文质量，具有一定的可比性，因此发表在高影响期刊上的论文也可以从一个侧面反映出一个地区的科研水平。如表 4–7 所示为 2018 年高影响国际期刊上发表论文数居前 10 位的地区。由表可知，北京在高影响国际期刊上发表的论文数位居榜首。

表 4–7　在学科影响因子前 1/10 的期刊上发表论文数居前 10 位的地区

排名	地区	前 1/10 论文篇数	SCI 收录论文总篇数	占比
1	北京	13222	59229	22.32%
2	江苏	7819	40062	19.52%
3	上海	6819	30907	22.06%
4	广东	5881	25942	22.67%
5	湖北	4574	20366	22.46%
6	陕西	4037	20523	19.67%
7	浙江	3485	19014	18.33%
8	山东	3426	20226	16.94%
9	四川	2863	16778	17.06%
10	辽宁	2632	13833	19.03%

从城市分布看，与发表卓越国际论文较多的城市情况相似，在学科影响因子前 1/10 的期刊上发表论文数较多的城市除北京、上海和天津等直辖市外，南京、武汉、广州、西安、杭州、成都和长沙等省会城市发表论文也较多（如表 4-8 所示）。在发表高影响国际论文数量较多的城市中，武汉、广州、天津、北京和上海在学科前 1/10 期刊上发表的论文数占其 SCI 收录论文总数的比例较高，均在 22% 以上。

表 4-8 在学科影响因子前 1/10 的期刊上发表论文数居前 10 位的城市

排名	城市	前 1/10 论文篇数	SCI 收录论文总篇数	占比
1	北京	13222	59229	22.32%
2	上海	6819	30907	22.06%
3	南京	5014	24607	20.38%
4	武汉	4439	18970	23.40%
5	广州	4431	19253	23.01%
6	西安	3520	17962	19.60%
7	杭州	2657	13099	20.28%
8	天津	2577	11411	22.58%
9	成都	2398	13695	17.51%
10	长沙	2105	10979	19.17%

4.3.2 国内论文产出分析

（1）国内论文产出较多的地区

本章所统计的国内论文数据主要来自 CSTPCD，2018 年国内论文数除了河南上升到第 9 位、辽宁下降到第 10 位、浙江未进入前 10 位外，其余居前 8 位的地区与 2017 年的排名相同，并且除了河南外，这些省（市）的论文数比 2017 年都有不同程度的减少（如表 4-9 所示）。

表 4-9 2018 年中国国内论文数居前 10 位的地区

排名	地区	2017 年论文篇数	2018 年论文篇数	增长率
1	北京	64986	61885	-4.77%
2	江苏	42452	40213	-5.27%
3	上海	28911	27922	-3.42%
4	陕西	27662	27319	-1.24%
5	广东	27216	25817	-5.14%
6	湖北	25188	23949	-4.92%
7	四川	22160	21770	-1.76%
8	山东	21209	20393	-3.85%
9	河南	18008	18234	1.25%
10	辽宁	18802	17676	-5.99%

（2）国内论文增长较快的地区

国内论文数3年年均增长率居前10位的地区如表4-10所示。国内论文数增长较快的地区为青海和西藏，这2个省（自治区）的3年年均增长率均在10%以上。通过与表4-2，即2016—2018年国际科技论文数增长率居前10位的地区相比发现，青海、西藏、山西、天津和贵州，这5个省（市、自治区）不仅国际科技论文总数3年平均增长率居全国前10位，而且国内科技论文总数3年平均增长率亦是如此。这表明，2016—2018年这3年间，这些地区的科研产出水平和科研产出质量都取得了快速发展。

表4-10 2016—2018年国内科技论文数增长率居前10位的地区

排名	地区	国内科技论文篇数			年均增长率
		2016年	2017年	2018年	
1	青海	1463	1551	1989	16.60%
2	西藏	303	321	370	10.50%
3	河南	17945	18008	18234	0.80%
4	山西	7933	7950	7904	-0.18%
5	天津	13296	13364	12890	-1.54%
6	贵州	6377	6169	6166	-1.67%
7	云南	8015	8024	7666	-2.20%
8	安徽	12447	11751	11865	-2.37%
9	吉林	8520	8012	8088	-2.57%
10	海南	3426	3147	3244	-2.69%

注：年均增长率 $= \left(\sqrt{\frac{2018年国内科技论文数}{2016年国内科技论文数}} - 1 \right) \times 100\%$。

（3）中国卓越国内科技论文较多的地区

根据学术文献的传播规律，科技论文发表后会在3～5年的时间内形成被引用的峰值。这个时间窗口内较高质量科技论文的学术影响力会通过论文的引用水平表现出来。为了遴选学术影响力较高的论文，我们为近5年中国科技核心期刊收录的每篇论文计算了“累计被引时序指标”——*n*指数。

*n*指数的定义方法是：若一篇论文发表*n*年之内累计被引次数达到*n*次，同时在*n*+1年累计被引次数不能达到*n*+1次，则该论文的“累计被引时序指标”的数值为*n*。

对各个年度发表在中国科技核心期刊上的论文被引用次数设定一个*n*指数分界线，各年度发表的论文中，被引次数超越这一分界线的就被遴选为“卓越国内科技论文”。我们经过数据分析测算后，对近5年的“卓越国内科技论文”分界线定义为：论文*n*指数大于发表时间的论文是“卓越国内科技论文”。例如，论文发表1年之内累计被引达到1次的论文，*n*指数为1；发表2年之内累计被引超过2次，*n*指数为2。以此类推，发表5年之内累计被引达到5次，*n*指数为5。

按照这一统计方法，我们据近5年（2014—2018年）的CSTPCD统计，共遴选出“卓越国内科技论文”178819篇，占这5年CSTPCD收录全部论文的比例约为7.4%。由表4-11

所见，发表卓越国内科技论文居前 10 位的地区中除浙江代替河南进入前 10 位外，其他与发表国内论文数居前 10 位的地区一致，只是排序略有不同。

表 4-11　2014—2018 年卓越国内科技论文数居前 10 位的地区

排名	地区	卓越国内论文篇数	排名	地区	卓越国内论文篇数
1	北京	35486	6	湖北	8807
2	江苏	16004	7	四川	7550
3	上海	10361	8	山东	7364
4	广东	10064	9	浙江	7128
5	陕西	9163	10	辽宁	6464

4.3.3　各地区 R&D 投入产出分析

据国家统计局全国科技经费投入统计公报中的定义，研究与试验发展（R&D）经费是指该统计年度内全社会实际用于基础研究、应用研究和试验发展的经费，包括实际用于 R&D 活动的人员劳务费、原材料费、固定资产购建费、管理费及其他费用支出。基础研究指为了获得关于现象和可观察事实的基本原理的新知识（揭示客观事物的本质、运动规律，获得新发展、新学说）而进行的实验性或理论性研究，它不以任何专门或特定的应用或使用为目的。应用研究指为了确定基础研究成果可能的用途，或是为达到预定的目标探索应采取的新方法（原理性）或新途径而进行的创造性研究。应用研究主要针对某一特定的目的或目标。试验发展指利用从基础研究、应用研究和实际经验所获得的现有知识，为产生新的产品、材料和装置，建立新的工艺、系统和服务，以及对已产生和建立的上述各项做实质性的改进而进行的系统性工作。

2017 年，全国共投入 R&D 经费 17606.1 亿元，比 2016 年增加 1929.4 亿元，增长 12.3%；R&D 经费投入强度（R&D 经费与国内生产总值之比）为 2.13%，比 2016 年提高 0.02 个百分点。按 R&D 人员（全时当量）计算的人均经费为 43.6 万元，比 2016 年增加 3.2 万元。其中，用于基础研究的经费为 975.5 亿元，比 2016 年增长 18.5%；应用研究经费 1849.2 亿元，增长 14.8%；试验发展经费 14781.4 亿元，增长 11.6%。基础研究、应用研究和试验发展占 R&D 经费当量的比例分别为 5.5%、10.5% 和 84%。

从地区分布看，2017 年 R&D 经费较多的 6 个省（市）为广东（占 13.3%）、江苏（占 12.8%）、山东（占 10%）、北京（占 9%）、浙江（占 7.2%）和上海（占 6.8%）。R&D 经费投入强度（地区 R&D 经费与地区生产总值之比）达到或超过全国平均水平的地区有北京、上海、江苏、广东、天津、浙江和山东 7 个省（市）。

R&D 经费投入可以作为评价国家或地区科技投入、规模和强度的指标，同时科技论文和专利又是 R&D 经费产出的两大组成部分。充足的 R&D 经费投入可以为地区未来几年科技论文产出、发明专利活动提供良好的经费保障。

从 2016—2017 年 R&D 经费与 2018 年的科技论文和专利授权情况看（如表 4-12 所示），经费投入量较大的广东、江苏、山东、北京、浙江、上海、湖北和四川等地区，论文产出和专利授权数也居前10位。2016—2017年广东在R&D经费投入方面居全国首位，其2018年国际与国内论文发表总数和国内发明专利授权数分别居全国各省（市、自治区）的第4和第1位。北京在R&D经费投入方面落后于广东、江苏和山东，居全国第4位，但其2018年国际与国内发表论文总数和获得国内发明专利授权数分别居全国第1和第2位。

表4-12 2018年各地区论文数、专利数与2016—2017年R&D经费比较

地区	2018年国际与国内发表论文情况		2018年国内发明专利授权数情况		R&D经费			
	篇数	排名	件数	排名	2016年/亿元	2017年/亿元	2016—2017年合计/亿元	排名
北京	134496	1	46978	2	1484.6	1579.7	3064.3	4
天津	25758	13	5626	16	537.3	458.7	996	3
河北	19930	17	5126	17	383.4	452	835.4	5
山西	12511	21	2284	23	132.6	148.2	280.8	1
内蒙古	5641	27	864	27	147.5	132.3	279.8	2
辽宁	32674	10	7176	14	372.7	429.9	802.6	6
吉林	18902	18	2868	20	139.7	128	267.7	3
黑龙江	20895	15	4309	19	152.5	146.6	299.1	9
上海	63749	3	21331	5	1049.3	1205.2	2254.5	6
江苏	85076	2	42019	3	2026.9	2260.1	4287	2
浙江	38798	9	32550	4	1130.6	1266.3	2396.9	5
安徽	22625	14	14846	7	475.1	564.9	1040	10
福建	17043	19	9858	10	454.3	543.1	997.4	12
江西	11307	23	2524	21	207.3	255.8	463.1	18
山东	42454	7	20338	6	1566.1	1753	3319.1	3
河南	28292	11	8339	12	494.2	582.1	1076.3	9
湖北	47595	6	11393	9	600	700.6	1300.6	7
湖南	26937	12	8261	13	468.8	568.5	1037.3	11
广东	54847	4	53259	1	2035.1	2343.6	4378.7	1
广西	11099	24	4330	18	117.7	142.2	259.9	24
海南	4330	28	489	29	21.7	23.1	44.8	9
重庆	20768	16	6570	15	302.2	364.6	666.8	7
四川	40357	8	11697	8	561.4	637.8	1199.2	8
贵州	8374	26	2081	24	73.4	95.9	169.3	6
云南	11874	22	2297	22	132.8	157.8	290.6	0

续表

地区	2018 年国际与国内发表论文情况		2018 年国内发明专利授权数情况		R&D 经费			
	篇数	排名	件数	排名	2016 年 / 亿元	2017 年 / 亿元	2016—2017 年合计 / 亿元	排名
西藏	446	31	73	31	2.2	2.9	5.1	1
陕西	49703	5	8884	11	419.6	460.9	880.5	4
甘肃	13010	20	1280	25	87	88.4	175.4	5
青海	2407	30	298	30	14	17.9	31.9	0
宁夏	2420	29	744	28	29.9	38.9	68.8	8
新疆	9357	25	923	26	56.6	57	113.6	7

注：1. "国际论文"指 SCI 收录的中国科技人员发表的论文。
2. "国内论文"指中国科学技术信息研究所研制的 CSTPCD 收录的论文。
3. 专利数据来源：2018 年国家知识产权局统计数据。
4. R&D 经费数据来源：2016 年和 2017 年全国科技经费投入统计公报。

图 4-1 为 2018 年中国各地区的 R&D 经费投入及论文和专利产出情况。由图中不难看出，目前中国各地区的论文产出水平和专利产出水平仍存在较大差距。论文总数显著高过发明专利数，反映出专利产出能力依旧薄弱的状况。加强中国专利的生产能力是需要我们重视的问题。此外，一些省（市）R&D 经费投入虽然不是很大，但相对的科技产出量还是较大的，如安徽和福建这两个地区的投入量分别排在第 10 和第 12 位，但专利授权数分别排在第 7 和第 10 位。

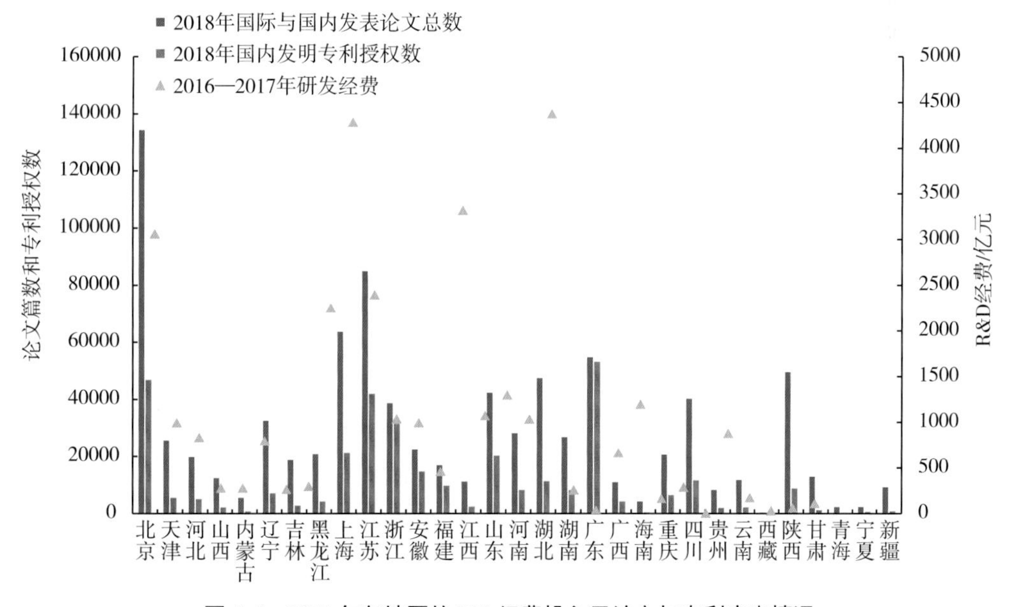

图 4-1　2018 年各地区的 R&D 经费投入及论文与专利产出情况

4.3.4 各地区科研产出结构分析

（1）国际国内论文比

国际国内论文比是某些地区当年的国际论文总数除以该地区的国内论文数，该比值能在一定程度上反映该地区的国际交流能力及影响力。

2018年中国国际国内论文比居前10位的地区大部分与2017年的相同，如表4-13所示。总体上，这10个地区的国际国内论文比都大于1，表明这10个地区的国际论文产量均超过了国内论文。与2017年中国国际国内论文比居前10位的地区情况不同的是，2018年广东取代山东进入排名的前10位。国际国内论文比大于1的地区还有山东、湖北、安徽、陕西、辽宁、四川、重庆、江西和甘肃。国际国内论文比较小的地区为西藏、青海、新疆、海南、宁夏和贵州这几个边远的省（自治区），这些地区的国际国内论文比都低于0.50。

表4-13 2018年各地区中国国际国内论文比情况

排名	地区	国际论文总篇数	国内论文总篇数	国际国内论文比
1	湖南	24804	12280	2.02
2	吉林	16102	8088	1.99
3	黑龙江	19963	10235	1.95
4	上海	54395	27922	1.95
5	北京	114070	61885	1.84
6	浙江	32127	17561	1.83
7	江苏	72437	40213	1.80
8	天津	21949	12890	1.70
9	广东	43881	25817	1.70
10	福建	13358	7918	1.69
11	山东	34103	20393	1.67
12	湖北	37769	23949	1.58
13	安徽	18673	11865	1.57
14	陕西	42378	27319	1.55
15	辽宁	26278	17676	1.49
16	四川	31290	21770	1.44
17	重庆	15401	10792	1.43
18	江西	7404	6374	1.16
19	甘肃	8338	7649	1.09
20	山西	7259	7904	0.92
21	河南	15249	18234	0.84
22	云南	5932	7666	0.77
23	广西	5152	7659	0.67
24	河北	9041	14785	0.61
25	内蒙古	2288	4231	0.54
26	贵州	2990	6166	0.48

续表

排名	地区	国际论文总篇数	国内论文总篇数	国际国内论文比
27	宁夏	798	1882	0.42
28	海南	1367	3244	0.42
29	新疆	2955	7285	0.41
30	青海	640	1989	0.32
31	西藏	94	370	0.25

（2）国际权威期刊载文分析

SCIENCE、*NATURE* 和 *CELL* 是国际公认的 3 个享有最高学术声誉的科技期刊。发表在三大名刊上的论文，往往都是经过世界范围内知名专家层层审读、反复修改而成的高质量、高水平的论文。2018 年以上 3 种期刊共刊登论文 6654 篇，比 2017 年增加了 831 篇。其中，中国论文为 430 篇，论文数增加了 119 篇，排在世界第 4 位，与 2017 年相比排名不变。美国仍然排在首位，论文数为 2588 篇。英国和德国分列第 2 和第 3 位，排在中国之前。若仅统计 Article 和 Review 两种类型的论文，则中国论文数为 317 篇，仍排在世界第 4 位。

如表 4–14 所示，按第一作者地址统计，2018 年中国内地第一作者在三大名刊上发表的论文（文献类型只统计了 Article 和 Review）共 120 篇，其中在 *NATURE* 上发表 48 篇，*SCIENCE* 上发表 45 篇，*CELL* 上发表 27 篇。这 120 篇论文中，北京以发表 50 篇排名居第 1 位；上海以发表 24 篇排名居第 2 位；武汉以发表 7 篇排名居第 3 位；广州以发表 6 篇排名居第 4 位；杭州以发表 4 篇排名居第 5 位；合肥、南京和深圳发表 3 篇，并列第 6 位；沈阳、西安、天津、厦门、昆明和青岛发表 2 篇，并列第 9 位；其他城市均只有一个机构发表了 1 篇论文。

表 4–14　2018 年中国内地第一作者发表在三大名刊上的论文城市分布

城市	机构总数	论文总篇数	城市	机构总数	论文总篇数
北京	21	50	厦门	2	2
上海	12	24	昆明	2	2
武汉	4	7	青岛	1	2
广州	5	6	重庆	1	1
杭州	1	4	雅安	1	1
合肥	1	3	苏州	1	1
南京	3	3	兰州	1	1
深圳	3	3	长春	1	1
沈阳	1	2	温州	1	1
西安	1	2	宁波	1	1
天津	1	2	太原	1	1

注：“机构总数”指在 *SCIENCE*、*NATURE* 和 *CELL* 上发表的论文第一作者单位属于该地区的机构总数。

4.4 讨论

2018年中国科技人员作为第一作者共发表国际论文688485篇。北京、江苏、上海、广东、陕西、湖北、山东、浙江、四川和辽宁为产出国际论文数居前10位的地区；从论文被引情况看，这10个地区的论文被引次数也是排名居前10位的地区。西藏、宁夏和贵州等偏远地区由于论文基数较小，3年国际论文总数平均增长速度较快。广东和山东是论文数排名居前10位、增速排名也居前10位的地区。

2018年中国科技人员作为第一作者共发表国内论文454402篇。北京、江苏、上海、陕西、广东、湖北、四川和山东仍是国内论文高产地区，情况与2017年相似。青海、西藏和河南等省（自治区）3年国内论文总数平均增长率位居全国前列，是2018年国内论文快速发展地区。

与2015—2016年度统计结果相似，2016—2017年R&D经费投入量较大的有广东、江苏、山东、北京、浙江、上海、湖北和四川等地区，这几个地区2018年发表的科技论文总数和专利授权数也较多。北京R&D经费投入排名居全国第4位，但其国际与国内发表论文总数和获得国内发明专利授权数分别居全国第1和第2位。

国际论文产量在所有科技论文中所占比例越来越大，国际论文数量超过国内论文数量的省（市）已达19个。2018年中国内地第一作者在三大名刊上发表的论文共120篇，分属22个城市。其中，北京和上海发表的三大名刊论文数最多。

参考文献

[1] 中国科学技术信息研究所.2017年度中国科技论文统计与分析（年度研究报告）[M].北京：科学技术文献出版社，2019：22-34.

[2] 中国科学技术信息研究所.2016年度中国科技论文统计与分析（年度研究报告）[M].北京：科学技术文献出版社，2018：22-34.

[3] 国家知识产权局.http：//www.sipo.gov.cn/tjxx/.

5 中国科技论文的机构分布情况

5.1 引言

科技论文作为科技活动产出的一种重要形式，能够在很大程度上反映科研机构的研究活跃度和影响力，是评估科研机构科技实力和运行绩效的重要依据。为全面系统考察2018 年中国科研机构的整体发展状况及发展趋势，本章从国际上 3 个重要的检索系统（SCI、Ei、CPCI-S）和国内数据库（CSTPCD）出发，从发文量、被引总次数、学科分布等多角度分析了 2018 年中国不同类型科研机构的论文发表状况。

5.2 数据与方法

数据采集自 SCI、Ei、CPCI-S 三大国际检索系统及 CSTPCD 国内数据库。从以上数据库分别采集“地址”字段中含有“中国”的论文数据。

SCI 数据是基于 Article 和 Review 两类文献进行统计，CSTPCD 数据是基于论著、综述、研究快报和工业工程设计四类文献进行统计。还需指出的是，机构类型由二级单位性质决定，如高等院校附属医院归类于医疗机构。

下载的数据通过自编程序导入到数据库 Foxpro 中。尽管这些数据库整体数据质量都不错，但还是存在不少不完全、不一致甚至是错误的现象。在统计分析之前，必须对数据进行清洗规范。本章所涉及的数据处理主要包括：

①分离出论文的第一作者及第一作者单位。

②作者单位不同写法标准化处理。例如，把单位的中文写法、英文写法、新旧名、不同缩写形式等采用程序结合人工方式统一编码处理。

③单位类型编码。采用机器结合人工方式给单位类型编码。

本章主要采用的方法有文献计量法、文献调研法、数据可视化分析等。为更好地反映中国科研机构研究状况，基于文献计量法思想，我们设计了发文量、被引总次数、篇均被引次数、未被引率等指标。

5.3 研究分析与结论

5.3.1 各机构类型 2018 年发表论文情况分析

2018 年 SCI、CPCI-S、Ei 和 CSTPCD 收录中国科技论文的机构类型分布如表 5-1 所示。由表 5-1 可以看出，不论是国际论文（SCI、CPCI-S、Ei）还是国内论文（CSTPCD），高等院校都是中国科技论文产出的主要贡献者，这主要还是因为高等院校一般都有鼓励发表国际论文的科研奖励政策。与国际论文份额相比，高等院校的国内论文份额相对较低，为49.11%。研究机构发表国内论文占比11.56%，SCI占比9.92%，CPCI-S占比12.57%，Ei占比10.97 %，占比较为接近。医疗机构发表国内论文占比较高，达到30.12%。

表5-1 2018年SCI、CPCI-S、Ei、CSTPCD收录中国科技论文的机构类型分布

机构类型	SCI		CPCI-S		Ei		CSTPCD		合计	
	论文篇数	占比	论文篇数	占比	论文篇数	占比	论文篇数	占比	论文篇数	占比
高等院校	270354	75.63%	46875	76.27%	219557	85.62%	225366	49.11%	762152	67.19%
研究机构	35449	9.92%	7726	12.57%	28131	10.97%	53035	11.56%	124341	10.96%
医疗机构	49789	13.93%	3623	5.89%	516	0.20%	138251	30.12%	192179	16.94%
企业	1230	0.34%	3131	5.09%	1520	0.59%	25242	5.50%	31123	2.74%
其他	658	0.18%	107	0.17%	6719	2.62%	17052	3.72%	24536	2.16%
总计	357480	100.00%	61462	100.00%	256443	100.00%	458946	100.00%	1134331	100.00%

5.3.2 各机构类型被引情况分析

论文的被引情况可以大致反映论文的质量。表5-2为2009—2018年SCI收录的中国科技论文累计被引情况。由表5-2可以看出，中国科技论文的篇均被引次数为12.24次，未被引论文占比为17.40%。从篇均被引次数来看，研究机构发表论文的篇均被引次数最高，为16.27，高于平均水平12.24。除高等院校（12.41次）略高外，其他类型机构发表论文的篇均被引次数均低于平均水平，分别为医疗机构的7.63次和企业的7.13次。从未被引论文占比来看，研究机构发表的论文中未被引论文占比最低，为13.45%，其次为高等院校的16.44%，这两者都低于平均水平。高于平均水平的为企业的27.28%和医疗机构的26.37%。

表5-2 SCI收录中国科技论文的各机构类型被引情况

机构类型	发文篇数	未被引论文篇数	总被引次数	篇均被引次数	未被引论文占比
高等院校	1669884	274447	20728633	12.41	16.44%
研究机构	264882	35617	4309184	16.27	13.45%
医疗机构	286538	75568	2187453	7.63	26.37%
企业	8057	2198	57421	7.13	27.28%
总计	2229361	387830	27282691	12.24	17.40%

数据来源：2009—2018年SCI收录的中国科技论文。

5.3.3 各机构类型发表论文学科分布分析

表5-3为各机构类型发表论文占比居前10位的学科。由表中可以看出，在高等院校发表的论文中，数学，管理，信息、系统科学，力学，计算技术，材料科学，物理学，

工程与技术基础学科，机械、仪表，动力与电气等学科论文占比较高，均超过了75%，其中数学超过了90%。从学科性质看，高等院校是基础科学等理论性研究的绝对主体。在研究机构发表的论文中，核科学技术，天文学，水产学，农学，航空航天，地学，林学，能源科学技术，预防医学与卫生学，畜牧、兽医等偏工程技术方面的应用性研究学科占比较多。在医疗机构发表的论文中，学科占比居前10位的为临床医学、军事医学与特种医学、药物学、基础医学、中医学、预防医学与卫生学、安全科学技术、地学、测绘科学技术和生物学。值得注意的是，其中有生物学，查看其详细论文列表可以发现，生物学中多为分子生物学等与医学关系密切的学科。在企业发表的论文中，学科占比居前10位的学科为矿山工程技术，能源科学技术，交通运输，冶金、金属学，轻工、纺织，化工，土木建筑，动力与电气，电子、通信与自动控制和核科学技术。

表5-3 CSTPCD收录的各机构类型发表论文占比居前10位的学科分布

高等院校		研究机构		医疗机构		企业	
学科	占比	学科	占比	学科	占比	学科	占比
数学	97.26%	核科学技术	45.68%	临床医学	87.44%	矿山工程技术	33.35%
管理	88.74%	天文学	40.96%	军事医学与特种医学	76.58%	能源科学技术	27.85%
信息、系统科学	88.13%	水产学	37.83%	药物学	58.21%	交通运输	22.70%
力学	85.45%	农学	33.32%	基础医学	51.38%	冶金、金属学	19.10%
计算技术	84.41%	航空航天	28.61%	中医学	48.08%	轻工、纺织	17.93%
材料科学	79.90%	地学	26.92%	预防医学与卫生学	44.47%	化工	16.64%
物理学	78.82%	林学	26.84%	安全科学技术	20.90%	土木建筑	14.50%
工程与技术基础学科	77.05%	能源科学技术	24.49%	地学	19.43%	动力与电气	13.31%
机械、仪表	75.89%	预防医学与卫生学	24.20%	测绘科学技术	11.07%	电子、通信与自动控制	12.64%
动力与电气	75.32%	畜牧、兽医	22.91%	生物学	10.20%	核科学技术	12.45%

5.3.4 SCI、Ei、CPCI-S和CSTPCD收录论文较多的高等院校

由表5-4可以看出，2018年SCI收录中国论文数居前10位的高等院校总论文数55325篇，占收录的所有高等院校论文数的20.46%；Ei收录中国论文数居前10位的高等院校总论文数39801篇，占收录的所有高等院校论文数的18.13%；CPCI-S收录中国论文数居前10位的高等院校总论文数11035篇，占收录的所有高等院校论文数的23.54%；CSTPCD收录中国论文数居前10位的高等院校总论文数38903篇，占收录的所有高等院校论文数的17.26%。这说明中国高等院校发文集中在少数高等院校，并且国际论文集中度高于国内论文。

表 5-4 2018 年 SCI、Ei、CPCI-S 和 CSTPCD 收录的高等院校 TOP 10 论文占比

SCI			Ei			CPCI-S			CSTPCD		
TOP 10 篇数	总篇数	占比	TOP 10 篇数	总篇数	占比	TOP 10 篇数	总篇数	占比	TOP 10 篇数	总篇数	占比
55325	270354	20.46%	39801	219557	18.13%	11035	46875	23.54%	38903	225366	17.26%

表 5-5 列出了 2018 年 SCI、Ei、CPCI-S 和 CSTPCD 收录论文数居前 10 位的高等院校。4 个列表均进入前 10 位的高等院校有：上海交通大学和浙江大学。进入 3 个列表的高等院校有：西安交通大学、中南大学、清华大学和北京大学。进入 2 个列表的高等院校有：北京航空航天大学、中山大学、哈尔滨工业大学、华中科技大学、吉林大学、四川大学。只进入 1 个列表的高等院校有：首都医科大学、中国医学科学院北京协和医学院、复旦大学、天津大学、北京邮电大学、武汉大学、华南理工大学和电子科技大学。应该指出的是，我们不能简单地认为 4 个列表均进入前 10 位的学校就比只进入 2 个或 1 个列表前 10 位的学校要好。但是，进入前 10 位列表越多，大致可以说明该机构学科发展的覆盖程度和均衡程度较好。

由表 5-5 还可以看出，在被收录论文数居前的高等院校中，被收录的国际论文数已经超出了国内论文数。这说明中国较好高等院校的科研人员倾向在国际期刊、国际会议上发表论文。

表 5-5 2018 年 SCI、Ei、CPCI-S 和 CSTPCD 收录论文数居前 10 位的高等院校

排名	SCI	Ei	CPCI-S	CSTPCD
	高等院校（论文篇数）	高等院校（论文篇数）	高等院校（论文篇数）	高等院校（论文篇数）
1	上海交通大学（7203）	清华大学（5290）	清华大学（1520）	首都医科大学（6098）
2	浙江大学（7147）	哈尔滨工业大学（4861）	上海交通大学（1469）	上海交通大学（5743）
3	清华大学（5706）	浙江大学（4525）	北京航空航天大学（1102）	北京大学（4178）
4	四川大学（5463）	上海交通大学（4201）	电子科技大学（1086）	四川大学（3871）
5	华中科技大学（5344）	天津大学（4138）	北京大学（1034）	武汉大学（3629）
6	中南大学（4974）	华中科技大学（3487）	浙江大学（1027）	中国医学科学院北京协和医学院（3575）
7	北京大学（4958）	西安交通大学（3419）	哈尔滨工业大学（1019）	吉林大学（3151）
8	吉林大学（4927）	中南大学（3336）	西安交通大学（962）	复旦大学（2986）
9	中山大学（4872）	北京航空航天大学（3276）	北京邮电大学（949）	中南大学（2863）
10	西安交通大学（4731）	华南理工大学（3268）	中山大学（867）	浙江大学（2809）

注：按第一作者第一单位统计。

5.3.5 SCI、Ei、CPCI-S 和 CSTPCD 收录论文较多的研究机构

由表 5-6 可以看出，2018 年 SCI 收录中国论文数居前 10 位的研究机构总论文数

6324 篇，占收录的所有研究机构论文数的 17.84%；Ei 收录中国论文数居前 10 位的研究机构总论文数 5181 篇，占收录的所有研究机构论文数的 18.42%；CPCI-S 收录中国论文数居前 10 位的研究机构总论文数 1116 篇，占收录的所有研究机构论文数的 14.44%；CSTPCD 收录中国论文数居前 10 位的研究机构总论文数 6242 篇，占收录的所有研究机构论文数的 11.77%。与高等院校情况类似，中国研究机构被收录的论文也较为集中在少数研究机构，并且国际论文集中度高于国内论文。与 TOP 10 高等院校被收录论文占比相比，TOP 10 研究机构被 Ei 收录的占比要高，而被 SCI、CPCI-S 和 CSTPCD 收录的占比要低。说明研究机构在被 SCI、CPCI-S 收录和国内论文中的集中度低于高等院校，而在被 Ei 收录论文中的集中度高于高等院校。

表 5-6 2018 年 SCI、Ei、CPCI-S 和 CSTPCD 收录的研究机构 TOP 10 论文占比

SCI			Ei			CPCI-S			CSTPCD		
TOP 10 篇数	总篇数	占比	TOP 10 篇数	总篇数	占比	TOP 10 篇数	总篇数	占比	TOP 10 篇数	总篇数	占比
6324	35449	17.84%	5181	28131	18.42%	1116	7726	14.44%	6242	53035	11.77%

表 5-7 列出了 2018 年 SCI、Ei、CPCI-S 和 CSTPCD 收录论文数居前 10 位的研究机构。中国工程物理研究院是唯一进入 4 个列表前 10 位的研究机构。中国科学院合肥物质科学研究院是唯一进入 3 个列表前 10 位的研究机构。进入 2 个列表前 10 位的研究机构有：中国科学院长春应用化学研究所、中国科学院化学研究所、中国科学院生态环境研究中心、中国科学院大连化学物理研究所、中国科学院地理科学与资源研究所和中国科学院金属研究所。只进入 1 个列表前 10 位的研究机构有：中国科学院西安光学精密机械研究所、中国科学院遥感与数字地球研究所、中国林业科学研究院、中国科学院电工研究所、中国科学院海洋研究所、中国科学院计算技术研究所、中国科学院物理研究所、中国热带农业科学院、中国科学院信息工程研究所、中国食品药品检定研究院、中国科学院长春光学精密机械与物理研究所、中国医学科学院肿瘤研究所、中国科学院自动化研究所、山西省农业科学院、中国疾病预防控制中心、中国科学院过程工程研究所、中国水产科学研究院、中国科学院上海硅酸盐研究所、中国中医科学院、中国科学院深圳先进技术研究院、中国科学院沈阳自动化研究所。

由表 5-7 可以看出，在被收录论文数靠前的研究机构中，被收录的国际论文数也超出了国内科技论文数，但超出程度要比高等院校弱一些。

表 5-7 2018 年 SCI、Ei、CPCI-S 和 CSTPCD 收录论文数居前 10 位的研究机构

排名	SCI	Ei	CPCI-S	CSTPCD
	研究机构（论文篇数）	研究机构（论文篇数）	研究机构（论文篇数）	研究机构（论文篇数）
1	中国工程物理研究院（927）	中国科学院合肥物质科学研究院（918）	中国科学院自动化研究所（164）	中国中医科学院（1386）
2	中国科学院合肥物质科学研究院（830）	中国工程物理研究院（670）	中国工程物理研究院（155）	中国疾病预防控制中心（772）

续表

排名	SCI	Ei	CPCI-S	CSTPCD
	研究机构（论文篇数）	研究机构（论文篇数）	研究机构（论文篇数）	研究机构（论文篇数）
3	中国科学院化学研究所（679）	中国科学院化学研究所（528）	中国科学院深圳先进技术研究院（146）	中国林业科学研究院（631）
4	中国科学院长春应用化学研究所（630）	中国科学院长春应用化学研究所（525）	中国科学院信息工程研究所（102）	中国工程物理研究院（624）
5	中国科学院生态环境研究中心（617）	中国科学院大连化学物理研究所（466）	中国科学院合肥物质科学研究院（97）	中国水产科学研究院（607）
6	中国科学院地理科学与资源研究所（589）	中国科学院金属研究所（444）	中国科学院计算技术研究所（96）	中国热带农业科学院（509）
7	中国科学院大连化学物理研究所（582）	中国科学院生态环境研究中心（440）	中国科学院西安光学精密机械研究所（95）	中国科学院地理科学与资源研究所（498）
8	中国科学院金属研究所（494）	中国科学院上海硅酸盐研究所（410）	中国科学院电工研究所（93）	中国食品药品检定研究院（430）
9	中国科学院物理研究所（492）	中国科学院长春光学精密机械与物理研究所（391）	中国科学院沈阳自动化研究所（87）	山西省农业科学院（408）
10	中国科学院海洋研究所（484）	中国科学院过程工程研究所（389）	中国科学院遥感与数字地球研究所（81）	中国医学科学院肿瘤研究所（377）

注：按第一作者第一单位统计。

5.3.6 SCI、CPCI-S和CSTPCD收录论文较多的医疗机构

由表5-8可以看出，2018年SCI收录的中国论文数居前10位的医疗机构总论文数7779篇，占收录的所有医疗机构论文数的15.62%；CPCI-S收录的中国论文数居前10位的医疗机构总论文数1076篇，占收录的所有研究机构论文数的29.70%；CSTPCD收录的中国论文数居前10位的医疗机构总论文数10518篇，占收录的所有医疗机构论文数的7.61%。与高等院校、研究机构情况类似的是，中国医疗机构国际论文集中度高于国内论文。其中，被CPCI-S收录的TOP 10医疗机构的论文占比最高，为29.70%。国内论文中收录的论文居前10位的医疗机构论文占医疗机构论文总数的7.61%，与高等院校的17.26%和研究机构的11.77%相比差距较大。

表5-8 2018年SCI、CPCI-S和CSTPCD收录的医疗机构TOP 10论文占比

SCI			CPCI-S			CSTPCD		
TOP 10篇数	总篇数	占比	TOP 10篇数	总篇数	占比	TOP 10篇数	总篇数	占比
7779	49789	15.62%	1076	623	29.70%	10518	138251	7.61%

表5-9列出了2018年SCI、CPCI-S和CSTPCD收录的论文数居前10位的医疗机构。3个列表均进入前10位的医疗机构有2个：解放军总医院和四川大学华西医院。2个列

表均进入前 10 位的医疗机构有 5 个：华中科技大学同济医学院附属同济医院、郑州大学第一附属医院、北京协和医院、中山大学附属第一医院、江苏省人民医院。只进入 1 个列表前 10 位的有：中南大学湘雅医院、浙江大学第一附属医院、中国医科大学附属盛京医院、中山大学附属第三医院粤东医院、北京大学第三医院、山东省肿瘤医院、西安交通大学医学院第一附属医院、复旦大学附属中山医院、中国医学科学院阜外心血管病医院、吉林大学白求恩第一医院、海军军医大学附属长海医院、武汉大学人民医院、上海交通大学医学院附属瑞金医院、首都医科大学附属北京安贞医院。除四川大学华西医院以外，被收录的论文数居前的医疗机构一般国际论文要少于国内论文。

表 5-9 2018 年 SCI、CPCI-S 和 CSTPCD 收录的论文数居前 10 位的医疗机构

排名	SCI	CPCI-S	CSTPCD
	医疗机构（篇数）	医疗机构（篇数）	医疗机构（篇数）
1	四川大学华西医院（1617）	四川大学华西医院（177）	四川大学华西医院（1480）
2	解放军总医院（945）	中山大学附属第一医院（152）	解放军总医院（1427）
3	北京协和医院（782）	上海交通大学医学院附属瑞金医院（110）	北京协和医院（1249）
4	郑州大学第一附属医院（684）	解放军总医院（101）	武汉大学人民医院（1223）
5	中南大学湘雅医院（652）	江苏省人民医院（101）	中国医科大学附属盛京医院（1095）
6	浙江大学第一附属医院（647）	中国医学科学院阜外心血管病医院（101）	郑州大学第一附属医院（1070）
7	吉林大学白求恩第一医院（638）	首都医科大学附属北京安贞医院（101）	华中科技大学同济医学院附属同济医院（788）
8	华中科技大学同济医学院附属同济医院（622）	中山大学附属第三医院粤东医院（89）	第二军医大学附属长海医院（751）
9	复旦大学附属中山医院（618）	西安交通大学医学院第一附属医院（75）	北京大学第三医院（732）
10	中山大学附属第一医院（574）	山东省肿瘤医院（69）	江苏省人民医院（703）

5.4 讨论

从国内外 4 个重要检索系统收录的 2018 年中国科技论文的机构分布情况可以看出，高等院校是国际论文（SCI、Ei、CPCI-S）发表的绝对主体，平均占比约 79.48%，在国内论文发表上占据 49.11%，将近一半。医疗机构是国内论文发表的重要力量，占 30.12%，但它的国际论文占比要小得多。

从篇均被引次数和未被引率来看，研究机构发表论文的总体质量相对是最高的，其次为高等院校。

从学科性质看，高等院校是基础科学等理论性研究的绝对主体；研究机构在应用性研究学科方面相对活跃；医疗机构是医学领域研究的重要力量；企业在能源科学技术，

交通运输，轻工、纺织，冶金、金属学，化工等领域相对活跃。

中国高等院校发文集中度高，并且国际论文集中度高于国内论文的集中度。中国研究机构发文集中度也高，国际论文集中度高于国内论文的集中度。研究机构的 Ei 国际论文集中度要高于高等院校，而 SCI、CPCI-S 和国内论文的集中度要低于高等院校。医疗机构国内论文集中度远远低于高等院校和研究机构。

在被收录论文数居前的高等院校中，国际论文数已经超出了国内论文。在被收录论文数居前的研究机构中，国际论文数也超出了国内论文，但超出程度要比高等院校弱一些。除四川大学华西医院以外，被收录论文数居前的医疗机构一般国际论文要少于国内论文。

参考文献

[1] 中国科学技术信息研究所.2016年度中国科技论文统计与分析（年度研究报告）[M]. 北京：科学技术文献出版社，2018.

[2] 中国科学技术信息研究所.2017年度中国科技论文统计与分析（年度研究报告）[M]. 北京：科学技术文献出版社，2019.

6 中国科技论文被引情况分析

6.1 引言

论文是科研工作产出的重要体现。对科技论文的评价方式主要有 3 种：基于同行评议的定性评价、基于科学计量学指标的定量评价及二者相结合的评价方式。虽然对具体的评价方法存在诸多争议，但被引情况仍不失为重要的参考指标。在《自然》（*NATURE*）的一项关于计量指标的调查中，当允许被调查者自行设计评价的计量指标时，排在第 1 位的是在高影响因子的期刊上所发表的论文数量，被引情况排在第 3 位。

分析研究中国科技论文的国际、国内被引情况，可以从一个侧面揭示中国科技论文的影响，为管理决策部门和科研工作提供数据支撑。

6.2 数据与方法

本章在进行被引情况国际比较时，采用的是科睿唯安（Clarivate Analytics）出版的 ESI 数据。ESI 数据包括第一作者单位和非第一作者单位的数据统计。具体分析地区、学科和机构等分布情况时采用的数据有：2009—2018 年 SCI 收录的中国科技人员作为第一作者的论文累计被引数据；1988—2018 年 CSTPCD 收录的论文在 2018 年度被引数据。

6.3 研究分析与结论

6.3.1 国际比较

（1）总体情况

《国家中长期科学和技术发展规划纲要（2006—2020 年）》指出，到 2020 年，中国国际科学论文被引次数进入世界前 5 位。由表 6-1 可以看出，中国（含香港和澳门）国际论文被引次数排名逐年提高，从 1997—2007 年的第 13 位上升到 2009—2019 年的第 2 位，提前完成了纲要目标。

表 6-1 中国各十年段科技论文被引次数世界排名变化

时间段	1997—2007 年	1998—2008 年	1999—2009 年	2000—2010 年	2001—2011 年	2002—2012 年	2003—2013 年	2004—2014 年	2005—2015 年	2006—2016 年	2007—2017 年	2008—2018 年	2009—2019 年
世界排名	13	10	9	8	7	6	5	4	4	4	2	2	2

注：按 SCI 数据库统计，检索时间 2019 年 10 月。

2009—2019 年（截至 2019 年 10 月）中国科技人员共发表国际论文 260.64 万篇，继续排在世界第 2 位，比 2018 年统计时增加了 14.7%；论文共被引 2845.23 万次，增加了 25.2%，排在世界第 2 位。美国仍然保持在世界第 1 位（如表 6-2 所示）。中国平均每篇论文被引 10.92 次，比 2018 年度统计时的 10.00 次 / 篇提高了 9.2%。世界整体篇均被引次数为 12.68 次，中国平均每篇论文被引次数与世界水平还有一定的差距。

表 6-2　2009—2019 年发表科技论文数 20 万篇以上的国家（地区）论文数及被引情况

国家（地区）	论文数		被引情况		篇均被引情况	
	篇数	排名	次数	排名	次数	排名
美国	4045298	1	74689004	1	18.46	6
中国	2606423	2	28452349	2	10.92	16
英国	1009859	3	19210416	3	19.02	4
德国	1082214	4	18947278	4	17.51	7
法国	748074	5	12702102	5	16.98	9
加拿大	677598	6	11830429	6	17.46	8
意大利	663433	7	10665724	7	16.08	11
日本	830355	8	10599362	8	12.76	13
澳大利亚	587286	9	9740842	9	16.59	10
西班牙	576794	10	8858482	10	15.36	12
荷兰	397979	11	8410487	11	21.13	2
瑞士	296005	12	6558049	12	22.16	1
韩国	552709	13	6311378	13	11.42	15
印度	601577	14	5761107	14	9.58	18
瑞典	266780	15	4979581	15	18.67	5
比利时	218634	16	4199092	16	19.21	3
巴西	435687	17	3981982	17	9.14	19
中国台湾	274844	20	3173240	18	11.55	14
波兰	263443	23	2531221	19	9.61	17
伊朗	292243	24	2476922	20	8.48	20
俄罗斯	341041	25	2404631	21	7.05	22
土耳其	280514	30	2158708	22	7.7	21

注：1. 按 SCI 数据库统计，检索时间 2019 年 10 月。
2. 中国数据包括中国香港和澳门。

在 2009—2019 年发表科技论文累计超过 20 万篇以上的国家（地区）共有 22 个，按平均每篇论文被引次数排序，中国排在第 16 位。每篇论文被引次数大于世界整体水平（12.68 次 / 篇）的国家有 13 个。瑞士、荷兰、比利时、英国、瑞典、美国、德国、加拿大、法国、澳大利亚、意大利和西班牙的论文篇均被引次数超过 15 次。

（2）学科比较

表 6-3 列出了 2009—2019 年中国各学科产出论文被引情况。分析各学科论文数量、被引次数及其占世界的比例，中国有 6 个学科产出论文的比例超过世界该学科论文的

20%，分别是：材料科学、化学、工程技术、计算机科学、物理学和数学。材料科学、化学和工程技术论文的被引次数排在世界第1位，其中，化学和工程技术均为首次排名第一。另有9个领域论文的被引次数排在世界第2位，分别是：农业科学、生物与生物化学、计算机科学、环境与生态学、地学、数学、药学与毒物学、物理学和植物学与动物学。综合类排在世界第3位，微生物学和分子生物学与遗传学排在世界第4位，免疫学排在世界第5位。与2018年度统计相比，有11个学科领域的论文被引次数排名有所上升。

表6-3　2009—2019年中国各学科产出论文与世界平均水平比较

学科	论文情况		被引情况				篇均被引次数	相对影响
	论文篇数	占世界比例	被引次数	占世界比例	世界排名	排名变化		
农业科学	63433	14.63%	599994	14.83%	2	—	9.46	1.01
生物与生物化学	123708	16.37%	1417823	10.96%	2	↑1	11.46	0.67
化学	466581	26.81%	6773051	25.74%	1	↑1	14.52	0.96
临床医学	278677	9.96%	2598826	7.09%	7	↑1	9.33	0.71
计算机科学	90239	24.00%	662019	23.41%	2	—	7.34	0.98
经济贸易	17406	6.17%	116797	4.69%	8	↑1	6.71	0.76
工程技术	336591	25.04%	2724322	24.23%	1	↑1	8.09	0.97
环境与生态学	92868	17.61%	1000937	14.09%	2	—	10.78	0.80
地学	93801	19.95%	1045135	17.05%	2	↑1	11.14	0.85
免疫学	24189	9.21%	293848	5.89%	5	↑6	12.15	0.64
材料科学	297966	33.18%	4330667	32.63%	1	—	14.53	0.98
数学	89655	20.57%	417365	21.10%	2	—	4.66	1.03
微生物学	28920	13.69%	278752	8.44%	4	↑1	9.64	0.62
分子生物学与遗传学	89259	18.65%	1199762	10.50%	4	—	13.44	0.56
综合类	3159	14.12%	52905	13.83%	3	—	16.75	0.98
神经科学与行为学	46549	8.93%	535817	5.62%	8	↑1	11.51	0.63
药学与毒物学	71192	17.27%	698892	13.19%	2	—	9.82	0.76
物理学	251067	22.79%	2393163	19.03%	2	—	9.53	0.83
植物学与动物学	85545	11.43%	798549	11.10%	2	—	9.33	0.97
精神病学与心理学	13205	3.14%	103360	1.98%	13	↑1	7.83	0.63
社会科学	27639	2.90%	212186	3.06%	13	↓4	7.68	1.06
空间科学	14774	9.81%	198179	7.09%	9	↑4	13.41	0.72

注：1. 统计时间截至2019年10月。

2. "↑1"的含义是：与上年度统计相比，位次上升了1位；"—"表示位次未变。

3. 相对影响：中国篇均被引次数与该学科世界平均值的比值。

（3）热点论文

近两年发表的论文在最近两个月得到大量引用，且被引次数进入本学科前0.1%的论文称为热点论文，这样的文章往往反映了最新的科学发现和研究动向，可以说是科学研究前沿的风向标。截至2019年9月，统计出的中国热点论文数为1056篇，占世界热点论文总数的32.6%，排在世界第2位，比2018年上升1位。美国热点论文数最多，为1562篇，占世界热点论文总量的48.2%，英国排在第3位，热点论文数830篇，德国和法国分别排在第4位和第5位，热点论文数分别是511篇和369篇。

其中被引最高的一篇论文是2017年9月发表在*CHEMICAL REVIEWS*上的评述性论文，题为"Toward Safe Lithium Metal Anode in Rechargeable Batteries：A Review"。截至2019年10月已被引710次，由清华大学的4位作者署名。该论文是国家重点基础研究发展计划（973计划）资助产出的成果。

（4）CNS论文

《科学》（*SCIENCE*）、《自然》（*NATURE*）和《细胞》（*CELL*）是国际公认的3个享有最高学术声誉的科技期刊。发表在三大名刊上的论文，往往都是经过世界范围内知名专家层层审读、反复修改而成的高质量、高水平的论文。2018年以上3种期刊共刊登论文6641篇，比2017年增加944篇。其中，中国论文为429篇，论文数增加了120篇，排在世界第4位，与2017年持平。美国仍然排在首位，论文数为2588篇。英国、德国分列第2、第3位，排在中国之前。若仅统计Article和Review两种类型的论文，则中国有317篇，排在世界第4位，与2017年持平。

（5）最具影响力期刊上发表的论文

2018年被引次数超过10万次且影响因子超过30的国际期刊有8种（*NATURE*、*SCIENCE*、*NEW ENGL J MED*、*LANCET*、*CELL*、*CHEM REV*、*JAMA-J AM MED ASSOC*、*CHEM SOC REV*），2018年共发表论文12172篇，其中中国论文828篇，占总数的6.8%，排在世界第4位。若仅统计Article和Review两种类型的论文，则中国有547篇，排在世界第4位，与2017年持平。

各学科领域影响因子最高的期刊可以被看作世界各学科最具影响力期刊。2018年178个学科领域中高影响力期刊共有155种，2018年各学科高影响力期刊上的论文总数为61420篇。中国在这些期刊上发表的论文数为11318篇，比2017年增加3059篇，占世界的18.4%，排在世界第2位。美国有22017篇，占35.8%。中国在这些高影响力期刊上发表的论文中有7574篇是受国家自然科学基金资助产出的，占66.9%。发表在世界各学科高影响力期刊上的论文较多的中国高等院校是：中国科学院大学（602篇）、清华大学（427篇）、北京大学（348篇）、哈尔滨工业大学（343篇）、上海交通大学（321篇）和浙江大学（303篇）。

6.3.2 时间分布

图6-1为2009—2018年SCI收录中国科技论文在2018年度被引的分布情况。可以发现，SCI被引的峰值为2014年和2015年，表明SCI收录论文更倾向于引用较新的文献。

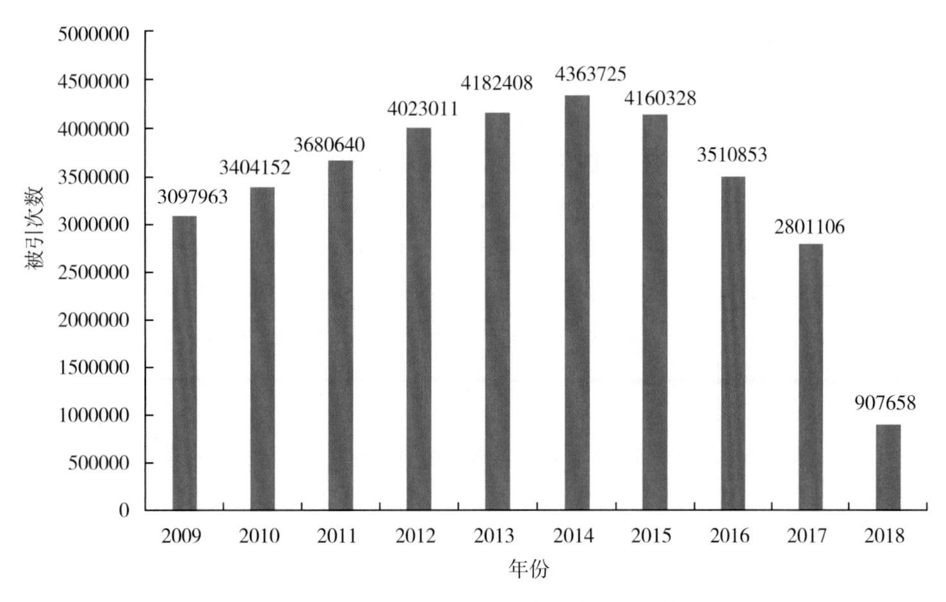

图 6-1　2009—2018 年 SCI 被引情况时间分布

6.3.3　地区分布

2009—2018 年 SCI 收录论文总被引次数居前 3 位的地区为北京、上海和江苏，篇均被引次数居前3位的地区为吉林、福建和上海，未被引论文比例较低的3个地区为甘肃、湖北和福建（如表 6-4 所示）。进入 3 个排名列表前 10 位的地区有北京、上海、湖北；进入 2 个排名列表前 10 位的地区有甘肃、辽宁、江苏、广东、福建、天津、安徽等；只进入 1 个列表前 10 位的地区有黑龙江、陕西、四川、山东、浙江、湖南和吉林。

表 6-4　2009—2018 年 SCI 收录中国科技论文被引情况地区分布

排名	总被引情况		篇均被引情况		未被引情况	
	地区	总被引次数	地区	篇均被引次数	地区	比例
1	北京	5355166	吉林	14.62	甘肃	14.29%
2	上海	2970512	福建	14.51	湖北	15.49%
3	江苏	2819385	上海	14.16	福建	15.66%
4	广东	1686864	安徽	14.12	上海	16.01%
5	湖北	1522938	北京	13.75	湖南	16.04%
6	浙江	1457456	甘肃	13.57	黑龙江	16.10%
7	山东	1165751	湖北	13.19	江苏	16.35%
8	陕西	1150776	天津	13.04	安徽	16.39%
9	辽宁	1061572	辽宁	12.52	北京	16.49%
10	四川	896629	广东	12.47	天津	16.54%

6.3.4 学科分布

2009—2018年SCI收录论文总被引次数居前3位的学科为化学、生物和材料科学，篇均被引次数居前3位的学科为化学、能源科学技术和环境科学，未被引论文比例较低的3个学科为化工、安全科学技术和测绘科学技术（如表6-5所示）。进入3个排名列表前10位的学科有材料科学、化学、环境科学；进入2个排名列表前10位的学科有生物学、化工、能源科学技术、动力与电气、天文学；只进入1个列表前10位的学科有电子、通信与自动控制，临床医学，管理学，农学，物理学，测绘科学技术，计算技术，安全科学技术，地学，基础医学。

表6-5 2009—2018年SCI收录中国科技论文被引情况学科分布

排名	总被引情况		篇均被引情况		未被引情况	
	学科	总被引次数	学科	篇均被引次数	学科	占比
1	化学	8060527	化学	20.00	化工	9.02%
2	生物学	3482699	能源科学技术	17.29	安全科学技术	9.29%
3	材料科学	2601748	环境科学	16.31	测绘科学技术	10.00%
4	临床医学	2515225	化工	15.99	能源科学技术	10.05%
5	物理学	2440291	材料科学	14.25	化学	10.51%
6	基础医学	1398918	天文学	14.22	动力与电气	10.68%
7	环境科学	1154992	安全科学技术	13.28	天文学	10.69%
8	电子、通信与自动控制	1149315	生物学	12.77	环境科学	11.09%
9	地学	1035154	农学	12.61	材料科学	13.05%
10	计算技术	1003572	动力与电气	12.58	力学	13.48%

6.3.5 高被引论文

中国各学科论文在2009—2019年的被引次数处于世界前1%的高被引论文为30755篇，数量比2018年统计时增长23.9%，排在世界第2位，比2018年度上升1位，占世界份额的20.0%，提升了近3个百分点。美国排在第1位，高被引论文数为73663篇，占世界份额的48.0%。英国排在第3位，高被引论文数为27905篇，占世界份额的18.2%。德国和法国分别排在第4位和第5位，高被引论文数分别为18896篇和12415篇，分别占世界份额的12.3%和8.1%。表6-6列出了其中被引次数最高的10篇论文。

表6-6 2009—2019年中国高被引论文中被引次数居前10位的论文

学科	累计被引次数	单位	作者	来源
临床医学	5185	中国医学科学院肿瘤医院	CHEN W Q, ZHENG R S, BAADE P D	*CA-A CANCER JOURNAL FOR CLINICIANS* 2016，66（2）：115-132

续表

学科	累计被引次数	单位	作者	来源
化学	4274	南华大学	WANG G P, ZHANG L, ZHANG J J	*CHEM SOC REV* 2012，41（2）：797-828
化学	3797	北京科技大学	LU T, CHEN F W	*JOURNAL OF COMPUTATIONAL CHEMISTRY* 2012，33（5）：580-592
生物学与生物化学	3790	华大基因	QIN J J, LI R Q, RAES J	*NATURE* 2010，464（7285）：59-70
化学	3592	浙江大学	CUI Y J，YUE Y F，QIAN G D	*CHEMICAL REVIEWS* 2012，112（2）：1126-1162
材料科学	3093	复旦大学	LI L K，YU Y J，YE G J	*NATURE NANOTECHNOLOGY* 2014，9（5）：372-377
物理学	2982	华南理工大学	HE Z C，ZHONG C M，SU S J	*NATURE PHOTONICS* 2012，6（9）：591-595
环境生态学	2549	广东工业大学	FU F L, WANG Q	*J ENVIRON MANAGE* 2011，92（3）：407-418
材料科学	2532	中国科学院金属研究所	LIU C，LI F, MA L P	*ADVAN MATER* 2010，22（8）：E28-E62
材料科学	2478	温州医科大学	QU L T，LIU Y, BAEK J B	*ACS NANO* 2010，4（3）：1321-1326

注：1. 统计截至 2019 年 9 月。

2. 对于作者总人数超过 3 人的论文，本表作者栏中仅列出前 3 位。

6.3.6 机构分布

（1）高等院校

表 6-7 列出了 CSTPCD 被引篇数、被引次数和 SCI 被引篇数、被引次数这 4 个列表中排名居前的高等院校。

其中，上海交通大学的 CSTPCD 被引篇数排名第一，SCI 被引篇数排名第二，SCI 被引次数排名第三；北京大学 CSTPCD 被引次数排名第一；浙江大学的 SCI 被引篇数及被引次数均排名第一；清华大学的 SCI 被引次数排名第二，SCI 被引篇数排名第三。

表 6-7 CSTPCD 和 SCI 被引情况排名居前的高等院校

高等院校	CSTPCD 被引情况				SCI 被引情况			
	篇数	排名	次数	排名	篇数	排名	次数	排名
上海交通大学	17796	1	28521	2	44890	2	695065	3
首都医科大学	16169	2	25412	3	12236	30	128795	46
北京大学	16047	3	31657	1	33593	4	647982	4

续表

高等院校	CSTPCD 被引情况				SCI 被引情况			
	篇数	排名	次数	排名	篇数	排名	次数	排名
浙江大学	12512	4	23527	4	48159	1	832434	1
中南大学	11913	5	19887	6	24364	13	331773	16
四川大学	11144	6	18290	10	30566	5	417512	10
同济大学	11018	7	18755	8	18423	18	272102	23
华中科技大学	10953	8	18323	9	29099	7	468005	6
武汉大学	10931	9	19855	7	20534	15	346921	14
中山大学	10541	10	17894	11	27158	8	462121	8
清华大学	9523	11	20019	5	36984	3	769381	2
复旦大学	9415	12	16214	15	29339	6	568901	5
南京大学	9360	13	17637	12	23660	14	464680	7
吉林大学	8928	14	15340	16	25605	11	377430	12
中国石油大学	7985	15	15243	17	10241	38	123883	49

（2）研究机构

表 6-8 列出了 CSTPCD 被引篇数、被引次数和 SCI 被引篇数、被引次数排名居前的研究机构。其中，中国中医科学院的 CSTPCD 被引篇数排名第一；中国科学院地理科学与资源研究所的 CSTPCD 被引次数排名第一；中国疾病预防控制中心的 CSTPCD 被引篇数排名第二，CSTPCD 被引次数均排名第三。

表 6-8　CSTPCD 和 SCI 被引情况排名居前的研究机构

研究机构	CSTPCD 被引情况				SCI 被引情况			
	篇数	排名	次数	排名	篇数	排名	次数	排名
中国中医科学院	4900	1	8741	2	1737	36	16393	67
中国疾病预防控制中心	3240	2	7866	3	2222	25	46757	19
中国科学院地理科学与资源研究所	3238	3	10831	1	3295	12	55938	18
中国林业科学研究院	3092	4	5891	4	1862	32	19690	55
中国水产科学研究院	2677	5	4668	5	1988	30	19646	56
中国科学院长春光学精密机械与物理研究所	1841	6	3073	9	1651	39	26666	41
江苏省农业科学院	1637	7	2890	11	824	80	8179	101
中国热带农业科学院	1603	8	2414	16	1002	68	10591	89
中国科学院地质与地球物理研究所	1557	9	4471	6	3216	14	64068	14
中国工程物理研究院	1509	10	2061	22	5509	3	37129	28
中国科学院寒区旱区环境与工程研究所	1412	11	3065	10	1627	40	26159	44
中国医学科学院肿瘤研究所	1297	12	3940	7	1310	50	20523	52
中国科学院生态环境研究中心	1288	13	3429	8	4330	7	101678	6
山东省农业科学院	1185	14	2048	23	491	117	5713	122
中国科学院南京土壤研究所	1106	15	2860	12	1692	38	33387	32

（3）医疗机构

表 6-9 列出了 CSTPCD 被引篇数、被引次数和 SCI 被引篇数、被引次数排名居前的医疗机构。其中，解放军总医院的 CSTPCD 被引篇数及被引次数均排名第一，SCI 被引篇数及被引次数均排名第二；四川大学华西医院的 CSTPCD 被引篇数及被引次数均排名第二；北京协和医院的 CSTPCD 被引次数及被引次数均排名第三。四川大学华西医院的 SCI 被引篇数及被引次数均排名第一。

表 6-9 CSTPCD 和 SCI 被引情况排名居前的医疗机构

医疗机构	CSTPCD 被引情况				SCI 被引情况			
	篇数	排名	次数	排名	篇数	排名	次数	排名
解放军总医院	5527	1	8640	1	5604	2	62089	2
四川大学华西医院	3926	2	6420	2	9018	1	107964	1
北京协和医院	3765	3	6405	3	3530	15	38476	6
华中科技大学同济医学院附属同济医院	2609	4	4155	4	4127	3	55072	3
中国医科大学附属盛京医院	2427	5	3606	8	2031	45	19108	33
南京军区南京总医院	2368	6	3877	7	2469	19	35227	24
武汉大学人民医院	2355	7	3416	11	2201	37	22918	31
北京大学第一医院	2244	8	4083	5	1868	29	24784	35
江苏省人民医院	2236	9	3450	10	3495	5	51510	7
北京大学第三医院	2220	10	3923	6	1749	42	20514	39
郑州大学第一附属医院	2134	11	3321	12	2710	30	24474	20
南方医院	2017	12	3087	15	2658	21	34304	22
北京大学人民医院	1965	13	3457	9	1822	38	21818	36
第二军医大学附属长海医院	1955	14	3107	14	2213	26	29441	30
首都医科大学宣武医院	1953	15	3155	13	1336	54	17195	56

6.4 讨论

从 10 年段国际被引来看，中国科技论文被引次数、世界排名均呈逐年上升趋势，这说明中国科技论文的国际影响力在逐步上升。尽管中国平均每篇论文被引次数与世界平均值还有一定的差距，但提升速度相对较快。

中国各学科论文在 2009—2019 年 10 年段的被引次数处于世界前 1% 的高被引论文为 30755 篇，数量比 2018 年统计时增长 23.9%，排在世界第 2 位，比 2018 年度上升 1 位，占世界份额的 20.0%，提升了近 3 个百分点。近两年发表的论文在最近两个月得到大量引用，且被引次数进入本学科前 0.1% 的论文称为热点论文，这样的文章往往反映了最新的科学发现和研究动向，可以说是科学研究前沿的风向标。截至 2019 年 9 月，统计出的中国热点论文数为 1056 篇，占世界热点论文总数的 32.6%，排在世界第 2 位，比 2018 年上升 1 位。2018 年 *SCIENCE*、*NATURE* 和 *CELL* 三大名刊上共刊登论文 6641 篇，比2017年增加944篇。其中，中国论文为429篇，论文数增加了120篇，排在世界第4位，与2017年持平。

2009—2018年SCI收录论文总被引次数居前3位的地区为北京、上海和江苏，篇均被引次数居前3位的地区为吉林、福建和上海，未被引论文比例较低的3个地区为甘肃、湖北和福建。

2009—2018年SCI收录论文总被引次数居前3位的学科为化学、生物和材料科学，篇均被引次数居前3位的学科为化学、能源科学技术和环境科学，未被引论文比例较低的3个学科为化工、安全科学技术和测绘科学技术。

7 中国各类基金资助产出论文情况分析

本章以 2018 年 CSTPCD 和 SCI 为数据来源，对中国各类基金资助产出论文情况进行了统计分析，主要分析了基金资助来源、基金论文的文献类型分布、机构分布、学科分布、地区分布、合著情况及其被引情况，此外还对 3 种国家级科技计划项目的投入产出效率进行了分析。统计分析表明，中国各类基金资助产出的论文处于不断增长的趋势之中，且已形成了一个以国家自然科学基金、科技部计划项目资助为主，其他部委和地方基金、机构基金、公司基金、个人基金和海外基金为补充的、多层次的基金资助体系。对比分析发现，CSTPCD 和 SCI 数据库收录的基金论文在基金资助来源、机构分布、学科分布、地区分布上存在一定的差异，但整体上保持了相似的分布格局。

7.1 引言

早在 17 世纪之初，弗兰西斯·培根就曾在《学术的进展》一书中指出，学问的进步有赖于一定的经费支持。科学基金制度的建立和科学研究资助体系的形成为这种支持的连续性和稳定性提供了保障。中华人民共和国成立以来，我国已经初步形成了国家（国家自然科学基金、科技部 973 计划、863 计划和科技支撑计划等基金）为主，地方（各省级基金）、机构（大学、研究机构基金）、公司（各公司基金）、个人（私人基金）和海外基金等为补充的多层次的资助体系。这种资助体系作为科学研究的一种运作模式，为推动我国科学技术的发展发挥了巨大作用。

由基金资助产出的论文称为基金论文，对基金论文的研究具有重要意义：基金资助课题研究都是在充分论证的基础上展开的，其研究内容一般都是国家目前研究的热点问题；基金论文是分析基金资助投入与产出效率的重要基础数据之一；对基金资助产出论文的研究，是不断完善我国基金资助体系的重要支撑和参考依据。

中国科学技术信息研究所自 1989 年起每年都会在其《中国科技论文统计与分析》年度研究报告中对中国的各类基金资助产出论文情况进行统计分析，其分析具有数据质量高、更新及时、信息量大的特征，是及时了解相关动态的最重要的信息来源。

7.2 数据与方法

本章研究的基金论文主要来源于两个数据库：CSTPCD 和 SCI 网络版。本章所指的中国各类基金资助限定于附表 39 列出的科学基金与资助。

2018 年 CSTPCD 延续了 2017 年对基金资助项目的标引方式，最大限度地保持统计项目、口径和方法的延续性。SCI 数据库自 2009 年起其原始数据中开始有基金字段，中国科学技术信息研究所也自 2009 年起开始对 SCI 收录的基金论文进行统计。SCI 数据的标引采用了与 CSTPCD 相一致的基金项目标引方式。

CSTPCD和SCI数据库分别收录符合其遴选标准的中国和世界范围内的科技类期刊，CSTPCD收录论文以中文为主，SCI收录论文以英文为主。两个数据库收录范围互为补充，能更加全面地反映中国各类基金资助产出科技期刊论文的全貌。值得指出的是，由于CSTPCD和SCI收录期刊存在少量重复现象，所以在宏观的统计中其数据加和具有一定的科学性和参考价值，但是用于微观的计算时两者基金论文不能做简单的加和。本章对这两个数据库收录的基金论文进行了统计分析，必要时对比归纳了两个数据库收录基金论文在对应分析维度上的异同。文中的“全部基金论文”指所论述的单个数据库收录的全部基金论文。

本章的研究主要使用了统计分析的方法，对CSTPCD和SCI收录的中国各类基金资助产出论文的基金资助来源、文献类型分布、机构分布、学科分布、地区分布、合著情况进行了分析，并在最后计算了3种国家级科技计划项目的投入产出效率。

7.3 研究分析与结论

7.3.1 中国各类基金资助产出论文的总体情况

（1）CSTPCD收录基金论文的总体情况

根据CSTPCD数据统计，2018年中国各类基金资助产出论文共计319464篇，占当年全部论文总数（454519篇）的70.29%。如表7-1所示，与2017年相比，2018年基金论文总数减少了2921篇，基金论文增长率为-0.91%。

表7-1 2013—2018年CSTPCD收录中国各类基金资助产出论文情况

年份	论文总篇数	基金论文篇数	基金论文比	全部论文增长率	基金论文增长率
2013	516883	297358	57.53%	-1.28%	19.69%
2014	497849	306789	61.62%	-3.68%	3.17%
2015	493530	299231	60.63%	-0.87%	-2.46%
2016	494207	325900	65.94%	0.14%	8.91%
2017	472120	322385	68.28%	-4.47%	-1.08%
2018	454519	319464	70.29%	-3.73%	-0.91%

（2）SCI收录基金论文的总体情况

2018年，SCI收录中国科技论文（Article和Review类型）总数为357405篇，其中318906篇是在基金资助下产生，基金论文比为89.23%。如表7-2所示，2018年中国全部SCI论文总量较2017年增长了15.31%，基金论文总数与2017年相比增长了42237篇，增长率为15.27%。

表 7-2　2013—2018 年 SCI 收录中国各类基金资助产出论文情况

年份	论文总篇数	基金论文篇数	基金论文比	全部论文增长率	基金论文增长率
2013	192697	167003	86.67%	21.5%	34.00%
2014	225097	196890	87.47%	16.81%	17.90%
2015	253581	173388	68.38%	12.65%	-11.94%
2016	302098	263942	87.37%	19.13%	52.23%
2017	309958	276669	89.26%	2.60%	4.82%
2018	357405	318906	89.23%	15.31%	15.27%

（3）中国各类基金资助产出论文的历时性分析

图 7-1 以红色柱状图和绿色折线图分别给出了 2013—2018 年 CSTPCD 收录基金论文的数量和基金论文比；以浅紫色柱状图和蓝色折线图分别给出了 2013—2018 年 SCI 收录基金论文的数量和基金论文比。综合表 7-1、表 7-2 及图 7-1 可知，CSTPCD 收录中国各类基金资助产出的论文数和基金论文比在 2013—2018 年都保持了较为平稳的上升态势，2015 年略有下降。SCI 收录的中国各类基金资助产出的论文数和基金论文比在 2013—2014 年一直平稳上升，2015 年下降明显，2016 年上升明显，2018 年比 2017 年降低了 0.03 个百分点。

总体来说，随着中国科技事业的发展，中国的科技论文数量有较大的提高，基金论文的数量也平稳增长，基金论文在所有论文中所占比重也在不断增长，基金资助正在对中国科技事业的发展发挥越来越大的作用。

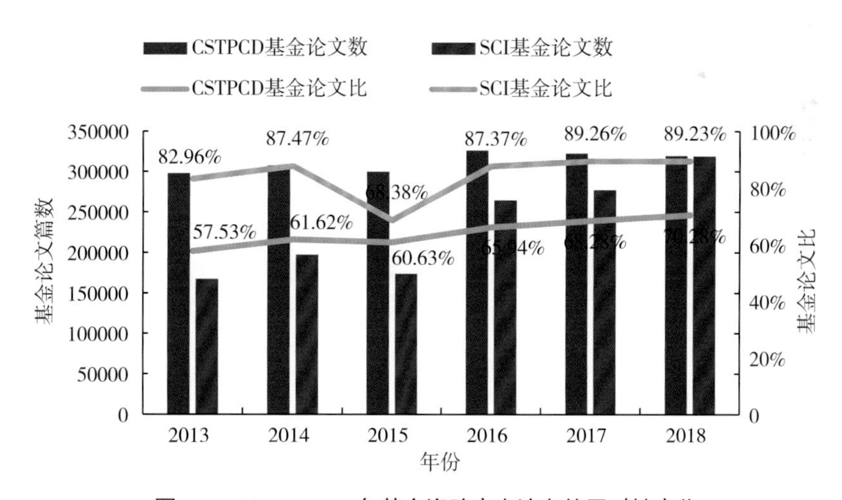

图 7-1　2013—2018 年基金资助产出论文的历时性变化

7.3.2　基金资助来源分析

（1）CSTPCD 收录基金论文的基金资助来源分析

附表 39 列出了 2018 年 CSTPCD 所统计的中国各类基金与资助产出的论文数及占全

部基金论文的比例。表7-3列出了2017年产出基金论文数居前10位的国家级和各部委基金资助来源及其产出论文的情况（不包括省级各项基金项目资助）。

由表7-3可以看出，在CSTPCD数据库中，2018年中国各类基金资助产出论文排在首位的仍然是国家自然科学基金委员会，其次是科技部，由这两种基金资助来源产出的论文占到了全部基金论文的48.94%。

根据CSTPCD数据统计，2018年由国家自然科学基金委员会资助产出论文共计119668篇，占全部基金论文的37.46%，这一比例较上年降低了2.03个百分点。与2017年相比，2018年由国家自然科学基金委员会资助产出的基金论文减少了7645篇，减幅为6.00%。

2018年由科技部的基金资助产出论文共计36671篇，占全部基金论文的11.48%，这一比例较2017年增加了0.70个百分点。与2017年相比，2018年由科技部的基金资助产出的基金论文增加了1904篇，增幅为5.48%。

表7-3 2018年产出论文数居前10位的国家级和各部委基金资助来源

基金资助来源	2018年			2017年		
	基金论文篇数	占全部基金论文的比例	排名	基金论文篇数	占全部基金论文的比例	排名
国家自然科学基金委员会	119668	37.46%	1	127313	39.49%	1
科技部	36671	11.48%	2	34767	10.78%	2
教育部	5166	1.62%	3	5262	1.63%	3
农业农村部	3902	1.22%	4	3009	0.93%	4
国家社会科学基金	3096	0.97%	5	2703	0.84%	6
军队系统	2317	0.73%	6	2752	0.85%	5
国家中医药管理局	1864	0.58%	7	2264	0.70%	7
自然资源部	1570	0.49%	8	1965	0.61%	8
中国科学院	1484	0.46%	9	1447	0.45%	9
人力资源与社会保障部	1148	0.36%	10	1085	0.34%	10

数据来源：CSTPCD。

省一级地方（包括省、自治区、直辖市）设立的地区科学基金产出论文是全部基金资助产出论文的重要组成部分。根据CSTPCD数据统计，2018年省级基金资助产出论文91741篇，占全部基金论文产出数量的28.72%。如表7-4所示，2018年江苏省基金资助产出论文数量为6744篇，占全部基金论文比例的2.11%，在全国31个省级基金资助中位列第一。地区科学基金的存在，有力地促进了中国科技事业的发展，丰富了中国基金资助体系层次。

表 7-4 2018 年产出论文数居前 10 位的省级基金资助来源

基金资助来源	2018 年			2017 年		
	基金论文篇数	占全部基金论文的比例	排名	基金论文篇数	占全部基金论文的比例	排名
江苏	6744	2.11%	1	7139	2.21%	1
上海	6095	1.91%	2	6230	1.93%	3
广东	5822	1.82%	3	6750	2.09%	2
北京	5516	1.73%	4	5168	1.60%	5
陕西	5084	1.59%	5	4620	1.43%	7
河北	4808	1.51%	6	5237	1.62%	4
浙江	4615	1.44%	7	5010	1.55%	6
河南	4540	1.42%	8	4309	1.34%	8
四川	4314	1.35%	9	4304	1.34%	9
山东	4215	1.32%	10	3906	1.21%	10

数据来源：CSTPCD。

由科技部设立的中国的科技计划主要包括：基础研究计划［国家自然科学基金和国家重点基础研究发展计划（973 计划）］、国家科技支撑计划、高技术研究发展计划（863 计划）、科技基础条件平台建设和政策引导类计划等。此外，教育部、国家卫生健康委员会等部委及各省级政府科技厅、教育厅、卫生和计划生育委员会都分别设立了不同的项目以支持科学研究。表 7-5 列出了 2018 年产出基金论文数居前 10 位的基金资助计划（项目）。根据 CSTPCD 数据统计，国家自然科学基金委员会基金项目以产出 119668 篇论文遥居首位。

表 7-5 2018 年产出基金论文数居前 10 位的基金资助计划（项目）

排名	基金资助计划（项目）	基金论文篇数	占全部基金论文的比例
1	国家自然科学基金委员会	119668	37.46%
2	江苏省基金	6744	2.11%
3	国家科技重大专项	6536	2.05%
4	上海市基金	6095	1.91%
5	广东省基金	5822	1.82%
6	北京市基金	5516	1.73%
7	教育部	5166	1.62%
8	陕西省基金	5084	1.59%
9	河北省基金	4808	1.51%
10	浙江省基金	4615	1.44%

数据来源：CSTPCD。

（2）SCI 收录基金论文的基金资助来源分析

2018 年，SCI 收录中国各类基金资助产出论文共计 318906 篇。表 7-6 列出了产出基金论文数居前 6 位的国家级和各部委基金资助来源。其中，国家自然科学基金委员会以支持产生 184822 篇论文高居首位，占全部基金论文的 57.96%；排在第 2 位的是科技部，在其支持下产出了 37374 篇论文，占全部基金论文的 11.72%；教育部以支持产生 6060 篇论文居第 3 位，占全部基金论文的 1.90%。

表 7-6 2018 年产出基金论文数居前 6 位的国家级和各部委基金资助来源

基金资助来源	2018 年			2017 年		
	基金论文篇数	占全部基金论文的比例	排名	基金论文篇数	占全部基金论文的比例	排名
国家自然科学基金委员会	184822	57.96%	1	168115	60.76%	1
科技部	37374	11.72%	2	31924	11.54%	2
教育部	6060	1.90%	3	5116	1.85%	3
中国科学院	2964	0.93%	4	2875	1.04%	4
人力资源和社会保障部	2129	0.67%	5	2668	0.96%	5
国家社会科学基金	659	0.21%	6	409	0.15%	7

数据来源：SCI。

根据 SCI 数据统计，2018 年省一级地方（包括省、自治区、直辖市）设立的地区科学基金产出论文 37699 篇，占全部基金论文的 11.82%。表 7-7 列出了 2018 年产出基金论文数居前 10 位的省级基金资助来源，其中江苏以支持产出 4426 篇基金论文居第 1 位，其后分别是浙江和广东，分别支持产出 3564 篇和 3311 篇基金论文。

表 7-7 2018 年产出基金论文数居前 10 位的省级基金资助来源

基金资助来源	2018 年			2017 年		
	基金论文篇数	占全部基金论文的比例	排名	基金论文篇数	占全部基金论文的比例	排名
江苏	4426	1.39%	1	4575	1.65%	1
浙江	3564	1.12%	2	3502	1.27%	3
广东	3311	1.04%	3	3975	1.44%	2
上海	3074	0.96%	4	3019	1.09%	4
山东	2978	0.93%	5	2314	0.84%	6
北京	2641	0.83%	6	2573	0.93%	5
四川	1577	0.49%	7	1348	0.49%	7
福建	1162	0.36%	8	957	0.34%	11
湖南	1141	0.36%	9	930	0.33%	12
河南	1120	0.35%	10	975	0.35%	10

数据来源：SCI。

根据 SCI 数据统计，2018 年只有国家自然科学基金委员会基金项目产出的论文超过了 10000 篇，为 184822 篇论文，占全部基金论文数的 57.96%。排在第 2 位是国家重点基础研究发展计划（973 计划）产出 7231 篇论文，占全部基金论文数的 2.27%（如表 7-8 所示）。

表 7-8　2018 年产出基金论文数居前 10 位的基金资助计划（项目）

排名	基金资助计划（项目）	基金论文篇数	占全部基金论文的比例
1	国家自然科学基金委员会	184822	57.96%
2	国家重点基础研究发展计划（973 计划）	7231	2.27%
3	江苏省基金	4426	1.39%
4	浙江省基金	3564	1.12%
5	广东省基金	3311	1.04%
6	上海市基金	3074	0.96%
7	山东省基金	2978	0.93%
8	中国科学院基金	2964	0.93%
9	北京市基金	2641	0.83%
10	国家高技术研究发展计划（863 计划）	1809	0.57%

数据来源：SCI。

（3）CSTPCD 和 SCI 收录基金论文的基金资助来源的异同

通过对 CSTPCD 和 SCI 收录基金论文的分析可以看出，目前我国已经形成了一个以国家（国家自然科学基金、科技部 973 计划、863 计划和科技支撑计划等）为主，地方（各省级基金）、机构（大学、研究机构基金）、公司（各公司基金）、个人（私人基金）和海外基金等为补充的多层次的资助体系。无论是 CSTPCD 收录的基金论文或是 SCI 收录的基金论文，都是在这一资助体系下产生的，所以其基金资助来源必然呈现出一定的一致性，这种一致性主要表现在：

①国家自然科学基金在中国的基金资助体系中占据了绝对的主体地位。在 CSTPCD 数据库中，由国家自然科学基金资助产出的论文占该数据库全部基金论文的 37.46%；在 SCI 数据库中，国家自然科学基金资助产出的论文更是占到了高达 57.96% 的比例。

②科技部在中国的基金资助体系中发挥了极为重要的作用。在 CSTPCD 数据库中，科技部资助产出的论文占该数据库全部基金论文的 11.48%；在 SCI 数据库中，科技部资助产出的论文占 11.72%。

③省一级地方（包括省、自治区、直辖市）是中国基金资助体系的有力补充。在 CSTPCD 数据库中，由省一级地方基金资助产出的论文占该数据库基金论文总数的 28.72%；在 SCI 数据库中，省一级地方基金资助产出的论文占 11.82%。

7.3.3　基金资助产出论文的文献类型分布

（1）CSTPCD 收录基金论文的文献类型分布与各类型文献基金论文比

根据 CSTPCD 数据统计，论著（Article）、综述和评论（Review）类型论文的基金论文比高于其他类型的文献。2018 年 CSTPCD 收录论著类型论文 358721 篇，其中 271753 篇由基金资助产生，基金论文比为 75.76%；收录综述和评论类型论文 25630 篇，其中 18251 篇由基金资助产生，基金论文比为 71.21%。其他类型文献（短篇论文和研究快报、工业工程设计）共计 70168 篇，其中 29460 篇由基金资助产生，基金论文比为

41.98%。论著、综述和评论这两种类型论文的基金论文比远高于其他类型的文献。

CSTPCD 收录的基金论文中，论著（Article）、综述和评论（Review）类型的论文占据了主体地位。2018 年 CSTPCD 收录由基金资助产出的论文共计 319464 篇，其中论著 271753 篇，综述和评论 18251 篇，这两种类型的文献占全部基金论文总数的 90.78%。如图 7-2 所示为基金和非基金论文文献类型分布情况。

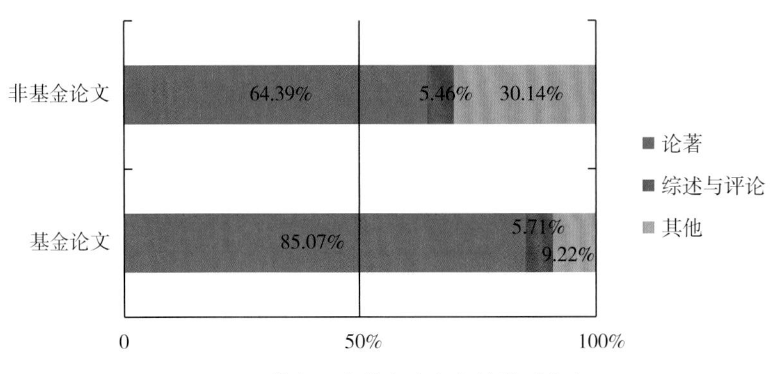

图 7-2 基金和非基金论文文献类型分布

（2）SCI 收录基金论文的文献类型分布与各类型文献基金论文比

如表 7-9 所示，2018 年 SCI 收录中国论文 376271 篇（不包含港澳台地区），其中 A、R 两种类型（Article、Review）的论文有 357405 篇，其他类型（Bibliography、Biographical-Item、Book Review、Correction、Editorial Material、Letter、Meeting Abstract、News Item、Proceedings Paper 和 Reprint 等）论文 18866 篇。

SCI 收录基金论文中，A、R 类型论文占据了绝对的主体地位。如表 7-9 所示，2018 年 SCI 收录中国基金论文 323194 篇，其中 A、R 类型论文共计 318906 篇，A、R 论文所占比例达 98.67%。2018 年 SCI 收录 A、R 类型基金论文占收录中国所有论文的比例为 84.75%。

表 7-9 2018 年基金资助产出论文的文献类型与基金论文比

	论文总篇数	基金论文篇数	基金论文比
A、R 论文	357405	318906	89.23%
其他类型	18866	4288	22.73%
合计	376271	323194	85.89%

数据来源：SCI。

7.3.4 基金论文的机构分布

（1）CSTPCD 收录基金论文的机构分布

2018 年，CSTPCD 收录中国各类基金资助产出论文在各类机构中的分布情况见附表 40 和图 7-3。多年来，高等院校一直是基金论文产出的主体力量，由其产出的基金论文占全部基金论文的比例长期保持在 60% 以上。从 CSTPCD 的统计数据可以看到，2018

年有 73.80% 的基金论文产自高等院校。自 2009 年起，高等院校产出基金论文连续 10 年保持在了 18 万篇以上的水平，2017 年和 2018 年均达到了 23 万篇之上。基金论文产出的第二力量来自科研机构，2018 年由科研机构产出的基金论文共计 39121 篇，占全部基金论文的 12.25%。

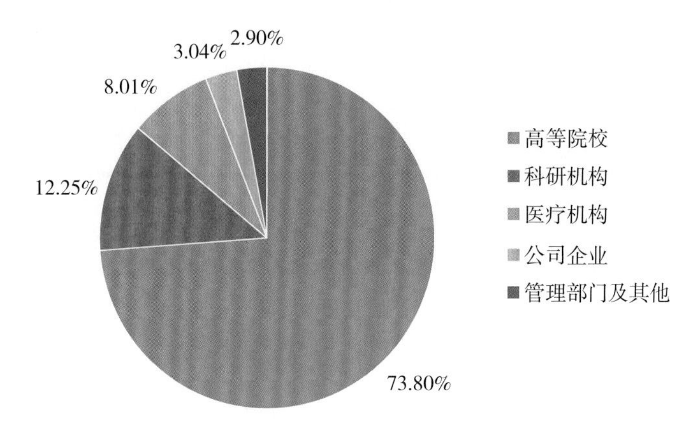

图 7-3 2018 年 CSTPCD 收录中国各类基金资助产出论文在各类机构中的分布

注：医疗机构数据不包括高等院校附属医院。

各类型机构产出基金论文数占该类型机构产出论文总数的比例，称为该种类型机构的基金论文比。根据 CSTPCD 数据统计，2018 年不同类型机构的基金论文比存在一定差异。如表 7-10 所示，高等院校和科研院所的基金论文比明显高于其他类型的机构。这一现象与科研中高等院校和科研院所是主体力量、基金资助在这两类机构的科研人员中有更高的覆盖率的事实是相一致的。

表 7-10 2018 年各类型机构的基金论文比

机构类型	基金论文篇数	论文总篇数	基金论文比
高等院校	235750	300585	78.43%
医疗机构	25602	59436	43.07%
科研机构	39121	52684	74.26%
管理部门及其他	9270	16688	55.55%
公司企业	9721	25126	38.69%
合计	319464	454519	70.29%

注：医疗机构数据不包括高等院校附属医院。

数据来源：CSTPCD。

根据 CSTPCD 数据统计，2018 年产出基金论文数居前 50 位的高等院校见附表 43。表 7-11 列出了产出基金论文数居前 10 位的高等院校。2018 年进入前 10 位的高等院校的基金论文有 8 所超过了 2000 篇，2017 年 8 所高等院校、2016 年 3 所高等院校、2015 年 5 所高等院校、2014 年 5 所高等院校、2013 年 10 所高等院校、2012 年 5 所高等院校产出基金论文数超过 2000 篇。

表7-11 2018年产出基金论文数居前10位的高等院校

排名	机构名称	基金论文篇数	占全部基金论文的比例
1	上海交通大学	3644	1.14%
2	首都医科大学	3354	1.05%
3	武汉大学	2552	0.80%
4	四川大学	2483	0.78%
5	北京大学	2197	0.69%
6	中南大学	2190	0.69%
7	浙江大学	2064	0.65%
8	吉林大学	2039	0.64%
9	同济大学	1951	0.61%
10	复旦大学	1841	0.58%

注：高等院校数据包括其附属医院。

数据来源：CSTPCD。

根据CSTPCD数据统计，2018年产出基金论文数居前50位的科研机构见附表44。表7-12列出了产出基金论文数居前10位的科研院所。2012年，基金论文数超过600篇的机构有2家，分别是中国中医科学院719篇、中国林业科学研究院640篇；2013年，基金论文数超过600篇的机构有3家，分别是中国中医科学院924篇、中国科学院长春光学精密机械与物理研究所668篇和中国林业科学研究院647篇；2014年，基金论文数超过600篇的机构有4家，分别是中国林业科学院655篇、中国科学院长春光学精密机械与物理研究所634篇、中国医学科学院603篇、中国水产科学研究院602篇；2015年仅中国科学院长春光学精密机械与物理研究所1家机构的基金论文数超过600篇；2016年，基金论文数超过600篇的机构有2家，分别是中国林业科学研究院658篇和中国水产科学研究院656篇；2017年，中国林业科学研究院和中国水产科学研究院分别以674篇和617篇基金论文排名前两位；2018年，基金论文数超过600篇的机构有2家，分别是中国林业科学研究院601篇和中国水产科学研究院600篇。

表7-12 2018年产出基金论文数居前10位的科研院所

排名	机构名称	基金论文篇数	占全部基金论文的比例
1	中国林业科学研究院	601	0.19%
2	中国水产科学研究院	600	0.19%
3	中国疾病预防控制中心	496	0.16%
4	中国热带农业科学院	489	0.15%
5	中国科学院地理科学与资源研究所	486	0.15%
6	中国工程物理研究院	440	0.14%
7	中国中医科学院	407	0.13%
8	山西省农业科学院	391	0.12%
9	江苏省农业科学院	317	0.10%
10	福建省农业科学院	304	0.10%

数据来源：CSTPCD。

（2）SCI 收录基金论文的机构分布

2018 年，SCI 收录中国各类基金资助产出论文在各类机构中的分布情况如图 7-4 所示。根据 SCI 数据统计，2018 年高等院校共产出基金论文 278227 篇，占 87.42%；科研院所共产出基金论文 33493 篇，占 10.50%；医疗机构共产出基金论文 5183 篇，占 1.63%；公司企业基金论文 1486 篇，占比不足总数的 1%。

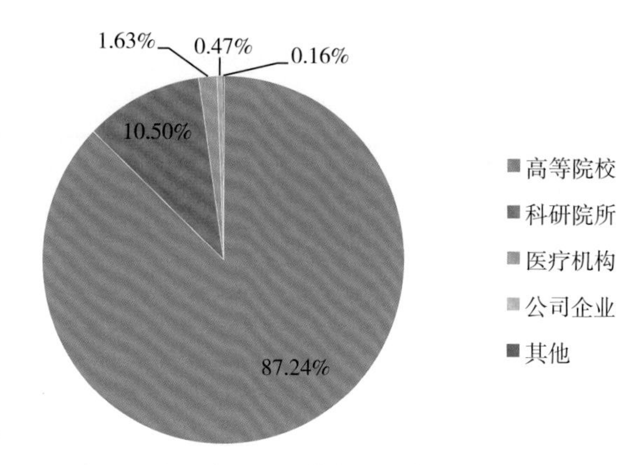

图 7-4 2018 年 SCI 收录中国各类基金资助产出论文在各类机构中的分布

注：医疗机构数据不包括高等院校附属医院。

如表 7-13 所示，不同类型机构的基金论文比存在一定差异的现象同样存在于 SCI 数据库中。根据 SCI 数据统计，医疗机构、公司企业等的基金论文比明显低于高等院校和科研院所。科研院所产出论文的基金论文比为 93.58%，高等院校产出论文的基金论文比为 90.06%。

表 7-13 2018 年各类型机构的基金论文比

机构类型	基金论文篇数	论文总篇数	基金论文比
高等院校	278227	308937	90.06%
科研院所	33493	35792	93.58%
医疗机构	5183	9991	51.88%
公司企业	1486	2003	74.19%
其他	517	682	75.81%
合计	318906	357405	89.23%

注：医疗机构数据不包括高等院校附属医院。

数据来源：SCI。

表 7-14 列出了根据 SCI 数据统计出的 2018 年中国产出基金论文数居前 10 位的高等院校。在高等院校中，清华大学是 SCI 基金论文最大的产出机构，共产出 5307 篇，占全部基金论文的 1.66%；其次是浙江大学，共产出 5061 篇，占全部基金论文的 1.59%；排在第 3 位的是哈尔滨工业大学，共产出 4295 篇，占全部基金论文的 1.35%。

表 7-14 2018 年中国产出基金论文数居前 10 位的高等院校

排名	机构名称	基金论文篇数	占全部基金论文的比例
1	清华大学	5307	1.66%
2	浙江大学	5061	1.59%
3	哈尔滨工业大学	4295	1.35%
4	上海交通大学	4023	1.26%
5	华中科技大学	3851	1.21%
6	天津大学	3736	1.17%
7	西安交通大学	3685	1.16%
8	北京大学	3300	1.03%
9	吉林大学	3290	1.03%
10	中南大学	3281	1.03%

注：高等院校数据包括其附属医院。

数据来源：SCI。

表 7-15 列出了根据 SCI 数据统计出的 2018 年中国产出基金论文数居前 10 位的科研院所。在科研院所中，中国科学院合肥物质科学研究院和中国科学院化学研究所是基金论文最大的两个产出机构，分别产出 787 篇和 668 篇，分别占全部基金论文的 0.25% 和 0.21%；排在第 3 位的是中国科学院生态环境研究中心，共产出 613 篇，占全部基金论文的 0.19%。

表 7-15 2018 年产出基金论文数居前 10 位的科研院所

排名	机构名称	基金论文篇数	占全部基金论文的比例
1	中国科学院合肥物质科学研究院	787	0.25%
2	中国科学院化学研究所	668	0.21%
3	中国科学院生态环境研究中心	613	0.19%
4	中国科学院长春应用化学研究所	596	0.19%
5	中国科学院地理科学与资源研究所	573	0.18%
6	中国科学院大连化学物理研究所	563	0.18%
7	中国医学科学院临床医学研究所	499	0.16%
8	中国科学院物理研究所	482	0.15%
9	中国科学院海洋研究所	479	0.15%
10	中国科学院过程工程研究所	467	0.15%

数据来源：SCI。

（3）CSTPCD 和 SCI 收录基金论文机构分布的异同

长期以来，高等院校和科研院所一直是中国科学研究的主体力量，也是中国各类基金资助的主要资金流向。高等院校和科研院所的这一主体地位反映在基金论文上便是：无论是在 CSTPCD 或是在 SCI 数据库中，基金论文机构分布具有相同之处——高等院校和科研院所产出的基金论文数量较多，所占的比例也最大。2018 年，CSTPCD 数据库收录高等院校和科研院所产出的基金论文共 274871 篇，占该数据库收录基金论文总数的

86.04%；SCI 数据库收录高等院校和科研院所产出的基金论文共 311720 篇，占该数据库收录基金论文总数的 97.75%。

CSTPSD 和 SCI 数据库收录基金论文的机构分布也存在一些不同，例如，①在两个数据库中 2018 年产出基金论文数居前 10 位的高等院校和科研院所的名单存在较大差异；② SCI 数据库中，基金论文集中在少数机构中产生，而在 CSTPCD 数据库中，基金论文的机构分布较 SCI 数据库更为分散。

7.3.5 基金论文的学科分布

（1）CSTPCD 收录基金论文的学科分布

根据 CSTPCD 数据统计，2018 年中国各类基金资助产出论文在各学科中的分布情况见附表 41。如表 7-16 所示为基金论文数居前 10 位的学科，进入该名单的学科与 2018 年位次略有差别。2017 年基础医学基金论文篇数排在第 9 位，土木建筑基金论文篇数排在第 10 位。2018 年土木建筑基金论文篇数排在第 9 位，基础医学基金论文篇数排在第 10 位。其他学科基金论文篇数排位与 2017 年保持一致。

表 7-16 2018 年基金论文数居前 10 位的学科

学科	2018 年			2017 年		
	基金论文篇数	占全部基金论文的比例	排名	基金论文篇数	占全部基金论文的比例	排名
临床医学	63541	19.89%	1	61382	19.04%	1
计算技术	21538	6.74%	2	21959	6.81%	2
农学	19547	6.12%	3	19700	6.11%	3
电子、通信与自动控制	17672	5.53%	4	18340	5.69%	4
中医学	17319	5.42%	5	16832	5.22%	5
地学	12913	4.04%	6	12762	3.96%	6
环境科学	11832	3.70%	7	12153	3.77%	7
生物学	10197	3.19%	8	10754	3.34%	8
土木建筑	10197	3.19%	9	8855	2.75%	10
基础医学	9490	2.97%	10	9349	2.90%	9

数据来源：CSTPCD。

（2）SCI 收录基金论文的学科分布

根据 SCI 数据统计，2018 年中国各类基金资助产出论文在各学科中的分布情况如表 7-17 所示。基金论文最多的来自于化学领域，共计 48313 篇，占全部基金论文的 15.15%；其次是生物学，35472 篇基金论文来自该领域，占全部基金论文的 11.12%；排在第 3 位的是物理学，31324 篇基金论文来自该领域，占全部基金论文的 9.82%。

表 7–17 2018 年各学科基金论文数及基金论文比

学科	基金论文篇数	占全部基金论文的比例	基金论文数排名	论文总篇数	基金论文比
化学	48313	15.15%	1	51038	94.66%
生物学	35472	11.12%	2	38826	91.36%
物理学	31324	9.82%	3	34043	92.01%
材料科学	28166	8.83%	4	30554	92.18%
临床医学	23318	7.31%	5	32103	72.63%
电子、通信与自动控制	19333	6.06%	6	21324	90.66%
基础医学	14641	4.59%	7	18939	77.31%
地学	13030	4.09%	8	14329	90.93%
环境科学	12754	4.00%	9	13428	94.98%
计算技术	12666	3.97%	10	13948	90.81%
能源科学技术	9469	2.97%	11	10130	93.47%
数学	9156	2.87%	12	10098	90.67%
药物学	9092	2.85%	13	11716	77.60%
化工	7684	2.41%	14	8096	94.91%
食品	4771	1.50%	15	5147	92.69%
土木建筑	4489	1.41%	16	4857	92.42%
机械、仪表	4361	1.37%	17	4978	87.61%
农学	4103	1.29%	18	4285	95.75%
力学	3456	1.08%	19	3775	91.55%
预防医学与卫生学	2954	0.93%	20	3499	84.42%
水利	2213	0.69%	21	2365	93.57%
工程与技术基础学科	1901	0.60%	22	2074	91.66%
天文学	1758	0.55%	23	1800	97.67%
冶金、金属学	1576	0.49%	24	1757	89.70%
畜牧、兽医	1552	0.49%	25	1635	94.92%
水产学	1496	0.47%	26	1528	97.91%
核科学技术	1278	0.40%	27	1447	88.32%
动力与电气	1079	0.34%	28	1193	90.44%
航空航天	1023	0.32%	29	1292	79.18%
林学	919	0.29%	30	946	97.15%
中医学	916	0.29%	31	1014	90.34%
交通运输	897	0.28%	32	996	90.06%
信息、系统科学	832	0.26%	33	946	87.95%
管理学	755	0.24%	34	899	83.98%
轻工、纺织	739	0.23%	35	803	92.03%
矿山工程技术	596	0.19%	36	625	95.36%
军事医学与特种医学	527	0.17%	37	617	85.41%
安全科学技术	152	0.05%	38	161	94.41%
其他	145	0.05%	39	194	74.74%
总计	318906	100.00%		357405	89.23%

数据来源：SCI。

（3）CSTPCD 和 SCI 收录基金论文学科分布的异同

通过以上两节的分析可以看出，CSTPCD 和 SCI 数据库收录基金论文在学科分布上存在较大差异：

① CSTPCD 收录基金论文数居前 3 位的学科分别是临床医学、计算技术和农学；SCI 收录基金论文数居前 3 位的学科分别是化学、生物学和物理学。

②与 CSTPCD 数据库相比，SCI 数据库收录的基金论文在学科分布上呈现了更明显的集中趋势。在 CSTPCD 数据库中，基金论文数排名居前 7 位的学科集中了 50% 以上的基金论文；居前 19 位的学科集中了 80% 以上的基金论文。在 SCI 数据库中，基金论文数排名居前 5 位的学科集中了 50% 以上的基金论文；居前 12 位的学科集中了 80% 以上的基金论文。

7. 3. 6　基金论文的地区分布

（1）CSTPCD 收录基金论文的地区分布

CSTPCD 2018 收录各类基金资助产出论文的地区分布情况见附表 42。表 7-18 给出了 2017 年和 2018 年基金资助产出论文数居前 10 位的地区。根据 CSTPCD 数据统计，2018 年基金论文数居首位的仍然是北京，产出 41520 篇，占全部基金论文的 13.00%。排在第 2 位的是江苏，产出 28683 篇基金论文，占全部基金论文的 8.98%。位列其后的陕西、上海、广东、湖北、四川、山东、浙江和辽宁基金论文数均超过了 12000 篇。

表 7-18　2018 年产出基金论文数居前 10 位的地区

地区	2018 年			2017 年		
	基金论文篇数	占全部基金论文的比例	排名	基金论文篇数	占全部基金论文的比例	排名
北京	41520	13.00%	1	42557	13.20%	1
江苏	28683	8.98%	2	29240	9.07%	2
陕西	19407	6.07%	3	18839	5.84%	5
上海	19107	5.98%	4	19123	5.93%	3
广东	18122	5.67%	5	18902	5.86%	4
湖北	15544	4.87%	6	15892	4.93%	6
四川	14217	4.45%	7	13971	4.33%	7
山东	13836	4.33%	8	13717	4.25%	8
浙江	12306	3.85%	9	12262	3.80%	10
辽宁	12229	3.83%	10	12703	3.94%	9

数据来源：CSTPCD。

各地区的基金论文数占该地区全部论文数的比例，称为该地区的基金论文比。2017—2018 年各地区产出基金论文比与基金论文变化情况如表 7-19 所示。2018 年基金论文比最高的地区是贵州，其基金论文比为 82.77%；最低的地区是青海，其基金论文比为 60.33%。

表 7-19　2017—2018 年各地区基金论文比与基金论文数变化情况

地区	基金论文比			基金论文篇数		增长率
	2018 年	2017 年	变化（百分点）	2018 年	2017 年	
北京	67.20%	65.49%	1.71	41520	42557	-2.44%
江苏	71.35%	68.88%	2.47	28683	29240	-1.90%
陕西	71.05%	68.10%	2.95	19407	18839	3.02%
上海	68.50%	66.14%	2.36	19107	19123	-0.08%
广东	70.23%	69.45%	0.78	18122	18902	-4.13%
湖北	64.93%	63.09%	1.84	15544	15892	-2.19%
四川	65.34%	63.05%	2.29	14217	13971	1.76%
山东	67.90%	64.68%	3.22	13836	13717	0.87%
浙江	70.11%	67%	3.11	12306	12262	0.36%
辽宁	69.23%	67.56%	1.67	12229	12703	-3.73%
河南	65.49%	66%	-0.51	11940	11885	0.46%
河北	65.56%	61.08%	4.48	9690	10072	-3.79%
湖南	76.44%	75.89%	0.55	9384	9927	-5.47%
天津	70.90%	68.75%	2.15	9137	9188	-0.56%
安徽	70.92%	70.05%	0.87	8412	8232	2.19%
重庆	72.63%	70.84%	1.79	7837	7974	-1.72%
黑龙江	76.27%	74.55%	1.72	7805	8081	-3.42%
广西	81.78%	78.34%	3.44	6257	6321	-1.01%
福建	77.39%	75.05%	2.34	6120	6343	-3.52%
甘肃	77.84%	75.35%	2.49	5949	5798	2.60%
吉林	73.01%	72.13%	0.88	5905	5779	2.18%
云南	77.00%	74.30%	2.70	5901	5962	-1.02%
新疆	79.16%	76.07%	3.09	5767	5993	-3.77%
山西	72.35%	70.73%	1.62	5716	5623	1.65%
江西	80.64%	78.39%	2.25	5139	5185	-0.89%
贵州	82.77%	79.28%	3.49	5103	4891	4.33%
内蒙古	74.64%	68.68%	5.96	3158	3107	1.64%
海南	69.30%	69.43%	-0.13	2248	2185	2.88%
宁夏	75.60%	72.97%	2.63	1422	1444	-1.52%
青海	60.33%	59.64%	0.69	1200	925	29.73%
西藏	73.78%	78.82%	-5.04	273	253	7.91%
不详	16.88%	19.64%	-2.76	131	11	1090.91%
合计	70.29%	68.28%	2.01	319464	322385	-0.91%

数据来源：CSTPCD。

（2）SCI 收录基金论文的地区分布

根据 SCI 数据统计，2018 年中国各类基金资助产出论文的地区分布情况如表 7-20 所示。

表 7-20 2018 年各地区基金论文比与基金论文数变化情况

排名	地区	基金论文篇数	占全部基金论文的比例	论文篇数	基金论文比
1	北京	49538	15.53%	55096	89.91%
2	江苏	35223	11.04%	38591	91.27%
3	上海	25513	8.00%	28632	89.11%
4	广东	21770	6.83%	23801	91.47%
5	陕西	17919	5.62%	19867	90.19%
6	湖北	17598	5.52%	19532	90.10%
7	山东	16390	5.14%	19544	83.86%
8	浙江	15911	4.99%	18003	88.38%
9	四川	13627	4.27%	15786	86.32%
10	辽宁	11841	3.71%	13315	88.93%
11	湖南	11196	3.51%	12439	90.01%
12	天津	9795	3.07%	10930	89.62%
13	安徽	8890	2.79%	9644	92.18%
14	黑龙江	8645	2.71%	9827	87.97%
15	吉林	7510	2.35%	8764	85.69%
16	重庆	7343	2.30%	8188	89.68%
17	河南	7075	2.22%	8446	83.77%
18	福建	6784	2.13%	7308	92.83%
19	甘肃	4236	1.33%	4617	91.75%
20	江西	3631	1.14%	4025	90.21%
21	河北	3474	1.09%	4441	78.23%
22	山西	3444	1.08%	3829	89.95%
23	云南	3270	1.03%	3554	92.01%
24	广西	2550	0.80%	2829	90.14%
25	贵州	1609	0.50%	1785	90.14%
26	新疆	1520	0.48%	1703	89.25%
27	内蒙古	1011	0.32%	1144	88.37%
28	海南	801	0.25%	885	90.51%
29	宁夏	401	0.13%	441	90.93%
30	青海	334	0.10%	367	91.01%
31	西藏	45	0.01%	52	86.54%
不详		12	0.00%	20	60.00%
合计		318906	100.00%	357405	89.23%

数据来源：SCI。

2018 年，中国各类基金资助产出论文最多的地区是北京，产出 49538 篇，占全部基金论文的 15.53%；其次是江苏，产出 35223 篇，占全部基金论文的 11.04%；排在第 3 位的是上海，产出 25513 篇，占全部基金论文的 8.00%。

（3）CSTPCD 与 SCI 收录基金论文地区分布的异同

CSTPCD 和 SCI 两个数据库收录基金论文地区分布的相同点主要表现在：无论在 CSTPCD 还是在 SCI 数据库中，产出基金论文数居前 5 位的地区是北京、江苏、陕西、上海和广东。不同之处在于，陕西在 CSTPCD 数据库中，产出基金论文数排第 3 位，在 SCI 数据库中排第 5 位。

CSTPCD 和 SCI 两个数据库收录基金论文地区分布的不同点主要表现为：SCI 数据库中基金论文的地区分布更为集中。例如，在 CSTPCD 数据库中，基金论文数居前 8 位的地区产出了 50% 以上的基金论文，基金论文数居前 17 位的地区产出了 80% 以上的基金论文；在 SCI 数据库中，基金论文数居前 6 位的地区产出了 50% 以上的基金论文，基金论文数居前 13 位的地区产出了 80% 以上的基金论文。

7.3.7 基金论文的合著情况分析

（1）CSTPCD 收录基金论文合著情况分析

如图 7-5 所示，2018 年 CSTPCD 收录基金论文 319464 篇，其中 309086 篇是合著论文，合著论文比例为 96.75%，这一值较 CSTPCD 收录所有论文的合著比例（93.56%）高了 3.19 个百分点。

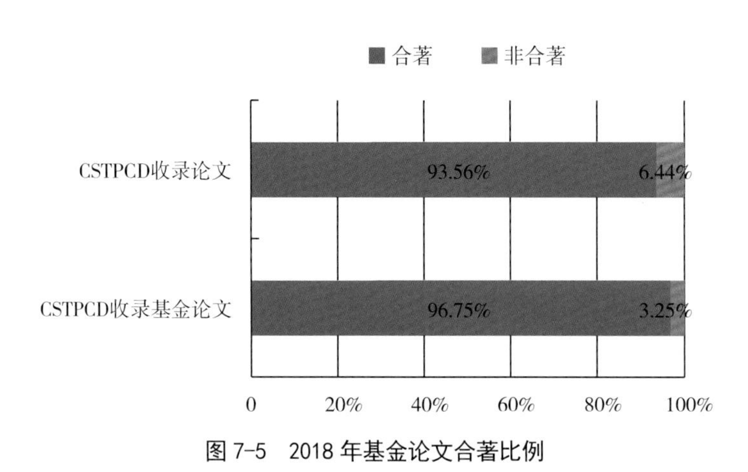

图 7-5 2018 年基金论文合著比例

数据来源：CSTPCD。

2018 年，CSTPCD 收录所有论文的篇均作者数为 4.37 人 / 篇，该数据库收录基金论文篇均作者数为 4.68 人 / 篇，基金论文的篇均作者数较所有论文的篇均作者数高出 0.32 人 / 篇。

如表 7-21 所示，CSTPCD 收录基金论文中的合著论文以 4 作者论文最多，共计 61832 篇，占全部基金论文总数的 19.35%；5 作者论文所占比例排名第二，共计 58889 篇，占全部基金论文总数的 18.43%；排在第 3 位的是 3 作者论文，共计 52989 篇，占全部基金论文的 16.59%。

表 7-21 2018 年不同作者数的基金论文数

作者数	基金论文篇数	占全部基金论文的比例	作者数	基金论文篇数	占全部基金论文的比例
1	10378	3.25%	7	24971	7.82%
2	35674	11.17%	8	14354	4.49%
3	52989	16.59%	9	7233	2.26%
4	61832	19.35%	10	3801	1.19%
5	58889	18.43%	≥ 11 及不详	4022	1.26%
6	45321	14.19%	总计	319464	100.00%

数据来源：CSTPCD。

表 7-22 列出了 2018 年基金论文的合著论文比例与篇均作者数的学科分布。根据 CSTPCD 数据统计，各学科基金论文中合著论文比例最高的是核科学技术，为 99.60%；水产学，畜牧、兽医，材料科学，动力与电气，药物学，生物学，农学，化学，食品，林学，基础医学，航空航天这 12 个学科基金论文的合著论文比例也都超过了 98.00%；数学学科基金论文的合著比例最低，为 85.55%；排在倒数第 2 位的是信息、系统科学，该学科基金论文的合著比例为 89.61%。如表 7-22 所示，各学科篇均作者数在 2.49 ～ 6.34 人 / 篇，篇均作者数最高的是畜牧、兽医，为 6.34 人 / 篇；其次是水产学，为 5.82 人 / 篇；排在第 3 位的是农学，为 5.67 人 / 篇。

表 7-22 2018 年基金论文的合著论文比例与篇均作者数的学科分布

学科	基金论文篇数	合著论文篇数	合著论文比例	篇均作者数 /（人 / 篇）
临床医学	63541	61468	96.74%	5.04
计算技术	21538	20579	95.55%	3.56
农学	19547	19272	98.59%	5.67
电子、通信与自动控制	17672	17041	96.43%	4.20
中医学	17319	16820	97.12%	4.99
地学	12913	12566	97.31%	4.79
环境科学	11832	11551	97.63%	4.87
生物学	10197	10056	98.62%	5.36
土木建筑	9490	9112	96.02%	3.85
基础医学	8453	8285	98.01%	5.26
化工	8122	7902	97.29%	4.75
预防医学与卫生学	7996	7792	97.45%	5.26
冶金、金属学	7576	7365	97.21%	4.50
交通运输	7303	7077	96.91%	3.83
食品	7300	7192	98.52%	5.32
药物学	7247	7149	98.65%	5.18
机械、仪表	7235	7042	97.33%	3.96
化学	7104	7001	98.55%	4.95
畜牧、兽医	5744	5681	98.90%	6.34

续表

学科	基金论文篇数	合著论文篇数	合著论文比例	篇均作者数 /（人 / 篇）
材料科学	5138	5078	98.83%	5.13
物理学	4361	4232	97.04%	4.85
数学	4055	3469	85.55%	2.49
能源科学技术	4014	3769	93.90%	4.87
矿山工程技术	3964	3584	90.41%	3.93
林学	3397	3331	98.06%	5.07
航空航天	3314	3248	98.01%	4.00
动力与电气	2971	2935	98.79%	4.50
工程与技术基础学科	2956	2895	97.94%	4.40
水利	2605	2535	97.31%	4.10
测绘科学技术	2402	2314	96.34%	4.03
水产学	1716	1701	99.13%	5.82
力学	1659	1625	97.95%	3.87
轻工、纺织	1543	1478	95.79%	4.47
军事医学与特种医学	1024	997	97.36%	5.40
管理学	811	765	94.33%	2.95
核科学技术	742	739	99.60%	5.63
天文学	378	363	96.03%	4.68
信息、系统科学	279	250	89.61%	3.08
安全科学技术	229	211	92.14%	3.97
其他	13777	12573	91.26%	3.33
合计	319464	309043	96.74%	4.69

数据来源：CSTPCD。

（2）SCI 收录基金论文合著情况分析

2018 年 SCI 收录中国论文 357405 篇，合著论文占比 98.73%。2018 年 SCI 收录中国基金论文 318906 篇，合著论文占比为 98.97%。这一值较 SCI 收录所有论文的合著比例 98.73% 高了 0.24 个百分点（如图 7–6 所示）。

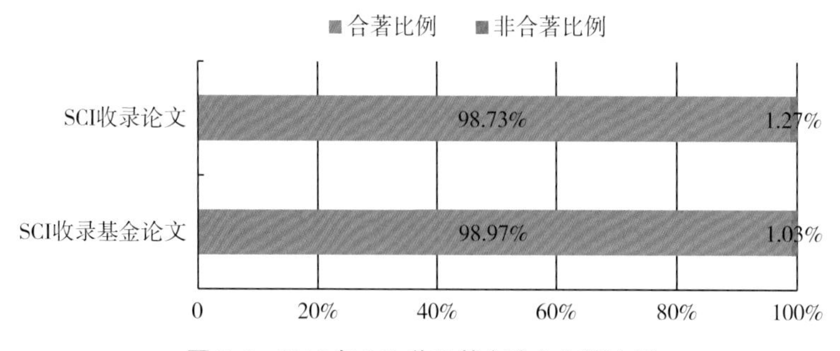

图 7-6 2018 年 SCI 收录基金论文合著比例

数据来源：SCI。

如表 7-23 所示，SCI 收录基金论文中的合著论文以 5 位作者最多，共计 53712 篇，占全部基金论文总数的 16.84%；其次是 4 位作者论文，共计 48588 篇，占全部基金论文总数的 15.24%；排在第 3 位的是 6 位作者论文，共计 47913 篇，占全部基金论文总数的 15.02%。

表 7-23 2018 年 SCI 收录不同作者数的基金论文数

作者数	基金论文篇数	占全部基金论文的比例	作者数	基金论文篇数	占全部基金论文的比例
1	3298	1.03%	8	25870	8.11%
2	18283	5.73%	9	18437	5.78%
3	33842	10.61%	10	12829	4.02%
4	48588	15.24%	11	6815	2.14%
5	53712	16.84%	12	4471	1.40%
6	47913	15.02%	≥ 13	9357	2.93%
7	35491	11.13%	总计	318906	100.00%

数据来源：SCI。

表 7-24 列出了基金论文的合著论文比例与篇均作者数的学科分布。根据 SCI 数据统计，合著论文比例最高的是畜牧、畜医专业，合著论文比例为 99.94%。合著论文比例最低的是数学专业，合著论文比例是 87.41%。如表 7-24 所示，各学科篇均作者数在 2.69 ～ 12.71 人 / 篇，篇均作者数最高的是天文学，为 12.71 人 / 篇；其次是临床医学，为 7.90 人 / 篇。

表 7-24 基金论文的合著论文比例与篇均作者数的学科分布

学科	基金论文篇数	合著论文篇数	合著论文比例	篇均作者数 /（人 / 篇）
化学	48313	48182	99.73%	6.28
生物学	35472	35347	99.65%	7.22
物理学	31324	30780	98.26%	5.71
材料科学	28166	28042	99.56%	6.03
临床医学	23318	23260	99.75%	7.90
电子、通信与自动控制	19333	19103	98.81%	4.52
基础医学	14641	14612	99.80%	7.78
地学	13030	12913	99.10%	5.18
环境科学	12754	12693	99.52%	5.87
计算技术	12666	12437	98.19%	4.14
能源科学技术	9469	9418	99.46%	5.57
药物学	9092	9075	99.81%	7.50
数学	9156	8003	87.41%	2.69
化工	7684	7659	99.67%	5.98
食品	4771	4763	99.83%	6.38
土木建筑	4489	4456	99.26%	4.33
机械、仪表	4361	4323	99.13%	4.63

续表

学科	基金论文篇数	合著论文篇数	合著论文比例	篇均作者数 /（人 / 篇）
农学	4103	4089	99.66%	6.66
力学	3456	3407	98.58%	3.98
预防医学与卫生学	2954	2945	99.70%	7.19
水利	2213	2195	99.19%	5.24
工程与技术基础学科	1901	1853	97.48%	3.88
天文学	1758	1677	95.39%	12.71
冶金、金属学	1576	1571	99.68%	5.09
畜牧、兽医	1552	1551	99.94%	7.61
水产学	1496	1495	99.93%	6.60
核科学技术	1278	1274	99.69%	6.67
动力与电气	1079	1076	99.72%	4.88
航空航天	1023	1013	99.02%	4.08
林学	919	917	99.78%	5.87
中医学	916	914	99.78%	7.41
交通运输	897	890	99.22%	4.12
信息、系统科学	832	799	96.03%	3.60
管理学	755	741	98.15%	3.55
轻工、纺织	739	737	99.73%	5.95
矿山工程技术	596	591	99.16%	5.19
军事医学与特种医学	527	520	98.67%	6.86
安全科学技术	152	148	97.37%	3.64
其他	145	139	95.86%	4.63
总计	318906	315608	98.97%	6.07

数据来源：SCI。

7.3.8 国家自然科学基金委员会项目投入与论文产出的效率

根据 CSTPCD 数据统计，2018 年国家自然科学基金委员会项目论文产出效率如表 7-25 所示。一般说来，国家科技计划项目资助时间在 1 ～ 3 年。我们以统计当年以前 3 年的投入总量作为产出的成本，计算中国科技论文的产出效率，即用 2018 年基金项目论文数除以 2015—2017 年基金项目投入的总额。从表 7-25 中可以看到，2015—2017 年，国家自然科学基金项目的基金论文产出效率达到约 151.80 篇 / 亿元。

表 7-25 2018 年国家自然科学基金委员会项目国内论文产出效率

基金资助项目	2018 年论文篇数	资助总额 / 亿元				基金论文产出效率 /（篇 / 亿元）
		2015 年	2016 年	2017 年	总计	
国家自然科学基金委员会项目	119668	222.28	268.03	298.03	788.34	151.80

注：2018 年论文数的数据来源于 CSTPCD，资助金额数据来源于国家自然科学基金委员会统计年报。

根据 SCI 数据统计，2018 年国家自然科学基金委员会项目论文产出效率如表 7-26 所示。2015—2017 年，国家自然科学基金委员会项目的投入产出效率约 234.44 篇 / 亿元。

表 7-26 2018 年国家自然科学基金委员会项目 SCI 论文产出效率

基金资助项目	2018 年论文篇数	资助总额 / 亿元				基金论文产出效率 /（篇 / 亿元）
		2015 年	2016 年	2017 年	总计	
国家自然科学基金委员会项目	184822	222.28	268.03	298.03	788.34	234.44

注：2018 年论文数的数据来源于 SCI，资助金额数据来源于国家自然科学基金委员会统计年报。

7.4 讨论

本章对 CSTPCD 和 SCI 收录的基金论文从多个维度进行了分析，包括基金资助来源、基金论文的文献类型分布、机构分布、学科分布、地区分布、合著情况及 3 个国家级科技计划项目的投入产出效率。通过以上分析，主要得到了以下结论：

①中国各类基金资助产出论文数在整体上维持稳定状态，基金论文在所有论文中所占比重不断增长，基金资助正在对中国科技事业的发展发挥越来越大的作用。

②中国目前已经形成了一个以国家自然科学基金、科技部计划（项目）资助为主，其他部委基金和地方基金、机构基金、公司基金、个人基金和海外基金为补充的多层次的基金资助体系。

③ CSTPCD 和 SCI 收录的基金论文在文献类型分布、机构分布、地区分布上具有一定的相似性；其各种分布情况与 2017 年相比也具有一定的稳定性。SCI 收录基金论文在文献类型分布、机构分布和地区分布上与 CSTPCD 数据库表现出了许多相近的特征。

④基金论文的合著论文比例和篇均作者数高于平均水平，这一现象同时存在于 CSTPCD 和 SCI 这两个数据库中。

⑤ 2018 年国家自然科学基金项目资助的 SCI 论文产出效率有所提升，CSTPCD 论文产出效率有所下降。

参考文献

[1] 培根 . 学术的进展 [M]. 刘运同，译 . 上海：上海人民出版社，2007：58.

[2] 中国科学技术信息研究所 .2017 年度中国科技论文统计与分析（年度研究报告）[M]. 北京：科学技术文献出版社，2018.

[3] 国家自然科学基金委员会 .2017 年度报告 [EB/OL].[2019-11-29].http：//www.nsfc.gov.cn/nsfc/cen/ndbg/2017ndbg/01/01.html.

8 中国科技论文合著情况统计分析

科技合作是科学研究工作发展的重要模式。随着科技的进步、全球化趋势的推动，以及先进通信方式的广泛应用，科学家能够克服地域的限制，参与合作的方式越来越灵活，合著论文的数量一直保持着增长的趋势。中国科技论文统计与分析项目自 1990 年起对中国科技论文的合著情况进行了统计分析。2018 年合著论文数量及所占比例与 2017 年基本持平。2018 年数据显示，无论西部地区还是其他地区，都十分重视并积极参与科研合作。各个学科领域内的合著论文比例与其自身特点相关。同时，对国内论文和国际论文的统计分析表明，中国与其他国家（地区）的合作论文情况总体保持稳定。

8.1 CSTPCD 2018 收录的合著论文统计与分析

8.1.1 概述

"2018 年中国科技论文与引文数据库"（CSTPCD 2018）收录中国机构作为第一作者单位的自然科学领域论文 454402 篇，这些论文的作者总人次达到 1985234 人次，平均每篇论文由 4.37 个作者完成，其中合著论文总数为 424906 篇，所占比例为 93.5%，比 2017 年的 93.2% 增加了 0.3 个百分点。有 29496 篇是由一位作者独立完成的，数量比 2017 年的 32335 篇有所减少，在全部中国论文中所占的比例为 6.5%，比 2017 年有所下降。

表 8-1 列出了 1995—2018 年 CSTPCD 论文篇数、作者人数、篇均作者人数、合著论文篇数及比例的变化情况。由表中可以看出，篇均作者人数值除 2007 年和 2012 年略有波动外，一直保持增长的趋势，2014 年之后篇均作者人数一直保持在 4 人以上。

由表 8-1 还可以看出，合著论文的比例在 2005 年以后一般都保持在 88% 以上。虽然在 2007 年略有下降，但是在 2008 年以后又开始回升，保持在 88% 以上的水平波动，2014 年后的合著比例一直保持在 90% 以上。

表 8-1 1995—2018 年 CSTPCD 收录论文作者数及合作情况

年份	论文篇数	作者人数	篇均作者人数	合著论文篇数	合著比例
1995	107991	304651	2.82	81110	75.1%
1996	116239	340473	2.93	88673	76.3%
1997	120851	366473	3.03	95510	79.0%
1998	133341	413989	3.10	107989	81.0%
1999	162779	511695	3.14	132078	81.5%
2000	180848	580005	3.21	151802	83.9%
2001	203299	662536	3.25	169813	83.5%
2002	240117	796245	3.32	203152	84.6%

续表

年份	论文篇数	作者人数	篇均作者人数	合著论文篇数	合著比例
2003	274604	929617	3.39	235333	85.7%
2004	311737	1077595	3.46	272082	87.3%
2005	355070	1244505	3.50	314049	88.4%
2006	404858	1430127	3.53	358950	88.7%
2007	463122	1615208	3.49	403914	87.2%
2008	472020	1702949	3.61	419738	88.9%
2009	521327	1887483	3.62	461678	88.6%
2010	530635	1980698	3.73	467857	88.2%
2011	530087	1975173	3.72	466880	88.0%
2012	523589	2155230	4.12	466864	89.2%
2013	513157	1994679	3.89	460100	89.7%
2014	497849	1996166	4.01	454528	91.3%
2015	493530	2074142	4.20	455678	92.3%
2016	494207	2057194	4.16	456857	92.4%
2017	472120	2022722	4.28	439785	93.2%
2018	454402	1985234	4.37	424906	93.5%

如图 8-1 所示，合著论文的数量在持续快速增长，但是在 2008 年合著论文数量的变化幅度明显小于相邻年度。这主要是 2008 年论文总数增长幅度也比较小，比 2007 年仅增长 8898 篇，增幅只有 2%，因此导致尽管合著论文比例增加，但是数量增幅较小。而在 2009 年，随着论文总数增幅的回升，在比例保持相当水平的情况下，合著论文数量的增幅也有较明显的回升。2009 年以后合著论文的增减幅度基本持平。相对 2010 年，2011 年合著论文减少了 977 篇，降幅约为 0.2%。相对 2011 年，2012 年论文总数减少了 6498 篇，降幅约为 1.2%，合著论文的数量和 2011 年相对持平，论文的合著比例显著增加。2018 年论文篇数继续减少，相应的合著论文篇数也有所减少，但是合著比例较 2017 年略有上升。

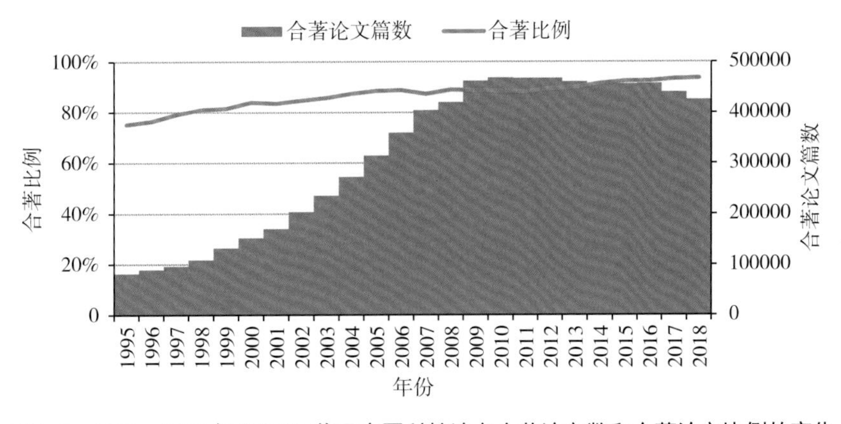

图 8-1　1995—2018 年 CSTPCD 收录中国科技论文合著论文数和合著论文比例的变化

如图 8-2 所示为 1995—2018 年 CSTPCD 收录中国科技论文论文数和篇均作者的变化情况。CSTPCD 收录的论文数由于收录的期刊数量增加而持续增长，特别是在 2001—2008 年，每年增幅一直持续保持在 15% 左右；2009 年以后增长的幅度趋缓，2010 年的增幅约为 1.8%，2011 年和 2013 年两年相对持平。论文篇均作者人数的曲线显示，尽管在 2007 年出现下降，但是从整体上看仍然呈现缓慢增长的趋势，至 2009 年以后呈平稳趋势。2011 年论文篇均作者人数是 3.72 人，与 2010 年的 3.73 人基本持平。2016 年论文篇均作者人数是 4.16 人，与 2015 年相比略有下降。

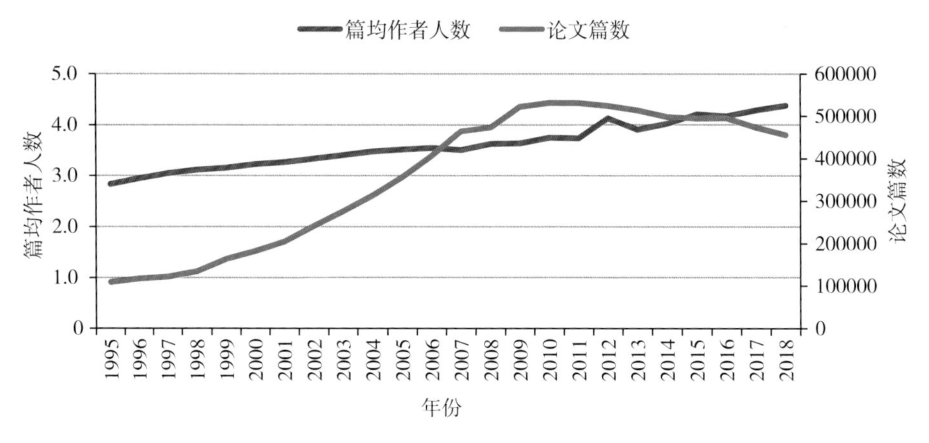

图 8-2 1995—2018 年 CSTPCD 收录中国科技论文数和篇均作者的变化

论文体现了科学家进行科研活动的成果，近年的数据显示大部分的科研成果由越来越多的科学家参与完成，并且这一比例还保持着增长的趋势。这表明中国的科学技术研究活动，越来越依靠科研团队的协作。同时，数据也反映出合作研究有利于学术发展和研究成果的产出。2007 年数据显示，合著论文的比例和篇均作者人数开始下降，这是由于论文数的快速增长导致这些相对指标的数值降低。2007 年合著论文比例和篇均作者人数两项指标同时下降，到了 2008 年又开始回升，而在 2009 年和 2010 年数值又恢复到 2006 年水平，2011 年基本与 2010 年的数值持平，2012 年合著论文的比例持续上升，同时篇均作者指标大幅上升。2013 年论文数继续下降，篇均作者人数回落到了 2011 年的水平，2014 年论文数仍然在下降，但是篇均作者人数又出现小幅回升。这种数据的波动有可能是达到了合著论文比例增长态势从快速上升转变为相对稳定的信号，合著论文的比例大体将稳定在 90% 左右的水平；篇均作者人数大体将维持在 4 人左右，2018 年依旧延续了这种趋势。

8.1.2 各种合著类型论文的统计

与往年一样，我们将中国作者参与的合著论文按照参与合著的作者所在机构的地域关系进行了分类，按照 4 种合著类型分别统计。这 4 种合著类型分别是：同机构合著、同省不同机构合著、省际合著和国际合著。表 8-2 分类列出了 2016—2018 年不同合著类型论文数和在合著论文总数中所占的比例。

表 8-2 2016—2018 年 CSTPCD 收录各种类型合著论文数及比例

合作类型	论文篇数			占合著论文总数的比例		
	2016 年	2017 年	2018 年	2016 年	2017 年	2018 年
同机构合著	289323	274381	263771	63.3%	62.4%	62.1%
同省不同机构合著	94910	94466	89620	20.8%	21.5%	21.1%
省际合著	68449	66627	67010	15.0%	15.1%	15.8%
国际合著	4175	4311	4505	0.9%	1.0%	1.1%
总数	456857	439785	424906	100.0%	100.0%	100.0%

通过 3 年数值的对比，可以看到各种合著类型所占比例大体保持稳定。图 8-3 显示了各种合著类型论文所占比例，从中可以看出 2016 年、2017 年与 2018 年 3 年的论文数和各种类型论文的比例有些变化，合作范围呈现轻微扩大的趋势。整体来看，各合著类型比例较为稳定。省际合著和国际合著比例逐年略有增加，其中 2018 年省际合著论文较 2016 年提高 0.8 个百分点；同机构合著比例有所下降，2018 年比例为 62.1%，较 2016 年下降 1.2 个百分点。各类型合著论文的比例变化详见图 8-3。

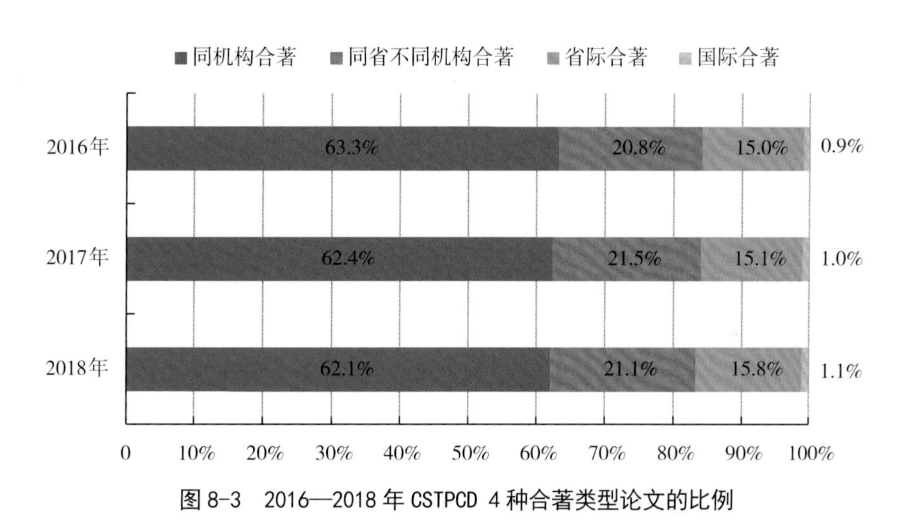

图 8-3 2016—2018 年 CSTPCD 4 种合著类型论文的比例

CSTPCD 2018 收录中国科技论文合著关系的学科分布详见附表 45，地区分布详见附表 46。

以下分别详细分析论文的各种类型的合著情况。

（1）同机构合著情况

2018 年同机构合著论文在合著论文中所占的比例为 62.1%，与 2017 年的 62.4% 相比略有下降，在各个学科和各个地区的统计中，同机构合著论文所占比例同样是最高的。

由附表 45 中的数据可以看到，航空航天学科同机构合著论文比例为 65.6%，也就是说，该学科论文有近七成是同机构的作者合著完成的。由附表 45 还可以看到，这一类型合作论文比例最低的学科与往年一样，仍然是能源科学技术，比例为 40.9%，与 2017 年相比上升了 0.4%。

由附表 46 中可以看出，同机构合著论文所占比例最高的为安徽，为 62.8%。这一比例数值较高的地区还有黑龙江、上海、吉林、重庆、辽宁、湖北和江苏，这些地区的数值都超过了60%。这一比例数值最小的地区是西藏，比例为43.8%。同时，由附表46还可以看出，同一机构合著论文比例数值较小的地区大都为整体科技实力相对薄弱的西部地区。

（2）同省不同机构合著论文情况

2018年同省不同机构合著论文占全部论文总数的21.1%。

由附表45可以看出，中医学同省不同机构合著论文比例最高，达到了33.6%；预防医学与卫生学和基础医学同省不同机构合著论文比例次之。比例最低的学科是天文学，为7.0%。

附表46显示，各地区的同省不同机构合著论文比例数值大都集中在16%～25%的范围。比例最高的地区是广东，为24.8%。比例最低的地区是西藏，为11.9%。

（3）省际合著论文情况

2018年不同省区的科研人员合著论文占全部论文总数的15.8%。

由附表45中可以看出，能源科学技术是省际合著比例最高的学科，比例达到34.0%。比例超过25%的学科还有地学、测绘科学技术、天文学和水利。比例最低的学科是临床医学，仅为7.7%。同时由表中还可以看出，医学领域这个比例数值普遍较低，预防医学与卫生学、中医学、药物学、军事医学与特种医学等学科的比例都比较低。不同学科省际合著论文比例的差异与各个学科论文总数及研究机构的地域分布有关系。研究机构地区分布较广的学科，省际合作的机会比较多，省际合著论文比例就会比较高，如地学、矿山工程技术和林学。而医学领域的研究活动的组织方式具有地域特点，这使得其同单位的合作比例最高，同省次之，省际合作的比例较少。

附表46中所列出的各地区省际合著论文比例最高的是西藏（37.6%），比例最低的是广东（11.8%）。大体上可以看出这样的规律：科技论文产出能力比较强的地区省际合著论文比例低一些，反之，论文产出数量较少的地区省际合著论文比例就高一些。这表明科技实力较弱的地区在科研产出上，对外依靠的程度相对高一些。但是对比北京、江苏、广东和上海这几个论文产出数量较多的地区，可以看到北京省际合著论文比例为17.1%，明显高于江苏（13.7%）、广东（11.8%）和上海（12.4%）。

（4）国际合著论文情况

如附表45所示，2018年国际合著论文比例最高的学科是天文学，比例达到9.9%，其后是物理学、材料科学、生物学和地学，都不低于2.5%。国际合著论文比例最低的是临床医学和安全科学技术，比例均为0.4%

如附表46所示，国际合著论文比例最高的地区是北京，为1.6%。北京地区的国际合著论文数为1006篇，远远领先于其他地区。江苏、上海的国际合著论文数都超过了300篇，排在第二阵营。

（5）西部地区合著论文情况

交流与合作是西部地区科技发展与进步的重要途径。将各省的省际合著论文比例与国际合著论文比例的数值相加，作为考察各地区与外界合作的指标。图8-4对比了西部地区和其他地区的这一指标值，可以看出西部地区和其他地区之间并没有明显差异，13

个西部地区省际合著论文比例与国际合著论文比例的数值超过 15.0% 的有 9 个，特别是西藏地区对外合著的比例高达 37.8%，明显高于其他省区。

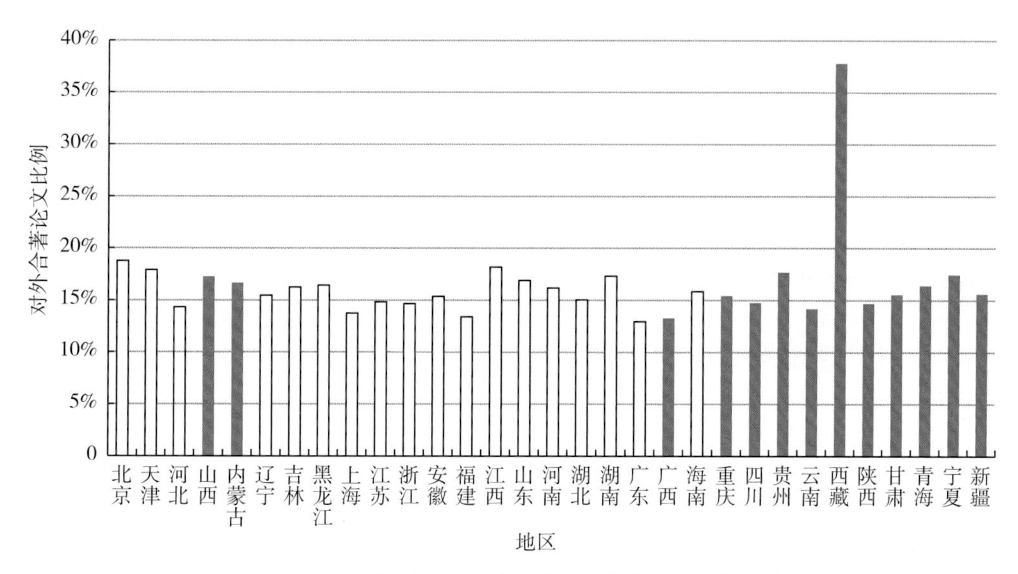

图 8-4 西部地区和其他地区对外合著论文比例的比较

图 8-5 是各省的合著论文比例与论文总数对照的散点图。从横坐标方向数据点分布可以看到，西部地区的合著论文产出数量明显少于其他地区；但是从纵坐标方向数据点分布看，西部地区数据点的分布在纵坐标方向整体上与其他地区没有十分明显的差异。除陕西和青海外，西部地区合著产生的论文比例均超过 90%；新疆地区合著论文比例最高，达到 96.1%。

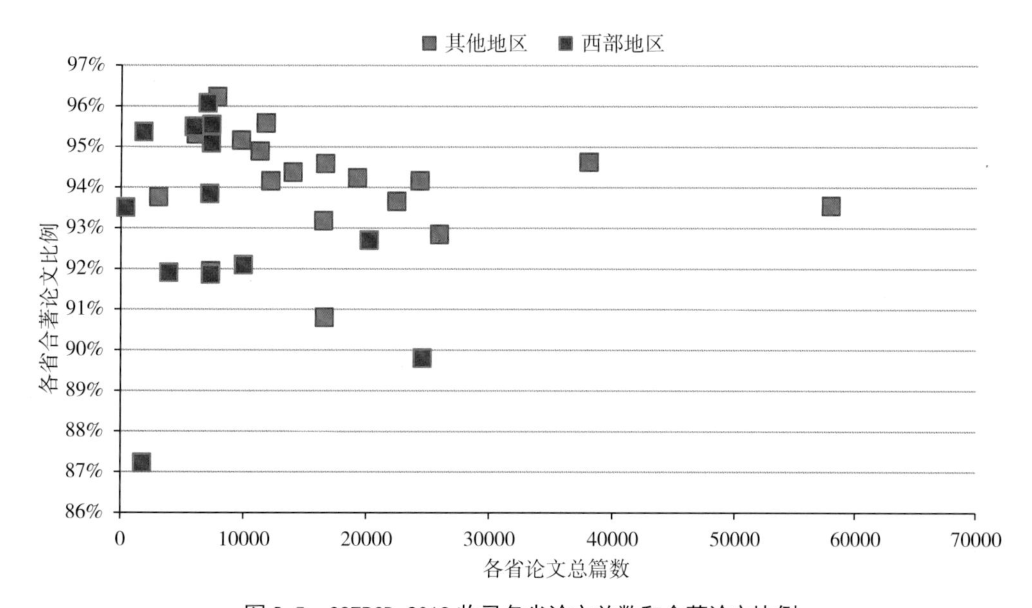

图 8-5 CSTPCD 2018 收录各省论文总数和合著论文比例

表 8-3 列出了西部各省区的各种合著类型论文比例的分布数值。从数值上看，大部分西部省区的各种类型合著论文的分布情况与全部论文计算的数值差别并不是很大，但国际合著论文的比例除个别地区外，普遍低于整体水平。

表 8-3 2018 年西部各省区的各种合著类型论文比例

地区	单一作者比例	同机构合著比例	同省不同机构合著比例	省际合著比例	国际合著比例
山西	8.1%	56.8%	17.8%	16.3%	1.0%
内蒙古	8.1%	54.5%	20.7%	16.1%	0.6%
广西	6.1%	57.0%	23.6%	12.9%	0.4%
重庆	7.9%	60.8%	15.9%	14.7%	0.7%
四川	7.3%	58.2%	19.8%	14.0%	0.8%
贵州	4.5%	53.4%	24.4%	17.2%	0.5%
云南	4.9%	56.2%	24.6%	13.6%	0.6%
西藏	6.5%	43.8%	11.9%	37.6%	0.3%
陕西	10.2%	56.9%	18.2%	14.0%	0.7%
甘肃	4.4%	59.4%	20.6%	14.9%	0.7%
青海	12.8%	51.4%	19.4%	16.2%	0.3%
宁夏	4.6%	53.9%	24.0%	17.0%	0.5%
新疆	3.9%	56.2%	24.3%	15.2%	0.4%
全部省区论文	6.5%	58.0%	19.7%	14.7%	1.0%

8.1.3 不同类型机构之间的合著论文情况

表 8-4 列出了 CSTPCD 2018 收录的不同机构之间各种类型的合著论文数，反映了各类机构合作伙伴的分布。数据显示，高等院校之间的合著论文数最多，而且无论是高等院校主导、其他类型机构参与的合作，还是其他类型机构主导、高等院校参与的合作，论文产出量都很多。科研机构和高等院校的合作也非常紧密，而且更多地依赖于高等院校。高等院校主导、研究机构参加的合著论文数超过了研究机构之间的合著论文数，更比研究机构主导、高等院校参加的合著论文数多出了 1 倍多。与农业机构合著论文的数据和公司企业合著论文的数据也体现出类似的情况，也是高等院校在合作中发挥重要作用。医疗机构之间的合作论文数比较多，这与其专业领域比较集中的特点有关。同时，由于高等院校中有一些医学专业院校和附属医院，在医学和相关领域的科学研究中发挥重要作用，所以医疗机构和高等院校合作产生的论文数也很多。

表 8-4 CSTPCD 2018 收录的不同机构之间各种类型的合著论文数

机构类型	高等院校	研究机构	医疗机构	农业机构	公司企业
高等院校①/篇	56864	22189	27093	771	18297
研究机构①/篇	10025	7337	1125	554	3799
医疗机构①②/篇	23682	1897	28292	3	773

续表

机构类型	高等院校	研究机构	医疗机构	农业机构	公司企业
农业机构[①]/篇	118	114	0	126	41
公司企业[①]/篇	4849	1740	183	26	4432

注：①表示在发表合著论文时作为第一作者。

②医疗机构包括独立机构和高等院校附属医疗机构。

8.1.4 国际合著论文的情况

CSTPCD 2018 收录的中国科技人员为第一作者参与的国际合著论文总数为4505篇，与 2017 年的 4311 篇相比，增长了 194 篇。

（1）地区和机构类型分布

2018 年在中国科技人员作为第一作者发表的国际合著论文中，有 1006 篇论文的第一作者分布在北京地区，在中国科技人员作为第一作者的国际合著论文中所占比例达到22.3%。

对比表 8-5 中所列出的各地区国际合著论文数和比例，可以看到，与往年的统计结果情况一样，北京远远高于其他的地区，其他各地区中国际合著论文数最高的是江苏，为 448 篇，所占比例占全国总量的 9.9%，但是仍不及北京地区的一半。这一方面是由于北京的高等院校和大型科研院所比较集中，论文产出的数量比其他地区多很多；另一方面，北京作为全国科技教育文化中心，有更多的机会参与国际科技合作。

在北京、江苏之后，所占比例较高的地区还有上海和广东，它们所占的比例分别是8.4% 和 6.4%。不足 10 篇的地区是宁夏、青海和西藏。

表 8-5 CSTPCD 2018 收录的中国科技人员作为第一作者的国际合著论文按国内地区分布情况

地区	第一作者		地区	第一作者	
	论文篇数	比例		论文篇数	比例
北京	1006	22.3%	山西	81	1.8%
江苏	448	9.9%	重庆	79	1.8%
上海	377	8.4%	吉林	77	1.7%
广东	289	6.4%	江西	52	1.2%
湖北	241	5.3%	甘肃	51	1.1%
浙江	215	4.8%	云南	48	1.1%
陕西	185	4.1%	河北	47	1.0%
山东	180	4.0%	广西	34	0.8%
四川	165	3.7%	贵州	30	0.7%
辽宁	159	3.5%	新疆	30	0.7%
天津	124	2.8%	内蒙古	24	0.5%
湖南	114	2.5%	海南	21	0.5%
福建	112	2.5%	宁夏	9	0.2%

续表

地区	第一作者		地区	第一作者	
	论文篇数	比例		论文篇数	比例
黑龙江	107	2.4%	青海	5	0.1%
安徽	104	2.3%	西藏	1	0.0%
河南	87	1.9%			

2018 年国际合著论文的机构类型分布如表 8-6 所示，依照第一作者单位的机构类型统计，高等院校仍然占据最主要的地位，所占比例为 77.7%，与 2017 年相比，减少了 1.1 个百分点。

表 8-6 CSTPCD 2018 收录的中国科技人员作为第一作者的国际合著论文按机构分布情况

机构类型	国际合著论文篇数	国际合著论文比例
高等院校	3500	77.7%
研究机构	698	15.5%
医疗机构①	113	2.5%
公司企业	102	2.3%
其他机构	92	2.0%

注：①此处医疗机构的数据不包括高等院校附属医疗机构数据。

CSTPCD 2018 年收录的中国作为第一作者发表的国际合著论文中，其国际合著伙伴分布在 93 个国家（地区），覆盖范围与 2017 年基本持平。表 8-7 列出了国际合著论文数较多的国家（地区）的合著论文情况。由表中可以看到，与中国合著论文数超过 100 篇的国家（地区）有 9 个。与美国的合著论文数为 1696 篇，居第 1 位，比 2017 年度减少 477 篇；与英国的合著论文数为 403 篇。美国、英国、中国香港、澳大利亚和日本是对外科技合作（以中国为主）的主要伙伴。

表 8-7 2018 年中国国际合著伙伴的国家（地区）分布情况

国家（地区）	国际合著论文篇数	国家（地区）	国际合著论文篇数
美国	1696	中国澳门	86
英国	403	韩国	68
中国香港	355	荷兰	57
澳大利亚	335	俄罗斯	53
日本	313	意大利	48
加拿大	232	丹麦	43
德国	194	巴基斯坦	43
新加坡	113	新西兰	41
法国	101	瑞典	39
中国台湾	99	挪威	30

（2）学科分布

从 CSTPCD 2018 收录的中国国际合著论文分布（表 8-8）来看，数量最多的学科是临床医学（489 篇），远远高于其他学科，在所有国际合著论文中所占的比例为 10.9%。合著论文数比较多的还有地学和计算技术，数量分别为 352 篇和 305 篇。

表 8-8 CSTPCD 2018 收录的中国国际合著论文学科分布

学科	论文篇数	比例	学科	论文篇数	比例
数学	86	1.9%	工程与技术基础学科	48	1.1%
力学	39	0.9%	矿山工程技术	29	0.6%
信息、系统科学	2	0.0%	能源科学技术	47	1.0%
物理学	201	4.5%	冶金、金属学	122	2.7%
化学	134	3.0%	机械、仪表	64	1.4%
天文学	41	0.9%	动力与电气	33	0.7%
地学	352	7.8%	核科学技术	10	0.2%
生物学	278	6.2%	电子、通信与自动控制	239	5.3%
预防医学与卫生学	119	2.6%	计算技术	305	6.8%
基础医学	107	2.4%	化工	100	2.2%
药物学	86	1.9%	轻工、纺织	19	0.4%
临床医学	489	10.9%	食品	66	1.5%
中医学	140	3.1%	土木建筑	191	4.2%
军事医学与特种医学	11	0.2%	水利	49	1.1%
农学	193	4.3%	交通运输	105	2.3%
林学	39	0.9%	航空航天	42	0.9%
畜牧、兽医	30	0.7%	安全科学技术	1	0.0%
水产学	16	0.4%	环境科学	152	3.4%
测绘科学技术	37	0.8%	管理学	15	0.3%
材料科学	174	3.9%	社会科学	291	6.5%

8.1.5 CSTPCD 2018 海外作者发表论文的情况

CSTPCD 2018 中还收录了一部分海外作者在中国科技期刊上作为第一作者发表的论文（如表 8-9 所示），这些论文同样可以起到增进国际交流的作用，促进中国的研究工作进入全球的科技舞台。

表 8-9 CSTPCD 2018 收录的海外作者论文分布情况

国家（地区）	论文篇数	国家（地区）	论文篇数
美国	1081	意大利	155
印度	415	法国	153
伊朗	320	俄罗斯	141
澳大利亚	247	西班牙	93

续表

国家（地区）	论文篇数	国家（地区）	论文篇数
德国	230	土耳其	92
韩国	215	巴基斯坦	91
英国	206	里约热内卢	84
日本	206	马来西亚	81
加拿大	176	新加坡	74
中国香港	174	中国台湾	74

CSTPCD 2018共收录了海外作者发表的论文4544篇，比CSTPCD 2017增加了70篇。这些海外作者来自于110个国家（地区），表8-9列出了CSTPCD 2018收录的论文数较多的国家（地区），其中，美国作者发表的论文数最多，其次是印度、伊朗和澳大利亚的作者。CSTPCD 2018收录海外作者论文学科分布也十分广泛，覆盖了40个学科。表8-10列出了各个学科的论文数和所占比例，从中可以看到，临床医学的论文数最多，达506篇，所占比例为11.1%；超过100篇的学科共有16个，其中数量较多的学科还有临床医学、生物学和物理学，论文数均超过了300篇。

表8-10 CSTPCD 2018收录的海外论文学科分布情况

学科	论文篇数	比例	学科	论文篇数	比例
数学	124	2.7%	工程与技术基础学科	85	1.9%
力学	38	0.8%	矿山工程技术	95	2.1%
信息、系统科学	3	0.1%	能源科学技术	25	0.6%
物理学	377	8.3%	冶金、金属学	125	2.8%
化学	191	4.2%	机械、仪表	31	0.7%
天文学	82	1.8%	动力与电气	7	0.2%
地学	272	6.0%	核科学技术	2	0.0%
生物学	475	10.5%	电子、通信与自动控制	186	4.1%
预防医学与卫生学	41	0.9%	计算技术	93	2.0%
基础医学	130	2.9%	化工	157	3.5%
药物学	92	2.0%	轻工、纺织	10	0.2%
临床医学	506	11.1%	食品	4	0.1%
中医学	116	2.6%	土木建筑	202	4.4%
军事医学与特种医学	23	0.5%	水利	48	1.1%
农学	146	3.2%	交通运输	82	1.8%
林学	75	1.7%	航空航天	32	0.7%
畜牧、兽医	33	0.7%	安全科学技术	2	0.0%
水产学	10	0.2%	环境科学	133	2.9%
测绘科学技术	26	0.6%	管理学	9	0.2%
材料科学	282	6.2%	社会科学	170	3.7%

8.2 SCI 2018 收录的中国国际合著论文

据 SCI 数据库统计，2018 年收录的中国论文中，国际合作产生的论文为 11.08 万篇，比 2017 年增加了 1.34 万篇，增长了 13.8%。国际合著论文占中国发表论文总数的 26.5%。

2018 年中国作者为第一作者的国际合著论文共计 76622 篇，占中国全部国际合著论文的 69.1%，合作伙伴涉及 157 个国家（地区）；其他国家作者为第一作者、中国作者参与工作的国际合著论文为 34220 篇，合作伙伴涉及 182 个国家（地区）。合著论文形式详见表 8-11。

表 8-11　2018 年科技论文的国际合著形式分布

	中国第一作者篇数	占比	中国参与合著篇数	占比
双边合作	60449	78.89%	14023	40.98%
三方合作	11910	15.54%	7865	22.98%
多方合作	4263	5.56%	8679	25.36%

注：双边合作指 2 个国家（地区）参与合作，三方合作指 3 个国家（地区）参与合作，多方合作指 3 个以上国家（地区）参与合作。

（1）合作国家（地区）分布

中国作者作为第一作者的合著论文 76622 篇，涉及的国家（地区）数为 157 个，合作论文篇数居前 6 位的合作伙伴分别是：美国、英国、澳大利亚、加拿大、德国和日本（如表 8-12 所示）。

表 8-12　中国作者作为第一作者与合作国家（地区）发表的论文

排名	国家（地区）	论文篇数	排名	国家（地区）	论文篇数
1	美国	42713	4	加拿大	5439
2	英国	7793	5	德国	3801
3	澳大利亚	7658	6	日本	3768

中国参与工作、其他国家（地区）作者为第一作者的合著论文 34220 篇，涉及 182 个国家（地区），合作论文篇数居前 6 位的合作伙伴分别是：美国、英国、德国、澳大利亚、日本和加拿大（如表 8-13 和图 8-6 所示）。

表 8-13　中国作者作为参与方与合作国家（地区）发表的论文

排名	国家（地区）	论文篇数	排名	国家（地区）	论文篇数
1	美国	14879	4	澳大利亚	3301
2	英国	4823	5	日本	2986
3	德国	3763	6	加拿大	2581

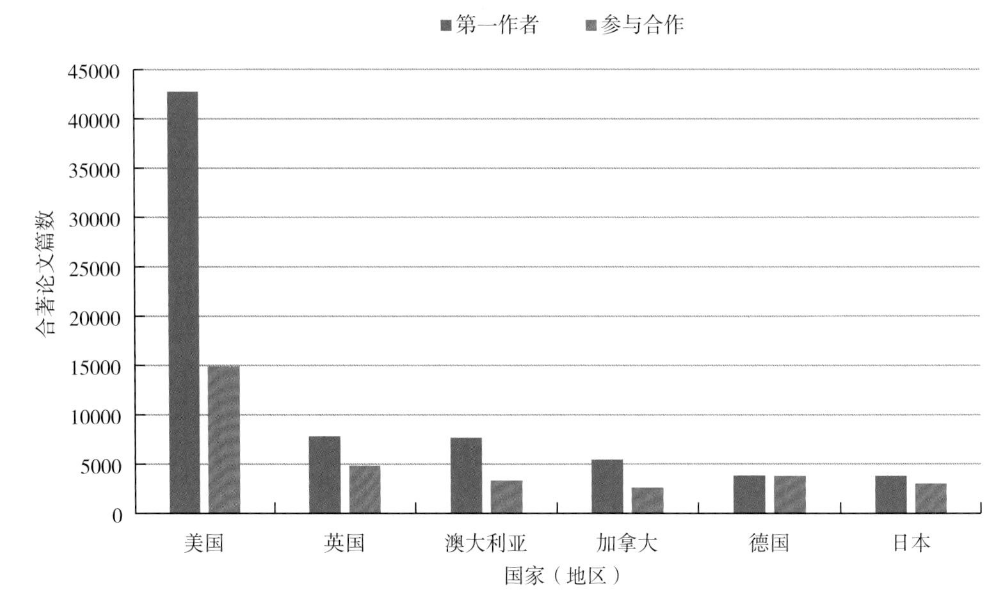

图 8-6　中国作者作为第一作者和作为参与方产出合著论文较多的合作国家（地区）

（2）国际合著论文的学科分布

如表 8-14 和表 8-15 所示为中国国际合著论文较多的学科分布情况。

表 8-14　中国作者作为第一作者的国际合著论文数居前 6 位的学科

学科	论文篇数	占本学科论文比例	学科	论文篇数	占本学科论文比例
化学	8656	15.17%	临床医学	6047	12.36%
生物学	8270	18.31%	材料科学	5812	17.58%
物理学	6058	15.89%	电子、通信与自动控制	5479	23.24%

表 8-15　中国作者参与的国际合著论文数居前 6 位的学科

学科	论文篇数	占本学科论文比例	学科	论文篇数	占本学科论文比例
临床医学	5006	10.24%	物理学	3313	8.69%
生物学	4327	9.58%	材料科学	2015	6.10%
化学	3963	6.95%	基础医学	1945	8.44%

（3）国际合著论文数居前 6 位的中国地区

如表 8-16 所示为中国作者作为第一作者的国际合著论文数较多的地区。

表 8-16 中国作者作为第一作者的国际合著论文数居前 6 位的地区

地区	论文篇数	占本地区论文比例
北京	14074	23.48%
江苏	8753	21.94%
上海	6710	21.84%
广东	5349	21.88%
湖北	4869	23.88%
陕西	4104	20.04%

（4）中国已具备参与国际大科学合作能力

近年来，通过参与国际热核聚变实验堆（ITER）计划、国际综合大洋钻探计划和全球对地观测系统等一系列“大科学”计划，中国与美国、欧洲、日本、俄罗斯等主要科技大国开展平等合作，为参与制定国际标准、解决全球性重大问题做出了应有贡献。陆续建立起来的 5 个国家级国际创新园、33 个国家级国际联合研究中心和 222 个国际科技合作基地，成为中国开展国际科技合作的重要平台。随着综合国力和科技实力的增强，中国已具备参与国际“大科学”合作的能力。

“大科学”研究一般来说是指具有投资强度大、多学科交叉、实验设备复杂、研究目标宏大等特点的研究活动。“大科学”工程是科学技术高度发展的综合体现，是显示各国科技实力的重要标志。

2018 年中国发表的国际论文中，作者数大于 1000、合作机构数大于 150 个的论文共有 300 篇。作者数超过 100 人且合作机构数量大于 50 个的论文共计 583 篇，比 2017 年增加 75 篇。涉及的学科有：高能物理、天文与天体物理、医药卫生和生物学等。其中，中国机构作为第一作者的论文 45 篇，中国科学院高能物理所 38 篇。中国科学院高能物理所主持撰写的“Search for the rare decays $D \rightarrow h\,(h^{(\prime)})\,e^{+}e^{-}$”（*PHYSICAL REVIEW LETTERS*），共有 12 个国家、84 个机构参加完成。这 12 个国家分别是：德国、美国、巴基斯坦、俄罗斯、印度、意大利、蒙古、荷兰、韩国、土耳其、塞浦路斯和瑞典。

8.3 讨论

通过对 CSTPCD 2018 和 SCI 2018 收录的中国科技人员参与的合著论文情况的分析，我们可以看到，更加广泛和深入的合作仍然是科学研究方式的发展方向。中国的合著论文数及其在全部论文中所占的比例显示出趋于稳定的趋势。

各种合著类型的论文所占比例与往年相比变化不大，同机构内的合作仍然是主要的合著类型。

不同地区由于其具体情况不同，合著情况有所差别。但是从整体上看，西部地区和其他地区相比，尽管在合著论文数上有一定的差距，但是在合著论文的比例上并没有明显的差异。而且在用国际合著和省际合著的比例考查地区对外合作情况时，西部地区的合作势头还略强一些。

由于研究方法和学科特点的不同，不同学科之间的合著论文的数量和规模差别较大，基础学科的合著论文数往往比较多，应用工程和工业技术方面的合著论文相对较少。

参考文献

[1] 中国科学技术信息研究所.2004年度中国科技论文统计与分析.北京：科学技术文献出版社，2006.

[2] 中国科学技术信息研究所.2005年度中国科技论文统计与分析.北京：科学技术文献出版社，2007.

[3] 中国科学技术信息研究所.2007年版中国科技期刊引证报告（核心版）.北京：科学技术文献出版社，2007.

[4] 中国科学技术信息研究所.2006年度中国科技论文统计与分析.北京：科学技术文献出版社，2008.

[5] 中国科学技术信息研究所.2008年版中国科技期刊引证报告（核心版）.北京：科学技术文献出版社，2008.

[6] 中国科学技术信息研究所.2007年度中国科技论文统计与分析.北京：科学技术文献出版社，2009.

[7] 中国科学技术信息研究所.2009年版中国科技期刊引证报告（核心版）.北京：科学技术文献出版社，2009.

[8] 中国科学技术信息研究所.2008年度中国科技论文统计与分析.北京：科学技术文献出版社，2010.

[9] 中国科学技术信息研究所.2010年版中国科技期刊引证报告（核心版）.北京：科学技术文献出版社，2010.

[10] 中国科学技术信息研究所.2011年版中国科技期刊引证报告（核心版）.北京：科学技术文献出版社，2011.

[11] 中国科学技术信息研究所.2012年版中国科技期刊引证报告（核心版）.北京：科学技术文献出版社，2012.

[12] 中国科学技术信息研究所.2012年度中国科技论文统计与分析（年度研究报告）.北京：科学技术文献出版社，2014.

[13] 中国科学技术信息研究所.2013年度中国科技论文统计与分析（年度研究报告）.北京：科学技术文献出版社，2015.

[14] 中国科学技术信息研究所.2014年度中国科技论文统计与分析（年度研究报告）.北京：科学技术文献出版社，2016.

[15] 中国科学技术信息研究所.2015年度中国科技论文统计与分析（年度研究报告）.北京：科学技术文献出版社，2017.

[16] 中国科学技术信息研究所.2016年度中国科技论文统计与分析（年度研究报告）.北京：科学技术文献出版社，2018.

[17] 中国科学技术信息研究所.2017年度中国科技论文统计与分析（年度研究报告）.北京：科学技术文献出版社，2019.

9 中国卓越科技论文的统计与分析

9.1 引言

根据 SCI、Ei、CPCI-S、SSCI 等国际权威检索数据库的统计结果，中国的国际论文数量排名均位于世界前列，经过多年的努力，中国已经成为科技论文产出大国。但也应清楚地看到，中国国际论文的质量与一些科技强国相比仍存在一定差距，所以在提高论文数量的同时，我们也应重视论文影响力的提升，真正实现中国科技论文从“量变”向“质变”的转变。为了引导科技管理部门和科研人员从关注论文数量向重视论文质量和影响转变，考量中国当前科技发展趋势及水平，既鼓励科研人员发表国际高水平论文，也重视发表在中国国内期刊的优秀论文，中国科学技术信息研究所从 2016 年开始，采用中国卓越科技论文这一指标进行评价。

中国卓越科技论文，由中国科研人员发表在国际、国内的论文共同组成。其中，国际论文部分即之前所说的表现不俗论文，指的是各学科领域内被引次数超过均值的论文，即在每个学科领域内，按统计年度的论文被引次数世界均值画一条线，高于均线的论文入选，表示论文发表后的影响超过其所在学科的一般水平。国内部分取近 5 年由“中国科技论文与引文数据库”（CSTPCD）收录的发表在中国科技核心期刊，且论文“累计被引用时序指标”超越本学科期望值的高影响力论文。

以下我们将对 2018 年度中国卓越科技论文的学科、地区、机构、期刊、基金和合著等方面的情况进行统计与分析。

9.2 中国卓越国际科技论文的研究分析与结论

若在每个学科领域内，按统计年度的论文被引次数世界均值画一条线，则高于均线的论文为卓越论文，即论文发表后的影响超过其所在学科的一般水平。2009 年我们第一次公布了利用这一方法指标进行的统计结果，当时称为“表现不俗论文”，受到国内外学术界的普遍关注。

以 SCI 统计，2018 年，中国机构作者为第一作者的论文共 37.64 万篇，其中，卓越论文数为 13.71 万篇，占论文总数的 36.4%，较 2017 年下降了 6.2 个百分点。按文献类型分，中国卓越国际科技论文的 95% 是原创论文，5% 是述评类文章。

9.2.1 学科影响力关系分析

2018 年，中国卓越国际科技论文主要分布在 39 个学科中（如表 9-1 所示），与 2017 年一致。其中，37 个学科的卓越国际科技论文数超过 100 篇；卓越国际科技论文达1000篇及以上的学科数量为19个，较2017年减少1个；500篇以上的学科数量为25个，比2017年减少3个。

表 9-1 2018年中国卓越国际科技论文的学科分布

学科	卓越国际论文篇数	全部论文篇数	2018年卓越国际论文占全部论文的比例	2017年卓越国际论文占全部论文的比例
数学	3842	10164	37.80%	30.84%
力学	2238	3799	58.91%	52.22%
信息、系统科学	493	954	51.68%	46.89%
物理学	10851	34403	31.54%	26.16%
化学	26613	52581	50.61%	45.54%
天文学	761	1816	41.91%	33.04%
地学	4454	14585	30.54%	48.31%
生物学	14982	40225	37.25%	44.54%
预防医学与卫生学	958	4095	23.39%	41.28%
基础医学	4882	20690	23.60%	35.86%
药物学	4254	13083	32.52%	50.51%
临床医学	8726	41965	20.79%	37.14%
中医学	139	1036	13.42%	33.56%
军事医学与特种医学	127	636	19.97%	41.20%
农学	2194	4346	50.48%	45.55%
林学	494	954	51.78%	41.62%
畜牧、兽医	686	1784	38.45%	37.27%
水产学	829	1539	53.87%	50.68%
测绘科学技术	2	3	66.67%	
材料科学	12843	30791	41.71%	38.03%
工程与技术基础学科	417	2106	19.80%	31.36%
矿山工程技术	164	632	25.95%	41.58%
能源科学技术	5298	10195	51.97%	66.92%
冶金、金属学	233	1772	13.15%	29.10%
机械、仪表	1308	5011	26.10%	38.18%
动力与电气	538	1202	44.76%	73.12%
核科学技术	307	1456	21.09%	36.01%
电子、通信与自动控制	6958	21513	32.34%	48.84%
计算技术	4723	14304	33.02%	45.15%
化工	4670	8147	57.32%	62.28%
轻工、纺织	392	807	48.57%	55.66%
食品	2212	5177	42.73%	37.36%
土木建筑	1700	4901	34.69%	51.55%
水利	590	2387	24.72%	43.45%
交通运输	284	1004	28.29%	44.57%

续表

学科	卓越国际论文篇数	全部论文篇数	2018 年卓越国际论文占全部论文的比例	2017 年卓越国际论文占全部论文的比例
航空航天	340	1303	26.09%	40.99%
安全科学技术	83	161	51.55%	76.98%
环境科学	6211	13570	45.77%	62.20%
管理学	290	920	31.52%	51.47%
自然科学类其他	36	346	10.40%	16.47%

数据来源：SCIE 2018。

卓越国际论文数在一定程度上可以反映学科影响力的大小，卓越国际论文越多，表明该学科的论文越受到关注，中国在该学科的影响力也就越大。卓越国际论文数达1000 篇及以上的 19 个学科中，力学的论文比例最高，为 58.91%；化工、能源科学技术、化学、农学 4 个学科的卓越国际论文比例也超过 50%。

9.2.2 中国各地区卓越国际科技论文的分布特征

2018 年，中国 31 个省（市、自治区）卓越国际科技论文的发表情况如表 9-2 所示。

按发表数量计，100 篇以上的省（市、自治区）为 29 个，比 2017 年减少 1 个；1000 篇以上的省（市、自治区）有 23 个，与 2017 年一致。从卓越国际论文篇数来看，虽然边远地区与其他地区相比还存在一定差距，但也有较为明显的增加，如西藏和海南的卓越国际论文数较 2017 年增幅均超过 20%。

表 9-2 卓越国际论文的地区分布及增长情况

地区	卓越国际论文篇数	年增长率	全部论文篇数	比例	地区	卓越国际论文篇数	年增长率	全部论文篇数	比例
北京	21172	-7.84%	59229	35.75%	湖北	8084	-0.14%	20366	39.69%
天津	4351	1.99%	11411	38.13%	湖南	5304	10.25%	12944	40.98%
河北	1363	-5.61%	4637	29.39%	广东	9791	3.51%	25942	37.74%
山西	1322	6.08%	3957	33.41%	广西	938	-3.51%	2974	31.54%
内蒙古	309	-9.14%	1248	24.76%	海南	299	23.65%	942	31.74%
辽宁	4883	-0.81%	13833	35.30%	重庆	3109	-3.98%	8481	36.66%
吉林	3249	3.51%	9134	35.57%	四川	5741	8.34%	16778	34.22%
黑龙江	3755	3.79%	10054	37.35%	贵州	530	9.98%	1888	28.07%
上海	10967	-9.89%	30907	35.48%	云南	1294	6.69%	3703	34.94%
江苏	15312	-0.74%	40062	38.22%	西藏	16	87.50%	59	27.12%
浙江	6999	-1.05%	19014	36.81%	陕西	7361	5.09%	20523	35.87%
安徽	3584	1.99%	9899	36.21%	甘肃	1752	-5.15%	4782	36.64%
福建	3029	4.34%	7683	39.42%	青海	90	-23.93%	386	23.32%
江西	1437	8.37%	4174	34.43%	宁夏	137	6.20%	471	29.09%

续表

地区	卓越国际论文篇数	年增长率	全部论文篇数	比例	地区	卓越国际论文篇数	年增长率	全部论文篇数	比例
山东	7410	5.66%	20226	36.64%	新疆	552	-13.00%	1838	30.03%
河南	2984	5.59%	8809	33.87%					

数据来源：SCIE 2018。

按卓越国际论文篇数占全部论文篇数（所有文献类型）的比例看，高于 30% 的省（市、自治区）共有 25 个，占所有地区数量的 80.6%，这 25 个省（市、自治区）的卓越国际论文均达到 100 篇以上。卓越国际论文的比例居前 3 位的是：湖南、湖北和福建，分别为 40.98%、39.69% 和 39.42%。

9.2.3 卓越国际论文的机构分布特征

2018 年中国 13.71 万篇卓越国际论文中，由高等院校发表的为 118910 篇（占比 86.72%），由研究机构发表的为 13980 篇（占比 10.20%），由医疗机构发表的为 2271 篇（占比 1.66%），由其他部门发表的为 1961 篇（占比 1.43%），机构占比分布如图 9-1 所示。与 2017 年相比，高等院校的卓越国际论文占总数的比例有所上升，由 2017 年的 85.05% 上升为 86.72%，研究机构和医疗机构比例有所下降，分别由 2017 年的 11.11% 和 3.01%，降为 10.20% 和 1.66%。

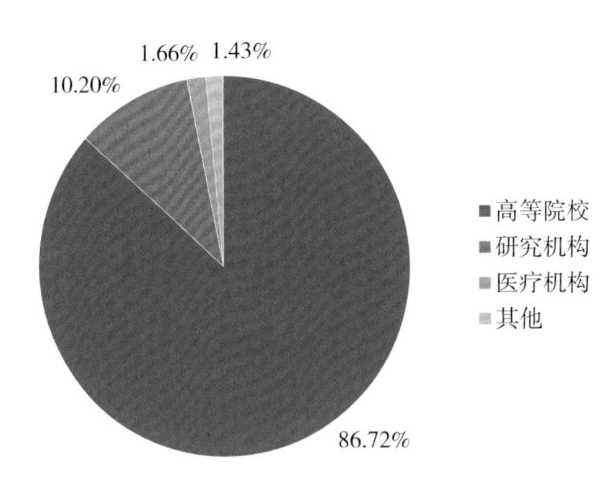

图 9-1　2018 年中国卓越国际论文的机构占比分布

（1）高等院校

2018 年，共有 719 所高等院校有卓越国际论文产出，比 2017 年的 762 所高等院校相比有所减少。其中，卓越国际论文超过 1000 篇的有 28 所高等院校，与 2017 年的 26 所高等院校相比，增加 2 所高等院校。卓越国际论文数均超过 2000 篇的高等院校有 6 所，分别是：浙江大学、上海交通大学、清华大学、华中科技大学、中南大学和哈尔滨工业大学。大于 500 篇的有 68 所，与 2017 年的 64 所相比增加 6%。发表卓越国际论文数居前 20 位的高等院校如表 9-3 所示，其卓越国际论文占本校 SCI 论文（Article 和 Review 两种文献类型）的比例均已超过 35%。其中，华南理工大学、清华大学和中国科学技术大学的卓越国际论文比例排名居前 3 位。

表 9-3 发表卓越国际论文数居前 20 位的高等院校

机构名称	卓越国际论文篇数	全部论文篇数	卓越国际论文占全部论文的比例
浙江大学	2888	7147	40.41%
上海交通大学	2627	7203	36.47%
清华大学	2559	5706	44.85%
华中科技大学	2320	5344	43.41%
中南大学	2223	4974	44.69%
哈尔滨工业大学	2033	4730	42.98%
四川大学	1984	5463	36.32%
北京大学	1923	4958	38.79%
中山大学	1859	4872	38.16%
西安交通大学	1788	4731	37.79%
天津大学	1749	4062	43.06%
吉林大学	1732	4927	35.15%
华南理工大学	1689	3305	51.10%
武汉大学	1646	4015	41.00%
复旦大学	1628	4442	36.65%
山东大学	1622	4311	37.62%
中国科学技术大学	1434	3205	44.74%
南京大学	1383	3196	43.27%
东南大学	1327	3261	40.69%
同济大学	1321	3432	38.49%

数据来源：SCIE 2018。

（2）研究机构

2018 年，共有 272 个研究机构有卓越国际论文产出，比 2017 年的 293 个减少了 21 个。其中，发表卓越国际论文大于 100 篇的研究机构有 39 个，比 2017 年的 40 个有所减少。发表卓越国际论文数居前 20 位的研究机构如表 9-4 所示，占本研究机构论文数（Article 和 Review 两种文献类型）的比例超过 60% 的有 2 个。其中，国家纳米科学中心的卓越国际论文比例最高，为 62.56%。

表 9-4 发表卓越国际论文数居前 20 位的研究机构

单位名称	卓越国际论文篇数	全部论文篇数	卓越国际论文占全部论文的比例
中国科学院化学研究所	412	679	60.68%
中国科学院长春应用化学研究所	370	630	58.73%
中国科学院生态环境研究中心	360	617	58.35%
中国科学院大连化学物理研究所	327	582	56.19%

续表

单位名称	卓越国际论文篇数	全部论文篇数	卓越国际论文占全部论文的比例
中国科学院合肥物质科学研究院	287	830	34.58%
国家纳米科学中心	259	414	62.56%
中国工程物理研究院	247	927	26.65%
中国科学院上海硅酸盐研究所	247	438	56.39%
中国科学院地理科学与资源研究所	231	589	39.22%
中国科学院海西研究院	230	408	56.37%
中国科学院金属研究所	225	494	45.55%
中国科学院宁波工业技术研究院	222	405	54.81%
中国科学院过程工程研究所	218	478	45.61%
中国科学院物理研究所	191	492	38.82%
中国科学院兰州化学物理研究所	183	354	51.69%
中国科学院理化技术研究所	169	306	55.23%
中国科学院深圳先进技术研究院	161	322	50.00%
中国科学院海洋研究所	158	484	32.64%
中国科学院上海生命科学研究院	156	290	53.79%
中国科学院地质与地球物理研究所	150	452	33.19%

数据来源：SCIE 2018。

（3）医疗机构

2018年，共有620个医疗机构有卓越国际论文产出，与2017年的815个相比有较大减少。其中，发表卓越国际论文大于100篇的医疗机构有39个。发表卓越国际论文数居前20位的医疗机构如表9-5所示，发表卓越国际论文最多的医疗机构是四川大学华西医院，共产出论文445篇，而上海交通大学医学院附属仁济医院的卓越国际论文比例最高，为38.96%。

表9-5　发表卓越国际论文数居前20位的医疗机构

单位名称	卓越国际论文篇数	全部论文篇数	卓越国际论文占全部论文的比例
四川大学华西医院	445	1617	27.52%
解放军总医院	259	945	27.41%
中南大学湘雅医院	243	652	37.27%
郑州大学第一附属医院	240	684	35.09%
复旦大学附属中山医院	209	618	33.82%
中南大学湘雅二医院	195	522	37.36%
华中科技大学同济医学院附属同济医院	192	622	30.87%
华中科技大学同济医学院附属协和医院	187	541	34.57%
北京协和医院	186	782	23.79%
浙江大学第一附属医院	186	647	28.75%
上海交通大学医学院附属仁济医院	180	462	38.96%

续表

单位名称	卓越国际论文篇数	全部论文篇数	卓越国际论文占全部论文的比例
江苏省人民医院	176	502	35.06%
吉林大学白求恩第一医院	165	638	25.86%
浙江大学医学院附属第二医院	165	518	31.85%
南方医科大学南方医院	165	496	33.27%
上海交通大学医学院附属第九人民医院	158	546	28.94%
西安交通大学医学院第一附属医院	154	535	28.79%
山东大学齐鲁医院	153	507	30.18%
重庆医科大学附属第一医院	147	455	32.31%
中山大学附属第一医院	142	574	24.74%

数据来源：SCIE 2018。

9.2.4 卓越国际论文的期刊分布

2018 年，中国的卓越国际论文共发表在 5613 种期刊中，比 2017 年的 5919 种减少了 5.2%。其中，在中国大陆编辑出版的期刊为 187 种，共 4789 篇，占全部卓越国际论文数的 3.5%，比 2017 年的 3.9% 有所下降。2018 年，在发表卓越国际论文的全部期刊中，700 篇以上的期刊有 16 种，如表 9-6 所示。发表卓越国际论文数大于 100 篇的中国科技期刊共 9 种，如表 9-7 所示。

表 9-6 发表卓越国际论文大于 700 篇的国际科技期刊

期刊名称	论文篇数
ACS APPLIED MATERIALS & INTERFACES	1653
JOURNAL OF ALLOYS AND COMPOUNDS	1399
APPLIED SURFACE SCIENCE	1353
IEEE ACCESS	1218
CHEMICAL ENGINEERING JOURNAL	1175
JOURNAL OF MATERIALS CHEMISTRY A	1132
SCIENTIFIC REPORTS	1127
SENSORS AND ACTUATORS B-CHEMICAL	1115
SCIENCE OF THE TOTAL ENVIRONMENT	1056
RSC ADVANCES	878
JOURNAL OF CLEANER PRODUCTION	843
CERAMICS INTERNATIONAL	799
ELECTROCHIMICA ACTA	780
CHEMICAL COMMUNICATIONS	777
NANOSCALE	737
BIORESOURCE TECHNOLOGY	716

数据来源：SCIE 2018。

表 9-7 发表卓越国际论文 100 篇以上的中国科技期刊

期刊名称	论文篇数
NANO RESEARCH	279
CHINESE CHEMICAL LETTERS	197
JOURNAL OF MATERIALS SCIENCE & TECHNOLOGY	168
CHINESE PHYSICS B	124
CHINESE JOURNAL OF CATALYSIS	108
SCIENCE BULLETIN	101
NANO RESEARCH	279
CHINESE CHEMICAL LETTERS	197
JOURNAL OF MATERIALS SCIENCE & TECHNOLOGY	168

数据来源：SCIE 2018。

9.2.5 卓越国际论文的国际国内合作情况分析

2018年，合作（包括国际国内合作）研究产生的卓越国际论文为107102篇，占全部卓越国际论文的78.1%，比2017年的64.2%上升了13.9个百分点。其中，高等院校合作产生90901篇，占84.9%；研究机构合作产生12785篇，占11.9%。高等院校合作产生的卓越国际论文占高等院校卓越国际论文（118910篇）的76.4%，而研究机构合作产生的卓越国际论文占研究机构卓越国际论文（13980篇）的比例是91.5%。与2017年相比，高等院校的合作卓越国际论文在全部合作卓越国际论文中的比例有所上升，研究机构的合作卓越国际论文在全部合作卓越国际论文中的比例有所下降，高等院校和研究机构的合作卓越国际论文在其机构类型的全部卓越国际论文的比例均有所上升。

2018年，以中国为主的国际合作卓越国际论文共有34403篇，地区分布如表9-8所示。其中，数量超过100篇的省（市、自治区）为26个，北京和江苏的国际合作卓越国际论文数较多并均超过3000篇，这两个地区的国际合作卓越国际论文分别为6201篇、4101篇。国际合作卓越国际论文（只统计论文数大于10篇）占卓越国际论文比例大于20%的有21个省（市、自治区）。

表 9-8 以中国为主的国际合作卓越国际合作论文的地区分布

地区	国际合作论文篇数	卓越国际论文总篇数	国际合作论文占全部论文比例
北京	6201	21172	29.29%
天津	968	4351	22.25%
河北	237	1363	17.39%
山西	287	1322	21.71%
内蒙古	47	309	15.21%
辽宁	1080	4883	22.12%
吉林	668	3249	20.56%
黑龙江	800	3755	21.30%

续表

地区	国际合作论文篇数	卓越国际论文总篇数	国际合作论文占全部论文比例
上海	2917	10967	26.60%
江苏	4101	15312	26.78%
浙江	1805	6999	25.79%
安徽	852	3584	23.77%
福建	819	3029	27.04%
江西	319	1437	22.20%
山东	1427	7410	19.26%
河南	535	2984	17.93%
湖北	2265	8084	28.02%
湖南	1273	5304	24.00%
广东	2595	9791	26.50%
广西	175	938	18.66%
海南	62	299	20.74%
重庆	767	3109	24.67%
四川	1392	5741	24.25%
贵州	125	530	23.58%
云南	348	1294	26.89%
西藏	6	16	37.50%
陕西	1845	7361	25.06%
甘肃	343	1752	19.58%
青海	15	90	16.67%
宁夏	19	137	13.87%
新疆	110	552	19.93%

数据来源：SCIE 2018。

从以中国为主的国际合作卓越国际论文学科分布看（如表 9-9 所示），数量超过 100 篇的学科为 30 个；超过 300 篇的学科为 20 个，其中，数量最多的为化学，国际合作卓越国际论文数为 5167 篇，其次为生物学，材料科学，物理学，电子、通信与自动控制，环境科学，地学，计算技术，临床医学，能源科学技术，化工和数学，卓越国际合作论文均达到 1000 篇以上。卓越国际合作论文占卓越国际论文比例大于 20%（只计卓越国际论文大于 10 篇的学科）的学科有 31 个，大于 30% 的学科为 15 个。

表 9-9　以中国为主的国际合作卓越国际论文的学科分布

学科	国际合作论文篇数	卓越国际论文总篇数	合作论文占全部论文比例
数学	1004	3842	26.13%
力学	606	2238	27.08%
信息、系统科学	185	493	37.53%
物理学	2501	10851	23.05%
化学	5167	26613	19.42%

续表

学科	国际合作论文篇数	卓越国际论文总篇数	合作论文占全部论文比例
天文学	408	761	53.61%
地学	1847	4454	41.47%
生物学	3600	14982	24.03%
预防医学与卫生学	280	958	29.23%
基础医学	967	4882	19.81%
药物学	669	4254	15.73%
临床医学	1761	8726	20.18%
中医学	16	139	11.51%
军事医学与特种医学	32	127	25.20%
农学	647	2194	29.49%
林学	194	494	39.27%
畜牧、兽医	135	686	19.68%
水产学	140	829	16.89%
测绘科学技术	1	2	50.00%
材料科学	2881	12843	22.43%
工程与技术基础学科	133	417	31.89%
矿山工程技术	51	164	31.10%
能源科学技术	1466	5298	27.67%
冶金、金属学	45	233	19.31%
机械、仪表	319	1308	24.39%
动力与电气	122	538	22.68%
核科学技术	90	307	29.32%
电子、通信与自动控制	2432	6958	34.95%
计算技术	1816	4723	38.45%
化工	1024	4670	21.93%
轻工、纺织	67	392	17.09%
食品	600	2212	27.12%
土木建筑	577	1700	33.94%
水利	196	590	33.22%
交通运输	141	284	49.65%
航空航天	68	340	20.00%
安全科学技术	36	83	43.37%
环境科学	2033	6211	32.73%
管理学	131	290	45.17%
自然科学类其他	18	36	50.00%

数据来源：SCIE 2018。

9.2.6 卓越国际论文的创新性分析

中国实行的科学基金资助体系是为了扶持中国的基础研究和应用研究，但要获得基金的资助，要求科技项目的立意具有新颖性和前瞻性，即要有创新性。下文我们将从由各类基金（这里所指的基金是广泛意义的，包括各省部级以上的各类资助项目和各项国家大型研究和工程计划）资助产生的论文来了解科学研究中的一些创新情况。

2018 年，中国的卓越国际论文中得到基金资助产生的论文为 127856 篇，占卓越国际论文数的 93.2%，比 2017 年上升 1.5 个百分点。

从卓越国际基金论文的学科分布看（如表 9-10 所示），论文数最多的学科是化学，其卓越国际基金论文数超过25000篇，超过5000篇的学科还有生物学，材料科学，物理学，临床医学，电子、通信与自动控制，环境科学和能源科学技术。95% 的学科中，卓越国际基金论文占学科卓越国际论文的比例在 80% 以上。

表 9-10 卓越国际基金论文的学科分布

学科	卓越国际基金论文数	卓越国际论文总数	卓越国际基金论文比例	
			2018 年	2017 年
数学	3565	3842	92.79%	93.11%
力学	2090	2238	93.39%	93.83%
信息、系统科学	461	493	93.51%	94.25%
物理学	10415	10851	95.98%	95.78%
化学	25787	26613	96.90%	96.82%
天文学	742	761	97.50%	96.58%
地学	4258	4454	95.60%	93.33%
生物学	13799	14982	92.10%	92.46%
预防医学与卫生学	836	958	87.27%	87.01%
基础医学	4047	4882	82.90%	83.23%
药物学	3489	4254	82.02%	81.50%
临床医学	6860	8726	78.62%	75.07%
中医学	122	139	87.77%	90.17%
军事医学与特种医学	114	127	89.76%	90.63%
农学	2128	2194	96.99%	97.17%
林学	484	494	97.98%	98.57%
畜牧、兽医	657	686	95.77%	92.66%
水产学	818	829	98.67%	99.07%
测绘科学技术	2	2	100.00%	—
材料科学	12345	12843	96.12%	96.42%
工程与技术基础学科	399	417	95.68%	92.93%
矿山工程技术	159	164	96.95%	96.93%
能源科学技术	5093	5298	96.13%	94.46%
冶金、金属学	222	233	95.28%	87.89%
机械、仪表	1199	1308	91.67%	93.54%

续表

学科	卓越国际基金论文数	卓越国际论文总数	卓越国际基金论文比例	
			2018 年	2017 年
动力与电气	499	538	92.75%	92.46%
核科学技术	286	307	93.16%	90.82%
电子、通信与自动控制	6478	6958	93.10%	92.35%
计算技术	4412	4723	93.42%	93.64%
化工	4556	4670	97.56%	95.19%
轻工、纺织	377	392	96.17%	94.59%
食品	2099	2212	94.89%	94.87%
土木建筑	1602	1700	94.24%	94.37%
水利	561	590	95.08%	97.81%
交通运输	257	284	90.49%	96.04%
航空航天	291	340	85.59%	86.46%
安全科学技术	82	83	98.80%	90.72%
环境科学	5984	6211	96.35%	96.87%
管理学	253	290	87.24%	94.76%
自然科学类其他	28	36	77.78%	77.19%

数据来源：SCIE 2018。

卓越国际基金论文数居前的地区仍是科技资源配置丰富、高等院校和研究机构较为集中的地区。例如，卓越国际基金论文数居前 6 位的地区：北京、江苏、上海、广东、湖北和陕西。2018 年，卓越国际基金论文比在 90% 以上的地区有 27 个。由表 9-11 中所列数据也可看出，各地区卓越国际基金论文比的数值差距不是很大。

表 9-11 卓越国际基金论文的地区分布

地区	卓越国际基金论文数	卓越国际论文总数	卓越国际基金论文比例	
			2018 年	2017 年
北京	19929	21172	94.13%	91.99%
天津	4077	4351	93.70%	92.38%
河北	1163	1363	85.33%	80.25%
山西	1254	1322	94.86%	93.68%
内蒙古	288	309	93.20%	92.92%
辽宁	4531	4883	92.79%	90.88%
吉林	2965	3249	91.26%	90.25%
黑龙江	3451	3755	91.90%	92.81%
上海	10175	10967	92.78%	91.22%
江苏	14455	15312	94.40%	93.77%
浙江	6527	6999	93.26%	91.96%
安徽	3413	3584	95.23%	94.66%
福建	2916	3029	96.27%	94.73%
江西	1362	1437	94.78%	93.29%

续表

地区	卓越国际基金论文数	卓越国际论文总数	卓越国际基金论文比例	
			2018 年	2017 年
山东	6649	7410	89.73%	87.63%
河南	2604	2984	87.27%	83.40%
湖北	7605	8084	94.07%	92.27%
湖南	4954	5304	93.40%	91.79%
广东	9267	9791	94.65%	93.04%
广西	871	938	92.86%	91.94%
海南	280	299	93.65%	95.85%
重庆	2909	3109	93.57%	92.93%
四川	5201	5741	90.59%	88.94%
贵州	493	530	93.02%	93.56%
云南	1214	1294	93.82%	92.49%
西藏	11	16	68.75%	87.50%
陕西	6879	7361	93.45%	91.69%
甘肃	1659	1752	94.69%	93.93%
青海	84	90	93.33%	94.87%
宁夏	128	137	93.43%	93.02%
新疆	522	552	94.57%	93.03%

数据来源：SCIE 2018。

9.3 中国卓越国内科技论文的研究分析与结论

根据学术文献的传播规律，科技论文发表后在 3 ～ 5 年形成被引的峰值。这个时间窗口内较高质量科技论文的学术影响力会通过论文的引用水平表现出来。为了遴选学术影响力较高的论文，我们为近 5 年中国科技核心期刊收录的每篇论文计算了“累计被引时序指标”——n 指数。

n 指数的定义方法是：若一篇论文发表 n 年之内累计被引次数达到 n 次，同时在 n+1 年累计被引次数不能达到 n+1 次，则该论文的“累计被引时序指标”的数值为 n。

对各个年度发表在中国科技核心期刊上的论文被引次数设定一个 n 指数分界线，各年度发表的论文中，被引次数超越这一分界线的就被遴选为“卓越国内科技论文”。我们经过数据分析测算后，对近 5 年的“卓越国内科技论文”分界线定义为：论文 n 指数大于发表时间的论文是“卓越国内科技论文”。例如，论文发表 1 年之内累计被引达到 1 次的论文，n 指数为 1；发表 2 年之内累计被引超过 2 次，n 指数为 2。以此类推，发表 5 年之内累计被引达到 5 次，n 指数为 5。

按照这一统计方法，我们根据近 5 年（2014—2018 年）的“中国科技论文与引文数据库”（CSTPCD）统计，共遴选出“卓越国内科技论文”17.88 万篇，占这 5 年 CSTPCD 收录全部论文的比例约为 7.4%。

9.3.1 卓越国内科技论文的学科分布

2018 年，中国卓越国内论文主要分布在 39 个学科中（如表 9-12 所示），论文数最多的学科是临床医学，发表了 34564 篇卓越国内论文，说明中国的临床医学在国内和国际均具有较大的影响力；其次是电子、通信与自动控制，为 12680 篇，卓越国内论文数超过 10000 篇的学科还有农学和计算技术，分别为 11780 篇和 10454 篇。

表 9-12 卓越国内论文的学科分布

学科	卓越国内论文篇数	学科	卓越国内论文篇数
数学	531	工程与技术基础学科	631
力学	440	矿业工程技术	2401
信息、系统科学	139	能源科学技术	3975
物理学	1042	金属、冶金学	2736
化学	2312	机械、仪表	2748
天文学	108	动力与电气	1100
地学	9982	核科学技术	67
生物学	5242	电子、通信与自动控制	12680
预防医学与卫生学	4762	计算技术	10454
基础医学	4423	化工	2294
药物学	3685	轻工、纺织	368
临床医学	34564	食品	4160
中医药	7845	土木建筑	3681
军事医学与特种医学	603	水利	901
农学	11780	交通运输	2368
林学	2121	航空航天	1441
畜牧、兽医	2001	安全科学技术	122
水产学	802	环境科学	8461
测绘科学技术	1124	管理学	784
材料科学	1398		

数据来源：CSTPCD。

9.3.2 中国各地区卓越国内科技论文的分布特征

2018 年，中国 31 个省（市、自治区）卓越国内科技论文的发表情况如表 9-13 所示，其中，北京发表的卓越国内论文数最多，达到 35486 篇。卓越国内论文数能达到 10000 篇以上的地区还有江苏、上海和广东，分别为 16004 篇、10361 篇和 10064 篇。卓越国内论文数排名居前 10 位的还有陕西、湖北、四川、山东、浙江和辽宁等地区。对比卓越国际论文的地区分布可以看出，这些地区的卓越国际论文数也较多，说明这些地区无论是国际科技产出还是国内科技产出，其影响力均较国内其他地区大。

表 9-13 卓越国内科技论文的地区分布

地区	卓越国内论文篇数	地区	卓越国内论文篇数
北京	35486	湖北	8807
天津	4891	湖南	5584
河北	4639	广东	10064
山西	2170	广西	2340
内蒙古	1277	海南	787
辽宁	6464	重庆	4316
吉林	3199	四川	7550
黑龙江	3684	贵州	1669
上海	10361	云南	2287
江苏	16004	西藏	56
浙江	7128	陕西	9163
安徽	4098	甘肃	3503
福建	3262	青海	401
江西	2523	宁夏	595
山东	7364	新疆	2791
河南	5358		

数据来源：CSTPCD。

9.3.3 国内卓越科技论文的机构分布特征

2018 年中国 178819 篇卓越国内论文中，高等院校发表论文 101118 篇，研究机构发表论文 26790 篇，医疗机构发表论文 38229 篇，公司企业发表论文 4857 篇，其他部门发表论文 7825 篇，各机构发表论文数占比分布如图 9-2 所示。

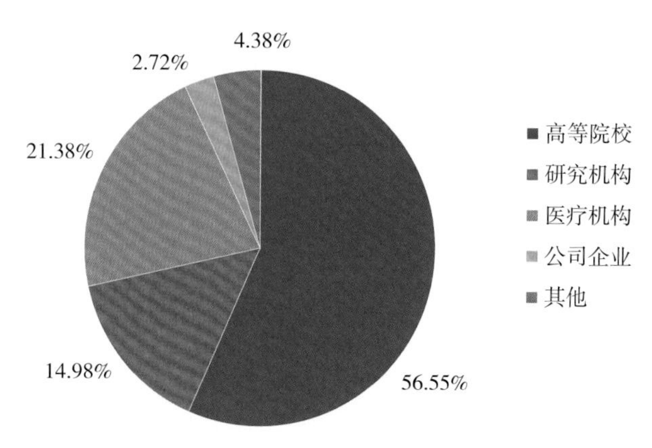

图 9-2 2018 年中国卓越国内论文的机构占比分布

(1) 高等院校

2018 年，卓越国内论文数居前 20 位高等院校如表 9-14 所示。其中，北京大学、上海交通大学和首都医科大学居前 3 位，其国内卓越论文数分别为 2616 篇、1944 篇和 1929 篇。

表 9-14 卓越国内论文数居前 20 位的高等院校

机构名称	卓越国内论文篇数	单位名称	卓越国内论文篇数
北京大学	2616	南京大学	1358
上海交通大学	1944	中山大学	1354
首都医科大学	1929	华北电力大学	1313
武汉大学	1921	西北农林科技大学	1307
浙江大学	1639	中国矿业大学	1290
清华大学	1488	华中科技大学	1262
中南大学	1449	同济大学	1248
中国石油大学	1412	复旦大学	1219
四川大学	1394	西安交通大学	1169
中国地质大学	1375	吉林大学	1109

数据来源：CSTPCD。

（2）研究机构

2018 年，卓越国内论文数居前 20 位的研究机构如表 9-15 所示。其中，中国科学院地理科学与资源研究所、中国疾病预防控制中心和中国中医科学院居前 3 位，卓越国内论文数分别为 717 篇、625 篇和 508 篇。论文数超过 300 篇的研究机构还有中国科学院长春光学精密机械与物理研究所、中国水产科学研究院和中国林业科学研究院。

表 9-15 卓越国内论文数居前 20 位的研究机构

单位名称	卓越国内论文篇数	单位名称	卓越国内论文篇数
中国科学院地理科学与资源研究所	717	中国科学院生态环境研究中心	229
中国疾病预防控制中心	625	中国地质科学院矿产资源研究所	192
中国中医科学院	508	中国农业科学院农业质量标准与检测技术研究所	190
中国科学院长春光学精密机械与物理研究所	446	中国环境科学研究院	184
中国水产科学研究院	366	中国科学院新疆生态与地理研究所	182
中国林业科学研究院	365	中国科学院南京土壤研究所	168
中国科学院地质与地球物理研究所	279	中国农业科学院农业资源与农业区划研究所	164
中国医学科学院肿瘤研究所	253	中国地质科学院	154
中国科学院寒区旱区环境与工程研究所	248	中国社会科学院研究生院	153
江苏省农业科学院	233	中国科学院南京地理与湖泊研究所	146

数据来源：CSTPCD。

（3）医疗机构

2018年，卓越国内论文数居前20位的医疗机构如表9-16所示。其中，解放军总医院、北京协和医院和四川大学华西医院居前3位，卓越国内论文数分别为646篇、492篇和456篇。

表 9-16 卓越国内论文数居前 20 位的医疗机构

单位名称	卓越国内论文篇数	单位名称	卓越国内论文篇数
解放军总医院	646	江苏省人民医院	253
北京协和医院	492	新疆医科大学第一附属医院	251
四川大学华西医院	456	首都医科大学附属北京安贞医院	249
北京大学第三医院	354	第二军医大学附属长海医院	248
北京大学第一医院	318	北京大学人民医院	242
中国医科大学附属盛京医院	313	安徽医科大学第一附属医院	238
郑州大学第一附属医院	298	中南大学湘雅医院	231
华中科技大学同济医学院附属同济医院	295	南方医科大学南方医院	228
武汉大学人民医院	270	首都医科大学宣武医院	224
南京军区南京总医院	254	复旦大学附属中山医院	219

数据来源：CSTPCD。

9.3.4 卓越国内论文的期刊分布

2018年，中国的卓越国内论文共发表在2521种中国期刊中，其中，《农业工程学报》的卓越国内论文数最多，为1652篇，其次为《生态学报》和《中国电机工程学报》，发表卓越国内论文数分别为1601篇和1483篇。2018年，在发表卓越国内论文的全部期刊中，1000篇以上的期刊有12种，比2017年增加3种，如表9-17所示。

表 9-17 发表卓越国内论文数大于 1000 篇的国内科技期刊

期刊名称	论文篇数	期刊名称	论文篇数
农业工程学报	1652	电力系统自动化	1248
生态学报	1601	电网技术	1158
中国电机工程学报	1483	环境科学	1094
食品科学	1325	中国中药杂志	1065
电工技术学报	1257	中草药	1041
电力系统保护与控制	1250	高电压技术	1007

数据来源：CSTPCD。

9.4 讨论

2018年，中国机构作者为第一作者的SCI收录论文共37.64万篇，其中，卓越国际论文数为13.71万篇，占论文总数的36.4%，较2017年有所下降。合作（包括国际国内合作）研究产生的卓越国际论文数为107102篇，占全部卓越国际论文数的78.1%，比2017年的64.2%上升了13.9个百分点。

2014—2018年，中国的卓越国内论文为17.88万篇，占这5年CSTPCD收录全部论文的比例为7.4%。卓越国内论文的机构分布与卓越国际论文相似，高等院校均为论文产出最多的机构类型。地区分布也较为相似，发表卓越国际论文较多的地区，其卓越国内论文也较多，说明这些地区无论是国际科技产出还是国内科技产出，其影响力均较国内其他地区大。从学科分布来看，优势学科稍有不同，但中国的临床医学在国内和国际均具有较大的影响力。

从SCI、Ei、CPCI-S等重要国际检索系统收录的论文数看，中国经过多年的努力，已经成为论文的产出大国。2018年，SCI收录中国内地科技论文（不包括港澳地区）37.64万篇，占世界的比重为18.1%，连续10年排在世界第2位，仅次于美国。中国已进入论文产出大国的行列，但是论文的影响力还有待进一步提高。

卓越论文，主要是指在各学科领域，论文被引次数高于世界或国内均值的论文。因此要提高这类论文的数量，关键是继续加大对基础研究工作的支持力度，以产生较好的创新成果，从而产生优秀论文和有影响力的论文，增加国际和国内同行的引用。从文献计量角度看，文献能不能获得引用，与很多因素有关，如文献类型、语种、期刊的影响、合作研究情况等。我们深信，在中国广大科技人员不断潜心钻研和锐意进取的过程中，中国论文的国际国内影响力会越来越大，卓越论文会越来越多。

参考文献

[1] Thomson Scientific 2018.ISI Web of Knowledge：Web of Science[DB/OL].[2020-03-26].http：//portal.isiknowledge.com/web of science.

[2] Thomson Scientific 2018.ISI journal citation reports 2017 [DB/OL].[2020-03-26].http：//portal.isiknowledge.com/journal citation reports.

[3] Journal selection process[DB/OL].[2020-03-26].http：//www.thomsonscientific.com.cn/Web of science.

[4] 中国科学技术信息研究所.2017年度中国科技论文统计与分析（年度研究报告）[M].北京：科学技术文献出版社，2019.

[5] 张玉华，潘云涛.科技论文影响力相关因素研究[J].编辑学报，2007（1）：1-4.

10　领跑者 5000 论文情况分析

为了进一步推动中国科技期刊的发展，提高其整体水平，更好地宣传和利用中国的优秀学术成果，起到引领和示范的作用。中国科学技术信息研究所在中国精品科技期刊中遴选优秀学术论文，建设了“中国精品科技期刊顶尖学术论文——领跑者 5000”（F5000），集中对外展示和交流中国的优秀学术论文。

2000 年开始，中国科学技术信息研究所承担科技部中国科技期刊战略相关研究任务，在国内首先提出了精品科技期刊战略的概念，2005 年研制完成中国精品科技期刊评价指标体系，并承担了建设中国精品科技期刊服务与保障系统的任务，该项目领导小组成员来自中华人民共和国科学技术部、国家广播电视总局、中共中央宣传部、中华人民共和国国家卫生健康委员会、中国科学技术协会、国家自然科学基金委员会和中华人民共和国教育部等科技期刊的管理部门。2008 年、2011 年、2014 年和 2017 年公布了四届“中国精品科技期刊”的评选结果，对提升优秀学术期刊质量和影响力、带动中国科技期刊整体水平进步起到了推动作用。

F5000 论文是基于“中国科技论文与引文数据库”（CSTPCD）的数据，结合定性和定量的方法选取的、具有较高学术水平的国内科技论文。自 2012 年以来，该项目已经发布了 8 批 F5000 提名论文，而最新的第 8 批 F5000 提名论文是于 2019 年 11 月 19 日在北京国际会议中心举行的“2019 年中国科技论文统计结果发布会”上公布的。

本章是以 2019 年度 F5000 提名论文为基础，分析 F5000 论文的地区、学科、机构及被引情况等。

10.1　引言

中国科学技术信息研究所于 2012 年集中力量启动了“中国精品科技期刊顶尖学术论文——领跑者 5000”（F5000）项目，同时为此打造了向国内外展示 F5000 论文的平台（f5000.istic.ac.cn），并已与国际专业信息服务提供商科睿唯安、爱思唯尔集团（Elsevier）、Wiley 集团、泰勒弗朗西斯集团、加拿大 Trend MD 公司等展开深入合作。

F5000 展示平台的总体目标是充分利用精品科技期刊评价成果，形成面向宏观科技期刊管理和科研评价工作直接需求，具有一定社会显示度和国际国内影响的新型论文数据平台。平台通过与国际知名信息服务商的合作，最终将国内优秀的科研成果和科研人才推向世界。

10.2　2019 年度 F5000 论文遴选方式

①强化单篇论文定量评估方法的研究和实践。在 CSTPCD 的基础上，采用定量分析

和定性分析相结合的方法，从第四届“中国精品科技期刊”中择优选取了 2014—2018 年发表的最多 20 篇学术论文作为 F5000 的提名论文。

具体评价方法为：

a. 以 CSTPCD 为基础，计算每篇论文在 2014—2018 年累计被引次数。

b. 根据论文发表时间的不同和论文所在学科的差异，分别进行归类，并且对论文按照累计被引次数排名。

c. 对各个学科类别每个年度发表的论文，分别计算前 1% 高被引论文的基准线（如表 10-1 所示）。

d. 在各个学科领域各年度基准线以上的论文中，遴选各个精品期刊的提名论文。如果一个期刊在基准线以上的论文数量超过 20 篇，则根据累计被引次数相对基准线标准的情况，择优选取其中 20 篇作为提名论文；如果一个核心期刊在基准线以上的论文不足 20 篇，则只有过线论文作为提名论文。

根据统计，2014—2018 年累计被引次数达到其所在学科领域和发表年度基准线以上的论文，并最终通过定量分析方式获得精品期刊顶尖论文提名的论文共有 2331 篇。

表 10-1　2014—2018 年中国各学科 1% 高被引论文基准线

学科	2014 年	2015 年	2016 年	2017 年	2018 年
数学	10	8	6	4	2
力学	12	10	8	5	2
信息、系统科学	19	14	10	7	2
物理学	12	9	7	5	2
化学	14	11	8	5	2
天文学	20	9	11	7	2
地学	26	21	14	8	3
生物学	19	13	11	7	3
预防医学与卫生学	16	14	11	7	3
基础医学	14	12	9	6	2
药物学	13	12	9	6	3
临床医学	15	13	10	6	2
中医学	16	14	10	7	3
军事医学与特种医学	14	11	8	6	2
农学	22	18	12	7	3
林学	19	16	11	7	3
畜牧、兽医	15	12	9	6	3
水产学	17	13	9	5	2
测绘科学技术	22	16	11	6	2
材料科学	11	10	7	5	2
工程与技术基础学科	11	9	7	4	2
矿山工程技术	21	15	11	6	3
能源科学技术	26	21	16	9	3
冶金、金属学	11	10	8	5	2

续表

学科	2014 年	2015 年	2016 年	2017 年	2018 年
机械、仪表	13	11	8	5	2
动力与电气	13	11	9	6	3
核科学技术	7	6	5	4	2
电子、通信与自动控制	24	23	16	8	3
计算技术	17	15	11	6	3
化工	10	9	7	5	2
轻工、纺织	10	9	8	5	2
食品	16	14	9	6	3
土木建筑	17	13	9	5	2
水利	16	13	9	7	2
交通运输	13	10	8	5	2
航空航天	14	11	8	5	2
安全科学技术	17	14	12	7	3
环境科学	24	19	13	8	3
管理学	24	19	10	8	3

②中国科学技术信息研究所将继续与各个精品科技期刊编辑部协作配合推进 F5000 项目工作。各个精品科技期刊编辑部通过同行评议或期刊推荐的方式遴选 2 篇 2019 年度发表的学术水平较高的研究论文，作为提名论文。

提名论文的具体条件包括：

a. 遴选范围是在 2019 年期刊上发表的学术论文，增刊的论文不列入遴选范围。已经收录并且确定在 2019 年正刊出版，但是尚未正式印刷出版的论文，可以列入遴选范围。

b. 论文内容科学、严谨，报道原创性的科学发现和技术创新成果，能够反映期刊所在学科领域的最高学术水平。

③中国科学技术信息研究所依托各个精品科技期刊编辑部的支持和协作，联系和组织作者，补充获得提名论文的详细完整资料（包括全文或中英文长摘要、其他合著作者的信息、论文图表、编委会评价和推荐意见等），提交到“领跑者 5000”工作平台参加综合评估。

④中国科学技术信息研究所进行综合评价，根据定量分析数据和同行评议结果，从信息完整的提名论文中评定出 2019 年度 F5000 论文，颁发入选证书，收录入“领跑者 5000”（f5000.istic.ac.cn）。

10.3 数据与方法

2019 年的 F5000 提名论文包括定量评估的论文和编辑部推荐的论文，后者由于时间（报告编写时间为 2019 年 12 月）的关系，并不完整，为此后续 F5000 论文的分析仅基于定量评估的 2331 篇论文。

论文归属：按国际文献计量学研究的通行做法，论文的归属按照第一作者所在第一地区和第一单位确定。

论文学科：依据国家技术监督局颁布的《学科分类与代码》，在具体进行分类时，一般是依据刊载论文期刊的学科类别和每篇论文的具体内容。由于学科交叉和细分，论文的学科分类问题十分复杂，先暂仅分类至一级学科，共划分了40个学科类别，且是按主分类划分，一篇文献只做一次分类。

10.4 研究分析与结论

10.4.1 F5000论文概况

（1）F5000论文的参考文献研究

在科学计量学领域，通过大量的研究分析发现，论文的参考文献数量与论文的科学研究水平有较强的相关性。

2019年度F5000论文的平均参考文献数为29.9篇，具体分布情况如表10-2所示。

表10-2　2019年度F5000论文参考文献数分布情况

序号	参考文献数	论文篇数	比例	序号	参考文献数	论文篇数	比例
1	0～10	518	22.2%	4	30～50	414	17.7%
2	10～20	584	25.1%	5	50～100	245	10.5%
3	20～30	489	21.0%	6	>100	81	3.5%

其中，参考文献数在10～20篇的论文数最多，为584篇，约占总量的25.1%，紧随其后的是参考文献数在10篇以内的论文数，其比例为22.2%。甚至有81篇论文的参考文献数超过100篇，这大约是2018年的2倍。

其中，引用参考文献数最多的1篇F5000论文是发表在《岩石学报》上，由中国科学院大学地球与行星科学学院的吴春明撰写的论文“变质地质学研究中的一些困难问题”，共引用了348篇参考文献。之后，单篇论文引用参考文献数超过300篇的论文还有1篇，是燕山大学石油工程研究所的李子丰发表在《石油学报》上的论文“油气井杆管柱力学研究进展与争论”。

（2）F5000论文的作者数研究

在全球化日益明显的今天，不同学科、不同身份、不同国家的科研合作已经成为非常普遍的现象。科研合作通过科技资源的共享、团队协作的方式，有利于提高科研生产率和促进科研创新。

2019年度的F5000论文由单一作者完成的论文有87篇，约占总量的3.7%，亦即2019年度的F5000论文合著率高达96.3%。4人合作完成的论文量最多，为421篇，占总量的18.1%。之后，则是5人合作、3人合作的论文，分别是415篇和330篇（如图10-1所示）。

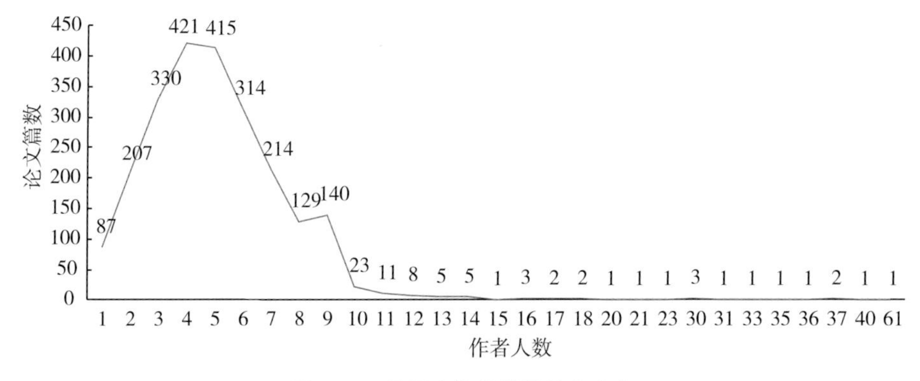

图 10-1 不同合作规模的论文产出

合作者数量最多的 1 篇论文是由 61 位作者于 2017 年合作发表在《中国感染与化疗杂志》上的论文“2016 年中国 CHINET 细菌耐药性监测”。之后则是由 40 位作者于 2018 年合作发表在《中华流行病学杂志》上的论文“我国城市地区癌症筛查项目人员对筛查工作意愿倾向的多中心调查及政策建议”。

10. 4. 2 F5000 论文学科分布

学科建设与发展是科学技术发展的基础，了解论文的学科分布情况是十分必要的。论文学科的划分一般是依据刊载论文的期刊的学科类别进行的。在 CSTPCD 统计分析中，论文的学科分类除了依据论文所在期刊进行划分外，还会进一步根据论文的具体研究内容进行区分。

在 CSTPCD 中，所有的科技论文被划分为 40 个学科，包括数学、力学、物理学、化学、天文学、地学、生物学、药物学、农学、林学、水产学、化工和食品等。在此基础上，40 个学科被进一步归并为五大类，分别是基础学科、医药卫生、农林牧渔、工业技术和管理及其他。

如图 10-2 所示，工业技术和医药卫生的 F5000 论文最多，分别为 931 篇和 891 篇，分别占总量的 39.9% 和 38.2%，之后则是基础学科，其论文量为 331 篇，占总量的 14.2%。论文量最少的大类是管理及其他，包括 5 篇论文，约占总量的 0.2%。

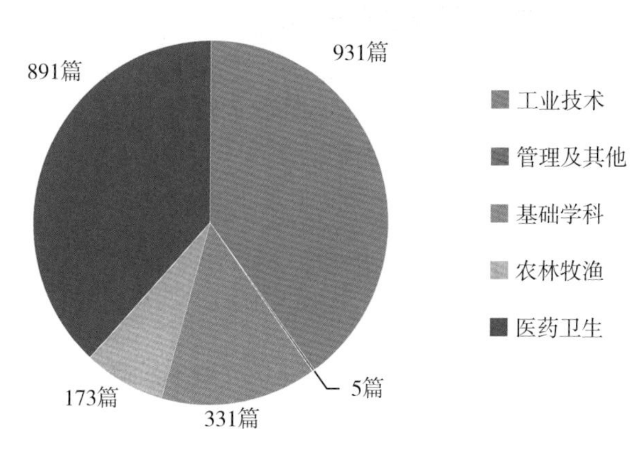

图 10-2 2019 年度 F5000 论文大类分布

2019年度F5000论文按照学科进行排序，具体分布情况如表10-3所示。其中，临床医学方面的论文数量最多，为573篇，占总量的24.6%；之后则是计算技术，其论文数是188篇，占总量的8.1%；居第3位的是地学，其论文数是127篇，占总量的5.4%。

表10-3 2019年度F5000论文数居前10位的学科

排名	学科	论文篇数	排名	学科	论文篇数
1	临床医学	573	6	土木建筑	92
2	计算技术	188	7	中医学	89
3	地学	127	8	基础医学	87
4	农学	110	9	电子、通信与自动控制	80
5	环境科学	94	10	预防医学与卫生学	78

相对而言，轻工与纺织、安全科学技术这两个学科的论文数最少，分别是3篇和1篇，占总论文量的比例都不足0.2%。

10.4.3 F5000论文地区分布

对全国各地区的F5000论文进行统计，可以从一个侧面反映出中国具体地区的科研实力、技术水平，而这也是了解区域发展状况及区域科研优劣势的重要参考。

2019年F5000论文的地区分布情况如表10-4所示，其中，北京以论文数638篇居首位，占总量的27.4%。排在第2位的是江苏，论文数为220篇，占总量的9.4%，之后则是上海，其论文数为131篇，占比为5.6%。其中，前两位与2018年保持不变，第3位则是由广东变为上海。

表10-4 2019年F5000论文数居前10位的地区分布

排名	地区	论文篇数	比例	排名	地区	论文篇数	比例
1	北京	638	27.4%	6	陕西	103	4.4%
2	江苏	220	9.4%	7	浙江	99	4.2%
3	上海	131	5.6%	8	山东	86	3.7%
4	广东	122	5.2%	9	四川	84	3.6%
5	湖北	108	4.6%	10	辽宁	81	3.5%

此外，排在前10位的还有广东、湖北、陕西、浙江、山东、四川和辽宁。相对于F5000论文较多的地区，中国的西藏、海南、青海、宁夏和内蒙古的F5000论文较少，都不足10篇。

10.4.4 F5000论文机构分布

2019年度F5000论文的机构分布情况如图10-3所示。高等院校（包括其附属医院）共发表了1572篇论文，占论文总数的67.4%；科研院所居第2位，共发表了435篇论文，

10.4.6 F5000 论文被引情况

论文的被引情况，可以用来评价一篇论文的学术影响力。这里 F5000 论文的被引情况，指的是论文从发表当年到 2019 年的累计被引情况，亦即 F5000 论文定量遴选时的累计被引次数。其中，被引次数为 8 次的论文数最多，为 167 篇；之后则是被引次数为 11 次和 12 次，其论文数都是 164 篇（如图 10-4 所示）。

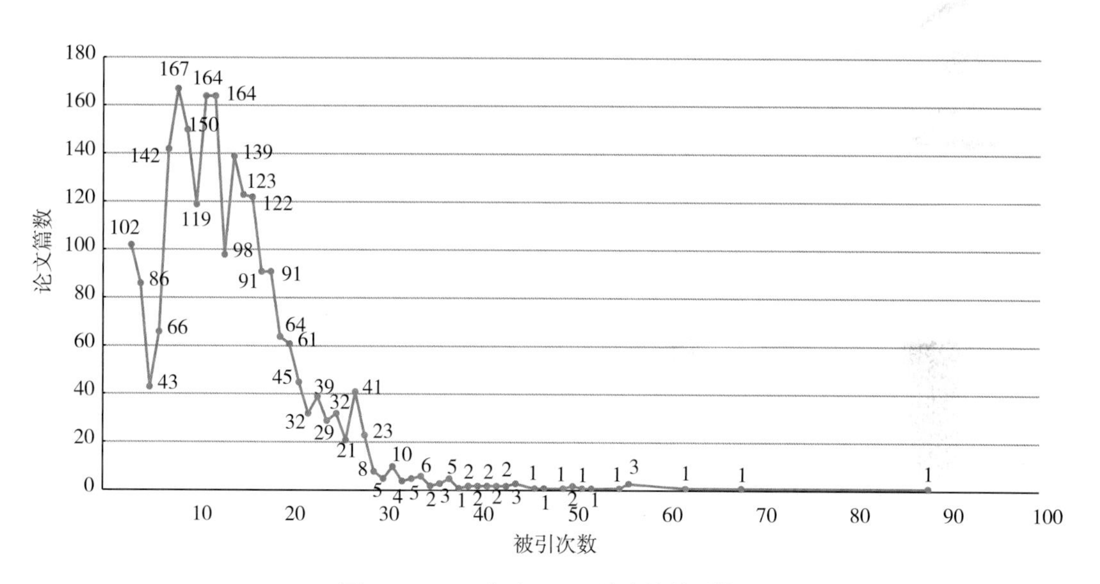

图 10-4 2019 年度 F5000 论文的被引情况

数据来源：CSTPCD。

其中，单篇论文被引次数最高的是复旦大学附属华山医院胡付品等人于 2017 年发表在《中国感染与化疗杂志》上的论文“2016 年中国 CHINET 细菌耐药性监测”，其被引用了 108 次；单篇论文被引次数居第 2 位的是中国医学科学院肿瘤医院肿瘤研究所的陈万青等人于 2018 年发表在《中国肿瘤》上的论文“2014 年中国分地区恶性肿瘤发病和死亡分析”，被引用了 88 次；居第 3 位的是中国矿业大学（徐州）的张农等人于 2014 年发表在《煤炭学报》上的论文“沿空留巷围岩控制理论与实践”，其被引次数为 68 次。

鉴于 2019 年的 F5000 论文是精品期刊发表在 2014—2018 年的高被引论文，故而不同发表年论文的统计时段是不同的。相对而言，发表较早的论文，它的被引次数会相对较高。

由表 10-9 可以看出来，不同发表年的 F5000 论文，在被引次数方面有显著差异。发表年份是 2014 年的 F5000 论文，其篇均被引次数为 21.3；在 2015 年，其篇均被引次数为 18.2；在 2016 年，篇均被引次数则是 13.6。

表 10-9 2019 年度 F5000 论文在不同发表年的论文分布及其被引情况

发表年份	论文篇数	总被引次数	篇均被引次数 /（次 / 篇）
2014	374	7952	21.3
2015	487	8853	18.2
2016	592	8050	13.6
2017	609	5756	9.5
2018	269	1295	4.8

相对于论文发表年对论文被引次数的影响，论文分类对论文被引次数的影响相对较小。管理及其他 F5000 论文的篇均被引次数最高，为 16.6 次 / 篇；之后则是农林牧渔类论文的篇均被引次数，为 15.5 次 / 篇；居第 3 位的是工业技术，其篇均被引次数为 14.6 次 / 篇（如表 10–10 所示）。

表 10–10 2019 年度 F5000 不同学科论文分布及其被引情况

论文分类	论文篇数	总被引次数	篇均被引次数 /（次 / 篇）
工业技术	931	13566	14.6
管理及其他	5	83	16.6
基础学科	331	4406	13.3
农林牧渔	173	2682	15.5
医药卫生	891	11169	12.5

10.5 讨论

在 2012—2018 年的基础上，F5000 项目在 2019 年又有了深入的发展。本章首先对 2019 年度 F5000 论文的遴选方式进行了介绍，重点是对 F5000 论文的定量评价指标体系进行了详细说明。

在此基础上，本章对 2019 年度定量选出来的 2331 篇 F5000 论文，从参考文献、学科分布、地区分布、机构分布、基金分布和被引情况等角度进行了统计分析。

2019 年度 F5000 论文的平均参考文献数为 29.9 篇，有 96.3% 的论文是通过合著的方式完成的，其中，4 人合作完成的论文数最多。在学科分布方面，工业技术和医药卫生方面的 F5000 论文较多，二者约占总量的 78.1%，其中，临床医学、计算技术、地学等方面的 F5000 论文相对较多。在地区分布方面，F5000 论文主要分布在北京、江苏、上海等地，其中，北京大学、首都医科大学、中南大学、清华大学、武汉大学和同济大学位居高等院校前列；北京协和医院、北京大学第三医院、中国人民解放军总医院、中南大学湘雅医院等则是 F5000 论文较多的医疗机构；中国疾病预防控制中心、中国农业科学院、中国地质科学院、中国中医科学院、中国石油勘探开发研究院等是论文数最多的研究机构。

在基金方面，F5000 论文主要是由国家自然科学基金委员会下各项基金资助发表的，占论文总量的 27.9%。此外，科技部下国家重点基础研究发展计划（973 计划）项目、国家科技支撑计划项目等也是 F5000 论文主要的项目基金来源。

在被引方面，2019 年度 F5000 论文的篇均被引次数为 13.7 次，不过该值与论文的发表年份显著相关，而与论文所属分类关联较弱。在 2014 年发表的 F5000 论文，篇均被引次数最大，为 21.3 次，而在 2018 年发表的论文，篇均被引次数最小，约为 4.8 次。管理及其他的 F5000 论文篇均被引次数最高，为 16.6 次 / 篇，而医药卫生的篇均被引次数相对较低，为 12.5 次 / 篇。

11 中国科技论文引用文献与被引文献情况分析

本章针对 CSTPCD 2018 收录的中国科技论文引用文献与被引文献，分别进行了 CSTPCD 2018引用文献的学科分布、地区分布的情况分析，并分别对期刊论文、图书文献、网络资源和专利文献的引用与被引情况进行分析。2018 年度论文发表数比 2017 年度论文发表数下降 3.75%，引用文献数下降 35.88%。期刊论文仍然是被引文献的主要来源，图书文献和会议论文也是重要的引文来源，学位论文的被引比例相比 2016 年、2017 年增长的基础上又有所提高，说明中国学者对学位论文研究成果的重视程度逐渐加强。在期刊论文引用方面，被引次数较多的学科是临床医学，农学，电子、通信与自动控制，地学，计算技术等，北京地区仍是科技论文发表数和引用文献数方面的领头羊。从论文被引的机构类型分布来看，高等院校占比最高，其次是研究机构和医疗机构，二者相差不多。从图书文献的引用情况来看，用于指导实践的辞书、方法手册及用于教材的指导综述类图书，使用的频率较高，被引次数要高于基础理论研究类图书。从网络资源被引情况来看，动态网页及其他格式是最主要引用的文献类型，商业网站（.com）是占比最大的网络文献的来源，其次是研究机构网站（.org）和政府网站（.gov）。

11.1 引言

在学术领域中，科学研究是具有延续性的，研究人员撰写论文，通常是对前人观念或研究成果的改进、继承发展，完全自己原创的其实是少数。科研人员产出的学术作品如论文和专著等都会在末尾标注参考文献，表明对前人研究成果的借鉴、继承、修正、反驳、批判，或是向读者提供更进一步研究的参考线索等，于是引文与正文之间建立起一种引证关系。因此，科技文献的引用与被引用，是科技知识和内容信息的一种继承与发展，也是科学不断发展的标志之一。

与此同时，一篇文章的被引情况也从某种程度上体现了文章的受关注程度，以及其影响和价值。随着数字化程度的不断加深，文献的可获得性越来越强，一篇文章被引的机会也大大增加。因此，若能够系统地分学科领域、分地区、分机构和文献类型来分析应用文献，便能够弄清楚学科领域的发展趋势、机构的发展和知识载体的变化等。

本章根据 CSTPCD 2018 的引文数据，详细分析了中国科技论文的参考文献情况和中国科技文献的被引情况，重点分析了不同文献类型、学科、地区、机构、作者的科技论文的被引情况，还包括了对图书文献、网络文献和专利文献的被引情况分析。

11.2 数据与方法

本书所涉及的数据主要来自 2018 年度 CSTPCD 论文与 1988—2018 年引文数据库，在数据的处理过程中，对长年累积的数据进行了大量清洗和处理工作，在信息匹配和关联过程中，由于 CSTPCD 收录的是中国科技论文统计源期刊，是学术水平较高的期刊，因而并没有覆盖所有的科技期刊，以及限于部分著录信息不规范、不完善等客观原因，并非所有的引用和被引信息都足够完整。

11.3 研究分析与结论

11.3.1 概况

CSTPCD 2018 共收录 454402 篇中国科技论文，下降 3.75%；共引用 4653286 次各类科技文献，同比下降 35.88%；篇均引文数达到 15.13 篇，相比 2017 年度的 20.41 篇有所下降（如图 11-1 所示）。

从图 11-1 可以看出 1995—2018 年，除 2007 年、2009 年、2013 年、2015 年有所下降外，中国科技论文的篇均引文数一直保持上升态势。2016 年的篇均引文数较 1995 年增加了 241.14%，2017 年较 2016 年有所上升，2018 年较 2017 年有所下降，可见这几十年来科研人员越来越重视对参考文献的引用。同时，各类学术文献的可获得性的增加也是论文篇均被引数增加的一个原因。

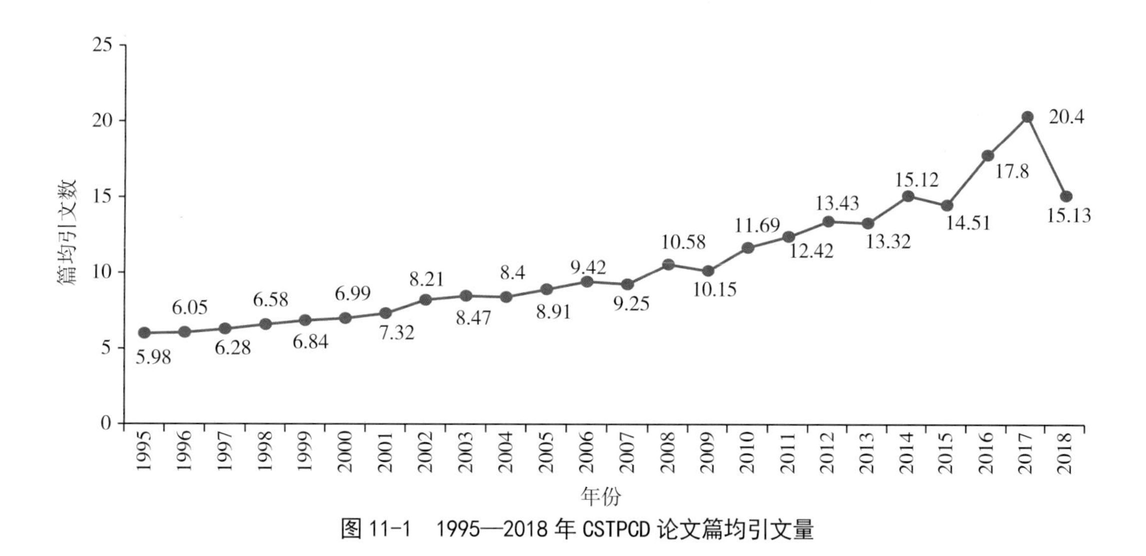

图 11-1 1995—2018 年 CSTPCD 论文篇均引文量

通过比较各类型的文献在知识传播中被使用的程度，可以从中发现文献在科学研究成果的传递中所起的作用。被引文献包括期刊论文、图书文献、学位论文、标准、研究报告、专利文献、网络资源和会议论文等类型。图 11-2 显示了 2018 年被引用的各类型文献所占的比例，图中期刊论文所占的比例最高，达到了 86.79%，相比 2017 年的 87.11%，略有下降。这说明科技期刊仍然是科研人员在研究工作中使用最多的科技文献，所以本章重点讨论科技论文的被引情况。列在期刊之后的图书专著，所占比例为 6.99%。期刊和图书两项比例之和超过 93%，值得注意的是，学位论文的被引比例占到了 2.79%，相比 2016 年、2017 年增长的基础上又有所提高，说明中国学者对学位论文研究成果的重视程度逐渐加强。

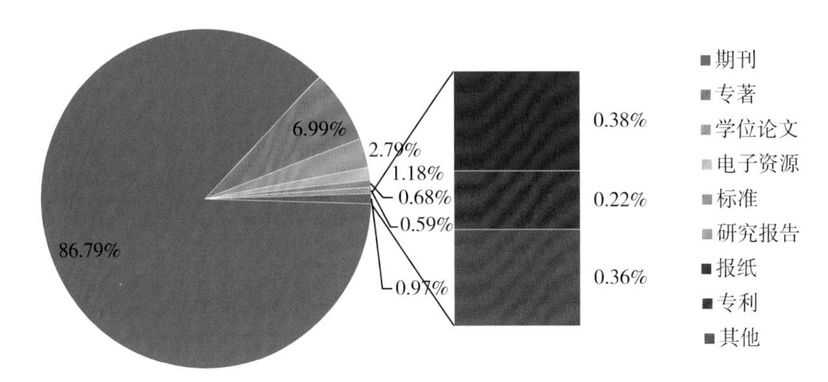

图 11-2 CSTPCD 2018 各类科技文献被引次数所占比例

11.3.2 引用文献的学科和地区分布情况

表 11-1 列出了 CSTPCD 2018 各学科的引文总数和篇均引文数。由表 11-1 可知，篇均引文数居前 5 位的学科是信息、系统科学（55.93），地学（38.42），生物学（34.05），安全科学技术（33.23），水产学（27.36）。

表 11-1 CSTPCD 2018 各学科参考文献量

学科	论文篇数	引文总数 A/ 篇	篇均引文数 / 篇
数学	4407	29227	6.63
力学	1942	36545	18.82
信息、系统科学	334	18680	55.93
物理学	4773	59412	12.45
化学	8552	152806	17.87
天文学	416	7569	18.19
地学	14202	545646	38.42
生物学	10918	371741	34.05
预防医学与卫生学	13948	150534	10.79
基础医学	11522	211870	18.39
药物学	12948	155286	11.99
临床医学	123140	1473807	11.97
中医学	22101	295894	13.39
军事医学与特种医学	2018	32499	16.10
农学	21091	533703	25.30

续表

学科	论文篇数	引文总数 A/ 篇	篇均引文数 / 篇
林学	3658	95248	26.04
畜牧、兽医	6258	95725	15.30
水产学	1769	48406	27.36
测绘科学技术	2974	38295	12.88
材料科学	6076	79178	13.03
工程与技术基础学科	3837	34246	8.93
矿山工程技术	6078	61694	10.15
能源科学技术	5074	106111	20.91
冶金、金属学	11322	121334	10.72
机械、仪表	10495	95607	9.11
动力与电气	3720	66246	17.81
核科学技术	1283	5616	4.38
电子、通信与自动控制	24645	334328	13.57
计算技术	27604	303620	11.00
化工	12131	150564	12.41
轻工、纺织	2265	25158	11.11
食品	8977	161216	17.96
土木建筑	12660	138906	10.97
水利	3189	39477	12.38
交通运输	10622	90883	8.56
航空航天	5113	61585	12.04
安全科学技术	242	8042	33.23
环境科学	14097	310563	22.03
管理学	906	20434	22.55
其他	17095	306506	17.93

如表 11-2 所示，2018 年 SCI 收录的中国论文中有 38 个学科的篇均引文数在 20 篇以上；篇均引文数排在前 5 位的学科是化学、天文学、管理学、农学、生物学。

为了更清楚地看到中文文献与外文文献被引上的不同，将 SCI 2018 收录的中国论文被引情况与 CSTPCD 2018 年收录的中国论文被引情况进行对比，SCI 各个学科收录文献的参考文献数均大于 2017 年 CSTPCD 各学科的参考文献数。

表 11-2 2018 年 SCI 和 CSTPCD 收录的中国学科论文和参考文献数对比

学科	SCI			CSTPCD		
	论文篇数	引文总篇数	篇均引文数	论文篇数	引文总篇数	篇均引文数
数学	10169	746191	73.38	4407	29227	6.63
力学	3799	200577	52.80	1942	36545	18.82
信息、系统科学	954	76119	79.79	334	18680	55.93
物理学	34403	2369235	68.87	4773	59412	12.45

续表

学科	SCI			CSTPCD		
	论文篇数	引文总篇数	篇均引文数	论文篇数	引文总篇数	篇均引文数
化学	52582	7850227	149.29	8552	152806	17.87
天文学	1816	226614	124.79	416	7569	18.19
地学	14585	1009148	69.19	14202	545646	38.42
生物学	40243	3394158	84.34	10918	371741	34.05
预防医学与卫生学	4095	231274	56.48	13948	150534	10.79
基础医学	20689	1370043	66.22	11522	211870	18.39
药物学	13080	646967	49.46	12948	155286	11.99
临床医学	41975	2456461	58.52	123140	1473807	11.97
中医学	1036	52968	51.13	22101	295894	13.39
军事医学与特种医学	636	22804	35.86	2018	32499	16.10
农学	4346	372838	85.79	21091	533703	25.30
林学	954	36690	38.46	3658	95248	26.04
畜牧、兽医	1784	57743	32.37	6258	95725	15.30
水产学	1539	89076	57.88	1769	48406	27.36
测绘科学技术	3	185	61.67	2974	38295	12.88
材料科学	30790	2516172	81.72	6076	79178	13.03
工程与技术基础学科	2106	155275	73.73	3837	34246	8.93
矿山工程技术	632	29074	46.00	6078	61694	10.15
能源科学技术	10195	761805	74.72	5074	106111	20.91
冶金、金属学	1772	126823	71.57	11322	121334	10.72
机械、仪表	5011	251520	50.19	10495	95607	9.11
动力与电气	1202	63726	53.02	3720	66246	17.81
核科学技术	1456	42685	29.32	1283	5616	4.38
电子、通信与自动控制	21513	1100847	51.17	24645	334328	13.57
计算技术	14304	964498	67.43	27604	303620	11.00
化工	8147	590960	72.54	12131	150564	12.41
轻工、纺织	806	7858	9.75	2265	25158	11.11
食品	5177	242073	46.76	8977	161216	17.96
土木建筑	4902	186627	38.07	12660	138906	10.97
水利	2387	105662	44.27	3189	39477	12.38
交通运输	1004	52047	51.84	10622	90883	8.56
航空航天	1303	41241	31.65	5113	61585	12.04
安全科学技术	161	9705	60.28	242	8042	33.23
环境科学	13571	1112516	81.98	14097	310563	22.03
管理学	920	82037	89.17	906	20434	22.55

统计 2018 年各省（市、自治区）发表期刊论文数及引文数，并比较这些省（市、自治区）的篇均引文数，如表 11-3 所示。可以看到，各省（市、自治区）论文引文数存在一定的差异，从篇均引文数来看，排在前 10 位的是北京、甘肃、湖南、黑龙江、江苏、浙江、广东、福建、重庆、上海。

表 11-3　CSTPCD 2018 各地区参考文献数

排名	地区	论文篇数	引文篇数	篇均引文数 / 篇
1	北京	61885	1238260	20.01
2	甘肃	7649	142295	18.60
3	湖南	12280	223023	18.16
4	黑龙江	10235	169735	16.58
5	江苏	40213	631654	15.71
6	浙江	17561	274374	15.62
7	广东	25817	400436	15.51
8	福建	7918	122264	15.44
9	重庆	10792	166535	15.43
10	上海	27922	427238	15.30
11	山东	20393	304739	14.94
12	云南	7666	110278	14.39
13	吉林	8088	115903	14.33
14	新疆	7285	104372	14.33
15	天津	12890	181817	14.11
16	辽宁	17676	246706	13.96
17	江西	6374	88473	13.88
18	湖北	23949	329338	13.75
19	安徽	11865	157370	13.26
20	四川	21770	285938	13.13
21	陕西	27319	358720	13.13
22	广西	7659	97224	12.69
23	内蒙古	4231	53185	12.57
24	贵州	6166	72072	11.69
25	海南	3244	37505	11.56
26	河北	14785	170569	11.54
27	宁夏	1882	21513	11.43
28	河南	18234	200192	10.98
29	山西	7904	81224	10.28
30	青海	1989	18734	9.42
31	西藏	370	2300	6.22

11.3.3 期刊论文被引情况

在被引文献中，期刊论文所占比例超过八成，可以说期刊论文是目前最重要的一种学术科研知识传播和交流载体。2018年CSTPCD共引用期刊论文4653286次，下文对被引用的期刊论文从学科分布、机构分布、地区分布等方面进行多角度分析，并分析基金论文、合著论文的被引情况。我们利用2018年度CSTPCD与1988—2018年度CSTPCD的累积数据进行分级模糊关联，从而得到被引用的期刊论文的详细信息，并在此基础上进行各项统计工作。由于统计源期刊的范围是各个学科领域学术水平较高的刊物，并不能覆盖所有科技期刊，再加上部分期刊编辑著录不规范，因此并不是所有被引用的期刊论文都能得到其详细信息。

（1）各学科期刊论文被引情况

由于各个学科的发展历史和学科特点不同，论文数和被引次数都有较大的差异。表11-4列出的是被CSTPCD 2018引用次数居前10位的学科，数据显示，临床医学为被引次数最多的学科，其次是农学，电子、通信与自动控制，地学，计算技术，中医学，环境科学，生物学，预防医学与卫生学和基础医学。

表11-4　CSTPCD 2018收录论文被引总次数居前10位的学科

学科	被引情况	
	总次数	排名
临床医学	521872	1
农学	162721	2
电子、通信与自动控制	131586	3
地学	131420	4
计算技术	119726	5
中医学	114126	6
环境科学	93492	7
生物学	76371	8
预防医学与卫生学	72688	9
基础医学	60127	10

（2）各地区期刊论文被引情况

按照篇均引文数，排在前10位的是北京、甘肃、湖南、黑龙江、江苏、浙江、广东、福建、重庆、上海；按照论文篇数，排在前10位的是北京、江苏、上海、陕西、广东、湖北、四川、山东、河南、辽宁（如表11-5所示）。北京各项指标的绝对值和相对数值的排名都遥遥领先，这表明北京作为全国的科技中心，发表论文的数量和质量都位居全国之首，体现出其具备最强的科研综合实力。

表 11-5 CSTPCD 2018 收录的各地区论文被引情况

排名	地区	篇均被引次数	被引次数	被引论文篇数
1	北京	20.01	437155	1238260
2	甘肃	18.60	40386	142295
3	湖南	18.16	73628	223023
4	黑龙江	16.58	52949	169735
5	江苏	15.71	211191	631654
6	浙江	15.62	98752	274374
7	广东	15.51	137776	400436
8	福建	15.44	38421	122264
9	重庆	15.43	54857	166535
10	上海	15.30	138275	427238
11	山东	14.94	97858	304739
12	云南	14.39	30505	110278
13	吉林	14.33	39045	115903
14	新疆	14.33	32564	104372
15	天津	14.11	61571	181817
16	辽宁	13.96	83093	246706
17	江西	13.88	28392	88473
18	湖北	13.75	113180	329338
19	安徽	13.26	51761	157370
20	四川	13.13	96072	285938
21	陕西	13.13	120705	358720
22	广西	12.69	32469	97224
23	内蒙古	12.57	15183	53185
24	贵州	11.69	22116	72072
25	海南	11.56	11095	37505
26	河北	11.54	62609	170569
27	宁夏	11.43	7248	21513
28	河南	10.98	70496	200192
29	山西	10.28	28068	81224
30	青海	9.42	5806	18734
31	西藏	6.22	967	2300

（3）各类型机构的论文被引情况

从 CSTPCD 2018 所显示各类型机构的论文被引情况来看，高等院校占比最高，其次是医疗机构和研究机构，二者相差不多（如图 11-3 所示）。

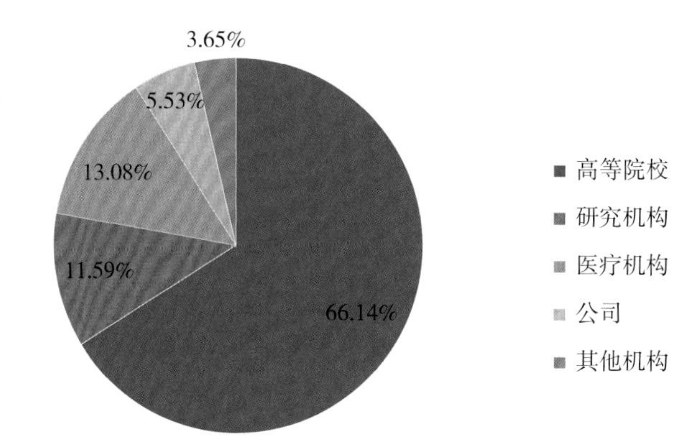

图 11-3 CSTPCD 2018 收录的各类型机构发表的期刊论文被引比例

表 11-6 显示了期刊论文被 CSTPCD 2018 引用排名居前 50 位的高等院校。清华大学、浙江大学 2018 年论文发表数和被引次数均名列前茅。

由于高等院校产生的论文研究领域较为广泛，因此可以从宏观上反映科研的整体状况。通过比较可以看出，2018 年被引次数排在前 10 位的高等院校，在 2018 年发表的论文数也大都位于前 10 位。

表 11-6 CSTPCD 2018 收录的期刊论文被引次数居前 50 位的高等院校

高等院校名称	2018 年论文发表情况		2018 年被引情况	
	篇数	排名	次数	排名
清华大学	7482	1	16045	1
浙江大学	7575	2	14735	2
西北农林科技大学	6332	6	13062	3
武汉大学	6461	5	12895	4
北京大学	5437	8	12495	5
同济大学	6848	3	11949	6
中南大学	6730	4	11295	7
天津大学	5386	9	10040	8
上海交通大学	5668	7	9973	9
重庆大学	5318	11	9959	10
中国农业大学	4553	17	9832	11
吉林大学	5035	14	9308	12
华南理工大学	5335	10	9168	13
南京大学	4199	20	8919	14
南京农业大学	4646	16	8909	15
东南大学	2523	33	8885	16
郑州大学	1628	49	8722	17
哈尔滨工业大学	5089	13	8714	18
四川大学	4900	15	8179	19
南京航空航天大学	3082	29	7877	20

续表

高等院校名称	2018 年论文发表情况		2018 年被引情况	
	篇数	排名	次数	排名
西安交通大学	3999	24	7853	21
西北工业大学	5199	12	7671	22
河海大学	2821	31	7583	23
南京中医药大学	1917	41	7551	24
西南大学	4042	23	7519	25
华中科技大学	4063	22	7511	26
大连理工大学	4262	19	7380	27
北京航空航天大学	4286	18	7327	28
西南交通大学	4134	21	7244	29
北京师范大学	1762	45	6837	30
合肥工业大学	2094	38	6623	31
中山大学	3155	28	6431	32
江苏大学	2097	37	6385	33
北京科技大学	3733	25	6162	34
山东大学	3720	26	5995	35
北京中医药大学	3405	27	5938	36
北京林业大学	1756	47	5636	37
东北大学	2166	36	5498	38
江南大学	2367	34	5439	39
北京工业大学	2009	39	5344	40
北京交通大学	2848	30	5245	41
长安大学	1797	44	5150	42
昆明理工大学	1951	40	4764	43
中国海洋大学	1809	43	4635	44
贵州大学	1758	46	4334	46
东北林业大学	1568	50	4300	47
南京理工大学	1839	42	4201	48
武汉理工大学	1744	48	3844	49
湖南大学	2203	35	612	50

表 11–7 列出了 2018 年被引次数排在前 50 位的研究机构的论文被引次数与排名，以及相应的被 CSTPCD 2018 收录的论文数与排名。排首位的是中国农业科学院，被引次数达到了 14456 次。与高等院校不同，被引次数比较多的研究机构，其论文数并不一定排在前列。表 11–7 所列出的研究机构论文数和被引次数同时排在前 50 位的并不多。相对于高等院校，由于研究机构的学科领域特点更突出，不同学科方向的研究机构所在论文数和引文数方面的差异十分明显。

表 11-7 CSTPCD 2018 收录的期刊论文被引次数居前 50 位的研究机构

研究机构名称	2018 年论文发表情况		2018 年被引情况	
	篇数	排名	次数	排名
中国农业科学院	6859	1	14456	1
中国科学院地理科学与资源研究所	2449	2	8325	2
中国地质科学院	2741	3	7595	3
中国疾病预防控制中心	2590	4	6295	4
中国林业科学研究院	2135	5	4160	5
中国电力科学研究院	1248	10	4023	6
中国科学院地质与地球物理研究所	1216	11	3509	7
中国中医科学院	1704	6	3361	8
中国石油勘探开发研究院	1190	13	3322	9
中国环境科学研究院	838	21	2893	10
中国社会科学院	1198	12	2831	11
中国科学院生态环境研究中心	978	18	2650	12
中国科学院长春光学精密机械与物理研究所	1462	7	2525	13
中国科学院寒区旱区环境与工程研究所	1057	14	2339	14
江苏省农业科学院	1268	8	2256	15
江苏省农业科学院	1268	9	2256	16
中国科学院南京土壤研究所	812	22	2164	17
中国科学院	1054	15	2124	18
中国科学院南京地理与湖泊研究所	668	29	1730	19
中国科学院广州地球化学研究所	713	28	1665	20
中国科学院东北地理与农业生态研究所	724	26	1659	21
中国科学院新疆生态与地理研究所	767	24	1638	22
中国科学院大气物理研究所	724	27	1613	23
中国水利水电科学研究院	870	19	1594	24
中国气象科学研究院	580	33	1589	25
中国科学院沈阳应用生态研究所	638	32	1414	26
山西省农业科学院	844	20	1390	27
军事医学科学院	980	17	1371	28
中国工程物理研究院	1042	16	1343	29
中国科学院武汉岩土力学研究所	559	36	1324	30
福建省农业科学院	798	23	1299	31
山东省农业科学院	751	25	1296	32
广东省农业科学院	662	30	1163	33
云南省农业科学院	652	31	1116	34
中国食品药品检定研究院	570	35	1010	35
北京市农林科学院	524	38	1000	36
中国科学院海洋研究所	579	34	976	37
河南省农业科学院	528	37	912	38

续表

研究机构名称	2018 年论文发表情况		2018 年被引情况	
	篇数	排名	次数	排名
浙江省疾病预防控制中心	419	44	831	39
中国水产科学研究院南海水产研究所	425	43	815	40
四川省农业科学院	451	42	808	41
浙江省农业科学院	453	41	801	42
中国农业科学院植物保护研究所	402	47	790	43
广西农业科学院	475	39	753	44
钢铁研究总院	462	40	741	45
中国科学院金属研究所	416	45	723	46
南京水利科学研究院	390	50	718	47
上海市农业科学院	413	46	690	48
湖北省农业科学院	400	48	662	49
中国农业科学院北京畜牧兽医研究所	393	49	625	50

表 11-8 列出了 2018 年论文被引次数排在前 50 位的医疗机构的论文被引次数与排名，以及相应的被 CSTPCD 2018 收录的论文数与排名。由表中数据可以看出，解放军总医院被引次数最多（8022 次），其次是北京协和医院、四川大学华西医院。

表 11-8 CSTPCD 2018 收录的期刊论文被引次数居前 50 位的医疗机构

医疗机构名称	2018 年论文发表情况		2018 年被引情况	
	篇数	排名	次数	排名
解放军总医院	5075	1	8022	1
北京协和医院	2922	3	5133	2
四川大学华西医院	2956	2	4973	3
北京大学第三医院	1715	8	3175	4
北京大学第一医院	1652	9	3118	5
中国医科大学附属盛京医院	1989	5	3053	6
武汉大学人民医院	2019	4	2992	7
华中科技大学同济医学院附属同济医院	1829	6	2979	8
南京军区南京总医院	1765	7	2899	9
北京大学人民医院	1456	13	2673	10
郑州大学第一附属医院	1591	10	2618	11
首都医科大学宣武医院	1421	15	2387	12
重庆医科大学附属第一医院	1514	11	2348	13
新疆医科大学第一附属医院	1463	12	2277	14
首都医科大学附属北京安贞医院	1454	14	2224	15
复旦大学附属中山医院	1345	16	2207	16
南京医科大学第一附属医院	1276	20	2075	17
第二军医大学附属长海医院	1189	23	2073	18
中国医科大学附属第一医院	1327	17	2072	19

续表

医疗机构名称	2018年论文发表情况		2018年被引情况	
	篇数	排名	次数	排名
南方医科大学南方医院	1299	18	2071	20
首都医科大学附属北京友谊医院	1249	22	2071	21
安徽医科大学第一附属医院	1295	19	2051	22
上海交通大学医学院附属瑞金医院	1258	21	2041	23
中南大学湘雅医院	1135	25	2031	24
复旦大学附属华山医院	926	41	1931	25
中山大学附属第一医院	1178	24	1928	26
中国中医科学院广安门医院	1083	29	1876	27
中日友好医院	1048	30	1834	28
华中科技大学同济医学院附属协和医院	1108	27	1791	29
哈尔滨医科大学附属第一医院	1116	26	1708	30
首都医科大学附属北京朝阳医院	1047	31	1683	31
上海交通大学医学院附属新华医院	1043	32	1660	32
广西医科大学第一附属医院	1093	28	1651	33
哈尔滨医科大学附属第二医院	1028	35	1643	34
上海交通大学附属第六人民医院	1035	34	1641	35
首都医科大学附属北京同仁医院	1009	36	1610	36
南京大学医学院附属鼓楼医院	1042	33	1598	37
北京医院	915	43	1590	38
中南大学湘雅二医院	1004	37	1579	39
上海中医药大学附属曙光医院	902	44	1559	40
上海交通大学医学院附属仁济医院	929	40	1531	41
苏州大学附属第一医院	926	42	1474	42
北京积水潭医院	847	48	1453	43
第四军医大学西京医院	964	38	1450	44
北京军区总医院	959	39	1412	45
安徽医科大学附属省立医院	879	45	1337	46
首都医科大学附属北京天坛医院	826	50	1308	47
沈阳军区总医院	870	46	1305	48
上海交通大学医学院附属第九人民医院	834	49	1283	49
天津医科大学总医院	853	47	1265	50

（4）基金论文被引情况

表11-9列出了2018年论文被引次数排在前10位的基金资助项目的论文被引次数与排名。由表中数据可以看出，国家自然科学基金委各项基金资助的项目被引次数最高（235354次），且远高于其他基金项目，其次是科技部基金项目。

表 11-9 CSTPCD 2018 收录的期刊论文被引次数居前 10 位的基金资助项目

基金项目	2018 年被引情况	
	次数	排名
国家自然科学基金委各项项目	235354	1
科技部基金项目	98006	2
其他资助	27839	3
国内大学、研究机构和公益组织资助	27402	4
其他部委基金项目	25301	5
广东省基金项目	15031	6
江苏省基金项目	14680	7
教育部基金项目	14334	8
上海市基金项目	11538	9
国家社会科学基金	11354	10

（5）被引最多的作者

根据被引论文的作者名字、机构来统计每个作者在 CSTPCD 2018 中被引的次数。表 11-10 列出了论文被引次数居前 20 位的作者。从作者机构所在地来看，一半左右的机构在北京地区；从作者机构类型来看，11 位作者来自高等院校及附属医疗机构，被引最高的是中国医学科学院肿瘤医院陈万青，其所发表的论文在 2018 年被引 209 次。

表 11-10 CSTPCD 2018 收录的期刊论文被引次数居前 20 位的作者

作者	机构	被引次数
陈万青	中国医学科学院肿瘤医院	209
温忠麟	华南师范大学	202
吴福元	中国科学院地质与地球物理研究所	129
张福锁	中国农业大学	126
杨新法	中国电力科学研究院	113
左婷婷	中国医学科学院肿瘤医院	112
邓雪	华南理工大学	111
谢高地	中国科学院地理科学与资源研究所	108
胡付品	复旦大学附属华山医院	108
袁勇	中国科学院自动化研究所	103
张智海	中国医科大学航空总医院	102
支修益	首都医科大学宣武医院	96
邹才能	中国石油勘探开发科学研究院	95
陈悦	大连理工大学	95
侯可军	中国科学院地理科学与资源研究所	93
汤广福	国网智能电网研究院	91
董朝阳	南方电网科学研究院	91
贾承造	中国石油天然气集团公司	89
韩苏军	中国医学科学院肿瘤医院	87
刘瑞江	江苏大学	83

11.3.4 图书文献被引情况

图书文献，是对某一学科或某一专门课题进行全面系统论述的著作，具有明确的研究性和系统连贯性，是非常重要的知识载体。尤其在年代较为久远时，图书文献在学术的传播和继承中有着十分重要和不可替代的作用。它有着较高的学术价值，可用来评估科研人员的科研能力及研究学科发展的脉络，这种作用在社会科学领域尤为明显。但是由于图书的一些外在特征，如数量少、篇幅大、周期长等，使其在统计学意义上不具有优势，并且较难阅读分析和快速传播。

而今学术交流形式变化鲜明，图书文献的被引次数在所有类型文献的总被引次数所占比例虽不及期刊论文，但数量仍然巨大，是仅次于期刊论文的第二大文献。图书文献以其学术性强、系统性和全面性的特点，成为学术和科研中不可或缺的一部分。

在CSTPCD 2018引文库中，图书类型的文献总被引74.5万次。表11-11列出了CSTPCD 2018被引次数超过300次的图书文献，共有10部。

这10部图书文献中有7部分布在医药学领域之中，这一方面是由于医学领域论文数较多，另一方面是由于医学领域自身具有明确的研究体系和清晰的知识传承的学科特点。从这些图书文献的题目可以看出，大部分是用于指导实践的辞书、方法手册及用于教材的指导综述类图书。这些图书与实践结合密切，所以使用的频率较高，被引次数要高于基础理论研究类图书。

表11-11 CSTPCD 2018收录的被引次数居前10位的图书文献情况

排名	作者	图书文献名称	被引次数
1	鲍士旦	土壤农化分析	1073
2	鲁如坤	土壤农业化学分析方法	692
3	谢幸	妇产科学	668
4	李合生	植物生理生化实验原理和技术	644
5	葛均波	内科学	595
6	陈灏珠	实用内科学	424
7	赵辨	中国临床皮肤病学	395
8	乐杰	妇产科学	372
9	周仲英	中医内科学	355
10	陆再英	内科学	317

11.3.5 网络资源被引情况

在数字资源迅速发展的今天，网络中存在着大量的信息资源和学术材料。因此，对网络资源的引用越来越多。虽然网络资源被引次数在CSTPCD 2018数据库中所占的比例不大，也无法和期刊论文、专著相比，但是网络确实是获取最新研究热点和动态的一个较好的途径，互联网确实缩短了信息搜寻的周期，减少了信息搜索的成本。但由于网络资源引用的著录格式有些不完整、不规范，因此在统计中只是尽可能地根据所能采集到的数据进行比较研究。

（1）网络文献的文件格式类型分布

网络文献的文件格式类型主要包括静态网页、动态网页两种。根据 CSTPCD 2018 统计，两者构成比例如图 11-4 所示。从数据可以看出，动态网页及其他格式是最主要类型，所占比例为 55.76%；其次是静态网页，所占比例为 31.05%；PDF 格式的比例为 13.19%。

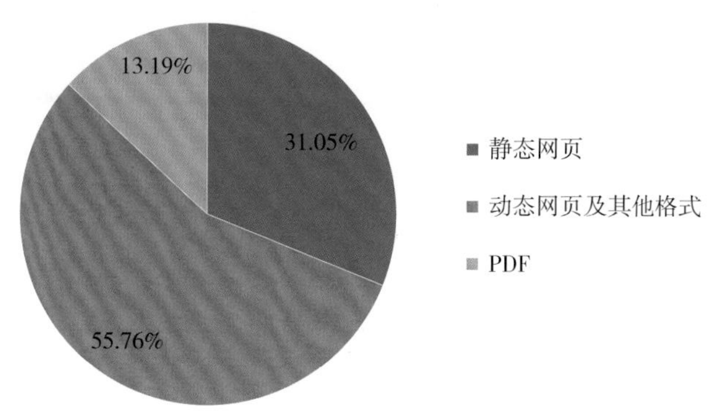

图 11-4　CSTPCD 2018 网络文献主要文件格式类型及其所占比例

（2）网络文献的来源

网络文献资源一半都会列出完整的域名，大部分网络文献资源可以根据顶级域名进行分类。被引次数较多的文献资源类型包括商业网站（.com）、机构网站（.org）、高校网站（.edu）和政府网站（.gov）4 类，分别对应着顶级域名中出现的网站资源。如图 11-5 所示为这几类网络文献来源的构成情况。从图中可以看出，商业网站（.com）所占比例最大，比例达到了 33.02%；政府网站（.gov）所占比例也较大，达到了 28.89%；研究机构网站（.org）及其他网站所占比例也比较大，分别为 21.83% 和 9.33%；高校网站（.edu）份额小一些。

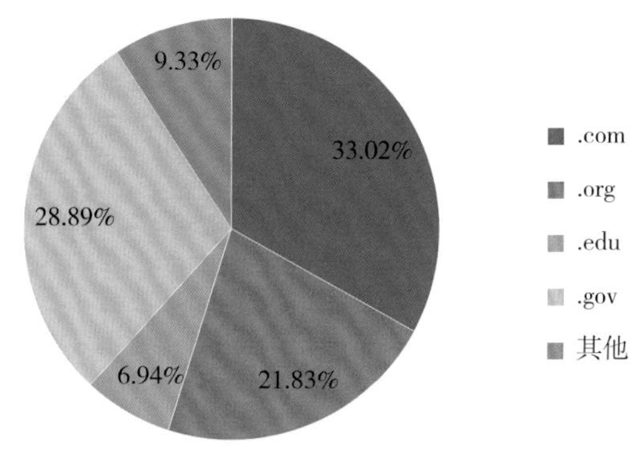

图 11-5　CSTPCD 2018 所引的网络文献资源的域名分布

11.3.6 专利被引情况

一般而言，专利不会马上被引用，而发表时间久远的专利也不会一直被引用。专利的引用高峰期普遍为发表后的 2 ～ 3 年，如图 11-6 所示是专利从 1994—2018 年的被引时间分布，2015 年为被引最高峰，符合专利被引的普遍规律。

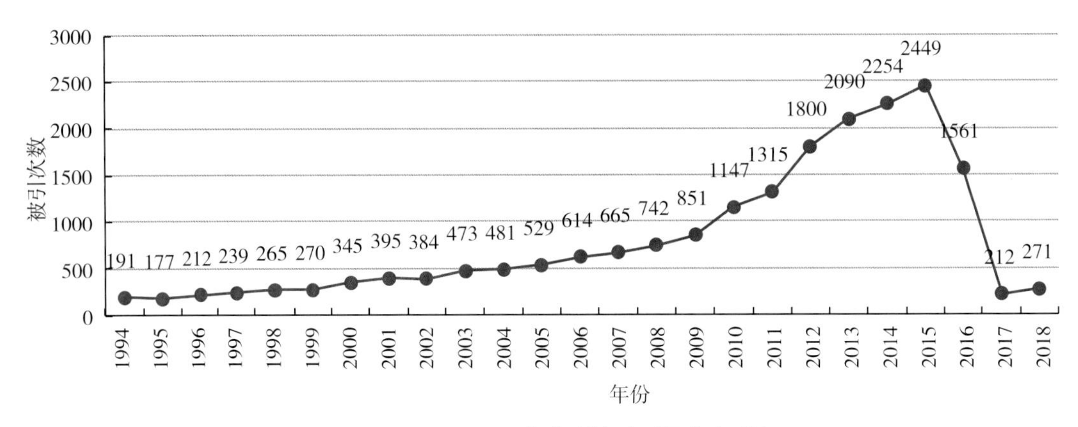

图 11-6　1994—2018 年专利被引时间分布对比

11.4 讨论

通过对 CSTPCD 2018 中被引用的文献的分析，可以看出中国科技论文的引文数越来越多，也就是说科学研究工作中人们越来越重视对前人和同行的研究结果的了解和使用，其中科技期刊论文仍然是使用最多的文献。在期刊论文中，从学科、地区、机构等角度的统计数据显示，由于各学科、各地区和各类机构自身特点的不同，体现在论文篇均引文数指标数值的差异明显。

网络文献、图书文献、专利文献、会议论文和学位论文等不同类型文献的被引数据统计结果，显示出了它们各自的特点。

12 中国科技期刊统计与分析

12.1 引言

2018 年全国共出版期刊 10139 种，平均期印数 12331 万册，总印数 22.92 亿册，总印张 126.75 亿印张，定价总金额 217.92 亿元。与 2017 年相比，种数增长 0.09%，平均期印数下降 5.76%，总印数下降 8.03%，总印张下降 3.73%，定价总金额下降 2.67%。2014—2018 年，全国期刊的种数微量增加，但平均期印数、总印数、总印张和定价总金额连续下降。

2009—2018 年中国期刊的总量总体呈微增长态势。2011 年期刊总量有所下降，2012—2018 年连续缓慢上升，2009—2018 年中国期刊平均期印数连续下降；在总印数和总印张连续多年增长的态势下，2013—2018 年总印数和总印张有所下降，2014—2018 年期刊定价总金额有所下降。

2009—2018 年中国科技期刊总量的变化与中国期刊总量变化的态势总体相同，均呈微量上涨态势（如表 12-1 所示）。中国科技期刊的总量多年来一直占期刊总量的 50% 左右。2018 年中国科技期刊 5037 种，占期刊总量的 49.68%，平均期印数 2047 万册，总印数 29821 万册，总印张 2487022 千印张；与 2017 年相比，种数增长 0.20%，平均期印数下降 10.92%，总印数降低 10.58%，总印张降低 5.11%。2014—2018 年，全国科技期刊的种数微量增加，但平均期印数、总印数和总印张连续下降。

表 12-1 2009—2018 年中国期刊出版情况

	2009 年	2010 年	2011 年	2012 年	2013 年	2014 年	2015 年	2016 年	2017 年	2018 年
自然科学、技术类期刊种数(A)	4926	4936	4920	4953	4944	4974	4983	5014	5027	5037
期刊总种数(B)	9851	9884	9849	9867	9877	9966	10014	10084	10130	10139
A/B	50.01%	49.94%	49.95%	50.20%	50.06%	49.91%	49.76%	49.72%	49.62%	49.68%

12.2 研究分析与结论

12.2.1 中国科技核心期刊

中国科学技术信息研究所受科技部委托，自 1987 年开始从事中国科技论文统计与分析工作，研制了“中国科技论文与引文数据库”（CSTPCD），并利用该数据库的数据，每年对中国科研产出状况进行各种分类统计和分析，以年度研究报告和新闻发布的形式定期向社会公布统计分析结果。由此出版的一系列研究报告，为政府管理部门和广大高等院校、研究机构提供了决策支持。

“中国科技论文与引文数据库”选择的期刊称为中国科技核心期刊（中国科技论文统计源期刊）。中国科技核心期刊的选取经过了严格的同行评议和定量评价，选取的是中国各学科领域中较重要的、能反映本学科发展水平的科技期刊。并且对中国科技核心期刊遴选设立动态退出机制。研究中国科技核心期刊的各项科学指标，可以从一个侧面反映中国科技期刊的发展状况，也可映射出中国各学科的研究力量。本章期刊指标的数据来源即为中国科技核心期刊。2018 年 CSTPCD 共收录中国科技核心期刊 2049 种（如表 12-2 所示）。

表 12-2　2009—2018 年中国科技核心期刊收录情况

期刊数量	2009 年	2010 年	2011 年	2012 年	2013 年	2014 年	2015 年	2016 年	2017 年	2018 年
中国科技核心期刊种数（A）	1946	1998	1998	1994	1989	1989	1985	2008	2028	2049
自然科学 / 技术类期刊总种数（B）	4926	4936	4920	4953	4944	4974	4983	5014	5027	5037
A/B	39.51%	40.48%	40.61%	40.25%	40.23%	39.99%	39.83%	40.05%	40.34%	40.68%

图 12-1 显示 2018 年 2049 种中国科技核心期刊的学科部类分布情况，其中工程技术类占比最高，为 38.02%；其次为医学类，为 33.43%；理学类居第 3 位，为 14.49%；农学类居第 4 位，为 8.25%；最后为管理及自然科学综合领域，为 5.81%。与 2017 年相比，收录的期刊总数增加 20 种，工程技术类与医药卫生类依然居前两位。

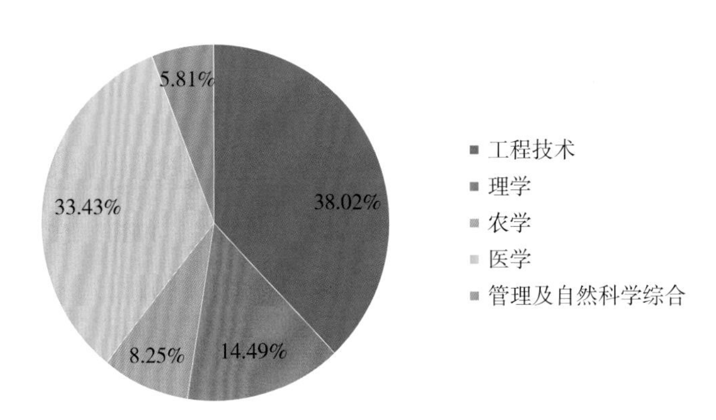

图 12-1　2018 年中国科技核心期刊学科部类分布

12.2.2　中国科技期刊引证报告

自 1994 年中国科技论文统计与分析项目组出版第一本《中国科技期刊引证报告》至今，该研究小组连续每年出版新版的科技期刊指标报告。《中国科技期刊引证报告（核心版）》的数据取自中国科学技术信息研究所自建的 CSTPCD，该数据库将中国各学科重要的科技期刊作为统计源期刊，每年进行动态调整。2018 年，中国科技论文统计源期刊共 2049 种。研究小组在统计分析中国科技论文整体情况的同时，也对中国科技期刊的发展状况进行了跟踪研究，并形成了每年定期对中国科技核心期刊的各项计量指标进行公布的制度。此外，为了促进中国科技期刊的发展，为期刊界和期刊管理部门提供评估依据，同时为选取中国科技核心期刊做准备，自 1998 年起中国科学技术信息研究所还连续出版了《中国科技期刊引证报告（扩刊版）》，2007 年起，“扩刊版引证报告”与万方公司共同出版，涵盖中国 6000 余种科技期刊。

12.2.3 中国科技期刊的整体指标分析

为了全面、准确、公正、客观地评价和利用期刊，《中国科技期刊引证报告（核心版）》在与国际评价体系保持一致的基础上，结合中国期刊的实际情况，《2019 年版中国科技期刊引证报告（核心版）》选择 25 项计量指标，这些指标基本涵盖和描述了期刊的各个方面。指标包括：

①期刊被引计量指标：核心总被引次数、核心影响因子、核心即年指标、核心他引率、核心引用刊数、核心扩散因子、核心开放因子、核心权威因子和核心被引半衰期。

②期刊来源计量指标：来源文献量、文献选出率、AR 论文量、平均引文数、平均作者数、地区分布数、机构分布数、海外论文比、基金论文比和引用半衰期。

③学科分类内期刊计量指标：综合评价总分、学科扩散指标、学科影响指标、红点指标、核心总被引次数（数值、排名与离均差率）和核心影响因子（数值、排名与离均差率）。

其中，期刊被引计量指标主要显示该期刊被读者使用和重视的程度，以及在科学交流中的地位和作用，是评价期刊影响的重要依据和客观标准。

期刊来源计量指标通过对来源文献方面的统计分析，全面描述了该期刊的学术水平、编辑状况和科学交流程度，也是评价期刊的重要依据。综合评价总分则是对期刊整体状况的一个综合描述。

表 12-3 显示了中国科技核心期刊主要计量指标 2004—2018 年的变化情况。可以看到自 2004 年起，中国科技期刊的各项重要计量指标除期刊海外论文比在保持多年 0.02 的基础上，2016—2018 年稍有上升至 0.03 外，其余各项指标的趋势都是呈上升状态。反映科技期刊被引情况的总被引次数和影响因子指标每年都有进步，其中 2011 年中国期刊的总被引次数平均值首次突破 1000 次，达到了 1022 次，2012—2018 年核心总被引次数连续上升，2018 年为 1410 次，是 2004 年的 3.25 倍，年平均增长年率为 8.78%；核心影响因子 2018 年又有所提高，上升到 0.689，是 2004 年的 1.78 倍，年平均增长年率为 4.20%。这两个指标都是反映科技期刊影响的重要指标。即年指标，即论文发表当年的被引率，自 2004 年起折线上升，2017 年至 0.099。基金论文比显示的是在中国科技核心期刊中国家、省部级以上及其他各类重要基金资助的论文占全部论文的比例，这也是衡量期刊学术水平的重要指标。2004—2018 年，中国科技核心期刊的基金论文比呈上升趋势，2016 年略有降低，但 2017 年又上升至 0.63，2018 年又稍有下降至 0.62。这说明 2018 年发表在 2049 种科技核心期刊中的论文有超过 60% 的都是由省部级以上

基金资助的。显示期刊国际化水平的指标之一的海外论文比，2004—2018 年数值比变化不大，2007 年和 2008 年都是 0.01，2009—2015 年为 0.02，2016—2018 年上升为 0.03。平均作者数呈上升趋势，至 2018 年为 4.4；篇均引文数由 2004—2017 年（除 2015 年）有所下降外，其余年份逐年上升，2018 年为 21.9。

表 12-3 2004—2018 年中国科技核心期刊主要计量指标平均值统计

年份	2004	2005	2006	2007	2008	2009	2010	2011	2012	2013	2014	2015	2016	2017	2018
核心总被引次数	434	534	650	749	804	913	971	1022	1023	1180	1265	1327	1361	1381	1410
核心影响因子	0.386	0.407	0.444	0.469	0.445	0.452	0.463	0.454	0.493	0.523	0.560	0.594	0.628	0.648	0.689
核心即年指标	0.053	0.052	0.055	0.054	0.055	0.057	0.060	0.059	0.068	0.072	0.070	0.084	0.087	0.091	0.099
基金论文比	0.41	0.45	0.47	0.46	0.46	0.49	0.51	0.53	0.53	0.56	0.54	0.59	0.58	0.63	0.62
海外论文比	0.02	0.02	0.02	0.01	0.01	0.02	0.02	0.023	0.02	0.02	0.02	0.02	0.03	0.03	0.03
篇均作者数	3.43	3.47	3.55	3.81	3.66	3.71	3.92	3.8	3.9	4.0	4.1	4.3	4.2	4.3	4.4
篇均引文数	9.27	9.91	10.55	10.01	11.96	12.64	13.41	13.97	14.85	15.9	17.1	15.8	19.6	20.3	21.9

图 12-2 显示的是 2004—2018 年核心总被引次数和核心影响因子的变化情况，由图可见，2004—2018 年中国科技核心期刊的平均核心总被引次数和核心影响因子总体呈上升趋势，核心总被引次数 2004—2011 年接近线性增长；2012 年增长明显放缓，仅增加 1 次，但 2013—2018 年，平均核心总被引次数又连续上升，攀升至 1410 次。核心影响因子 2004—2007 年逐年上升至 0.469，之后的 4 年数值有所下降，2012 年以后平均核心影响因子连续上升，均超过 2007 年，至 2018 年上升为 0.689。图 12-3 显示的是 2004—2018 年平均核心即年指标变化情况，由图可见，平均核心即年指标呈上升趋势，2004—2011 年平均即年指标数据有涨有落，2012—2018 年核心即年指标上升较快，从 0.068 上升至 0.099。总体来说，中国科技核心期刊发表论文当年被引的情况在波动中有所上升。

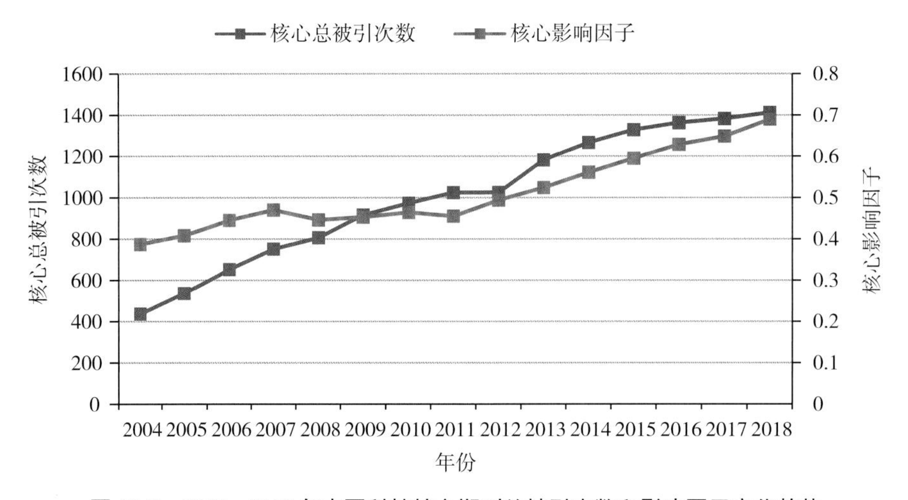

图 12-2 2004—2018 年中国科技核心期刊总被引次数和影响因子变化趋势

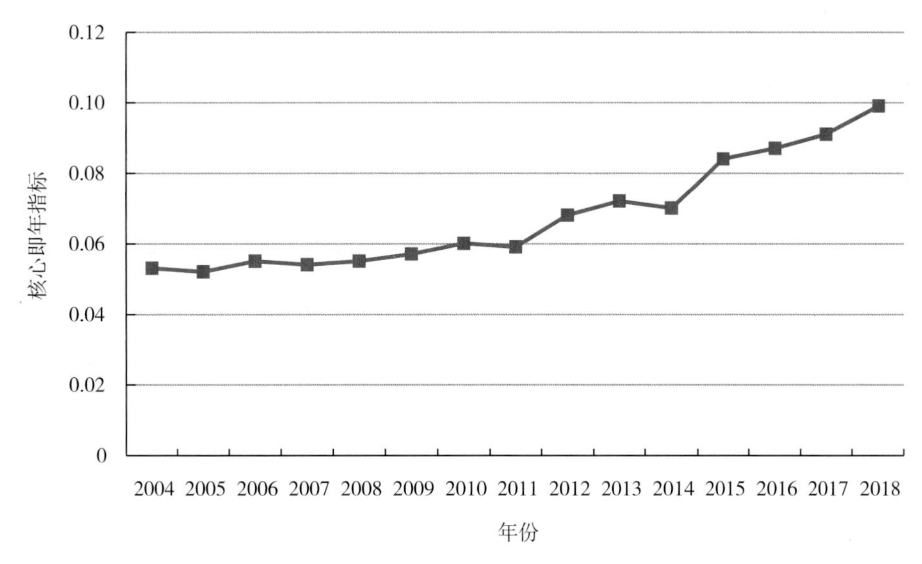

图 12-3 2004—2018 年中国科技核心期刊核心即年指标变化趋势

图 12-4 反映了各年与上一年比较的平均核心总被引次数和平均核心影响因子数值的变化情况，由图可见，在 2005—2018 年中国科技核心期刊的平均核心总被引次数和平均核心影响因子在保持增长的同时，增长速度趋缓；平均核心总被引次数增长率 2005—2017 年增长速度虽有起伏，但总体呈下降状态，2018 年稍有所提升，最低点为 2012 年，增长率几乎为 0。平均核心影响因子在 2005—2018 年呈波浪式发展，经历了 2008 年和 2011 年 2 个波谷期， 增长率分别为 -5% 和 -2%，尤其是 2008 年达到最低值 -5%，平均核心影响因子不增反跌，2012—2017 年平均核心影响因子增长的速度持续放缓，2018 年相比 2017 年有所提升。

图 12-4 2004—2018 年中国科技核心期刊影响因子和总被引次数增长率的变化趋势

从科技期刊发表的论文指标分析，科技期刊中的重要基金和资助产生的论文的数量可以从一定程度上反映期刊的学术质量和水平，特别是对学术期刊而言，这个指标显得比较重要。海外论文比是期刊国际化的一个重要指标。图 12-5 反映出中国科技期刊的基金资助论文比和海外论文比的变化趋势，2004—2017 年基金论文比总体呈上升趋势，2018 年相比上一年有所下降，2004—2009 年基金论文比在 0.5 之下，2010—2018 年基金论文比超过 0.5，2018 年基金论文比为 0.62，即目前中国科技核心期刊发表的论文有超过 60% 的论文是由省部级以上的项目基金或资助产生的。这与中国近年来加大科研投入密切相关。海外论文比从 2004—2015 年在 1% ～ 2% 浮动，2016—2018 年上升至 3%。这说明，中国科技核心期刊的国际来稿量一直在较低水平徘徊，没有大的突破。

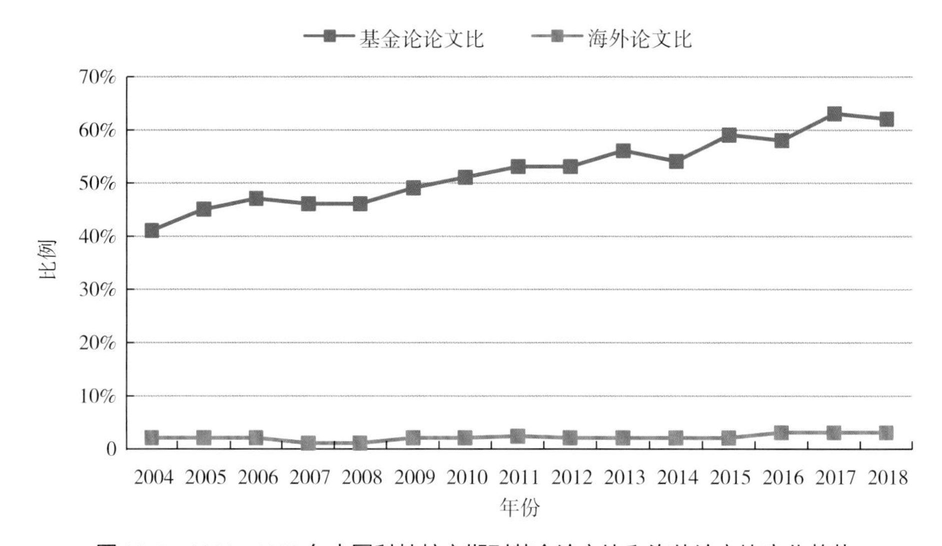

图 12-5　2004—2018 年中国科技核心期刊基金论文比和海外论文比变化趋势

篇均引文数指标是指期刊每一篇论文平均引用的参考文献数量，它是衡量科技期刊科学交流程度和吸收外部信息能力的相对指标；同时，参考文献的规范化标注，也是反映中国学术期刊规范化程度及与国际科学研究工作接轨的一个重要指标。由图 12-6 可见，2004—2018 年中国科技核心期刊的篇均引文数呈上升趋势，只是在 2007 年和 2015 年有所下降，2006 年首次超过了 10 篇，至 2017 年首次超过 20 篇，为 20.3 篇，2018 年达到 21.9 篇，是 2004 年的 2.36 倍。

中国科技论文统计与分析工作开展之初就倡导论文写作的规范，并对科技论文和科技期刊的著录规则进行讲解和辅导，每年的统计结果进行公布，30 多年来随着中国科技论文统计与分析工作的长期坚持开展和科技期刊评价体系的广泛宣传，以及越来越多的中国科研人员与世界学术界交往的加强，科研人员在发表论文时越来越重视论文的完整性和规范性，意识到了参考文献著录的重要性。同时，广大科技期刊编辑工作者也日益认识到保留客观完整的参考文献是期刊进行学术交流的重要渠道。因此，中国论文的篇均引文数逐渐提高。2004—2012 年，中国科技核心期刊的平均作者数徘徊在 3.3 ～ 3.9，2013 年有所突破，上升至 4，2018 年为 4.4。

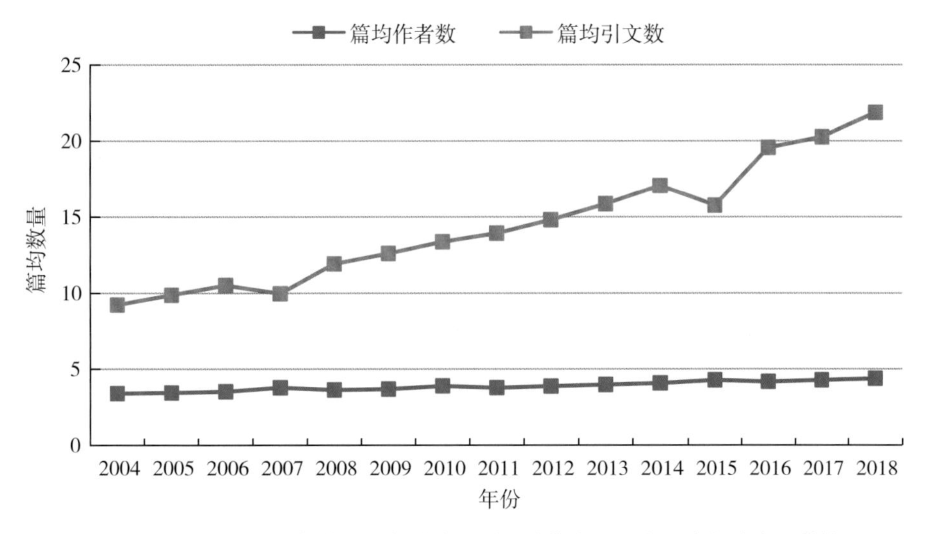

图 12-6　2004—2018 年中国科技核心期刊平均作者和平均引文数的变化趋势

12.2.4　中国科技期刊的载文状况

2018 年 2049 种中国科技核心期刊，共发表论文 455466 篇，与 2017 年相比减少了 39263 篇，论文总数减少了 7.94%。平均每刊来源文献量为 222.29 篇。

来源文献量，即期刊载文量，即指期刊所载信息量的大小的指标，具体说就是一种期刊年发表论文的数量。需要说明的是，中国科技论文与引文数据库在收录论文时，是对期刊论文进行选择的，我们所指的载文量是指学术性期刊中的科学论文和研究简报；技术类期刊的科学论文和阐明新技术、新材料、新工艺及新产品的研究成果论文；医学类期刊中的基础医学理论研究论文和重要的临床实践总结报告及综述类文献。

2018 年有 674 种期刊的来源文献量大于中国科技期刊来源文献量的平均值，相比 2017 年增加 62 种。来源文献量大于 2000 篇的期刊有 1 种，发文量为 2068 篇，为《江苏农业科学》，发文量超过 2000 篇的期刊与 2017 年相比减少 1 种；来源文献量大于 1000 篇的期刊有 19 种，相比 2017 年减少 9 种，其中医学期刊为 10 种。

由表 12-4 和图 12-7 可见，在 2006—2018 年 13 年间，来源文献量在 50 篇以下的期刊所占期刊总数的比例一直是最低的，期刊数量最少，最高为 2018 年的 2.93%，2016—2018 年发文量小于等于 50 的期刊数量有所增加；发表论文在 100 ～ 200 篇的期刊所占的比例最高，均在 40% 左右浮动，13 年间中国科技核心期刊有 40% 左右的期刊发文量在 100 ～ 200 篇；其余载文区间期刊所占比例均变化不大。

表 12-4　2006—2018 年中国科技核心期刊载文量变化

载文量（P）/ 篇	2006 年	2007 年	2008 年	2009 年	2010 年	2011 年	2012 年	2013 年	2014 年	2015 年	2016 年	2017 年	2018 年
P ＞ 500	7.78%	9.86%	8.51%	10.07%	10.56%	10.21%	9.53%	9.30%	9.15%	9.37%	7.85%	8.08%	7.42%
400 ＜ P ≤ 500	4.00%	6.46%	4.76%	4.98%	5.13%	5.01%	4.76%	5.03%	5.58%	4.99%	5.49%	4.78%	4.64%
300 ＜ P ≤ 400	9.00%	11.05%	10.44%	10.53%	10.96%	10.56%	10.38%	9.60%	9.20%	9.27%	9.34%	9.36%	8.20%

续表

载文量（P）/ 篇	2006 年	2007 年	2008 年	2009 年	2010 年	2011 年	2012 年	2013 年	2014 年	2015 年	2016 年	2017 年	2018 年
200 ＜ P ≤ 300	18.17%	19.77%	18.52%	17.93%	18.00%	18.12%	18.51%	18.85%	18.45%	18.44%	17.51%	17.45%	17.62%
100 ＜ P ≤ 200	40.86%	37.39%	40.10%	40.18%	39.42%	38.49%	39.92%	39.22%	39.82%	38.59%	39.05%	38.84%	39.58%
50 ＜ P ≤ 100	18.33%	13.66%	15.85%	14.70%	14.71%	15.87%	15.20%	16.39%	16.29%	17.63%	18.59%	18.68%	19.62%
P ≤ 50	1.86%	1.81%	1.82%	1.59%	1.75%	1.75%	2.11%	1.61%	1.51%	1.71%	2.18%	2.81%	2.93%

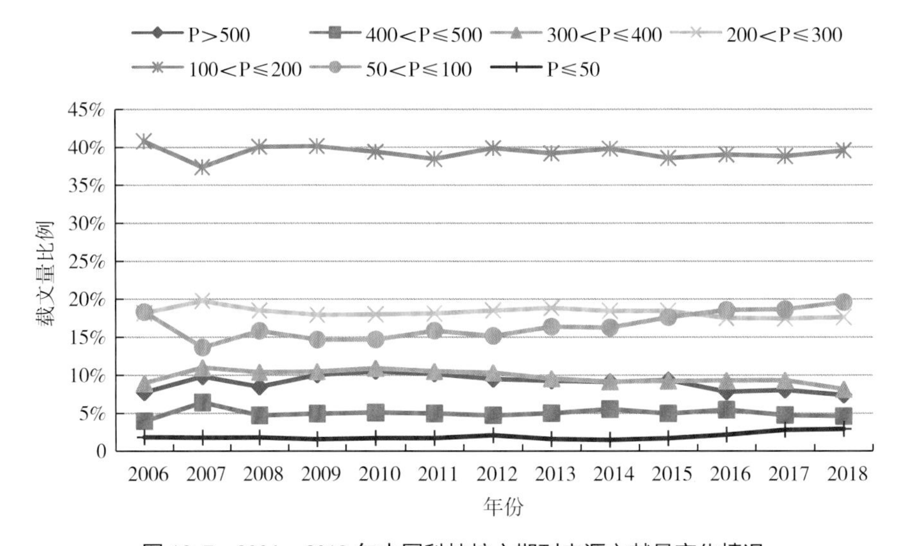

图 12-7　2006—2018 年中国科技核心期刊来源文献量变化情况

我们对 2018 年载文量分布区间期刊的学科分类情况进行分析（如图 12-8 所示）。由图可见，在载文量小于等于 50 篇的区域内，理学领域期刊数量所占比例远高于其他 4 个部类，为 40.00%，低于 2017 年的 52.68%，说明与 2017 年相比，有 40.00% 的期刊载文量小于等于 50 篇，载文量在 50 篇及以下的期刊数量在减少；随着载文量的逐渐增大，理学领域期刊所占比例急剧下降，在载文量大于 500 篇的区域中，理学领域期刊所占比例下降至 4.61%；医学领域的期刊在载文量 500 篇以上的区间内数量最多，在载文量 50 ～ 100 篇的区域内期刊数量占比最少；工程技术领域的期刊在载文量 400 ～ 500 篇的区域内期刊数量最多，在载文量小于等于 50 篇的区域中期刊数量最少。农学领域的期刊在载文量大于 500 篇的区域内，期刊所占比例较小，在载文量小于等于 50 篇的区域内期刊所占比例最大，不同于 2017 年在载文量 200 ～ 300 篇的区域内期刊所占比例最大；管理及自然科学综合领域在各个载文量区域内期刊所占比例都较少，所占比例最大为载文量 50 ～ 100 篇，为 9.21%，与 2017 年基本保持一致。这说明，医学及工程技术领域的期刊一般分布在载文量较大的区域内，理学和农学领域的期刊一般分布在载文量较小的区域内。

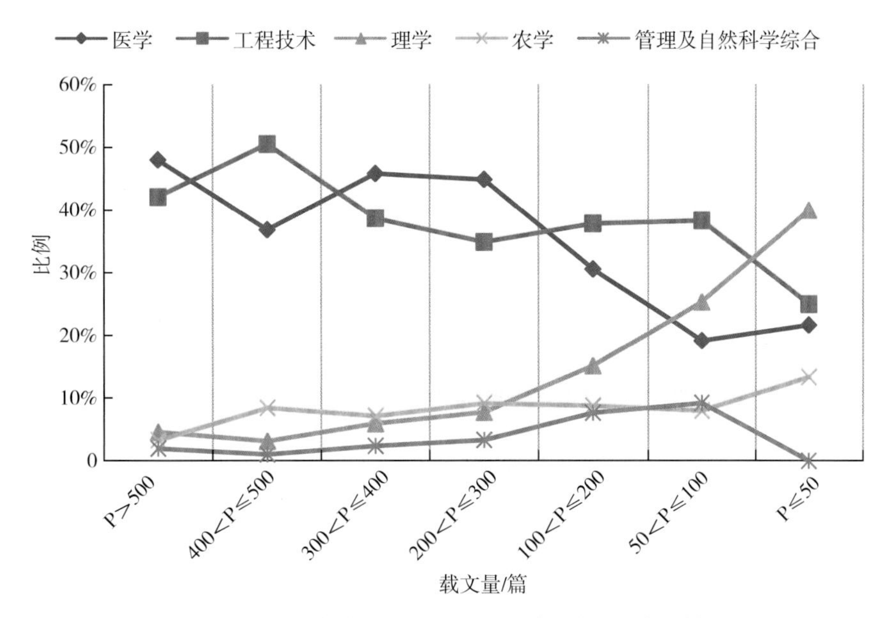

图 12-8 2018 年中国科技核心期刊学科载文量变化情况

12.2.5 中国科技期刊的学科分析

从《2013 版中国科技期刊引证报告（核心版）》开始，与前面的版本相比，期刊的学科分类发生较大变化，2013 版的引证报告的期刊分类参照的是最新执行的《学科分类与代码（国家标准 GB/T 13745—2009）》，我们将中国科技核心期刊重新进行了学科认定，将原有的 61 个学科扩展为了 112 个学科类别。《2019 版中国科技期刊引证报告（核心版）》科技期刊类别为 114 个学科，同时，对期刊的学科分类设置进行了调整和复分，对一部分交叉学科和跨学科期刊复分为 2 个或 3 个学科分类。新的学科分类体系体现了科学研究学科之间的发展和演变，更加符合当前中国科学技术各方面的发展整体状况，以及中国科技期刊实际分布状况。图 12-9 显示的是 2018 年 2049 种中国科技核心期刊各学科的期刊数量，由图可见，工程技术大学学报、自然科学综合大学学报和医药大学学报类占各学科期刊数量的前 3 位，最多的为工程技术大学学报，59 种，大学学报类占总数的 11.18%，相较 2017 年此占比有所下降。这种现象可能也是中国特色，大学学报是中国科技期刊的一支主要力量；期刊数量最少的学科为情报学，1 种。

2018 年中国科技核心期刊的平均影响因子和平均被引次数分别为 0.689 和 1410 次。其中，高于平均影响因子的学科有 107 个，比 2017 年增加 50 个学科；有 92 个学科的平均影响因子高于 1，比 2017 年增加 81 个学科。平均影响因子居前 3 位的学科分别是地理学、石油天然气工程和电气工程。平均被引次数居前 3 位的学科是生态学、电气工程和农业工程。影响因子与学科领域的相关性很大，不同的学科其影响因子有很大的差异。由于在学科内出现数值较大的差异性，因此 2018 年以学科中值作为分析对象，各学科影响因子中值及总被引次数中值如图 12-10 所示。

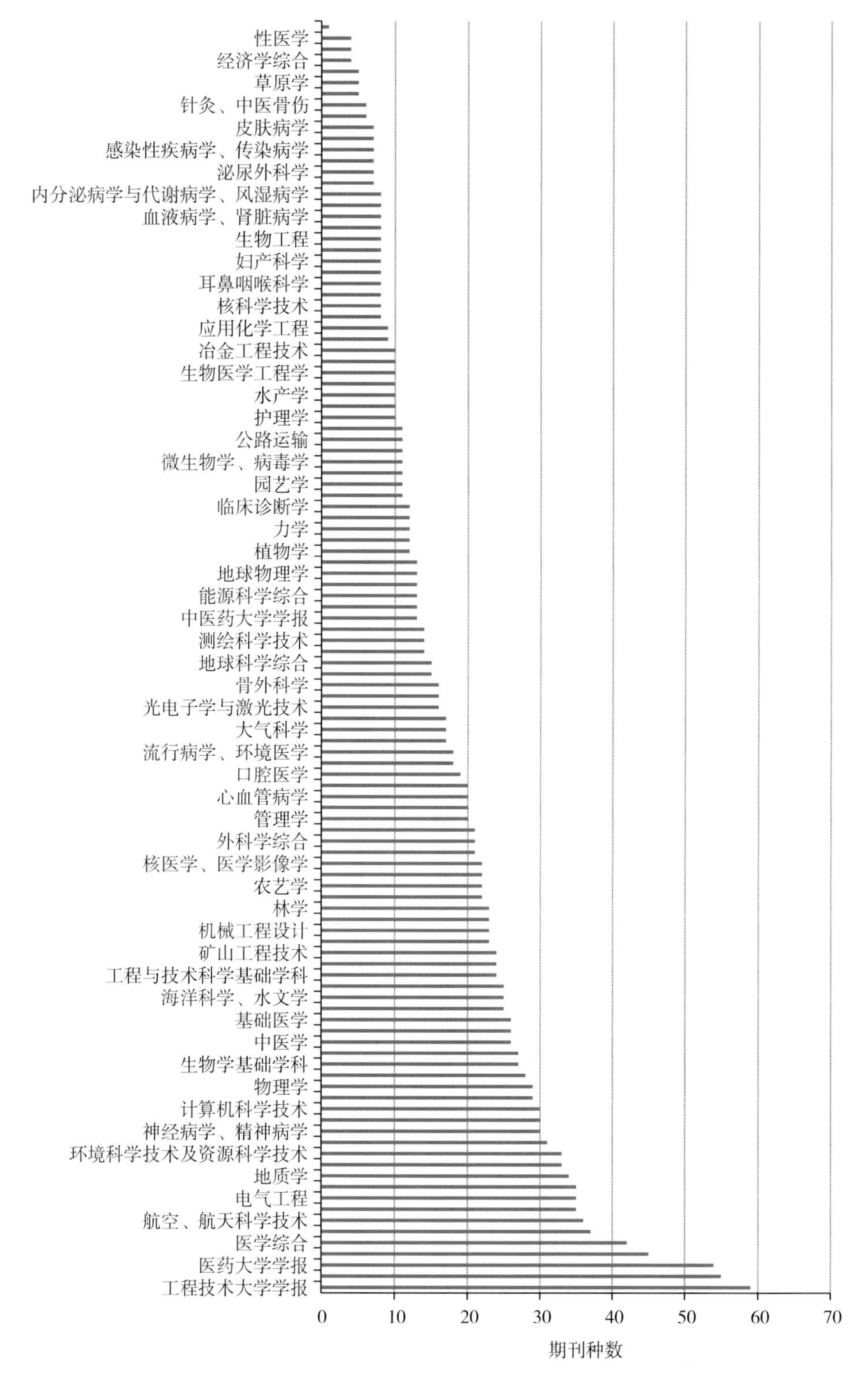

图 12-9 2018 年中国科技核心期刊各学科期刊数量

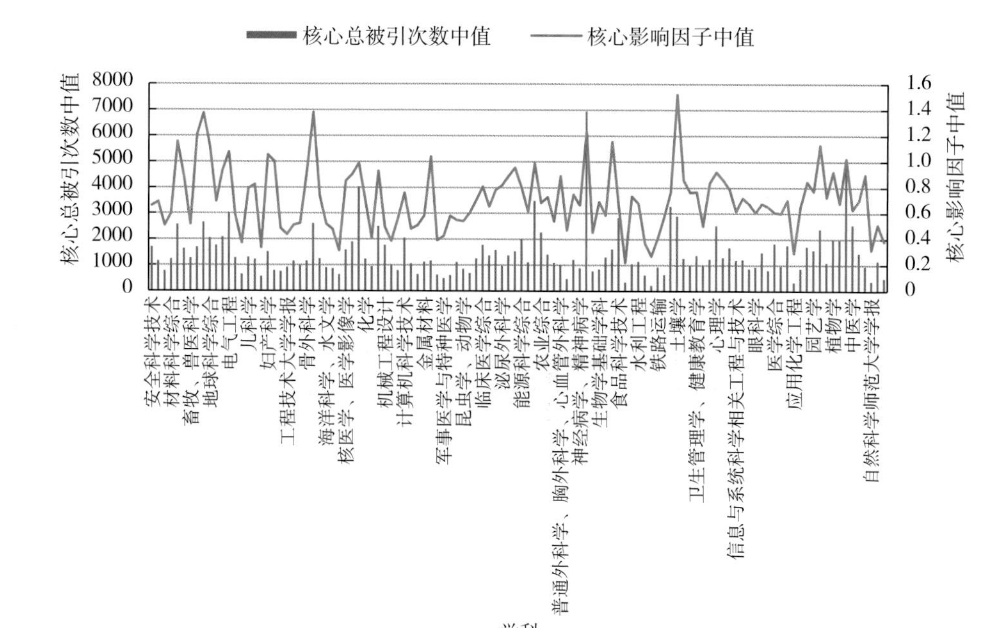

图 12-10 2018 年中国科技核心期刊各学科核心总被引次数与核心影响因子中值

2018 年 114 个学科中总被引次数中值超过 1000 次的学科有 75 个，居前 3 位的学科是生态学、中药学和护理学，较低的学科是天文学、应用化学工程和数学。75 个学科中有 32 个属于医药卫生类别。

2018 年学科影响因子中值居前 3 位的学科是土壤学、管理学和地理学；有 11 个学科的影响因子中值超过 1。而影响因子中值较低的学科有数学、天文学、应用化学工程、核科学技术、自然科学师范大学学报和纺织科学技术。因此，判断某一科技期刊影响因子的高低应在学科内与本学科的平均水平进行对比。

12.2.6 中国科技期刊的地区分析

地区分布数是指来源期刊登载论文作者所涉及的地区数，按全国 31 个省（市、自治区）计算。

一般说来，用一个期刊的地区分布数可以判定该期刊是否是一个地区覆盖面较广的期刊，其在全国的影响力究竟如何，地区分布数大于 20 个省（市、自治区）的期刊，我们可以认为它是一种全国性的期刊。

如表 12-5 所示，2007 年以后中国科技核心期刊中地区分布数大于或等于 30 个省（市、自治区）的期刊数量总体呈增长态势，2015 年上升至 6% 以上，2016—2017 年有所下降，2018 年又上升至 6%。

表 12-5　2007—2018 年中国科技核心期刊地区分布数统计

地区（D）	2007 年	2008 年	2009 年	2010 年	2011 年	2012 年	2013 年	2014 年	2015 年	2016 年	2017 年	2018 年
D ≥ 30	3.85%	3.32%	4.06%	4.70%	5.31%	4.61%	5.03%	5.68%	6.05%	5.03%	5.72%	6.00%
20 ≤ D < 30	56.71%	57.92%	57.91%	57.56%	57.86%	59.18%	59.23%	59.23%	60.66%	60.86%	60.63%	61.10%
15 ≤ D < 20	20.85%	21.04%	21.53%	21.42%	20.67%	21.21%	19.71%	20.11%	18.39%	20.17%	19.27%	18.25%
10 ≤ D < 15	12.35%	11.67%	11.51%	10.71%	10.66%	10.33%	11.71%	10.86%	10.33%	9.66%	10.00%	11.03%
D < 10	6.23%	6.05%	4.98%	5.61%	5.51%	4.66%	4.32%	3.82%	4.57%	4.28%	4.44%	3.61%

如图 12-11 所示，论文作者所属地区覆盖 20 个省（市、自治区）的期刊总体呈上涨趋势，2007—2018 年全国性科技期刊占期刊总量均在 60% 以上，2018 年有 67.10% 的期刊属于全国性科技期刊。地区分布数小于 10 的期刊 2007—2018 年总体呈下降趋势，2012—2018 年所占的比例连续小于 5%，2018 年地区分布数小于 10 的期刊数量为 74 种，其中大学学报为 33 种，占 44.59%，有 18 种英文版期刊，占 24.32%。

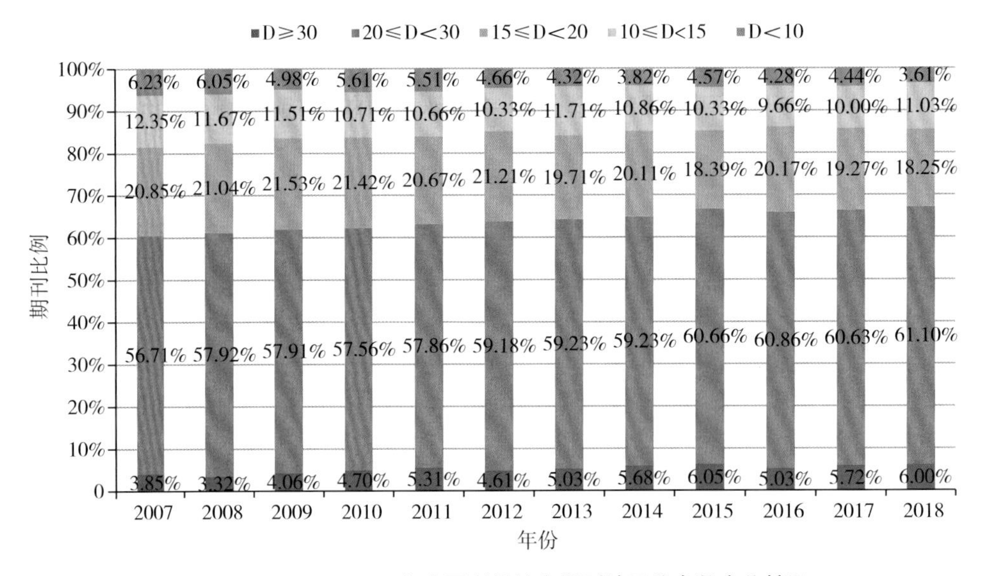

图 12-11　2007—2018 年中国科技核心期刊地区分布数变化情况

12.2.7　中国科技期刊的出版周期

由于论文发表时间是科学发现优先权的重要依据，因此，一般而言，期刊的出版周期越短，吸引优秀稿件的能力越强，也更容易获得较高的影响因子。研究显示，近年来中国科技期刊的出版周期呈逐年缩短趋势。

通过对 2018 年中国科技核心期刊进行统计，科技期刊的出版周期逐步缩短。出版周期刊中，月刊由 2007 年占总数的 28.73% 逐年上升至 2018 年的 42.26%；双月刊由 2007 年占总数的 52.49% 下降至 2018 年的 46.71%，有更多的双月刊转变成月刊；季刊由 2008 年占总数 13.22% 下降至 2018 年的 6.73%。与 2017 年期刊出版周期比较，月刊的比例保持不变，双月刊的比例稍稍上升，季刊的比例稍有下降，半月刊的比例稍有上升，旬刊的比例稍有下降，周刊的比例维持不变。但旬刊和周刊的期刊较少，旬刊为 10 种，比 2017 年减少 2 种，周刊 2 种，与 2017 年的周刊数相同。从总体上看，中国科技期刊的出版周期逐步缩短，半月刊和双月刊的期刊种数相比 2017 年分别增加 0.36 个百分点和 0.11 个百分点，季刊的期刊种数相比 2017 年减少了 0.37 个百分点（如图 12-12 所示）。

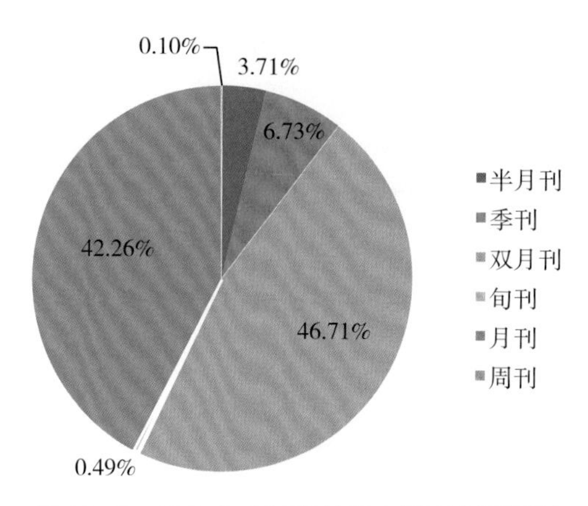

图 12-12 2018 年中国科技核心期刊出版周期

从学科分类来看，工程技术、理学及农学领域期刊双月刊的比例较高，基本在 50.00% 左右；医学领域期刊月刊的比例较高，为 51.53%；管理和自然科学综合领域双月刊占比较高，为 71.28%。工程技术领域期刊出版周期如图 12-13 所示，工程技术领域的期刊大部分是双月刊和月刊，与 2017 年基本相当，季刊和双月刊的比例占该领域期刊总数的 53.40%，较 2017 年稍有下降。医学领域期刊出版周期如图 12-14 所示，季刊和双月刊占该类总数的 41.61%，与 2017 年的 41.28% 相比稍有上升，但低于其他 4 个领域的季刊和双月刊总占比；月刊比例为 51.53%，较 2017 年下降 0.78 个百分点。理学领域期刊出版周期如图 12-15 所示，季刊和双月刊占该类总数的 68.69%，一定程度上说明理学领域的期刊近七成是以季刊和双月刊的形式出版的。农学领域期刊出版周期如图 12-16 所示，季刊和双月刊占该类总数的 59.76%，一定程度上说明农学领域的期刊一半以上是以季刊和双月刊的形式出版的。

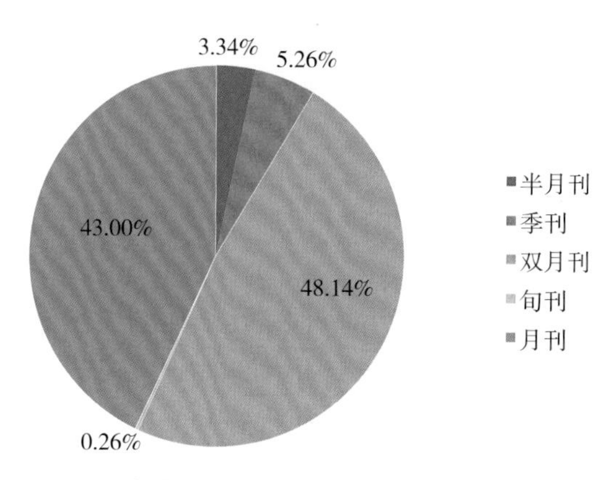

图 12-13 2018 年中国科技核心期刊工程技术领域期刊出版周期

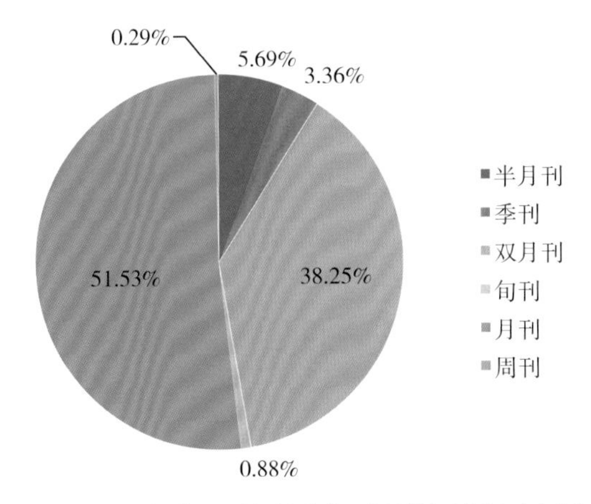

图 12-14 2018年中国科技核心期刊医学领域期刊出版周期

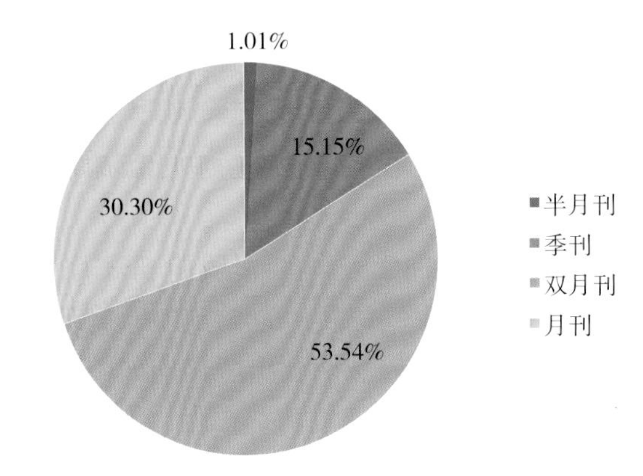

图 12-15 2018年中国科技核心期刊理学领域期刊出版周期

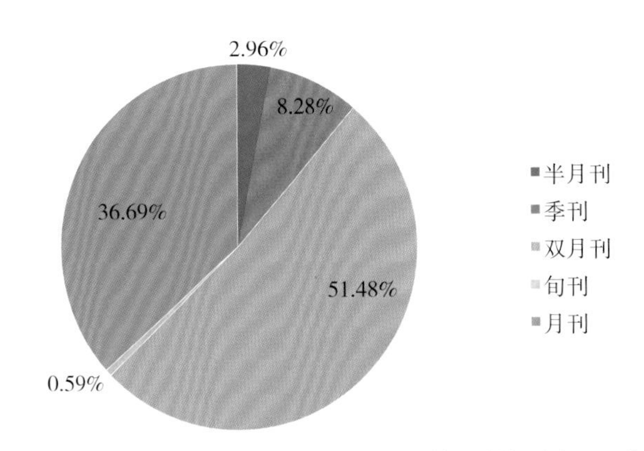

图 12-16 2018年中国科技核心期刊农学领域期刊出版周期

图 12-17 显示的是 2019 年 6 月之前 SCIE 收录期刊的期刊分布，共有 9172 种期刊，收录期刊有多种出版形式，期刊的出版周期如图 12-17 所示。由图可见，SCIE 收录期刊中月刊所占比例最大，为 29.97%，其次为双月刊，为 28.31%，季刊为 24.65%。与 2018 年 9 月的数据相比，月刊、双月刊和季刊的比例基本未变；刊期较长的 Tri-annual、半年刊和年刊期刊所占比例为 7.68%，与 2018 年 9 月数据相比有所上升。刊期较短的半月刊、双周刊、周刊的比例为 5.27%，与 2018 年 9 月数据相比基本不变。SCIE 收录的期刊中月刊的比例略高于双月刊，季刊比例低于双月刊和月刊（分别是 3.66 个和 5.32 个百分点）。而中国科技核心期刊，双月刊和月刊的比例高于 SCIE 期刊，季刊的比例远低于 SCIE 期刊。SCIE 收录的期刊中双月刊、季刊及 Tri-annual 及半年刊和年刊出版的期刊占总数的 59.23%，中国科技核心期刊双月刊和季刊所占比例为 53.44%，并且没有 Tri-annual、半年刊和年刊出版的期刊。所以中国科技核心期刊的出版周期短于被 SCIE 收录期刊的出版周期。

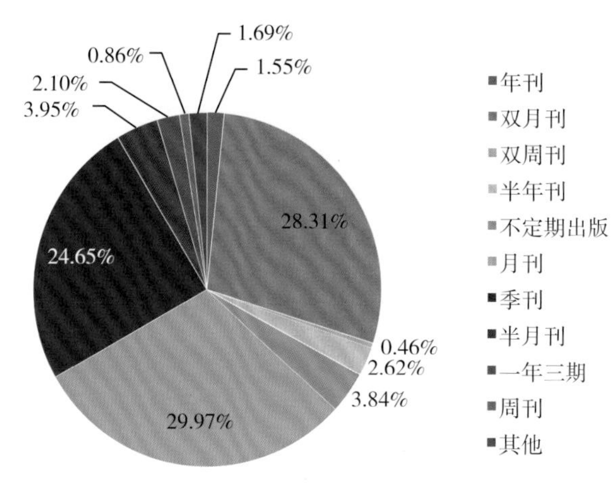

图 12-17 SCIE 收录期刊的出版周期

图 12-18 显示的是 2018 年 SCIE 收录中国 187 种科技期刊的刊期分布。与 2017 年相比，期刊的数量有所增加，期刊出版形式增加了年刊，减少了周刊。月刊的比例上升了 1.37 个百分点，双月刊和季刊的比例稍有所下降，分别下降了 0.5 个和 2.3 个百分点。与 2017 年相比，2018 年中国被 SCIE 收录的期刊出版周期略有下降。

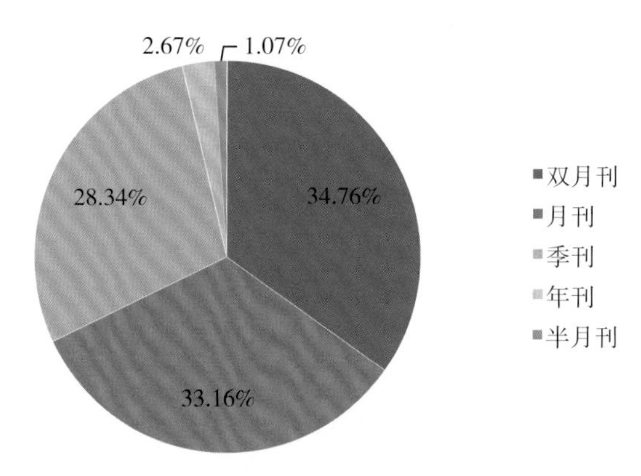

图 12-18 2018 年 SCIE 收录中国期刊的出版周期

12.2.8 中国科技期刊的世界比较

表12-6显示了2011—2018年中国科技核心期刊和JCR收录期刊的平均被引次数、平均影响因子和平均即年指标的情况。由表可见，2011—2018年JCR收录期刊的平均被引次数、平均影响因子除2015年有所下降外，其余年份均在增长，2011—2018年平均即年指标均在增长。中国科技核心期刊的总被引次数、影响因子和即年指标的绝对数值与国际期刊相比不在一个等级，国际期刊远高于中国科技核心期刊。

表12-6 中国科技的核心期刊与JCR收录期刊主要计量指标平均值统计

年份	中国科技核心期刊			JCR		
	核心总被引次数	核心影响因子	核心即年指标	总被引次数	影响因子	即年指标
2011	1022	0.454	0.059	4430	2.05	0.414
2012	1023	0.493	0.068	4717	2.099	0.434
2013	1182	0.523	0.072	5095	2.173	0.465
2014	1265	0.560	0.070	5728	2.22	0.49
2015	1327	0.594	0.084	5565	2.21	0.511
2016	1361	0.628	0.087	6132	2.43	0.56
2017	1381	0.648	0.091	6636	2.567	0.645
2018	1410	0.689	0.099	7096	2.737	0.726

2018年美国SCIE收录中国出版的期刊有187种。JCR主要的评价指标有引文总数（Total Cites）、影响因子（Impact Factor）、即时指数（Immediacy Index）、当年论文数（Current Articles）和被引半衰期（Cited Half-Life）等，表12-7和表12-8列出了2018年影响因子和被引次数进入本学科领域Q1区的期刊名单。

表12-7 2018年影响因子位于本学科Q1区的中国科技期刊

序号	刊名	影响因子
1	*CELL RESEARCH*	17.848
2	*FUNGAL DIVERSITY*	15.596
3	*LIGHT-SCIENCE & APPLICATIONS*	14.000
4	*NATIONAL SCIENCE REVIEW*	13.222
5	*MOLECULAR PLANT*	10.812
6	*NANO-MICRO LETTERS*	9.043
7	*NANO-RESEARCH*	8.515
8	*CELLULAR & MOLECULAR IMMUNOLOGY*	8.213
9	*PROTEIN & CELL*	7.575
10	*GENOMICS PROTEOMICS & BIOINFORMATICS*	6.597
11	*SCIENCE BULLETIN*	6.277
12	*SCIENCE CHINA-CHEMISTRY*	6.085
13	*SIGNAL TRANSDUCTION AND TARGETED THERAPY*	5.873
14	*CHINESE PHYSICS C*	5.861

续表

序号	刊名	影响因子
15	*ACTA PHARMACEUTICA SINICA B*	5.808
16	*CIENCE CHINA-MATERIALS*	5.636
17	*MICROSYSTEMS & NANOENGINEERING*	5.616
18	*PHOTONICS RESEARCH*	5.522
19	*JOURNAL OF ENERGY CHEMISTRY*	5.162
20	*JOURNAL OF MATERIALS SCIENCE & TECHNOLOGY*	5.040
21	*CHINESE JOURNAL OF CATALYSIS*	4.914
22	*JOURNAL OF GENETICS AND GENOMICS*	4.650
23	*ENGINEERING*	4.568
24	*CANCER BIOLOGY & MEDICINE*	4.467
25	*JOURNAL OF PHARMACEUTICAL ANALYSIS*	4.440
26	*GEOSCIENCE FRONTIERS*	4.160
27	*JOURNAL OF SYSTEMATICS AND EVOLUTION*	4.040
28	*ASIAN JOURNAL OF PHARMACEUTICAL SCIENCES*	4.016
29	*ACTA PHARMACOLOGICA SINICES*	4.010
30	*SCIENCE CHINA-PHYSICS MECHANICS & ASTRONOMY*	3.986
31	*INTERNATIONAL JOURNAL OF DIGITAL EARTH*	3.985
32	*JOURNAL OF INTEGRATIVE PLANT BIOLOGY*	3.824
33	*JOURNAL OF SPORT AND HEALTH SCIENCE*	3.644
34	*SCIENCE CHINA-LIFE SCIENCES*	3.583
35	*JOURNAL OF ANIMAL SCIENCE AND BIOTECHNOLOGY*	3.441
36	*CROP JOURNAL*	3.179
37	*FRICTION*	3.000
38	*INTERNATIONAL JOURNAL OF ORAL SCIENCE*	2.750
39	*INSECTSCIENCE*	2.710
40	*PETROLEUM EXPLORATION AND DEVELOPMENT*	2.540
41	*RICE SCIENCE*	2.370
42	*TRANSACTIONS OF NONFERROUS METALS SOCIETY OF CHINA*	2.338
43	*JOURNAL OF ADVANCED CERAMICS*	2.300
44	*INTEGRATIVE ZOOLOGY*	2.140
45	*CHINESE JOURNAL OF AERONAUTICS*	2.095
46	*CURRENT ZOOLOGY*	2.070
47	*JOURNAL OF PALAEOGEOGRAPHY-ENGLISH*	1.744
48	*APPLIED MATHEMATICS AND MECHANICS-ENGLISH EDITION*	1.699
49	*NUMERICAL MATHEMATICS-THEORY METHODS AND APPLICATIONS*	1.250
50	*JOURNAL OF COMPUTATIONAL MATHEMATICS*	1.238

表 12-8 2018 年被引次数位于本学科 Q1 区的中国科技期刊

序号	刊名	被引次数
1	*NANO RESEARCH*	16517
2	*CELL RESEARCH*	15131
3	*JOURNAL OF ENVIRONMENTAL SCIENCES-CHINA*	12120
4	*TRANSACTIONS OF NONFERROUS METALS SOCIETY OF CHINA*	10082
5	*MOLECULAR PLANT*	9274
6	*CHINESE PHYSICS B*	9250
7	*ACTA PETROLOGICA SINICA*	8708
8	*ACTA PHARMACOLOGICA SINICA*	8687
9	*CHINESE MEDICAL JOURNAL*	7433
10	*JOURNAL OF MATERIALS SCIENCE & TECHNOLOGY*	6753
11	*FUNGAL DIVERSITY*	4234
12	*SCIENCE CHINA-TECHNOLOGICAL SCIENCES*	3722
13	*ASIAN JOURNAL OF ANDROLOGY*	3603
14	*PETROLEUM EXPLORATION AND DEVELOPMENT*	2858
15	*JOURNAL OF INTEGRATIVE AGRICULTURE*	2444

2018 年，各检索系统收录中国内地科技期刊情况如下：SCI-E 数据库收录 187 种，比 2017 年增加了 14 种；Ei 数据库收录 223 种（如表 12-9 所示）；Medline 收录 128 种；SSCI 收录 2 种；Scopus 收录 681 种。

表 12-9 2005—2018 年 SCI-E 和 Ei 数据库收录中国科技期刊数量

检索系统	2005年	2006年	2007年	2008年	2009年	2010年	2011年	2012年	2013年	2014年	2015年	2016年	2017年	2018年
SCI-E/种	78	78	104	108	115	128	134	135	139	142	148	162	173	187
Ei/种	141	163	174	197	217	210	211	207	216	215	215	215	221	223

中国科技期刊在国际上的认知度也经历了一个发展变化的过程，在 1987 年时，SCI 选用中国期刊仅 11 种，占世界的 0.3%，Ei 收录中国期刊 20 种。20 多年来，中国科技期刊的队伍不断壮大，在世界检索系统中的影响也越来越大。中国科技期刊经历了数量从无到有、从少到多的积累阶段，又走过了摸着石头过河的质量提升阶段，我们希望中国科技期刊走向可持续发展的全面振兴阶段。

12.2.9 中国科技期刊综合评分

中国科学技术信息研究所每年出版的《中国科技期刊引证报告（核心版）》定期公布 CSTPCD 收录的中国科技论文统计源期刊的各项科学计量指标。1999 年开始，以此指标为基础，研制了中国科技期刊综合评价指标体系。采用层次分析法，由专家打分确定了重要指标的权重，并分学科对每种期刊进行综合评定。2009—2019 年版的《中国科技期刊引证报告（核心版）》连续公布了期刊的综合评分，即采用中国科技期刊综合评价指标体系对期刊指标进行分类、分层次、赋予不同权重后，求出各指标加权得分后，期刊在本学科内的排名。

根据综合评分的排名，结合各学科的期刊数量及学科细分后，自 2009 年起每年评选中国百种杰出学术期刊。

中国科技核心期刊（中国科技论文统计源期刊）实行动态调整机制，每年对期刊进行评价，通过定量及定性相结合的方式，评选出各学科较重要的、有代表性的、能反映本学科发展水平的科技期刊，评选过程中对连续两年公布的综合评分排在本学科末位的期刊进行淘汰。

对科技期刊的评价监测主要目的是引导，中国科技期刊评价指标体系中的各指标是从不同角度反映科技期刊的主要特征，涉及多个不同方面，为此要从整体上反映科技期刊的发展进程，必须对各个指标进行综合化处理，做出综合评价。期刊编辑出版者也可以从这些指标上找到自己的特点和不足，从而制定期刊的发展方向。

由科技部推动的精品科技期刊战略就是通过对科技期刊的整体评价和监测，发扬中国科学研究的优势学科，对科技期刊存在的问题进行政策引导，采取切实可行的措施，推动科技期刊整体质量和水平的提高，从而促进中国科技自主创新工作。在中国优秀期刊服务于国内广大科技工作者的同时，鼓励一部分顶尖学术期刊冲击世界先进水平。

12.3 讨论

① 2009—2018 年中国期刊的总量呈微增长态势，2009—2018 年中国期刊平均期印数连续下降，总印数和总印张连续多年增长的态势下，2013—2018 年有所下降，2014—2018 年期刊定价连续多年呈增长态势下有所下降。2009—2018 年中国科技期刊数量呈微量增长态势，多年来一直占期刊总量的 50% 左右，2014—2018 年平均期印数、总印数和总印张连续下降。

②中国科技期刊中，工程技术类期刊所占比例最高，医学类期刊次之。

③中国科技期刊的平均核心总被引次数和平均核心影响因子在保持绝对数增长态势的同时，增长速度持续趋缓。

④ 2018 年基金论文相比 2017 年稍有所下降，为 62%，但从统计结果看，中国科技核心期刊论文 2015—2018 年有近 60% 是由省部级以上基金或资助产生的科研成果。

⑤ 2018 中国期刊的发文数量集中在 100 ～ 200 篇，期刊数量占总数的比例最高；发文量超过 500 篇的期刊比例相较 2016 年有所下降，发文量小于 50 篇的期刊数量较 2016 年有微量上升。

⑥ 2018 年中国科技期刊的地区分布大于 20 个省（市、自治区）的期刊数量继续增长，有超过 60% 的期刊为全国性期刊；地区分布小于 10 的期刊数量总体减少，相比 2017 年也有所减少，所占比例小于 5%。

⑦中国科技期刊的出版周期逐年缩短，2018 年月刊占总数的比例从 2007 年的 28.73% 上升至 42.26%；双月刊和季刊的出版周期有所下降，2018 年有 53.44% 以上的期刊以双月刊和季刊的形式出版，医学类期刊的出版周期最短。

⑧通过比较 2018 年中国被 JCR 收录的科技期刊的影响因子和被引次数在各学科的

位置发现，中国有 50 种期刊的影响因子处于本学科的 Q1 区，有 15 种期刊的被引次数处于本学科的 Q1 区，相较 2017 年均有所增长。

参考文献

[1] 中华人民共和国国家新闻出版广电总局 . 2018 年全国新闻出版业基本情况 [EB/OL].[2019-08-29]. https：//www.chinaxwcb.com/.

[2] 中国科学技术信息研究所 . 2019 年版中国科技期刊引证报告（核心版）[M]. 北京：科学技术文献出版社，2019.

13 CPCI-S 收录中国论文情况统计分析

Conference Proceedings Citation Index - Science（CPCI-S）数据库，即原来的 ISTP 数据库，涵盖了所有科技领域的会议录文献，其中包括：农业、生物化学、生物学、生物技术学、化学、计算机科学、工程学、环境科学、医学和物理学等领域。

本章利用统计分析方法对 2018 年 CPCI-S 收录的 68384 篇第一作者单位为中国的科技会议论文的地区、学科、会议举办地、参考文献数和被引次数等进行简单的计量分析。

13.1 引言

2018 年 CPCI-S 数据库收录世界重要会议论文为 53.18 万篇，比 2017 年增加了 2.3%，共收录了中国作者论文 7.37 万篇，与 2017 年基本持平，占世界的 13.9%，排在世界第 2 位。排在世界前 5 位的是美国、中国、英国、德国和印度。CPCI-S 数据库收录美国论文 15.52 万篇，占世界论文总数的 29.2%。图 13-1 为中国国际科技会议论文数占世界论文总数比例的变化趋势。

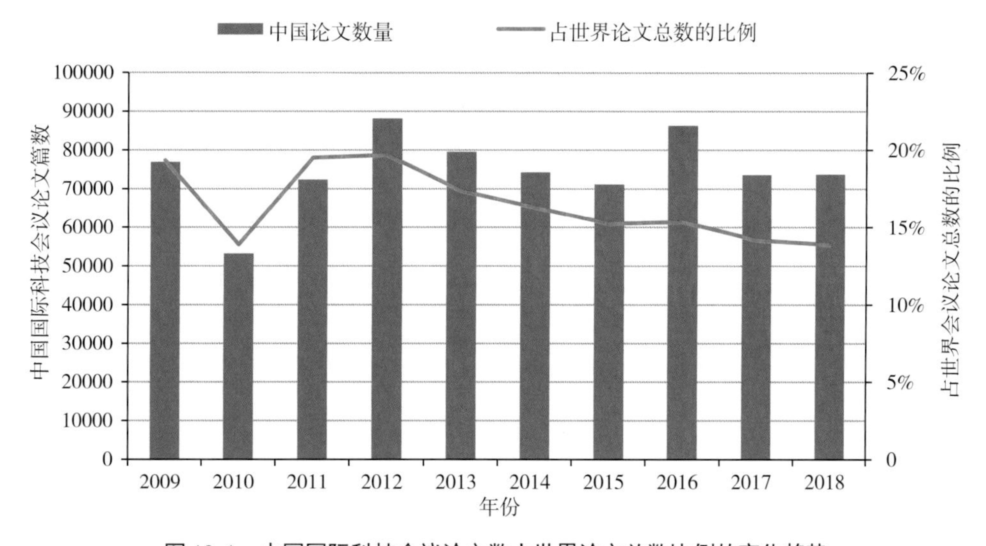

图 13-1 中国国际科技会议论文数占世界论文总数比例的变化趋势

若不统计港澳台地区的论文，2018 年 CPCI-S 收录第一作者单位为中国的科技会议论文共计 6.15 万篇，以下统计分析都基于此数据。

13.2 研究分析与结论

13.2.1 2018年CPCI-S收录中国论文的地区分布

表13-1是2018年中国作者发表的CPCI-S论文，论文第一作者单位的地区分布居前10位的情况及其与2017年的比较情况。

表13-1 2018年CPCI-S论文作者单位排名居前10位的地区

2018年			2017年		
排名	地区	论文篇数	排名	地区	论文篇数
1	北京	13586	1	北京	14297
2	江苏	5491	2	江苏	5536
3	上海	5177	3	上海	5310
4	广东	4559	4	陕西	4591
5	陕西	4416	5	广东	4175
6	湖北	3377	6	湖北	3827
7	四川	2848	7	山东	3296
8	山东	2613	8	辽宁	2823
9	浙江	2273	9	四川	2786
10	辽宁	2009	10	浙江	2317

由表13-1可以看出，2018年排名居前3位的城市分别为北京、江苏和上海，与2017年排名一致，分别产出论文13586篇、5491篇和5177篇，占CPCI-S中国论文总数的22.1%、8.9%和8.4%。2018年排名居前10位的地区作者被CPCI-S收录论文46349篇，占论文总数的75.4%。2018年排名居前10位的地区与2017年相比，地区排名变化不大。

13.2.2 2018年CPCI-S收录中国论文的学科分布

表13-2是2018年CPCI-S收录的第一作者为中国的论文学科分布情况及其与2017年的比较。

表13-2 2018年CPCI-S收录的第一作者为中国的论文数排名居前10位的学科

2018年			2017年		
排名	学科	论文篇数	排名	学科	论文篇数
1	电子、通信与自动控制	16033	1	计算技术	20136
2	计算技术	15715	2	电子、通信与自动控制	16638
3	临床医学	5578	3	物理学	4927
4	能源科学技术	5183	4	能源科学技术	4467
5	物理学	3781	5	临床医学	4194
6	环境科学	2431	6	机械工程	3739
7	材料科学	2314	7	工程与技术基础学科	3495

续表

2018 年			2017 年		
排名	学科	论文篇数	排名	学科	论文篇数
8	地学	1913	8	材料科学	2453
9	化学	1361	9	化学	1915
10	核科学技术	1082	10	生物学	1430

由表 13-2 可以看出，2018 年 CPCI-S 中国论文分布排名居前 3 位的学科为电子、通信与自动控制，计算技术和临床医学。仅这 3 个学科的会议论文数就占了中国论文总数的 60.7%。2018 年与 2017 年排名前 10 位的学科略有不同，环境科学、地学和核科学技术 3 门学科代替机械工程、工程与技术基础学科和生物学进入论文数排名前 10 位。

13.2.3 2018 年中国作者发表论文较多的会议

2018 年 CPCI-S 收录的中国所有论文发表在 2849 个会议上，与 2017 年的 2813 个会议数量相比，相差不大。表 13-3 为 2018 年收录中国论文数居前 10 位的会议。

表 13-3 2018 年收录中国论文数居前 10 位的会议

排名	会议名称	论文篇数
1	37th Chinese Control Conference（CCC）	1688
2	256th National Meeting and Exposition of the American-Chemical-Society（ACS）-Nanoscience，Nanotechnology and Beyond	884
3	Chinese Automation Congress（CAC）	793
4	29th Great Wall International Congress of Cardiology（GW-ICC），China-Heart-Society，and Beijing-Society-of-Cardiology	788
5	2nd IEEE Conference on Energy Internet and Energy System Integration（EI2）	749
6	27th Scientific Meeting of the International-Society-of-Hypertension	733
7	38th IEEE International Geoscience and Remote Sensing Symposium（IGARSS）	726
8	International Conference on Power System Technology（POWERCON）	694
9	255th National Meeting and Exposition of the American-Chemical-Society（ACS）-Nexus of Food，Energy，and Water	560
10	Asia Communications and Photonics Conference（ACP）	536

由表 13-3 可以看出，论文数量排在第 1 位的是 2018 年由中国自动化学会控制理论专业委员（TCCT）发起，在武汉举办的第 37 届中国控制会议（CCC）。该会议现已成为控制理论与技术领域的国际性学术会议，共收录论文 1688 篇。

13.2.4 CPCI-S 收录中国论文的语种分布

基于 2018 年 CPCI-S 收录第一作者单位为中国（不包含港澳台地区）的 61462 篇科技会议论文，以英语发表的论文共 61437 篇，中文发表的论文共 24 篇，罗马尼亚语

1篇（如表13-4所示）。

表13-4 2018年和2017年科技会议论文的语种分布情况

语种	2018年		2017年	
	篇数	比例	篇数	比例
英语	61437	99.9%	66316	99.6%
中文	24	0.1%	243	0.4%

13.2.5 2018年CPCI-S收录论文的参考文献数和被引次数分布

（1）2018年CPCI-S收录论文的参考文献数分布

表13-5列出了2018年CPCI-S收录中国论文的参考文献数分布。除了0篇参考文献的论文外，排名居前10位的参考文献数均在5篇以上，最多为15篇，占论文总数的55%。

表13-5 2018年CPCI-S收录论文的参考文献分布（TOP 10）

参考文献数	论文篇数	比例	参考文献数	论文篇数	比例
0	8059	13.11%	8	2751	4.48%
10	3589	5.84%	9	2751	4.48%
12	3078	5.01%	13	2724	4.43%
11	2917	4.75%	7	2578	4.19%
15	2819	4.59%	14	2496	4.06%

（2）2018年CPCI-S收录论文的被引次数分布

表13-6为2018年CPCI-S收录论文的被引次数分布。由表13-6可以看出，大部分会议论文的被引次数为0，有56268篇，占比91.55%，比2017年的94.71%略有下降。被引1次以上的论文有5194篇，占比8.45%；引用5次以上的论文为562篇，几乎比2017年数量翻倍。

表13-6 2018年CPCI-S收录论文的被引次数分布

次数	论文篇数	比例	次数	论文篇数	比例
0	56268	91.55%	5	141	0.23%
1	3154	5.13%	6	84	0.14%
2	857	1.39%	7	57	0.09%
3	391	0.64%	9	53	0.09%
4	230	0.37%			

13.3 讨论

2018 年 CPCI-S 数据库共收录了中国作者论文 7.37 万篇，与 2017 年基本持平，占世界的 13.9%，排在世界第 2 位。

2018 年 CPCI-S 收录中国（不包含港澳台地区）的会议论文，以英语发表的论文共 61437 篇，中文发表的论文共 24 篇。

2018 年 CPCI-S 收录中国论文的参考文献数排名居前 10 位的参考文献数均在 5 篇以上，最多为 15 篇，占论文总数的 55%。

2018 年论文数量排在第 1 位的是在武汉举办的第 37 届中国控制会议（CCC），共收录论文 1688 篇。

2018 年 CPCI-S 中国论文分布排名居前 3 位的学科为电子、通信与自动控制，计算技术和临床医学，占了中国论文总数的 60.7%。

参考文献

[1] 中国科学技术信息研究所 .2019 年版中国科技期刊引证报告（核心版）[M]. 北京：科学技术文献出版社，2019.

[2] 中国科学技术信息研究所 .2018 年版中国科技期刊引证报告（核心版）[M]. 北京：科学技术文献出版社，2018.

[3] 中国科学技术信息研究所 .2017 年度中国科技论文统计与分析 [M]. 北京：科学技术文献出版社，2019.

14 Medline 收录中国论文情况统计分析

14.1 引言

Medline 是美国国立医学图书馆（The National Library of Medicine，NLM）开发的当今世界上最具权威性的文摘类医学文献数据库之一。《医学索引》（Index Medicus，IM）为其检索工具之一，收录了全球生物医学方面的期刊，是生物医学方面较常用的国际文献检索系统。

本章统计了中国科研人员被 Medline 2018 收录论文的机构分布情况、论文发表期刊的分布及期刊所属国家和语种分布情况，并在此基础上进行了分析。

14.2 研究分析与结论

14.2.1 Medline 收录论文的国际概况

Medline 2018 网络版共收录论文 1190480 篇，比 2017 年的 1117727 篇增加 6.5%，2012—2018 年 Medline 收录论文情况如图 14-1 所示。可以看出，除 2017 年 Medline 收录论文数有小幅减少外，2012—2018 年 Medline 收录论文数呈现逐年递增的趋势。

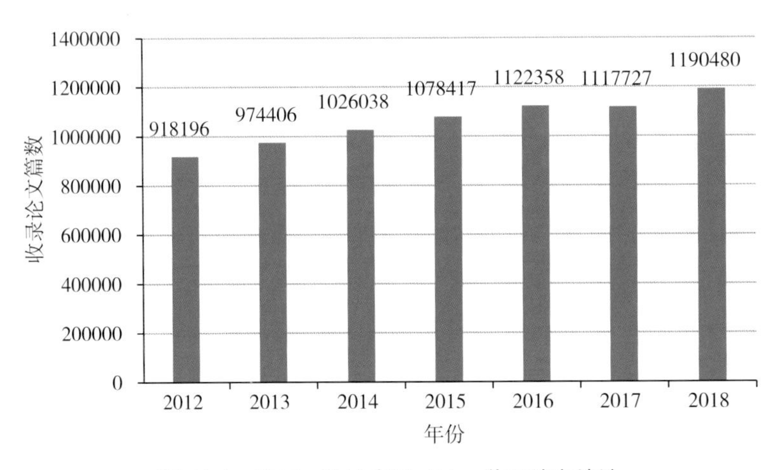

图 14-1　2012—2018 年 Medline 收录论文统计

14.2.2 Medline 收录中国论文的基本情况

Medline 2018 网络版共收录中国科研人员发表的论文 168143 篇，比 2017 年增长

18.96%。2012—2018 年 Medline 收录中国论文情况如图 14-2 所示。

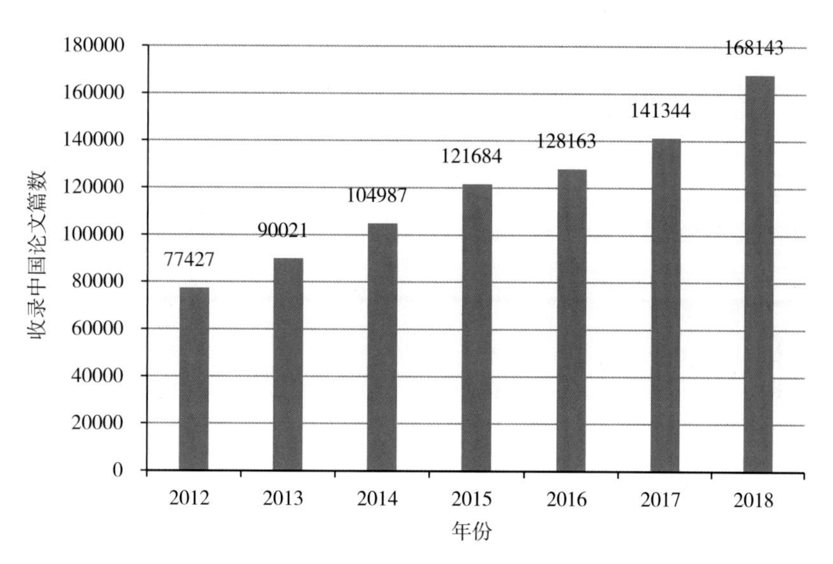

图 14-2 2012—2018 年 Medline 收录中国论文统计

14.2.3 Medline 收录中国论文的机构分布情况

被 Medline 2018 收录的中国论文，以第一作者单位的机构类型分类，其统计结果如图 14-3 所示。其中，高等院校所占比例最多，包括其所附属的医院等医疗机构在内，产出论文占总量的 79.48%。医疗机构中，高等院校所属医疗机构是非高等院校所属医疗机构产出论文数的 2.74 倍，二者之和在总量中所占比例为 38.55%。科研机构所占比例为 9.85%，与 2017 年相比略有降低。

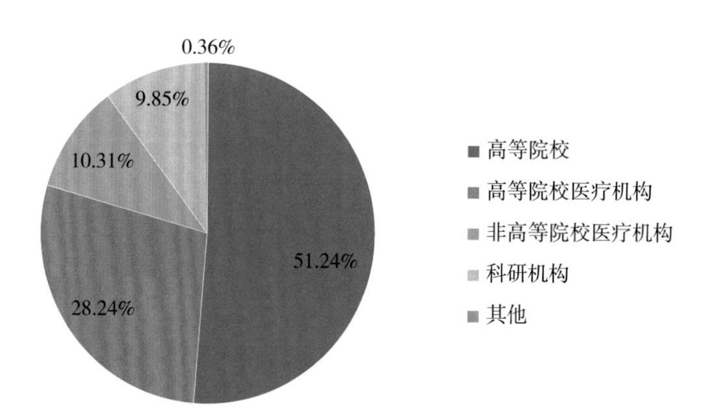

图 14-3 2018 年中国各类型机构 Medline 论文产出的比例

被 Medline 2018 收录的中国论文，以第一作者单位统计，高等院校、科研机构和医疗机构 3 类机构各自的居前 20 位单位分别如表 14-1 至表 14-3 所示。

由表 14-1 中可以看到，发表论文数较多的高等院校大多为综合类大学。

表 14-1 2018 年 Medline 收录中国论文数居前 20 位的高等院校

排名	高等院校	论文篇数	排名	高等院校	论文篇数
1	上海交通大学	4494	11	中南大学	2496
2	浙江大学	4060	12	山东大学	2449
3	北京大学	3872	13	武汉大学	1980
4	四川大学	3838	14	南京大学	1974
5	复旦大学	3823	15	南京医科大学	1951
6	中山大学	3642	16	苏州大学	1834
7	中国医学科学院北京协和医学院	3010	17	西安交通大学	1794
8	首都医科大学	2951	18	清华大学	1783
9	华中科技大学	2833	19	中国医科大学	1488
10	吉林大学	2637	20	郑州大学	1420

注：高等院校数据包括其所属的医院等医疗机构在内。

由表 14-2 中可以看到，发表论文数较多的科研机构中，中国科学院所属机构较多，在前 20 位中占据了 13 席。

表 14-2 2018 年 Medline 收录中国论文数居前 20 位的科研机构

排名	科研机构	论文篇数
1	中国疾病预防控制中心	516
2	中国科学院生态环境研究中心	419
3	中国中医科学院	379
4	中国科学院化学研究所	372
5	中国科学院上海生命科学研究院	361
6	中国医学科学院肿瘤研究所	358
7	中国科学院长春应用化学研究所	291
8	中国科学院大连化学物理研究所	255
9	中国科学院动物研究所	244
10	中国科学院昆明植物研究所	222
11	中国水产科学研究院	218
12	中国科学院合肥物质科学研究院	214
13	国家纳米科学中心	208
14	中国医学科学院药物研究所	203
15	中国科学院上海药物研究所	202
16	中国科学院水生生物研究所	188
17	中国科学院深圳先进技术研究院	183
18	中国林业科学研究院	177
19	中国科学院遗传与发育生物学研究所	173
20	中国科学院海洋研究所	171

由 Medline 收录中国医疗机构发表的论文数分析（如表 14-3 所示），2018 年四川大学华西医院发表论文数以 2044 篇高居榜首；其次为北京协和医院，发表论文 1172 篇；解放军总医院排在第 3 位，发表论文 941 篇。在论文数居前 20 位的医疗机构中，除北京协和医院、解放军总医院外，其他全部都是高等院校所属的医疗机构。

表 14-3 2018 年 Medline 收录中国论文数居前 20 位的医疗机构

排名	医疗机构	论文篇数
1	四川大学华西医院	2044
2	北京协和医院	1172
3	解放军总医院	941
4	郑州大学第一附属医院	841
5	中南大学湘雅医院	756
6	中国医科大学附属第一医院	741
7	复旦大学附属中山医院	714
8	华中科技大学同济医学院附属同济医院	703
9	江苏省人民医院	697
10	吉林大学白求恩第一医院	689
11	中南大学湘雅二医院	683
12	浙江大学第一附属医院	665
13	华中科技大学同济医学院附属协和医院	615
14	中山大学附属第一医院	604
15	上海交通大学医学院附属第九人民医院	603
16	南方医院	577
17	西安交通大学医学院第一附属医院	568
18	浙江大学医学院附属第二医院	556
19	复旦大学附属华山医院	535
20	上海交通大学医学院附属仁济医院	523

14.2.4 Medline 收录中国论文的学科分布情况

Medline 2018 收录的中国论文共分布在 126 个学科中，其中，有 24 个学科的论文数在 1000 篇以上，论文数最多的学科是生物化学与分子生物学，共有论文 17234 篇，超过 100 篇的学科数量为 70，占论文总量的 66.52%。论文数排名居前 10 位的学科如表 14-4 所示。

表 14-4 2018 年 Medline 收录中国论文数居前 10 位的学科

排名	学科	论文篇数	论文比例
1	生物化学与分子生物学	17234	10.25%
2	细胞生物学	10209	6.07%
3	药理学和药剂学	10167	6.05%

续表

排名	学科	论文篇数	论文比例
4	老年病学和老年医学	9407	5.59%
5	儿科学	5734	3.41%
6	遗传学与遗传性	4826	2.87%
7	肿瘤学	4567	2.72%
8	微生物学	3230	1.92%
9	免疫学	2893	1.72%
10	心血管系统与心脏病学	2468	1.47%

14.2.5 Medline 收录中国论文的期刊分布情况

Medline 2018收录的中国论文，发表于4410种期刊上，期刊总数比2017年增长3.62%。收录中国论文较多的期刊数量与收录的论文数均有所增加，其中，收录中国论文达到100篇及以上的期刊共有319种。

收录中国论文数居前20位的期刊如表14-5所示。可以看出，收录中国Medline论文最多的20个期刊全部是国外期刊。其中，收录论文数最多的期刊为英国出版的*Scientific Report*，2018年该刊共收录中国论文3185篇。

表14-5 2018年Medline收录中国论文数居前20位的期刊

期刊名	期刊出版国	论文篇数
SCIENTIFIC REPORTS	英国	3185
MEDICINE	美国	2633
ACS APPLIED MATERIALS & INTERFACES	美国	2356
SENSORS（BASEL，SWITZERLAND）	瑞士	1943
ONCOLOGY LETTERS	希腊	1814
PLOS ONE	美国	1747
MOLECULAR MEDICINE REPORTS	希腊	1584
THE SCIENCE OF THE TOTAL ENVIRONMENT	荷兰	1398
EXPERIMENTAL AND THERAPEUTIC MEDICINE	希腊	1390
OPTICS EXPRESS	美国	1371
BIOCHEMICAL AND BIOPHYSICAL RESEARCH COMMUNICATIONS	美国	1285
ENVIRONMENTAL SCIENCE AND POLLUTION RESEARCH INTERNATIONAL	德国	1242
CHEMICAL COMMUNICATIONS（CAMBRIDGE，ENGLAND）	英国	1230
MOLECULES（BASEL，SWITZERLAND）	瑞士	1194
MATERIALS（BASEL，SWITZERLAND）	瑞士	1192
CELLULAR PHYSIOLOGY AND BIOCHEMISTRY	德国	1167
NANOSCALE	英国	1117
BIOMEDICINE & PHARMACOTHERAPY	法国	1036
EUROPEAN REVIEW FOR MEDICAL AND PHARMACOLOGICAL SCIENCES	意大利	962
CHEMOSPHERE	英国	942

按照期刊出版地所在的国家（地区）进行统计，发表中国论文数居前 10 位国家的情况如表 14-6 所示。

表 14-6 2018 年 Medline 收录的中国论文发表期刊所在国家相关情况统计

期刊出版地	期刊种数	论文篇数	论文比例
美国	1509	49069	29.18%
英国	1248	42013	24.99%
中国	94	14112	8.39%
瑞士	185	14111	8.39%
荷兰	327	14102	8.39%
德国	250	11229	6.68%
希腊	14	6395	3.80%
新西兰	43	2663	1.58%
法国	51	1988	1.18%
澳大利亚	62	1726	1.03%

中国 Medline 论文发表在 53 个国家（地区）出版的期刊上。其中，在美国的 1509 种期刊上发表 49069 篇论文，在英国的 1248 种期刊上发表 42013 篇论文，在中国的 94 种期刊上发表 14112 篇论文。

14.2.6 Medline 收录中国论文的发表语种分布情况

Medline 2018 收录的中国论文，其发表语种情况如表 14-7 所示。可以看出，几乎全部的论文都是用英文和中文发表的，而英文是中国科技成果在国际发表的主要语种，在全部论文中所占比例达到 93.38%。

表 14-7 2018 年 Medline 收录中国论文发表语种情况统计

语种	论文篇数	论文比例
英文	157009	93.38%
中文	11122	6.61%
其他	12	0.01%

14.3 讨论

Medline 2018 收录中国科研人员发表的论文共计 168143 篇，发表于 4410 种期刊上，其中 93.38% 的论文用英文撰写。

根据学科统计数据，Medline 2018 收录的中国论文中，生物化学与分子生物学学科的论文数最多，其次是细胞生物学、药理学和药剂学、老年病学和老年医学等学科。

2018 年，Medline 收录中国论文数增长达到 18.96%，其中高等院校产出论文达到论文总数的 79.84%，Medline 2018 收录的中国论文发表的期刊数量持续增加。

参考文献

[1] 中国科学技术信息研究所.2017年度中国科技论文统计与分析（年度研究报告）[M]. 北京：科学技术文献出版社，2019：163-169.

[2] 中国科学技术信息研究所.2016年度中国科技论文统计与分析（年度研究报告）[M]. 北京：科学技术文献出版社，2018：161-167.

[3] 中国科学技术信息研究所.2015年度中国科技论文统计与分析（年度研究报告）[M]. 北京：科学技术文献出版社，2017：169-175.

[4] 中国科学技术信息研究所.2014年度中国科技论文统计与分析（年度研究报告）[M]. 北京：科学技术文献出版社，2016：163-169.

[5] 中国科学技术信息研究所.2013年度中国科技论文统计与分析（年度研究报告）[M]. 北京：科学技术文献出版社，2015：164-170.

[6] 中国科学技术信息研究所.2012年度中国科技论文统计与分析（年度研究报告）[M]. 北京：科学技术文献出版社，2014：183-188.

15　中国专利情况统计分析

发明专利的数量和质量能够反映一个国家的科技创新实力。本章基于美国专利商标局、欧洲专利局、三方专利数据，统计分析了 2009—2018 年中国专利产出的发展趋势，并与部分国家进行比较。同时根据科睿唯安 Derwent Innovation 数据库中 2018 年的专利数据，统计分析了中国授权发明专利的分布情况。

15.1　引言

2020 年 2 月 19 日，教育部、国家知识产权局和科技部联合发文《关于提升高等学校专利质量 促进转化运用的若干意见》（以下简称《意见》）。《意见》显示，与国外高水平大学相比，我国高校专利还存在“重数量轻质量”“重申请轻实施”等问题。为全面提升高校专利质量，强化高价值专利的创造、运用和管理，更好地发挥高校服务经济社会发展的重要作用……紧扣高质量发展这一主线，深入实施创新驱动发展战略和知识产权强国战略，全面提升高校专利创造质量、运用效益、管理水平和服务能力，推动科技创新和学科建设取得新进展，支撑教育强国、科技强国和知识产权强国建设。

为此，本章从美国专利商标局、欧洲专利局、三方专利数据、科睿唯安 Derwent Innovation（DI）数据库等角度，定量研究我国的专利质量现状，以期为我国提升高等院校专利质量促进转化运用提供一定的数据参考。

15.2　数据与方法

①基于美国专利商标局分析 2009—2018 年中国专利产出的发展趋势及其与部分国家（地区）的比较。

②基于欧洲专利局的专利数据库分析 2009—2018 年中国专利产出的发展趋势及其与部分国家（地区）的比较。

③基于 OECD 官网 2019 年 11 月 11 日更新的三方专利数据库分析 2008—2017 年（专利的优先权时间）中国专利产出的发展趋势及其与部分国家（地区）的比较。

④从 Derwent Innovation 数据库中按公开年检索出中国 2018 年获得授权的发明专利数据，进行机构翻译、机构代码标识和去除无效记录后，形成 2018 年中国授权发明专利数据库。按照德温特分类号统计出该数据库收录中国 2018 年获得授权发明专利数量最多的领域和机构分布情况。

15.3 研究分析与结论

15.3.1 中国专利产出的发展趋势及其与部分国家（地区）的比较

（1）中国在美国专利商标局申请和授权的发明专利数情况

根据美国专利商标局统计数据，中国在美国专利商标局申请专利数从 2015 年的 21386 件增加到 2016 年的 27935 件，再到 2018 年的 37788 件，名次较 2017 年显著提升，居第 3 位，仅次于美国和日本（如表 15-1 和图 15-1 所示）。

表 15-1 2009—2018 年美国专利商标局专利申请数居前 10 位的国家（地区）

国家（地区）	年份									
	2009	2010	2011	2012	2013	2014	2015	2016	2017	2018
美国	224912	241977	247750	268782	287831	285096	288335	318701	316718	310416
日本	81982	84017	85184	88686	84967	86691	86359	91383	89364	87872
韩国	23950	26040	27289	29481	33499	36744	38205	41823	38026	36645
德国	25163	27702	27935	29195	30551	30193	30016	33254	32771	32734
中国	6879	8162	10545	13273	15093	18040	21386	27935	32127	37788
中国台湾	18661	20151	19633	20270	21262	20201	19471	20875	19911	20258
英国	10568	11038	11279	12457	12807	13157	13296	14824	15597	15338
加拿大	10309	11685	11975	13560	13675	12963	13201	14328	14167	14086
法国	9331	10357	10563	11047	11462	11947	12327	13489	13552	13275
印度	3110	3789	4548	5663	6600	7127	7976	7676	9115	9809

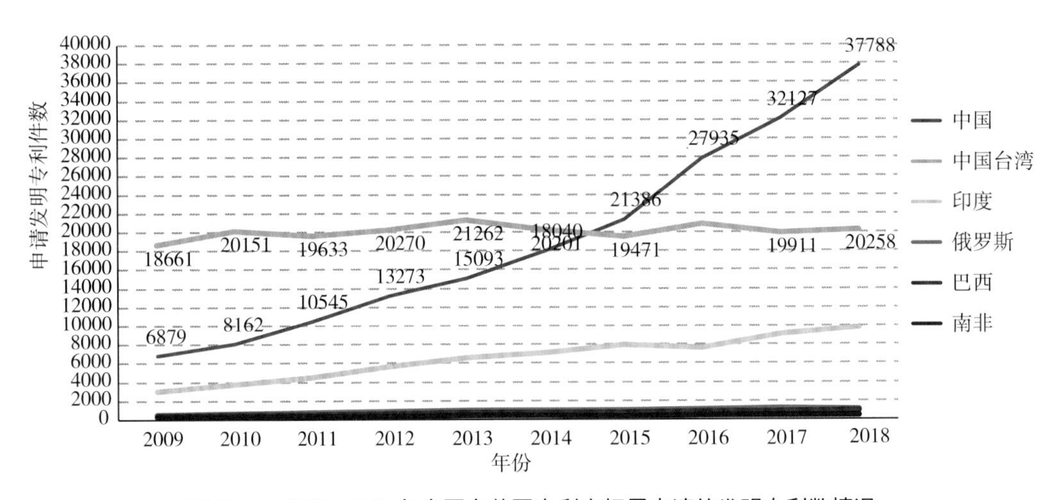

图 15-1 2009—2018 年中国在美国专利商标局申请的发明专利数情况及与其他部分国家（地区）的比较

由表 15-1 和图 15-1 可以看出，日本在美国专利商标局申请的发明专利数仅次于美国本国申请专利数，约占到美国申请专利数的 28.31%。中国近几年在美国专利商标局的申请专利数量也在不断增加，在 2018 年首次超过韩国和德国，居第 3 位，约占到美国申请专利数的 12.17%。相较于印度、俄罗斯、巴西、南非等其他 4 个金砖国家，中国在美国专利商标局申请的发明专利数量具有显著优势，并且也远高于其他四者专利申请量的总和。

由表 15–2、表 15–3 和图 15–2 看，中国在美国专利局获得授权的专利数从 2016 年的 10988 件增加到 2017 年的 14147 件，再到 2018 年 16315 件，居第五位，仅次于美国、日本、韩国和德国。与印度、俄罗斯、巴西、南非等金砖国家相比，中国专利授权数已具有明显优势。

2018 年，美国的专利授权数依然居首位，其以总量 161970 件遥遥领先于其他国家，不过自 2016 年达到峰值 173650 件后，已经连续 2 年下滑。此外，前 10 位国家中，仅有中国连续保持增长趋势，其余九国在 2018 年都是下滑。

在金砖五国中，中国居首位，之后则是印度、俄罗斯、巴西和南非，其中，中国以 14147 件遥遥领先于其他 4 个国家，甚至要远超过这 4 个国家的总授权数 5416 件。在这 4 个国家中，印度的专利授权数增长较快，从 2010 年的不足 1000 件，增长到 2018 年的 4248 件。

表 15–2 2018 年美国专利商标局专利授权数排名居前 10 位的国家（地区）

国家（地区）	年份									
	2009	2010	2011	2012	2013	2014	2015	2016	2017	2018
美国	95038	121178	121257	134194	147666	158713	155982	173650	167367	161970
日本	38066	46977	48256	52773	54170	56005	54422	53046	51743	50012
韩国	9566	12508	13239	14168	15745	18161	20201	21865	22687	22054
德国	10352	13633	12967	15041	16605	17595	17752	17568	17998	17434
中国	2262	3301	3786	5335	6597	7921	9004	10988	14147	16315
中国台湾	7781	9636	9907	11624	12118	12255	12575	12738	12540	11424
英国	4004	5028	4908	5874	6551	7158	7167	7289	7633	7549
加拿大	4393	5513	5756	6459	7272	7692	7492	7258	7532	7226
法国	3805	5100	5023	5857	6555	7103	7026	6907	7365	6991
以色列	1525	1917	2108	2598	3152	3618	3804	3820	4306	4168

表 15–3 2009—2018 年中国在美国专利商标局获得授权的专利数、排名及变化情况

年度	2009	2010	2011	2012	2013	2014	2015	2016	2017	2018
专利授权数	1655	2657	3174	4637	5928	7236	9004	10988	14147	16315
比上一年增长	35.10%	60.54%	19.46%	46.09%	27.84%	22.06%	24.43%	22.03%	28.75%	15.32%
排名	9	9	9	9	8	6	6	6	5	5
占总数比例	0.99%	1.21%	1.41%	1.83%	2.13%	2.41%	2.76%	2.91%	4.47%	4.81%

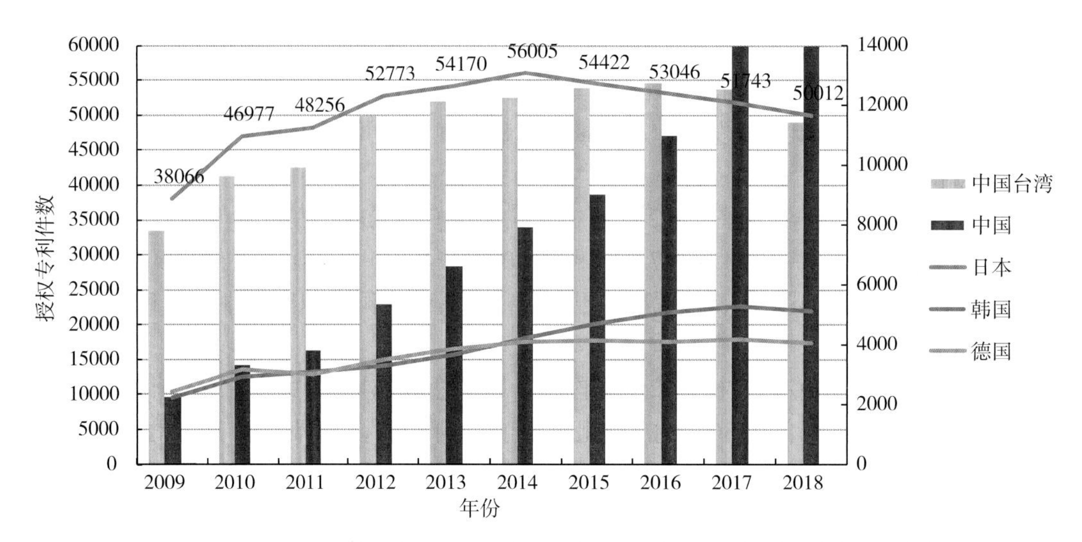

图 15-2 2009—2018 年部分国家（地区）在美国专利商标局获得授权专利数变化情况

2009—2018 年，我国的专利授权数保持年年增长，同时占总数的比例也在逐年增长，甚至所占比例也由 2009 年的不足 1%，上升到 2013 年的 2.13%，再到 2018 年的 4.81%，且排名也由 2009 年的第 9 位上升为 2018 年的第 5 位。

（2）中国在欧洲专利商标局申请专利数和授权发明专利数的变化情况

2017 年中国在欧洲专利局申请专利数为 8330 件，到 2018 年增加到 9401 件，增长了 12.86%，中国专利申请数在世界所处位次同 2017 年一样，保持在第 5 位，所占份额也从 2016 年的 4.57% 上升到 2018 年的 5.39%。与美国、德国、日本等发达国家相比，中国在欧洲专利局的申请数仍有较大差距（如表 15-4、表 15-5、图 15-3 和图 15-4 所示）。

表 15-4 2018 年在欧洲专利局申请专利数居前 10 位的国家

国家	年份										2018 年占比
	2009	2010	2011	2012	2013	2014	2015	2016	2017	2018	
美国	32846	39508	35050	35268	34011	36668	42692	40076	42463	43612	25.02%
德国	25118	27328	26202	27249	26510	25633	24820	25086	25539	26734	15.34%
日本	19863	21626	20418	22490	22405	22118	21426	21007	21774	22615	12.97%
法国	8974	9575	9617	9897	9835	10614	10781	10486	10619	10317	5.92%
中国	1629	2061	2542	3751	4075	4680	5721	7150	8641	9401	5.39%
瑞士	5887	6864	6553	6746	6742	6910	7088	7293	7354	7927	4.55%
韩国	6694	5965	5627	5067	5852	6874	7100	6889	7043	7140	4.19%
荷兰	32846	39508	35050	35268	34011	36668	42692	40076	42463	43612	4.10%
英国	4801	5381	4746	4716	4587	4764	5037	5142	5313	5736	3.29%
意大利	3879	4078	3970	3744	3706	3649	3979	4166	4352	4399	2.52%

2018 年，美国、德国和日本依然是欧洲专利局申请专利数的前三甲，其中，美国和日本都属于欧洲之外的国家。此外，前 10 位中，除了第 1 位的美国、第 3 位的日本、第 5 位的中国和第 7 位的韩国以外，其他都是处于欧洲的国家，且以德国、法国为先。

表 15-5 2009—2018 年中国在欧洲专利局申请专利数变化情况

年度	2009	2010	2011	2012	2013	2014	2015	2016	2017	2018
申请件数	1629	2061	2542	3751	4075	4680	5721	7150	8641	9401
比上一年增长	8.53%	26.52%	23.34%	47.56%	8.64%	14.85%	22.24%	24.98%	20.85%	8.80%
排名	13	12	11	10	9	9	8	6	5	5
占总数的比例	1.21%	1.36%	1.78%	2.51%	2.74%	3.06%	3.58%	4.57%	5.03%	5.39%

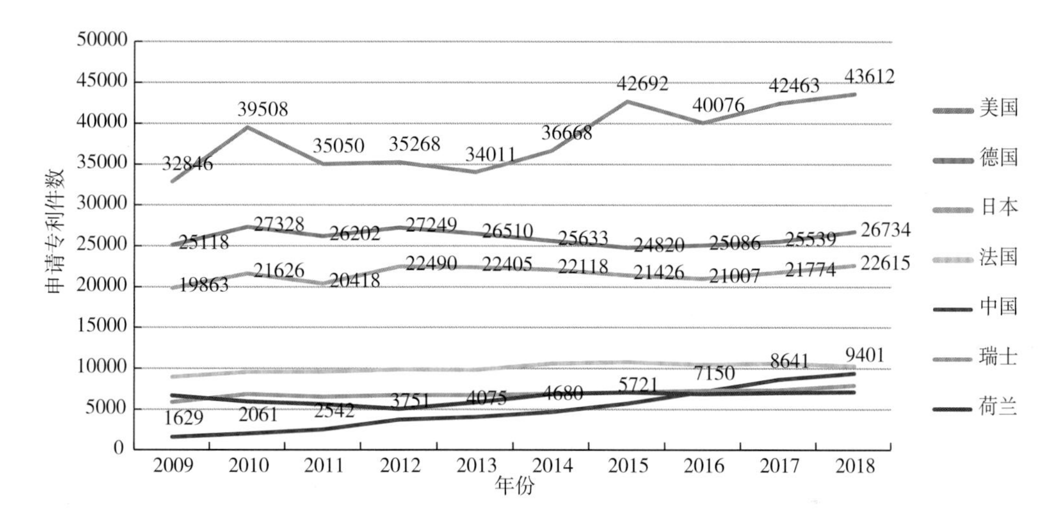

图 15-3 2009—2018 年部分国家在欧洲专利局申请专利数及总数比例的变化情况

图 15-4 2009—2018 年中国在欧洲专利局申请专利数及占总数比例的变化情况

2017 年中国在欧洲专利局获得授权的发明专利数为 3180 件，到 2018 年增加到 4831 件，增长了 51.92%，中国专利授权数在世界所处位次由 2016 年的第 11 位上升到 2018 年的第 6 位，且所占份额也从 2016 年的 2.62%上升到 2018 年的 3.79%。与美国、日本、德国、法国等发达国家相比，中国在欧洲专利局获得授权的专利数还太少，不过已经开始超过传统强国，如瑞士、英国、意大利等（如表 15-6、表 15-7、图 15-5 和图 15-6 所示）。

表 15-6　2018 年在欧洲专利局获得授权专利数居前 10 位的国家

国家	年份										2018 年占比
	2009	2010	2011	2012	2013	2014	2015	2016	2017	2018	
美国	11344	12512	13391	14703	14877	14384	14950	21939	24960	31136	24.40%
日本	9437	10586	11650	12856	12133	11120	10585	15395	17660	21343	16.72%
德国	11370	12550	13578	13315	13425	13086	14122	18728	18813	20804	16.30%
法国	4028	4540	4802	4804	4910	4728	5433	7032	7325	8611	6.75%
韩国	1095	1390	1424	1785	1989	1891	1987	3210	4435	6262	4.91%
中国	351	432	513	791	941	1186	1407	2513	3180	4831	3.79%
瑞士	2220	2390	2532	2597	2668	2794	3037	3910	3929	4452	3.49%
英国	1648	1851	1946	2020	2064	2072	2097	2931	3116	3827	3.00%
荷兰	1597	1726	1819	1711	1883	1703	1998	2784	3201	3782	2.96%
瑞典	1302	1460	1489	1572	1789	1705	1939	2661	2903	3 537	2.77%

表 15-7　2009—2018 年中国在欧洲专利局获得授权专利数变化情况

年度	2009	2010	2011	2012	2013	2014	2015	2016	2017	2018
专利授权数	351	432	513	791	941	1186	1407	2513	3180	4831
比上一年增长	30.00%	23.08%	18.75%	54.19%	18.96%	26.04%	18.63%	78.61%	26.65%	51.92%
排名	16	16	16	13	11	11	11	11	8	6
占总数的比例	0.68%	0.74%	0.83%	1.2%	1.41%	1.84%	2.06%	2.62%	3.01%	3.79%

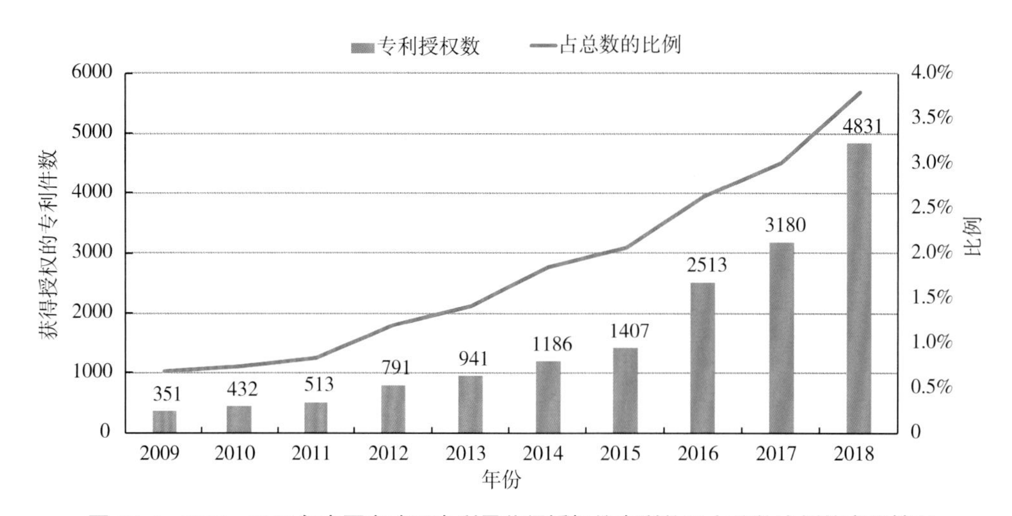

图 15-5　2009—2018 年中国在欧洲专利局获得授权的专利数及占总数比例的变化情况

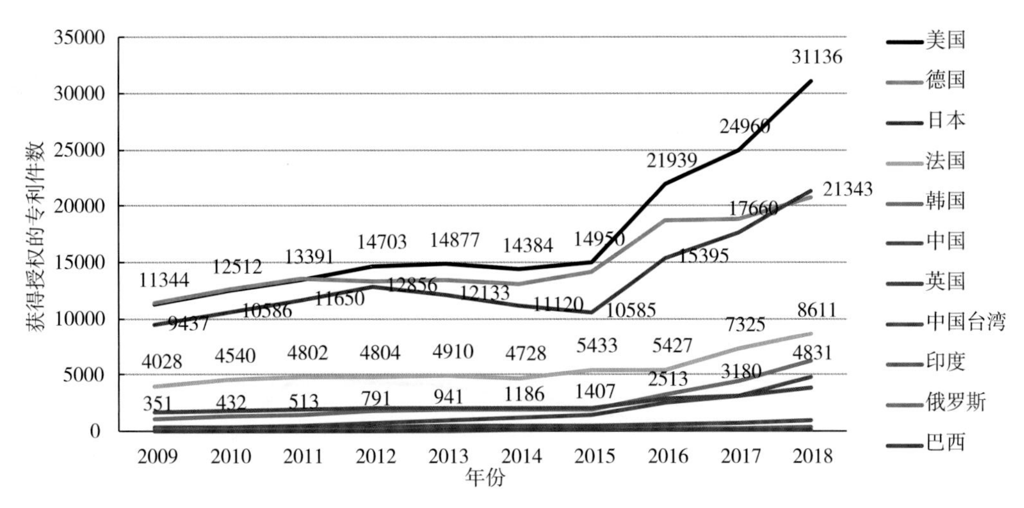

图 15-6 2009—2018 年部分国家（地区）在欧洲专利局获得授权的专利数变化情况

（3）中国三方专利情况

OECD 提出的“三方专利”指标通常是指向美国、日本及欧洲专利局都提出了申请并至少已在美国专利商标局获得发明专利权的同一项发明专利。通过三方专利，可以研究世界范围内最具市场价值和高技术含量的专利状况。一般认为，这个指标能很好地反映一个国家的科技实力。根据 2019 年 11 月 11 日 OECD 抽取的三方专利数据统计（http://stats.oecd.org/Index.aspx?DataSetCode=MSTI_PUB），中国三方专利数从 2016 年的 3766 件上升到 2017 年的 4215 件，比上一年增长 11.92%，居第 4 位，与居第 3 位的德国（4531 件）差距不足 500 件（如表 15-8、表 15-9 和图 15-7 所示）。

表 15-8 2017 年三方专利排名居前 10 位的国家

国家	年份									
	2008	2009	2010	2011	2012	2013	2014	2015	2016	2017
日本	15940	16112	16740	17140	16722	16197	17483	17360	17066	17591
美国	13828	13514	12725	13012	13709	14211	14688	14886	15219	12021
德国	5471	5562	5474	5537	5561	5525	4520	4455	4583	4531
中国	827	1296	1420	1545	1715	1897	2477	2889	3766	4215
韩国	1826	2109	2459	2665	2866	3107	2683	2703	2671	2428
法国	2883	2721	2453	2555	2521	2466	2528	2578	2470	2315
英国	1695	1722	1649	1654	1693	1726	1793	1811	1740	1612
瑞士	997	970	1062	1108	1154	1195	1192	1207	1206	1155
荷兰	1128	1047	823	958	955	947	1161	1167	1306	1219
意大利	760	736	682	672	679	685	762	781	836	818

表 15-9 2008—2017 年中国三方专利数变化情况

年度	2008	2009	2010	2011	2012	2013	2014	2015	2016	2017
三方专利数	827	1296	1420	1545	1715	1897	2477	2889	3766	4215
比上一年增长	19.84%	56.71%	9.59%	8.82%	10.97%	10.62%	30.57%	17.04%	30.36%	11.92%
排名	10	7	7	7	6	6	6	4	4	4

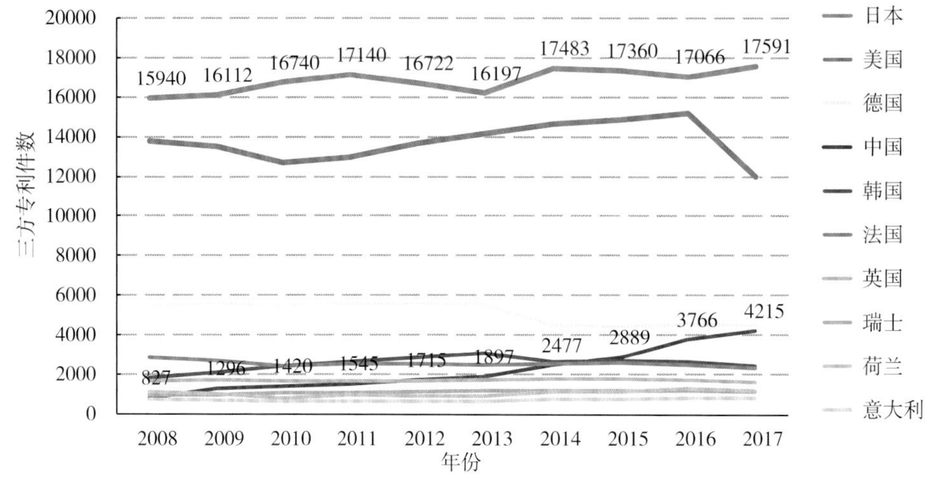

图 15-7 2008—2017 年部分国家三方专利数变化情况比较

（4）Derwent Innovation 收录中国发明专利授权数变化情况

Derwent Innovation（DI）是由科睿唯安集团提供的数据库，集全球最全面的国际专利与业内最强大的知识产权分析工具于一身，可提供全面、综合的内容，包括深度加工的德温特世界专利索引（Derwent World Patents Index，DWPI）、德温特专利引文索引（Derwent Patents Citation Index，DPCI）、欧美专利全文、英译的亚洲专利等。

此外，凭借强大的分析和可视化工具，DI 允许用户快速、轻松地识别与其研究相关的信息，提供有效信息来帮助用户在知识产权和业务战略方面做出更快、更准确的决策。

2018 年中国公开的授权发明专利约 43.23 万件，较 2017 年增长 2.86%（如表 15-10 和图 15-8 所示）。按第一专利权人（申请人）的国别看，中国机构（个人）获得授权的发明专利数约为 33.52 万件，约占 77.5%。从获得授权的发明专利的机构类型看，2018 年度，中国高等院校获得约 7.0 万件授权发明专利，占中国（不包含外国在华机构）获得授权发明专利数量的 20.7%；研究机构获得约 2.7 万件授权发明专利，占比为 8.2%；公司企业获得约 21.5 万件授权发明专利，占比为 64.2%。

表 15-10 2009—2018 年中国发明专利授权数变化情况

年度	2009	2010	2011	2012	2013	2014	2015	2016	2017	2018
专利授权数	65869	75517	106581	143951	150152	229685	333195	418775	420307	432311
比上一年增长	46.94%	14.65%	41.14%	35.06%	4.31%	52.97%	45.06%	25.68%	0.37%	2.86%

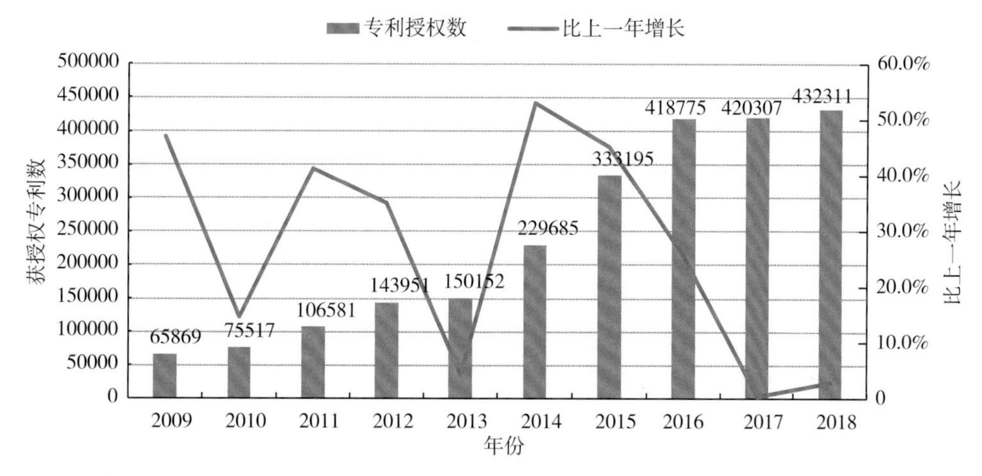

图 15-8 2009—2018 年 Derwent Innovation 收录中国发明专利授权数变化情况

15.3.2 中国获得授权的发明专利产出的领域分布情况

基于 Derwent Innovation 数据库，我们按照德温特专利分类号统计出该数据库收录中国 2018 年授权发明专利数量最多的 10 个领域（如表 15-11 所示）。

表 15-11 2018 年中国获得授权专利居前 10 位的领域比较

排名		类别	专利授权数
2018 年	2017 年		
1	1	计算机	75058
2	4	电话和数据传输系统	12264
3	2	工程仪器	11953
4	6	天然产品和聚合物	10627
5	3	科学仪器	10417
6	5	电性有（无）机物	9412
7	7	电子仪器	9376
8	8	电子应用	7623
9	9	造纸、唱片、清洁剂、食品和油井应用等其他类	7551
10	12	印刷电路及其连接器	5919

注：按德温特专利分类号分类。

2018 年被 Derwent Innovation 数据库收录授权发明专利数量最多的领域与 2017 年有一定的差异。第 1 位的计算机，保持不变。第 2 位和第 3 位则是由 2017 年的工程仪器、科学仪器，变更为电话和数据传输系统、工程仪器。

15.3.3 中国授权发明专利产出的机构分布情况

（1）2018 年中国授权发明专利产出的高等院校分布情况

基于 Derwent Innovation 数据库，我们统计出 2018 年中国获得授权专利数居前 10 位的高等院校，如表 15-12 所示。

表 15-12 2018 年中国获得授权专利数居前 10 位的高等院校

排名	高等院校	专利授权数	排名	高等院校	专利授权数
1	浙江大学	1890	6	电子科技大学	1138
2	清华大学	1362	7	北京航空航天大学	1049
3	东南大学	1350	8	上海交通大学	1024
4	华南理工大学	1240	9	吉林大学	1002
5	哈尔滨工业大学	1218	10	西安交通大学	971

由表 15-12 可以看出，2018 年浙江大学、清华大学、东南大学、华南理工大学和哈尔滨工业大学获得的授权发明专利数量分别为 1890 件、1362 件、1350 件、1240 件和 1218 件，居前 5 位。与 2017 年相比，东南大学上升 1 位（2017 年第 4 位增长到 2018 年第 3 位），华南理工大学上升 2 位（2017 年第 6 位增长到 2018 年第 4 位）。此外，哈尔滨工业大学则下滑 2 位（2017 年第 3 位下滑到 2018 年第 5 位）。

（2）2018 年中国授权发明专利产出的科研院所分布情况

基于 Derwent Innovation 数据库，我们统计出 2018 年中国获得授权专利数居前 10 位的科研院所，如表 15-13 所示。

表 15-13 2018 年中国获得授权专利数居前 10 位的科研院所

排名	科研院所名称	专利授权数
1	中国工程物理研究院	474
2	中国科学院大连化学物理研究所	414
3	中国科学院深圳先进技术研究院	390
4	中国科学院微电子研究所	289
5	中国科学院宁波材料技术与工程研究所	251
6	中国科学院长春光学精密机械与物理研究所	230
7	中国科学院合肥物质科学研究院	196
8	中国科学院过程工程研究所	171
9	中国科学院理化技术研究所	158
10	中国科学院上海微系统与信息技术研究所	155

由表 15-13 可以看出，2018 年被 Derwent Innovation 数据库收录的授权发明专利数量排在前 10 位的科研机构，主要是中国科学院下属科研院所，包括中国科学院大连化学物理研究所、中国科学院深圳先进技术研究院、中国科学院微电子研究所、中国科学院宁波材料技术与工程研究院、中国科学院长春光学精密机械与物理研究所、中国科学院合肥物质科学研究院、中国科学院过程工程研究所、中国科学院理化技术研究所和中国科学院上海微系统与信息技术研究所，分列第 2 ～第 10 位。其中，居第 1 位的是专利授权量为 474 件的中国工程物理研究院。

（3）2018 年中国授权发明专利产出的企业分布情况

由表 15-14 可以看出，2018 年被 Derwent Innovation 数据库收录的授权发明专利数居前 3 位的企业分别是华为技术有限公司、中国石油化工股份有限公司和广东欧珀移动通信有限公司。相较于 2017 年，国家电网公司从 2017 年的首位下滑到 2018 年的第 4 位，且少了 1000 多件；而广东欧珀移动通信有限公司则首次进入前 3 位。

表 15-14　2018 年中国获得授权专利最多的 10 所企业

排名	企业	专利授权数	排名	企业	专利授权数
1	华为技术有限公司	3367	6	京东方科技集团股份有限公司	1868
2	中国石油化工股份有限公司	2832	7	珠海格力电器股份有限公司	1719
3	广东欧珀移动通信有限公司	2298	8	联想（北京）有限公司	1645
4	国家电网公司	2210	9	腾讯科技（深圳）有限公司	1607
5	中兴通讯股份有限公司	1920	10	中国石油天然气股份有限公司	1110

另外，居前 4 位的华为技术有限公司、中国石油化工股份有限公司、广东欧珀移动通信有限公司和国家电网公司，在 2018 年的专利授权量都超过了 2000 件，遥遥领先于后边的京东方科技集团股份有限公司、联想（北京）有限公司等企业。

15.4　讨论

根据 Derwent Innovation 专利数据，近几年，中国获得授权的发明专利快速增长，在 2018 年更是超过了 43 万件。中国已经连续多年专利授权量位居世界第 3 位，提前完成了《国家“十二五”科学和技术发展规划》中提出的“本国人发明专利年度授权量进入世界前 5 位”的目标。此外，从三方专利数和美国专利局及欧洲专利局数据看，中国专利质量的提升也较为明显。

①中国近几年在美国专利商标局的申请专利数不断增加，在 2018 年首次超过韩国和德国，居第 3 位，约占美国本土专利申请数的 12.17%。

②在 2018 年，美国专利授权数排名居前 10 位的国家，在专利授权量方面，都呈现下滑趋势，仅有居第 5 位的中国反呈增长趋势，且较上一年增长了 15.32%。

③在 2018 年，中国在欧洲专利局的专利申请量继续增长，和 2017 年位次一致，居第 5 位，仅落后于美国、德国、日本和法国。

④在2018年，中国在欧洲专利局的专利授权量显著增长，位次较2017年提升2位，居第6位，落后于美国、日本、德国、法国和韩国。

⑤最新的三方专利（2019年11月11日）显示，中国从2016年的3766件上升到2017年的4215件，比上一年增长11.92%，居第4位，落后于日本、美国和德国。

从Derwent Innovation数据库2018年收录中国授权发明专利的分布情况可以看出，中国授权发明专利数居前10位的领域，主要集中在计算机、电话和数据传输系统、工程仪器领域，其中，计算机专利授权数连续多年遥遥领先于其他领域。在获得授权的专利权人方面，企业中的华为技术有限公司、中国石油化工股份有限公司和广东欧珀移动通信有限公司，相对于其他专利权人而言，有较大数量优势。

16 SSCI收录中国论文情况统计与分析

对 2018 年 SSCI（Social Science Citation Index）和 JCR（SSCI）数据库收录中国论文进行统计分析，以了解中国社会科学论文的地区、学科、机构分布，以及发表论文的国际期刊和论文被引等方面情况，并利用 SSCI 2018 和 SJCR 2018 对中国社会科学研究的学科优势及在国际学术界的地位等情况做出分析。

16.1 引言

2018 年，反映社会科学研究成果的大型综合检索系统《社会科学引文索引》（SSCI）已收录世界社会科学领域期刊 3386 种。SSCI 覆盖的领域涉及人类学、社会学、教育、经济、心理学、图书情报、语言学、法学、城市研究、管理、国际关系和健康等 58 个学科门类。通过对该系统所收录的中国论文的统计和分析研究，可以从一个侧面了解中国社会科学研究成果的国际影响和所处的国际地位。为了帮助广大社会科学工作者与国际同行交流与沟通，也为促进中国社会科学和与之交叉的学科的发展，从 2005 年开始，我们就对 SSCI 收录的中国社会科学论文情况做出统计和简要分析。2018 年，我们继续对中国大陆的 SSCI 论文情况及在国际上的地位做一简要分析。

16.2 研究分析与结论

16.2.1 2018 年 SSCI 收录中国论文的简要统计

2018 年 SSCI 收录的世界文献数共计 35.37 万篇，与 2017 年收录的 32.38 万篇相比，增加了 2.99 万篇。SSCI 收录论文数居前 10 位的国家如表 16-1 所示。中国（含香港和澳门特区，不含台湾地区）被收录的文献数为 26086 篇，比 2017 年增加 6126 篇，增长 30.69%；按被收录论文数排名，中国居世界第 3 位，相比 2017 年上升 1 位。居前 10 位的国家依次为：美国、英国、中国、澳大利亚、加拿大、德国、荷兰、西班牙、意大利、法国。2018 年中国社会科学论文数占比虽有所上升，但与自然科学论文数在国际上的排名相比仍然有所差距。

表 16-1 2018 年 SSCI 收录论文数居前 10 位的国家

国家	论文篇数	论文比	排名
美国	133764	37.82%	1
英国	48975	13.85%	2
中国	26086	7.37%	3
澳大利亚	25443	7.19%	4

续表

国家	论文篇数	论文比	排名
加拿大	21532	6.09%	5
德国	21173	5.99%	6
荷兰	14244	4.03%	7
西班牙	13008	3.68%	8
意大利	11759	3.32%	9
法国	10355	2.93%	10

数据来源：SSCI 2018；数据截至2019年7月3日。

（1）第一作者论文的地区分布

若不计港澳台地区的论文，2018年SSCI共收录中国机构为第一署名单位的论文为19344篇，分布于31个省（市、自治区）。论文数超过300篇的地区是：北京、上海、江苏、广东、湖北、浙江、四川、陕西、湖南、山东、辽宁、重庆、天津、安徽、福建和黑龙江。这16个地区的论文数为17920篇，占中国机构为第一署名单位论文（不包含港澳台）总数的92.641%。各地区的SSCI论文详情见表16-2和图16-1。

表16-2　2018年SSCI收录的中国第一作者论文的地区分布

地区	排名	论文篇数	比例	地区	排名	论文篇数	比例
北京	1	4396	22.73%	河南	17	260	1.34%
上海	2	1969	10.18%	吉林	18	254	1.31%
江苏	3	1908	9.86%	江西	19	178	0.92%
广东	4	1485	7.68%	河北	20	139	0.72%
湖北	5	1256	6.49%	云南	21	119	0.62%
浙江	6	1113	5.75%	山西	22	105	0.54%
四川	7	930	4.81%	甘肃	23	99	0.51%
陕西	8	824	4.26%	广西	24	63	0.33%
湖南	9	683	3.53%	新疆	25	54	0.28%
山东	10	613	3.17%	贵州	26	51	0.26%
辽宁	11	559	2.89%	内蒙古	27	48	0.25%
重庆	12	514	2.66%	海南	28	24	0.12%
天津	13	490	2.53%	青海	29	18	0.09%
安徽	14	452	2.34%	宁夏	30	10	0.05%
福建	15	413	2.14%	西藏	31	2	0.01%
黑龙江	16	315	1.63%				

注：不计香港、澳门特区和台湾地区数据。

数据来源：SSCI 2018。

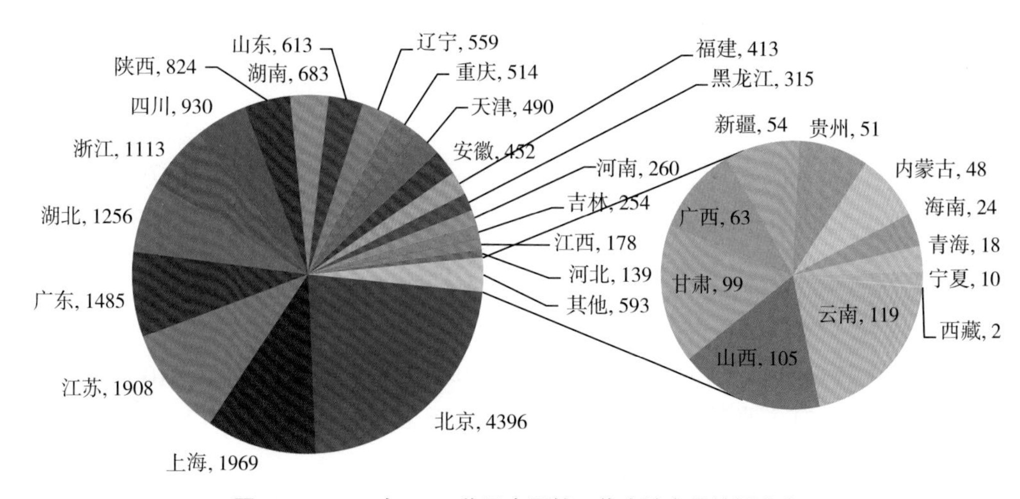

图 16-1　2018 年 SSCI 收录中国第一作者论文的地区分布

注：单位为篇。

（2）第一作者的论文类型

2018 年收录的中国第一作者的 19344 篇论文中：研究论文（Article）12715 篇、述评（Review）501 篇、书评（Book Review）270 篇、编辑信息（Editorial Material）183 篇和快报（Letter）53 篇，如表 16–3 所示。

表 16–3　SSCI 收录的中国论文类型

论文类型	论文篇数	占比
研究论文	17296	89.41%
述评	689	3.56%
书评	364	1.88%
编辑信息	185	0.96%
快报	48	0.25%
其他①	762	3.94%

数据来源：SSCI 2018。

①其他论文类型包括 Meeting Abstract 和 Correctiont 等。

（3）第一作者论文的机构分布

SSCI 收录的中国论文主要由高等院校的作者产生，共计 17519 篇，占比 90.57%，相比 2017 年增加了 36.09%，如表 16–4 所示。其中，6.20% 的论文是研究院所作者所著。

表 16–4　中国 SSCI 论文的机构分布

机构类型	论文篇数	比例
高等院校	17519	90.57%
研究院所	1199	6.20%

续表

机构类型	论文篇数	比例
医疗机构①	417	2.16%
公司企业	33	0.17%
其他	176	0.91%

数据来源：SSCI 2018。

①这里所指的医疗机构不含附属于大学的医院。

SSCI 2018收录的中国第一作者论文分布于900多个机构中。被收录10篇及以上论文的机构263个，其中高等院校231个，科研院所20个，医疗机构12个。表16-5列出了论文数居前20位的机构，论文全部产自高等院校。

表16-5 SSCI收录的中国大陆论文数居前20位的机构

机构名称	论文篇数	机构名称	论文篇数
北京大学	519	华中科技大学	297
浙江大学	478	东南大学	272
北京师范大学	454	南京大学	261
清华大学	425	同济大学	243
上海交通大学	416	天津大学	239
中山大学	401	西安交通大学	230
武汉大学	381	华东师范大学	225
四川大学	344	北京交通大学	205
复旦大学	337	中国人民大学	197
中南大学	326	山东大学	191

数据来源：SSCI 2018。

（4）第一作者论文当年被引情况

发表当年就被引的论文，一般来说研究内容都属于热点或大家都较为关注的问题。2018年中国的19344篇第一作者论文中，当年被引的论文为9811篇，占总数的50.72%。2018年，中国机构为第一作者机构（不含港澳台）论文中，最高被引数为65次，该篇论文产自中南大学的“An extended TODIM approach with intuitionistic linguistic numbers”一文。

（5）中国SSCI论文的期刊分布

目前，SSCI收录的国际期刊为3386种。2018年中国以第一作者发表的19344篇论文，分布于2836种期刊中，比2017年发表论文的范围增加266种，发表5篇以上（含5篇）论文的社会科学的期刊为713种，比2017年增加148种。

如表16-6所示为SSCI收录中国作者论文数居前15位的社会科学期刊分布情况，论文数最多的期刊是*SUSTAINABILITY*，为1562篇。

表 16-6 SSCI 收录中国作者论文数居前 15 位的社会科学期刊

论文篇数	期刊名称
1562	*SUSTAINABILITY*
665	*INTERNATIONAL JOURNAL OF ENVIRONMENTAL RESEARCH AND PUBLIC HEALTH*
529	*JOURNAL OF CLEANER PRODUCTION*
312	*FRONTIERS IN PSYCHOLOGY*
301	*EDUCATIONAL SCIENCES-THEORY & PRACTICE*
215	*JOURNAL OF THE AMERICAN GERIATRICS SOCIETY*
207	*PLOS ONE*
202	*PHYSICA A-STATISTICAL MECHANICS AND ITS APPLICATIONS*
165	*VALUE IN HEALTH*
128	*SCIENTIFIC REPORTS*
122	*LAND USE POLICY*
119	*IEEE ACCESS*
114	*FRONTIERS IN PSYCHIATRY*
112	*ENERGY*
111	*RESOURCES CONSERVATION AND RECYCLING*

数据来源：SSCI 2018。

（6）中国社会科学论文的学科分布

2018 年，SSCI 收录的中国机构作为第一作者单位的论文数居前 10 位的学科情况如表 16-7 所示。

表 16-7 SSCI 收录中国论文数居前 10 位的学科

排名	主题学科	论文篇数	排名	主题学科	论文篇数
1	经济	2929	6	语言、文字	268
2	教育	1885	7	图书、情报文献	163
3	社会、民族	581	8	法律	111
4	统计	366	9	政治	57
5	管理	302	10	历史、考古	34

2018 年，在 16 个社科类学科分类中，中国在其中 13 个学科中均有论文发表。其中，论文数超过 100 篇的学科有 8 个；论文数超过 200 篇的学科分别是经济，教育，社会、民族，统计，管理和语言、文字，论文数最多的学科为经济学，2018 年共发表论文 2929 篇。

16.2.2 中国社会科学论文的国际显示度分析

（1）国际高影响期刊中的中国社会科学论文

据 SJCR 2018 统计，2018 年社会科学国际期刊共有 3386 种。期刊影响因子居前 20

位的期刊如表 16–8 所示，这 20 种期刊发表论文共 2949 篇。若不计港澳台地区的论文，2018 年，中国作者在期刊影响因子居前 20 位社会科学期刊的 13 种期刊中发表了 43 篇论文，与 2017 年的 43 篇（11 种期刊）相比，期刊数略增，论文数持平。其中，影响因子居前 10 位的国际社会科学期刊中，论文发表单位如表 16–9 所示。

表 16–8 影响因子居前 20 位的 SSCI 期刊

排名	期刊名称	总被引次数	影响因子	即年指标	中国论文数	期刊论文数	半衰期
1	*World Psychiatry*	5426	34.024	7.81		106	4.5
2	*Psychological Science in the Public Interest*	1437	22.25	1.5		8	9.9
3	*Nature Climate Change*	23544	21.722	4.116	8	325	4.2
4	*Annual Review of Psychology*	20230	19.755	5.19		22	11.7
5	*Lancet Psychiatry*	4887	18.329	5.492	6	354	1.4
6	*BEHAVIORAL AND BRAIN SCIENCES*	9377	17.194	3.133		251	14.1
7	*PSYCHOLOGICAL BULLETIN*	50710	16.405	2.825		47	21.5
8	*TRENDS IN COGNITIVE SCIENCES*	27095	16.173	3.493	2	124	9.9
9	*JAMA Psychiatry*	10894	15.916	4.107	5	267	3.5
10	*Lancet Global Health*	6109	15.873	5.945	7	390	2.5
11	*Annual Review of Clinical Psychology*	5555	14.098	2.056		18	7.8
12	*PSYCHOTHERAPY AND PSYCHOSOMATICS*	3892	13.744	2.857	1	70	8.4
13	*AMERICAN JOURNAL OF PSYCHIATRY*	43025	13.655	5.386	3	255	13.7
14	*Academy of Management Annals*	3693	12.289	2.04		26	6.6
15	*QUARTERLY JOURNAL OF ECONOMICS*	28500	11.775	2.625		40	18.2
16	*Lancet Public Health*	799	11.6	4.652	7	153	3.2
17	*Annual Review of Public Health*	6769	10.776	3.586		30	10.1
18	*ACADEMY OF MANAGEMENT REVIEW*	35903	10.632	2.086		47	19.8
19	*Nature Human Behaviour*	1230	10.575	3.448	1	219	1.3
20	*GLOBAL ENVIRONMENTAL CHANGE-HUMAN AND POLICY DIMENSIONS*	17370	10.427	1.167	3	127	6.8

数据来源：SJCR 2018 和 SSCI 2018。

表 16-9 影响因子居前 10 位的 SSCI 期刊中中国机构发表论文情况

序号	发表期刊	论文类型	发表机构	论文题目	第一作者
1	*NATURE CLIMATE CHANGE*	Editorial Material	中国科学院大气物理研究所	Obstacles facing Africa's young climate scientists	Dike Victor Nnamdi
2		Article	国家海洋局	Recent wind-driven change in Subantarctic Mode Water and its impact on ocean heat storage	Gao Libao
3		Article	中南大学	Climate warming leads to divergent succession of grassland microbial communities	Guo Xue
4		Article	华中师范大学	Ocean warming alleviates iron limitation of marine nitrogen fixation	Jiang Haibo
5		Article	北京大学	Partitioning global land evapotranspiration using CMIP5 models constrained by observations	Lian Xu
6		Article	中国科学院大气物理研究所	Record-breaking climate extremes in Africa under stabilized 1.5 degrees C and 2 degrees C global warming scenarios	Nangombe Shingirai
7		Article	华南理工大学	Keeping global warming within 1.5 degrees C constrains emergence of aridification	Park Chang-Eui
8		Article	中国科学院地理科学与资源研究所	Contrasting responses of autumn-leaf senescence to daytime and night-time warming	Wu Chaoyang
9	*LANCET PSYCHIATRY*	Letter	上海交通大学	Mauritius needs to address mental illness，starting in schools	Ramphul Kamleshun
10		Editorial Material	中南大学	Mental rehabilitation in China：the clubhouse model	Tan Yuxi
11		Letter	首都医科大学附属北京安定医院	Need for further analysis to explore the association between ADHD and asthma	Wang Shuai
12		Article	北京大学第六医院	Five novel loci associated with antipsychotic treatment response in patients with schizophrenia：a genome-wide association study	Yu Hao
13		Letter	复旦大学附属中山医院	Chinese school curricula should include mental health education	Zhang Hongxia
14		Letter	首都医科大学附属北京安定医院	Unbalanced risk-benefit analysis of ADHD drugs	Zheng Yi

续表

序号	发表期刊	论文类型	发表机构	论文题目	第一作者
15	*TRENDS IN COGNITIVE SCIENCES*	Review	北京大学	Neurocognitive basis of racial ingroup bias in empathy	Han Shihui
16		Review	北京师范大学	The neural representations underlying human episodic memory	Xue Gui
17	*JAMA PSYCHIATRY*	Article	复旦大学	Functional connectivities in the brain that mediate the association between depressive problems and sleep quality	Cheng Wei
18		Letter	南京大学	Targeting withdrawal symptoms in men addicted to methamphetamine with transcranial magnetic stimulation：a randomized clinical trial	Liang Ying
19		Article	四川大学	Effect of damaging rare mutations in synapse-related gene sets on response to short-term antipsychotic medication in chinese patients with schizophrenia a randomized clinical trial	Wang Qiang
20		Article	天津医科大学	Association of schizophrenia with the risk of breast cancer incidence a meta-analysis	Zhuo Chuanjun
21		Letter	四川大学华西医院	Urbanicity and psychosis	Coid Jeremy W.
22	*LANCET GLOBAL HEALTH*	Editorial Material	中华医学基金会	New opportunities for China in global health	Chen Lincoln
23		Review	四川大学	Ethnicity and maternal and child health outcomes and service coverage in western China：a systematic review and meta-analysis	Huang Yuan
24		Editorial Material	四川大学	Call to address ethnic inequalities in access to RMNCH services	Huang Yuan
25		Letter	广州中医药大学	Reducing antibiotic overuse in rural China	Lu Liming
26		Editorial Material	陕西师范大学	Ethnicity and MCH outcomes：widening gaps across time and space	Wang Lei
27		Editorial Material	浙江大学	Communicable diseases and the genome revolution	Xu Fujie
28		Article	中国医学科学院肿瘤医院	Changing cancer survival in China during 2003-15：a pooled analysis of 17 population-based cancer registries	Zeng Hongmei

数据来源：SJCR 2018 和 SSCI 2018。

（2）国际高被引期刊中的中国社会科学论文

总被引数居前 20 位的国际社会科学期刊如表 16-10 所示，这 20 种期刊共发表论文 6362 篇。不计港澳台地区的论文，中国作者在其中的 16 种期刊共有 466 篇论文发表，占这些期刊论文总数的 7.32%，相比去年降低了 0.7 个百分点。这 466 篇论文中，同时也是影响因子居前 20 位的论文共有 3 篇，这些论文的详细情况如表 16-11 所示。

表 16-10 总被引数居前 20 位的 SSCI 期刊

排名	期刊名称	总被引数	影响因子	即年指标	中国论文篇数	期刊论文篇数	半衰期
1	*JOURNAL OF PERSONALITY AND SOCIAL PSYCHOLOGY*	72132	5.919	1.632	1	111	14.4
2	*AMERICAN ECONOMIC REVIEW*	55340	4.097	2.324	1	113	16.4
3	*PSYCHOLOGICAL BULLETIN*	50710	16.405	2.825		47	21.5
4	*ENERGY POLICY*	47238	4.88	1.119	100	713	7.1
5	*SOCIAL SCIENCE & MEDICINE*	44305	3.087	0.877	8	498	10.6
6	*AMERICAN JOURNAL OF PSYCHIATRY*	43025	13.655	5.386	3	255	13.7
7	*AMERICAN JOURNAL OF PUBLIC HEALTH*	39861	5.381	1.692	5	688	10
8	*ACADEMY OF MANAGEMENT JOURNAL*	39363	7.191	1.414	2	93	16.1
9	*JOURNAL OF FINANCE*	39005	6.201	1.123		66	9.9
10	*JOURNAL OF APPLIED PSYCHOLOGY*	38675	5.067	0.6	5	87	15.4
11	*ACADEMY OF MANAGEMENT REVIEW*	35903	10.632	2.086		47	19.8
12	*ECONOMETRICA*	35295	4.281	1.25		67	30.2
13	*STRATEGIC MANAGEMENT JOURNAL*	34978	5.572	0.97	2	140	15.9
14	*MANAGEMENT SCIENCE*	33333	4.219	1.201	9	320	16
15	*JOURNAL OF FINANCIAL ECONOMICS*	32678	4.693	0.982	2	113	13.5
16	*JOURNAL OF THE AMERICAN GERIATRICS SOCIETY*	32454	4.113	1.091	215	1629	10.8
17	*PSYCHOLOGICAL SCIENCE*	31343	4.902	1.11	5	196	6.9
18	*CHILD DEVELOPMENT*	31310	5.024	2.156	2	205	6
19	*JOURNAL OF AFFECTIVE DISORDERS*	30314	4.084	1.004	105	930	6.1
20	*PSYCHOLOGICAL REVIEW*	28522	6.266	1.429	1	44	25.8

数据来源：SJCR 2018。

表 16-11 总被引次数和影响因子居前 20 位的 SSCI 期刊中中国机构发表论文情况

序号	发表期刊	论文类型	发表机构	论文题目	第一作者
1	*AMERICAN JOURNAL OF PSYCHIATRY*	Article	四川大学华西医院	White Matter Abnormalities in Never-Treated Patients With Long-Term Schizophrenia	Gong Qiyong
2		Editorial Material	上海交通大学附属儿童医院	Therapeutic Effects of the Traditional "Doing the Month" Practices on Postpartum Depression in C	Lu Min
3		Letter	上海交通大学附属精神卫生中心	Validating the Predictive Accuracy of the NAPLS-2 Psychosis Risk Calculator in a Clinical High-Risk Sample From the SHARP（Shanghai At Risk for Psychosis）Program	Wang Jijun

数据来源：SJCR 2018 和 SSCI 2018。

16.3 讨论

（1）增加社会科学论文数量，提高社会科学论文质量

中国科技和经济实力的发展速度已经引起世界瞩目，无论是自然科学论文数还是社会科学论文数均呈逐年增长趋势。随着社会科学研究水平的提高，中国政府也进一步重视社会科学的发展。但与自然科学论文相比，无论是论文总数、国际数据库收录期刊数还是期刊论文的影响因子、被引次数，社会科学论文都有比较大的差距，且与中国目前的国际地位和影响力并不相符。

2018 年，中国的社会科学论文被国际检索系统收录数较 2017 年有所增加，占 2018 年 SSCI 论文总数的 7.37%，居世界第 3 位，比 2017 年提升了 1 位。而自然科学论文的该项值是 20.21%，继续排在世界第 2 位。若不计港澳台地区的论文，在影响因子居前 20 位的社会科学期刊中，中国作者在其中 13 种期刊上发表 43 篇论文；在总被引次数居前 20 位的社会科学期刊中，中国作者在其中 16 种期刊上发表 466 篇论文。相比 2017 年，中国社会科学论文的国际显示度有所提升。

（2）发展优势学科，加强支持力度

2018 年，在 16 个社科类学科分类中，中国在其中 13 个学科中均有论文发表。其中，论文数超过 100 篇的学科有 8 个；论文数超过 200 篇的分别是经济，教育，社会、民族，统计，管理和语言、文字。论文数最多的学科为经济学，2018 年共发表论文 2929 篇。我们需要考虑的是如何进一步巩固优势学科的发展，并带动目前影响力稍弱的学科。例如，我们可以对优势学科的期刊给予重点资助，培育更多该学科的精品期刊等方法。

参考文献

[1] ISI-SSCI 2018.

[2] SSCI-JCR 2018.

17 Scopus 收录中国论文情况统计分析

本章从 Scopus 收录论文的国家分布、中国论文的期刊分布、学科分布、机构分布、被引情况等角度进行了统计分析。

17.1 引言

Scopus 由全球著名出版商爱思唯尔（Elsevier）研发，收录了来自于全球 5000 余家出版社的 21000 余种出版物的约 50000000 项数据记录，是全球最大的文摘和引文数据库。这些出版物包括 20000 种同行评议的期刊（涉及 2800 种开源期刊）、365 种商业出版物、70000 余册书籍和 6500000 篇会议论文等。

该数据库收录学科全面，涵盖四大门类 27 个学科领域，收录生命科学（农学、生物学、神经科学和药学等）、社会科学（人文与艺术、商业、历史和信息科学等）、自然科学（化学、工程学和数学等）和健康科学（医学综合、牙医学、护理学和兽医学等）。文献类型则包括文章（Article）、待出版文章（Article-in-Press）、会议论文（Conference paper）、社论（Editorial）、勘误（Erratum）、信函（Letter）、笔记（Note）、评论（Review）、简短调查（Short survey）和丛书（Book series）等。

17.2 数据来源

本章以 2018 年 Scopus 收录的中国科技论文进行统计分析。来源出版物类型选择 Journals，文献类型选择 Article 和 Review，出版阶段选择 Final，数据检索时间为 2020 年 3 月，最终共获得 492340 篇文献。部分表格数据采用 SciVal 中的统计标准，SciVal 默认 Scopus 数据截至 2020 年 3 月 1 日，文献类型包括 Article、Review 和 Conference paper。

17.3 研究分析与结论

17.3.1 Scopus 收录论文国家分布

2018 年，Scopus 数据库收录的世界科技论文总数为 225.94 万篇，比 2017 年增加 3.5%。其中，中国机构科技论文为 49.23 万篇，占世界论文总量的 21.79%，比 2017 年增加 1.6 个百分点，排在世界第 2 位。排在世界前 5 位的国家分别是：美国、中国、英国、德国和印度。排在世界前 10 位的国家及论文篇数如表 17-1 所示。

表 17-1　2018 年 Scopus 收录论文居前 10 位的国家

排名	国家	论文篇数	排名	国家	论文篇数
1	美国	494201	6	日本	97774
2	中国	492340	7	法国	91145
3	英国	154908	8	意大利	89239
4	德国	132907	9	加拿大	85329
5	印度	115313	10	澳大利亚	82149

数据来源：Scopus。

17.3.2　中国论文发表期刊分布

Scopus 收录中国论文较多的期刊为 *IEEE Access*、*Scientific Reports*、*Journal of Advanced Oxidation Technologies* 和 *Rsc Advances*。收录论文居前 10 位的期刊如表 17-2 所示。*IEEE Access*、*Journal of Advanced Oxidation Technologies*、*Sensors Switzerland* 和 *Applied Surface Science* 均为 2018 年新进入 TOP 10 的期刊。

表 17-2　2018 年 Scopus 收录中国论文居前 10 位的期刊

排名	期刊名称	论文篇数
1	*IEEE Access*	3891
2	*Scientific Reports*	3451
3	*Journal of Advanced Oxidation Technologies*	3303
4	*Rsc Advances*	2846
5	*Medicine United States*	2667
6	*ACS Applied Materials and Interfaces*	2587
7	*Journal of Alloys and Compounds*	2145
8	*Plos One*	1971
9	*Sensors Switzerland*	1923
10	*Applied Surface Science*	1883

数据来源：Scopus。

17.3.3　中国论文的学科分布

Scopus 数据库的学科分类体系涵盖了 27 个学科。2018 年 Scopus 收录论文中，工程学方面的论文最多，为 139474 篇，占总论文数的 28.33%；之后是材料科学论文 99162 篇，占总论文数的 20.14%；居第 3 位是化学，论文数为 85473 篇，占总论文数的 17.36%。被收录论文数居前 10 位的学科如表 17-3 所示。

表 17-3　2018 年 Scopus 收录中国论文数居前 10 位的学科领域

排名	学科	论文篇数	比例
1	工程学	139474	28.33%
2	材料科学	99162	20.14%
3	化学	85473	17.36%
4	物理与天文学	82508	16.76%
5	生物化学、遗传学和分子生物学	72950	14.82%
6	医学	72167	14.66%
7	化学工程学	48263	9.80%
8	计算机科学	45770	9.30%
9	环境科学	42266	8.58%
10	农业和生物科学	41660	8.46%

数据来源：Scopus。

17. 3. 4　中国论文的机构分布

（1）Scopus 收录论文较多的高等院校

2018 年，Scopus 收录论文居前 3 位的高等院校为中国科学院大学、清华大学和浙江大学，分别收录了 20134 篇、12062 篇和 11190 篇（如表 17-4 所示）。排名居前 20 位的高等院校发表论文数均超过了 5800 篇。

表 17-4　2018 年 Scopus 收录论文数居前 20 位的高等院校

排名	高等院校	论文篇数	排名	高等院校	论文篇数
1	中国科学院大学	20134	11	中山大学	7524
2	清华大学	12062	12	西安交通大学	7399
3	浙江大学	11190	13	复旦大学	7358
4	上海交通大学	10507	14	天津大学	6967
5	华中科技大学	8653	15	武汉大学	6700
6	北京大学	8417	16	吉林大学	6543
7	四川大学	8161	17	同济大学	6541
8	中南大学	8102	18	南京大学	6378
9	哈尔滨工业大学	7956	19	东南大学	5901
10	中国科学技术大学	7526	20	山东大学	5884

数据来源：SciVal。

（2）Scopus 收录论文较多的科研院所

2018 年，Scopus 收录论文居前 3 位的科研院所为中国工程物理研究院、中国地质科学研究院地质研究所和中国科学院化学研究所，分别收录了 2095 篇、1568 篇和

1442篇（如表17-5所示）。排名居前10位的科研院所中有8个单位为中科院下属研究院所。

表17-5 2018年Scopus收录中国论文数居前10位的科研院所

排名	科研院所	论文篇数
1	中国工程物理研究院	2095
2	中国地质科学研究院地质研究所	1568
3	中国科学院化学研究所	1442
4	中国科学院地理科学与资源研究所	1397
5	中国科学院生态环境研究中心	1223
6	中国科学院物理研究所	1222
7	中国科学院长春应用化学研究所	1154
8	中国科学院大连化学物理研究所	1095
9	中国科学院高能物理研究所	1067
10	中国科学院金属研究所	1033

数据来源：SciVal。

17.3.5 被引情况分析

截至2020年3月，按照第一作者与第一署名机构，2018年Scopus收录中国科技论文被引次数居前10位的论文，如表17-6所示。被引次数最多的是南开大学Meng L等人在2018年发表的题为“Organic and solution-processed tandem solar cells with 17.3% efficiency”的论文，截至2020年3月其共被引710次；排名第2位的是中国科学院化学研究所Hou J等人在2018年发表的题为“Organic solar cells based on non-fullerene acceptors”的论文，共被引690次；排在第3位的是北京大学的Yan C等人发表的题为“Non-fullerene acceptors for organic solar cells”的论文，共被引571次。

表17-6 2018年Scopus收录中国论文被引次数居前10位的论文

被引次数	第一单位	来源
710	南开大学	Meng L，Zhang Y，Wan X，et al. Organic and solution-processed tandem solar cells with 17.3% efficiency[J]. Science，2018（1）：1094-1098.
690	中国科学院化学研究所	Hou J，Inganas O，Friend R H，et al. Organic solar cells based on non-fullerene acceptors[J]. Nature materials，2018，17（2）：119-128.
571	北京大学	Yan C，Barlow S，Wang Z，et al. Non-fullerene acceptors for organic solar cells[J]. Nature reviews materials，2018（1）：126-129.
526	华北电力大学	Li J，Wang X，Zhao G，et al. Metal-organic framework-based materials：Superior adsorbents for the capture of toxic and radioactive metal ions[J]. Chemical society reviews，2018，47（7）：2322-2356.

续表

被引次数	第一单位	来源
492	北京科技大学	Zhang S，Qin Y，Zhu J，et al. Over 14% efficiency in polymer solar cells enabled by a chlorinated polymer donor[J]. Advanced materials，2018，30(20)：1800868.
459	武汉理工大学	Fu J，Yu J，Jiang C，et al. g-C3N4-based heterostructured photocatalysts[J]. Advanced energy materials，2018，8（3）：1701503.
356	清华大学	Wang J，Wang S. Activation of persulfate（PS）and peroxymonosulfate（PMS）and application for the degradation of emerging contaminants[J]. Chemical engineering journal，2018（1）：1502-1517.
354	中国科学院化学研究所	Li S，Ye L，Zhao W，et al. A wide band gap polymer with a deep highest occupied molecular orbital level enables 14.2% efficiency in polymer solar cells[J]. Journal of the american chemical society，2018，140（23）：7159-7167.
338	中国石油大学	Pan Y，Sun K，Liu S，et al. Core-shell ZIF-8@ZIF-67-Derived CoP nanoparticle-embedded N-doped carbon nanotube hollow polyhedron for efficient overall water splitting[J]. Journal of the American chemical society，2018，140（7）：2610-2618.
319	中国科学院大连化学物理研究所	Wang A，Li J，Zhang T. Heterogeneous single-atom catalysis[J]. Nature reviews chemistry[J]. 2018（1）：65-81.

数据来源：Scopus。

17.4　讨论

本章从 Scopus 收录论文国家分布，以及中国论文的期刊分布、学科分布、机构分布及被引情况等方面进行了分析，我们可以得知：

①从全球科学论文产出的角度而言，中国发表论文数居全球第 2 位，仅次于美国。

②中国的优势学科为：工程学、材料科学和化学等。

③ Scopus 收录中国论文中，高等院校发表论文较多的有中国科学院大学、清华大学和浙江大学；科研院所中中国科学院所属研究所占据绝对主导地位，发表论文较多的有中国工程物理研究院、中国地质科学研究院地质研究所和中国科学院化学研究所。

④ 2018 年 Scopus 收录中国论文中，被引次数最高的论文归属机构是南开大学。

18 中国台湾、香港和澳门科技论文情况分析

18.1 引言

中国台湾地区、香港特别行政区及澳门特别行政区的科技论文产出也是中国科技论文统计与分析关注和研究的重点内容之一。本章介绍了 SCI、Ei 和 CPCI-S 三系统收录 3 个地区的论文情况，为便于对比分析，还采用了 InCites 数据。通过学科、地区、机构分布情况和被引情况等方面对三地区进行统计和分析，以揭示中国台湾地区、香港特别行政区及澳门特别行政区的科研产出情况。

18.2 研究分析与结论

18.2.1 中国台湾地区、香港特区和澳门特区 SCI、Ei 和 CPCI-S 三系统科技论文产出情况

（1）SCI 收录三地区科技论文情况分析

主要反映基础研究状况的 SCI（Science Citation Index）2018 年收录的世界科技论文总数共计 2069708 篇，比 2017 年的 1938262 篇增加 131446 篇，增长 6.78%。

2018 年 SCI 收录中国台湾地区论文 28093 篇，比 2017 年的 27675 篇增加 418 篇，增长 1.51%，占 SCI 论文总数的 1.36%。

2018 年 SCI 收录中国香港特区为发表单位的 SCI 论文数共计 17164 篇，比 2017 年的 15393 篇增加 1771 篇，增长 11.51%，占 SCI 论文总数的 0.83%。

2018 年 SCI 收录中国澳门特区论文 1911 篇，比 2017 年的 1756 篇增加了 155 篇，增长 8.83%。

图 18-1 是 2013—2018 年中国台湾地区和中国香港特区 SCI 论文数的变化趋势。由图所示，近 5 年来，中国香港特区 SCI 论文数呈稳步上升趋势，中国台湾地区 SCI 论文数 2013 年与 2014 年基本持平，但 2015 年数量有所下降，2016 年数量略增，2017 年数量又有所下降，2018 年数量略增。

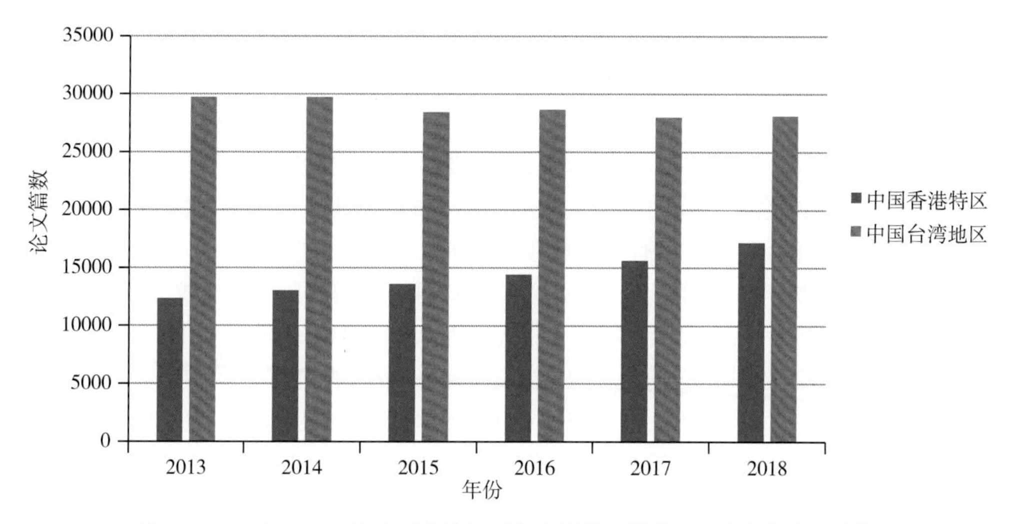

图 18-1 2013—2018 年中国台湾地区和中国香港特区 SCI 论文数变化趋势

（2）CPCI-S 收录三地区科技论文情况

科技会议文献是重要的学术文献之一，2018 年 CPCI-S（Conference Proceedings Citation Index-Science）共收录世界论文总数为 500659 篇，比 2017 年的 519889 篇减少 19230 篇，下降 3.70%。

2018 年 CPCI-S 共收录中国台湾地区科技论文 6915 篇，比 2017 年的 7769 篇减少 854 篇，下降 10.99%。

2018 年 CPCI-S 共收录中国香港特区论文 3155 篇，比 2017 年的 3446 篇，减少 291 篇，下降 8.44%。

2018 年 CPCI-S 共收录中国澳门特区论文 344 篇，比 2017 年的 354 篇减少了 10 篇，下降 2.82%。

（3）Ei 收录三地区科技论文情况分析

反映工程科学研究的 Ei（《工程索引》，Engineering Index）在 2018 年共收录世界科技论文 748596 篇，比 2017 年的 661594 篇增加 87002 篇，增长 13.15%。

2018 年 Ei 共收录中国台湾地区科技论文 11742 篇，比 2017 年的 10980 篇增加 762 篇，增长 6.94%，占世界论文总数的 1.57%。

2018 年 Ei 共收录中国香港特区科技论文 9211 篇，比 2017 年的 7977 篇增加了 1234 篇，增长 15.47%，占世界论文总数的 1.23%。

2018 年 Ei 共收录中国澳门特区科技论文 1073 篇，比 2017 年的 873 篇增加 200 篇，增长 22.91%。

18.2.2 中国台湾地区、香港特区和澳门特区 Web of Science 论文数及被引情况分析

科睿唯安的 InCites 数据库中集合了近 30 年来 Web of Science 核心合集（包含 SCI、SSCI 和 CPCI-S 等）七大索引数据库的数据，拥有多元化的指标和丰富的可视化效果，

可以辅助科研管理人员更高效地制定战略决策。通过InCites，能够实时跟踪一个国家（地区）的研究产出和影响力；将该国家（地区）的研究绩效与其他国家（地区）及全球的平均水平进行对比。

如表18-1所示，在InCites数据库中，与2017年相比，2018年中国台湾地区、香港特区和澳门特区的论文数与内地论文数的差距更加大。从论文被引次数情况看，三地区的论文被引次数都比2017年有不同程度的增加。从学科规范化的引文影响力看，中国香港特区论文的影响力最高，为1.64，高于2017年；中国澳门特区论文的影响力其次，为1.43，与2017年持平；中国台湾地区最低，为0.95；中国内地为1.09，相比2017年略有提升。从被引次数排名居前1%的论文比例看，中国香港特区和中国澳门特区的比例最高，分别为2.68%和2.16%，中国内地和中国台湾地区的比例分别为1.48%和1.10%。从高被引论文篇数看，中国内地数量为5745篇，比2017年的4483篇增加1262篇，增长28.15%；中国香港特区和中国台湾地区高被引论文数分别为418篇和278篇；中国澳门特区最少，只有31篇，比2017年增加5篇。从热门论文比例看，中国香港特区的比例最高，为0.28%；中国内地和中国台湾地区均为0.10%；中国澳门特区为0.05%，下降0.11个百分点。从国际合作论文篇数看，中国内地的国际合作论文数最多，为123433篇，中国台湾地区为12205篇，中国香港特区和中国澳门特区的国际合作论文数分别为8822篇和739篇；从相对于全球平均水平的影响力看，中国香港特区和中国澳门特区的该指标最高，分别为1.991和1.888，中国内地和中国台湾地区则分别为1.603和1.135。

表18-1 2017—2018年Web of Science收录中国内地、台湾地区、香港特区和澳门特区论文及被引情况

国家（地区）	中国内地		台湾地区		香港特区		澳门特区	
	2017年	2018年	2017年	2018年	2017年	2018年	2017年	2018年
Web of Science论文数	441371	490028	35016	34763	20699	22060	1891	1993
学科规范化的引文影响力	1.03	1.09	0.93	0.95	1.57	1.64	1.43	1.43
被引次数	1429812	2019124	87167	101388	86476	112912	7218	9673
论文被引比例	59.22%	66.72%	53.65%	58.14%	62.66%	68.69%	65.68%	71.40%
平均比例	63.24%	59.09%	67.90%	65.84%	56.90%	53.12%	55.89%	53.06%
被引次数排名居前1%的论文比例	1.30%	1.48%	0.96%	1.10%	2.47%	2.68%	2.06%	2.16%
被引次数排名居前10%的论文比例	9.94%	11.31%	6.95%	7.97%	15.09%	16.69%	13.91%	16.56%
高被引论文篇数	4483	5745	244	278	363	418	28	31
高被引论文比例	1.02%	1.17%	0.70%	0.80%	1.75%	1.89%	1.48%	1.56%
热门论文比例	0.10%	0.10%	0.13%	0.10%	0.26%	0.28%	0.16%	0.05%
国际合作论文篇数	111369	123433	11527	12205	8304	8822	676	739
相对于全球平均水平的影响力	1.514	1.603	1.163	1.135	1.952	1.991	1.784	1.888

注：以上2017年和2018年论文和被引情况按出版年计算。

数据来源：2017年和2018年InCites数据。

18.2.3 中国台湾地区、香港特区和澳门特区 SCI 论文分析

SCI 中涉及的文献类型有 Article、Review、Letter、News、Meeting Abstracts、Correction、Editorial Material、Book Review 和 Biographical-Item 等，遵从一些专家的意见和经过我们研究决定，将两类文献，即 Article 和 Review，作为各论文统计的依据。以下所述 SCI 论文的机构、学科和期刊分析都基于此，不再另注。

（1）SCI 收录中国台湾地区科技论文情况及被引情况分析

2018 年 SCI 收录的第一作者为中国台湾地区发表的论文共计 21552 篇，占总数的 76.72%。如图 18-2 所示是 SCI 收录的中国台湾地区论文中，第一作者为非中国台湾地区论文的主要国家（地区）分布情况。其中，第一作者为中国内地和美国的论文数最多，分别为 1939 篇和 1314 篇，共占非中国台湾地区第一作者论文总数的 49.73%。其次为日本（464 篇）、澳大利亚（262 篇）、印度（249 篇）、韩国（202 篇），其他国家（地区）论文数均不足 200 篇。

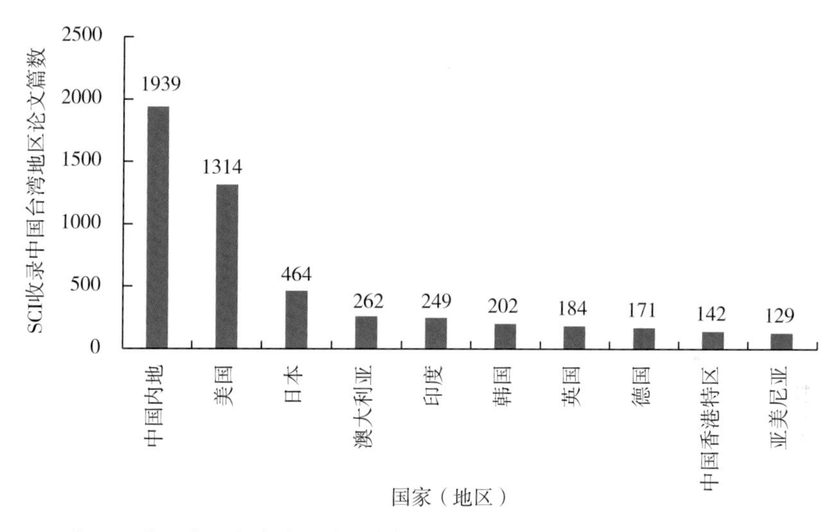

图 18-2 2018 年 SCI 收录中国台湾地区论文中第一作者为非台湾地区的主要国家（地区）分布情况

2018 年，中国台湾地区的学科规范化的引文影响力、被引次数、论文被引比例、引文影响力、国际合作论文篇数、被引次数排名居前 10% 的论文比例、高被引论文篇数、国际合作论文比例等指标均高于 2017 年，但是热门论文比例指标低于 2017 年（如表 18-2 所示）。

表 18-2 2018 年 SCI 收录的中国台湾地区论文数及被引情况

年度	学科规范化的引文影响力	被引次数	论文被引比例	引文影响力	国际合作论文篇数	被引次数排名居前 10% 的论文比例	高被引论文篇数	热门论文比例	国际合作论文比例
2017	0.97	82887	71.64%	3.52	8767	8.11%	241	0.20%	37.28%
2018	0.98	101081	76.89%	4.26	9310	9.2%	264	0.15%	39.27%

2018 年，SCI 收录中国台湾地区论文数居前 10 位的高等院校与 2017 年一致，高等院校排名略有不同。SCI 收录中国台湾地区论文数居前 10 位的高等院校共发表论文 7327 篇，占中国台湾第一作者论文总数的 34.00%（如表 18-3 所示）。

表 18-3　2018 年 SCI 收录中国台湾地区论文数居前 10 位的高等院校

排名	高等院校	论文篇数	排名	高等院校	论文篇数
1	台湾大学	1744	6	台北医学大学	533
2	台湾成功大学	1191	7	台湾中兴大学	496
3	台湾交通大学	729	8	台湾科技大学	461
4	台湾清华大学	697	9	台北科技大学	451
5	长庚大学	630	10	台湾“中央大学”	395

2018 年，SCI 收录中国台湾地区论文数居前 5 位的研究机构如表 18-4 所示，台湾“中央研究院”论文数最多，为 582 篇；其次是台湾防御医学中心、台湾卫生研究院、台湾同步辐射研究中心、台湾工业技术研究院。

表 18-4　2018 年 SCI 收录中国台湾地区论文数居前 5 位的研究机构

排名	研究机构	论文篇数	排名	研究机构	论文篇数
1	台湾“中央研究院”	582	4	台湾同步辐射研究中心	40
2	台湾防御医学中心	150	5	台湾工业技术研究院	37
3	台湾卫生研究院	87			

表 18-5 为 2018 年 SCI 收录中国台湾地区论文数居前 10 位的医疗机构，长庚纪念医院以 396 篇居第 1 位，台湾大学医学院附设医院和台北荣民总医院分别居第 2 位和第 3 位。

表 18-5　2018 年 SCI 收录中国台湾地区论文数居前 10 位的医疗机构

排名	医疗机构	论文篇数	排名	医疗机构	论文篇数
1	长庚纪念医院	396	6	台湾马偕纪念医院	135
2	台湾大学医学院附设医院	300	7	台湾中国医药大学附设医院	130
3	台北荣民总医院	293	8	高雄荣民总医院	121
4	高雄长庚纪念医院	242	8	台湾三军总医院	121
5	台中荣民总医院	158	10	高雄医学大学附设医院	89

按中国学科分类标准 40 个学科分类，2018 年 SCI 收录的第一作者为中国台湾地区的论文所在学科较多的是临床医学、物理学、生物学、化学和材料科学。图 18-3 是 2018 年 SCI 收录中国台湾地区论文数居前 10 位的学科分布情况。

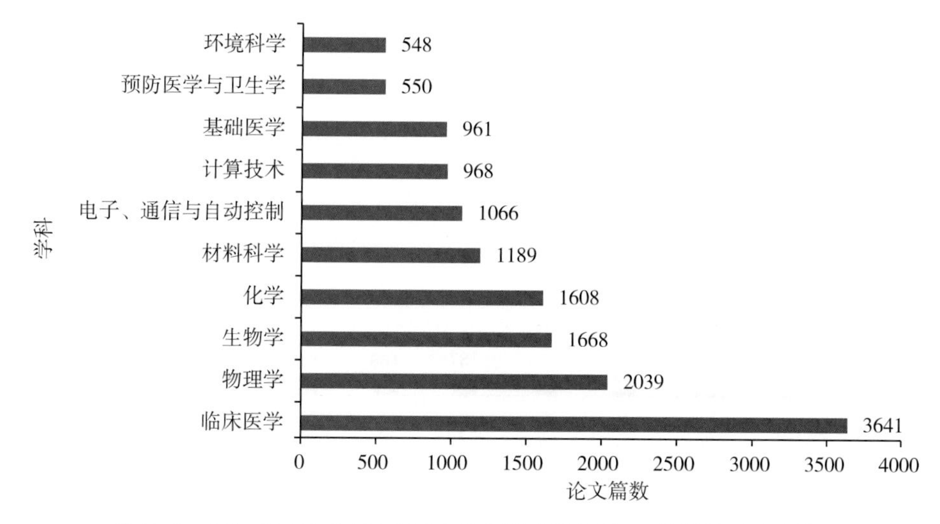

图 18-3 2018 年 SCI 收录中国台湾地区论文数居前 10 位的学科分布情况

2018 年 SCI 收录的中国台湾地区论文分布在 3672 种期刊上，收录论文数居前 10 位的期刊如表 18-6 所示，共收录论文 1864 篇，占总数的 8.65%。

表 18-6 2018 年 SCI 收录中国台湾地区论文数居前 10 位的期刊

排名	期刊名称	论文篇数
1	*SCIENTIFIC REPORTS*	415
2	*PLOS ONE*	354
3	*INTERNATIONAL JOURNAL OF MOLECULAR SCIENCES*	198
4	*MEDICINE*	183
5	*SUSTAINABILITY*	148
6	*IEEE ACCESS*	138
7	*JOURNAL OF THE FORMOSAN MEDICAL ASSOCIATION*	118
8	*INTERNATIONAL JOURNAL OF ENVIRONMENTAL RESEARCH AND PUBLIC HEALTH*	111
9	*ACS APPLIED MATERIALS & INTERFACES*	104
10	*SENSORS*	95

（2）SCI 收录中国香港特区科技论文情况分析

2018 年 SCI 收录中国香港特区论文 17164 篇，其中第一作者为中国香港特区的论文共计 7839 篇，占总数的 45.67%。图 18-4 是 SCI 收录的中国香港特区论文中，第一作者为非中国香港特区论文的主要国家（地区）分布情况。排在第 1 位的仍是中国内地，共计 6007 篇，占中国香港特区论文总数的 35.00%。

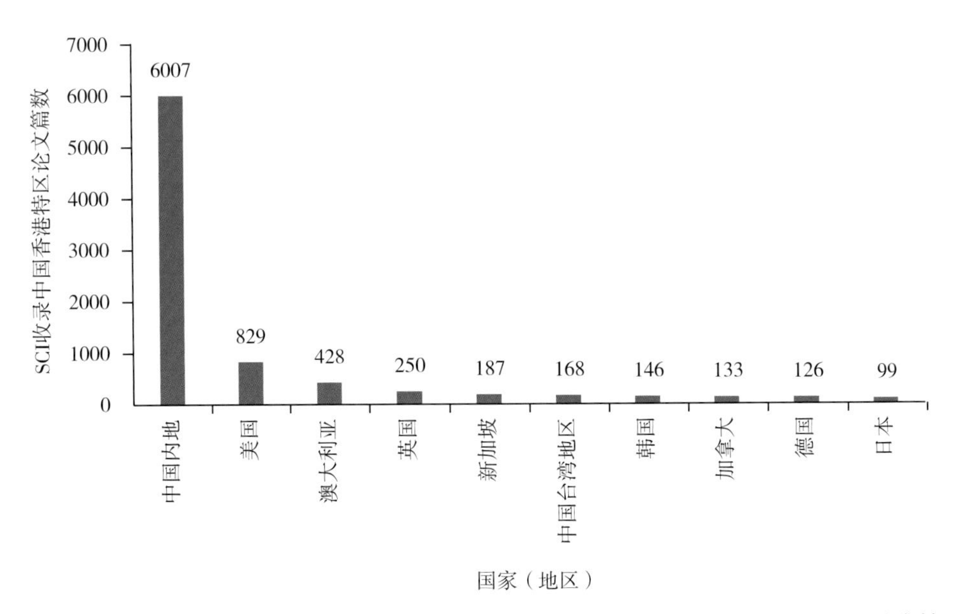

图 18-4 2018 年 SCI 收录中国香港特区第一作者为非中国香港特区的主要国家（地区）分布情况

2018 年，中国香港特区论文被引次数为 110764；学科规范化的引文影响力为 1.62；论文被引比例为 86.39%；国际合作论文 6234 篇；被引次数排名居前 10% 的论文比例为 19.36%；高被引论文为 418 篇。与 2017 年相比，中国香港特区学科规范化的引文影响力、国际合作论文比例两项指标略有下降（如表 18-7 所示）。

表 18-7 2017—2018 年 SCI 收录的中国香港特区论文数及被引情况

年度	学科规范化的引文影响力	被引次数	论文被引比例	引文影响力	国际合作论文篇数	被引次数排名居前 10% 的论文比例	高被引论文篇数	热门论文比例	国际合作论文比例
2017	1.63	80440	81.65%	6.11	5612	18.13%	344	0.39%	42.60%
2018	1.62	110764	86.39%	7.53	6234	19.36%	418	0.39%	42.36%

2018 年，SCI 收录中国香港特区论文数居前 6 位的高等院校共发表论文 6029 篇，占中国香港特区作者为第一作者论文总数的 76.91%，排名与 2017 年相同。表 18-8 为 2018 年 SCI 收录中国香港特区论文数居前 6 位的高等院校，表 18-9 为居前 6 位的医疗机构。

表 18-8 2018 年 SCI 收录中国香港特区论文数居前 6 位的高等院校

排名	高等院校	论文篇数	排名	高等院校	论文篇数
1	香港大学	1609	4	香港城市大学	874
2	香港中文大学	1372	5	香港科技大学	764
3	香港理工大学	1201	6	香港浸会大学	209

表 18-9 2018 年 SCI 收录中国香港特区论文数居前 6 位的医疗机构

排名	医疗机构	论文篇数	排名	医疗机构	论文篇数
1	玛丽医院	52	4	基督教联合医院	20
2	屯门医院	31	5	威尔斯亲王医院	19
3	伊利沙伯医院	22	6	玛嘉烈医院	16

按中国学科分类标准 40 个学科分类，2018 年 SCI 收录第一作者为中国香港特区的论文所属学科最多的是临床医学类，共计 1230 篇，占中国香港特区第一作者论文总数的 15.69%。其次是物理学和化学。图 18-5 是 2018 年 SCI 收录中国香港特区论文数居前 10 位的学科分布情况。

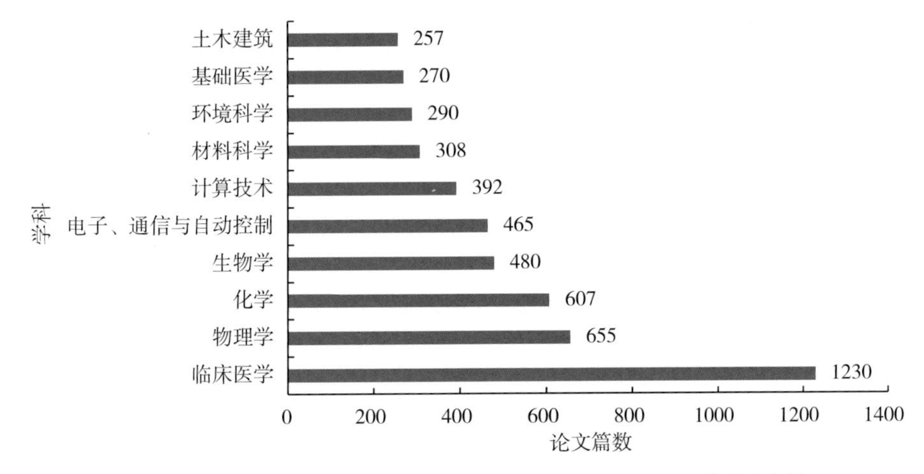

图 18-5 2018 年 SCI 收录中国香港特区论文数居前 10 位的学科分布情况

2018 年 SCI 收录的中国香港特区论文共分布在 2296 种期刊上，收录论文数居前 10 位的期刊及论文情况如表 18-10 所示。

表 18-10 2018 年 SCI 收录中国香港特区论文数居前 10 位的期刊

排名	刊名	论文篇数
1	*SCIENTIFIC REPORTS*	78
2	*HONG KONG MEDICAL JOURNAL*	71
3	*PLOS ONE*	65
4	*JOURNAL OF CLEANER PRODUCTION*	50
4	*INTERNATIONAL JOURNAL OF ENVIRONMENTAL RESEARCH AND PUBLIC HEALTH*	50
6	*BUILDING AND ENVIRONMENT*	49
7	*ACS APPLIED MATERIALS & INTERFACES*	41
8	*JOURNAL OF MATERIALS CHEMISTRY A*	35
9	*CONSTRUCTION AND BUILDING MATERIALS*	34
9	*IEEE ACCESS*	34

（3）SCI 收录中国澳门特区科技论文情况分析

2018 年 SCI 收录中国澳门特区论文 1911 篇，其中第一作者为中国澳门特区的论文共计 714 篇，占总数的 37.36%。

第一作者为非中国澳门特区作者的论文中，论文数最多的国家（地区）是中国内地（926 篇），其次为中国香港特区（64 篇）和美国（48 篇）。

第一作者为中国澳门特区的论文中，论文数居前 5 位的学科为电子、通信与自动控制，生物学，药物学，化学和临床医学，论文数分别为 86 篇、85 篇、62 篇、61 篇和 59 篇。发表论文数最多的单位是澳门大学和澳门科技大学，分别为 487 篇和 135 篇。

18.2.4 中国台湾地区、香港特区和澳门特区 CPCI-S 论文分析

CPCI-S 的论文分析限定于第一作者的 Proceedings Paper 类型的文献。

（1）CPCI-S 收录中国台湾地区科技论文情况

2018 年中国台湾地区以第一作者发表的 Proceedings Paper 论文共计 4544 篇。

2018 年 CPCI-S 收录第一作者为中国台湾地区的论文出自 983 个会议录。如表 18-11 所示为收录中国台湾地区论文数居前 10 位的会议，共收录论文 980 篇。

表 18-11　2018 年 CPCI-S 收录中国台湾地区论文数居前 10 位的会议

排名	会议名称	会议地点	论文篇数
1	4th IEEE International Conference on Applied System Invention（IEEE ICASI）	日本	279
2	7th IEEE International Symposium on Next-Generation Electronics（ISNE）-Next-Generation Electronics for AI and 5G Communications	中国台湾地区	115
3	IEEE International Conference on Consumer Electronics-Taiwan（ICCE-TW）	中国台湾地区	113
4	IEEE International Conference on Applied System Innovation（IEEE ICASI）	日本	93
4	IEEE International Conference on Advanced Manufacturing（IEEE ICAM）	中国台湾地区	75
6	IEEE International Conference on Systems，Man，and Cybernetics（SMC）	日本	67
7	International Thin Films Conference（TACT）	中国台湾地区	65
8	Asia-Pacific Microwave Conference（APMC）	日本	59
9	4th International Symposium on Computer，Consumer and Control（IS3C）	中国台湾地区	57
9	1st IEEE International Conference on Knowledge Innovation and Invention（ICKII）	韩国	57

2018 年 CPCI-S 收录中国台湾地区论文数居前 10 位的高等院校和居前 5 位的研究机构排名分别如表 18-12 和表 18-13 所示。其中，收录论文数最多的高等院校是台湾大学，共计 433 篇。居前 10 位的高等院校论文数共计 2179 篇，占中国台湾地区论文总数的 47.95%。被 CPCI-S 收录论文数较多的研究机构为台湾“中央研究院”、台湾工业技术研究院、台湾国家应用研究实验室、台湾咨询工业策进会、台湾中华电信实验室。

表 18-12　2018 年 CPCI-S 收录中国台湾地区论文数居前 10 位的高等院校

排名	高等院校	论文篇数	排名	高等院校	论文篇数
1	台湾大学	433	6	台湾科技大学	184
2	台湾交通大学	374	7	台湾"中央大学"	130
3	台湾成功大学	288	8	台湾中山大学	109
4	台湾清华大学	286	9	台湾逢甲大学	85
5	台北科技大学	206	10	台湾朝阳科技大学	84

表 18-13　2018 年 CPCI-S 收录中国台湾地区论文数居前 5 位的研究机构

排名	研究机构	论文篇数	排名	研究机构	论文篇数
1	台湾"中央研究院"	93	4	台湾咨询工业策进会	13
2	台湾工业技术研究院	57	5	台湾中华电信实验室	8
3	台湾国家应用研究实验室	17			

2018 年 CPCI-S 收录中国台湾地区论文数居前 10 位的学科分布情况如图 18-6 所示。收录论文数最多的学科是电子、通信与自动控制，共计 1705 篇，占总数的 37.52%。

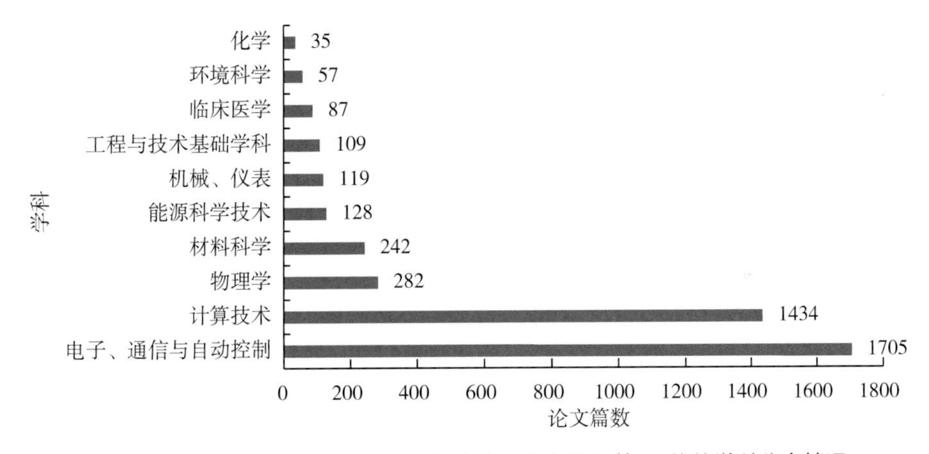

图 18-6　2018 年 CPCI-S 收录中国台湾地区论文数居前 10 位的学科分布情况

（2）CPCI-S 收录中国香港特区科技论文情况分析

2018 年中国香港特区第一作者发表的 Proceedings Paper 论文共计 1340 篇。

2018 年 CPCI-S 收录中国香港特区的论文出自 529 个会议录。如表 18-14 所示为收录中国香港特区论文数居前 10 位的会议，共收录论文 227 篇。

表 18-14　2018 年 CPCI-S 收录中国香港特区论文数居前 10 位的会议

排名	会议名称	会议地点	论文篇数
1	31st IEEE/CVF Conference on Computer Vision and Pattern Recognition（CVPR）	美国	42
2	32nd AAAI Conference on Artificial Intelligence / 30th Innovative Applications of Artificial Intelligence Conference / 8th AAAI Symposium on Educational Advances in Artificial Intelligence	美国	34

续表

排名	会议名称	会议地点	论文篇数
3	IEEE International Conference on Robotics and Biomimetics（ROBIO）	马来西亚	26
4	IEEE International Conference on Acoustics，Speech and Signal Processing（ICASSP）	加拿大	21
5	25th IEEE/RSJ International Conference on Intelligent Robots and Systems（IROS）	西班牙	18
5	IEEE International Conference on Robotics and Automation（ICRA）	澳大利亚	18
7	32nd Conference on Neural Information Processing Systems（NIPS）	加拿大	17
7	34th IEEE International Conference on Data Engineering Workshops（ICDEW）	法国	17
7	13th World Congress on Intelligent Control and Automation（WCICA）	中国长沙	17
7	Changsha，PEOPLES R CHINA	意大利	17

2018 年 CPCI-S 收录中国香港特区论文数居前 6 位的高等院校如表 18-15 所示。论文数最多的高等院校是香港中文大学，共计 309 篇，占中国香港特区论文总数的 23.06%。

表 18-15 2018 年 CPCI-S 收录中国香港特区论文数居前 6 位的高等院校

排名	高等院校	论文篇数	排名	高等院校	论文篇数
1	香港中文大学	309	4	香港科技大学	210
2	香港理工大学	224	5	香港城市大学	205
3	香港大学	216	6	香港浸会大学	31

2018 年 CPCI-S 收录中国香港特区论文数居前 10 位的学科分布情况如图 18-7 所示。其中，收录论文数最多的学科是计算技术，多达 624 篇，领先于其他学科。其次是电子、通信与自动控制等学科。

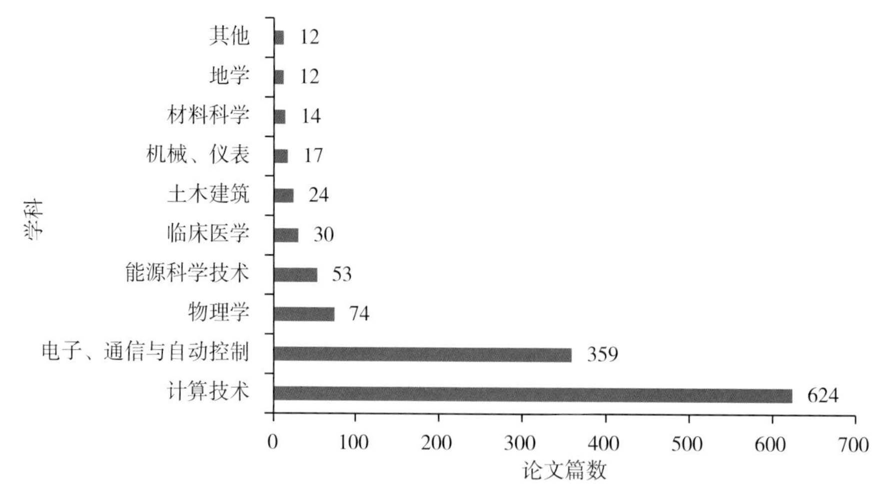

图 18-7 2018 年 CPCI-S 收录中国香港特区论文数居前 10 位的学科分布情况

（3）CPCI-S 收录中国澳门特区科技论文情况分析

2018 年中国澳门特区为第一作者的 Proceedings Paper 论文共计 170 篇。其中 62 篇是计算技术类，61 篇是电子、通信与自动控制类，12 篇是物理学论文，其他学科论文均不足 10 篇。澳门大学共发表 CPCI-S 论文 132 篇，澳门科技大学共发表 CPCI-S 论文 25 篇。

18.2.5　中国台湾地区、香港特区和澳门特区 Ei 论文分析

（1）Ei 收录中国台湾地区科技论文情况分析

2018 年 Ei 收录中国台湾地区为第一作者的论文共计 8993 篇。

如表 18-16 所示为 Ei 收录中国台湾地区论文数居前 10 位的高等院校，共发表论文 4745 篇，占总数的 52.76%，排在第 1 位的是台湾大学，共收录 971 篇。

表 18-16　2018 年 Ei 收录中国台湾地区论文数居前 10 位的高等院校

排名	高等院校	论文篇数	排名	高等院校	论文篇数
1	台湾大学	971	6	台北科技大学	390
2	台湾成功大学	764	7	台湾“中央大学”	306
3	台湾交通大学	626	8	台湾中兴大学	275
4	台湾清华大学	543	9	台湾中山大学	273
5	台湾科技大学	418	10	台湾逢甲大学	179

2018 年台湾“中央研究院”共发表论文 236 篇。

如图 18-8 所示为 2018 年 Ei 收录中国台湾地区论文数居前 10 位的学科分布情况。这 10 个学科共发表论文 6741 篇，占总数的 74.96%。排在第 1 位的是生物学，其次是电子、通信与自动控制，计算技术，动力与电气，物理学等学科。

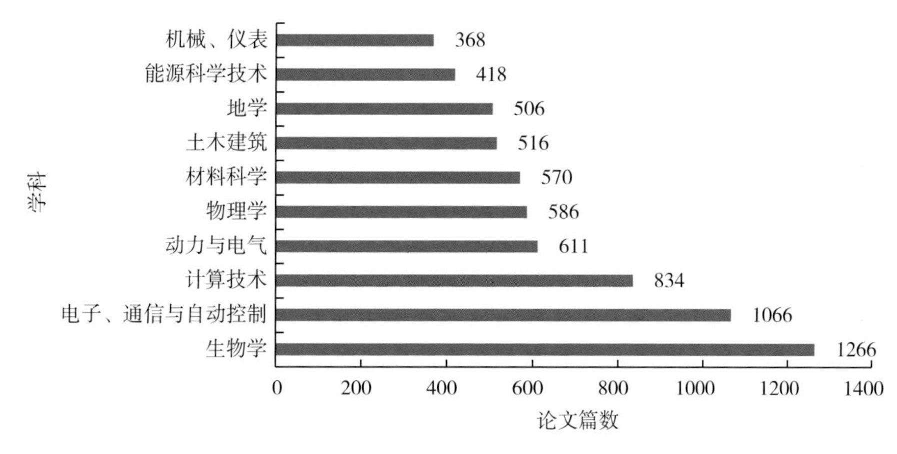

图 18-8　2018 年 Ei 收录中国台湾地区论文数居前 10 位的学科分布情况

Ei 收录的中国台湾地区的论文分布在 1456 种期刊上。如表 18-17 所示为 2018 年 Ei 收录中国台湾地区论文数居前 10 位的期刊。

表 18-17 2018 年 Ei 收录中国台湾地区论文数居前 10 位的期刊

排名	期刊名称	论文篇数
1	*International Journal of Systems Science*	276
2	*IEEE Access*	143
3	*Sensors*	141
4	*BMC Bioinformatics*	121
5	*ACS Applied Materials and Interfaces*	105
6	*Journal of the Taiwan Institute of Chemical Engineers*	102
7	*Energies*	100
8	*RSC Advances*	95
9	*Sensors（Switzerland）*	93
10	*Sensors and Materials*	76

（2）Ei 收录中国香港特区科技论文情况分析

2018 年中国香港特区以第一作者发表的 Ei 论文共计 3756 篇。

如表 18-18 所示为 Ei 收录中国香港特区论文数居前 6 位的高等院校，共发表论文 3589 篇，占总数的 95.55%。排在第 1 位的是香港理工大学，共发表论文 949 篇。

表 18-18 2018 年 Ei 收录中国香港特区论文数居前 6 位的高等院校

排名	高等院校	论文篇数	排名	高等院校	论文篇数
1	香港理工大学	949	4	香港科技大学	646
2	香港城市大学	712	5	香港中文大学	504
3	香港大学	661	6	香港浸会大学	117

如图 18-9 所示为 2018 年 Ei 收录中国香港特区论文数居前 10 位的学科分布情况。这 10 个学科共发表论文 2778 篇，占总数的 73.96%。排在第 1 位的是土木建筑，共计 456 篇。

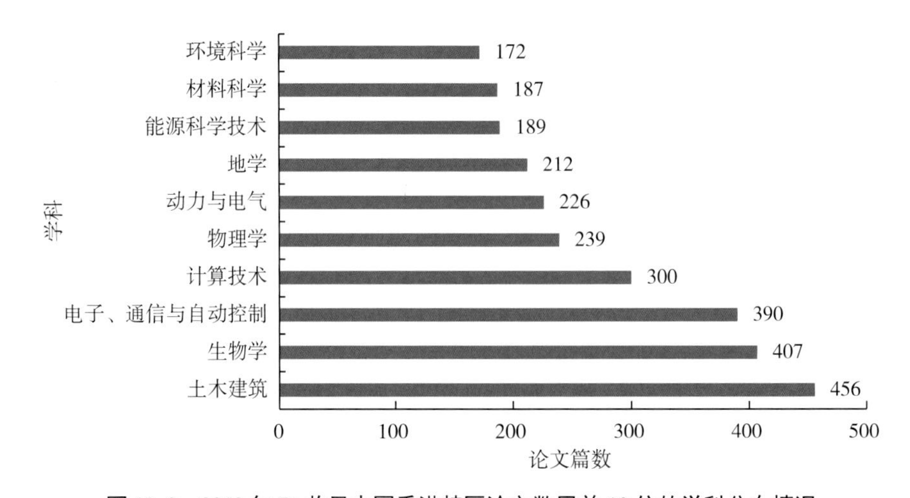

图 18-9 2018 年 Ei 收录中国香港特区论文数居前 10 位的学科分布情况

Ei 收录中国香港特区论文分布在 977 种期刊上。如表 18-19 所示为 2018 年 Ei 收录中国香港特区论文数居前 10 位的期刊。

表 18-19 2018 年 Ei 收录中国香港特区论文数居前 10 位的期刊

排名	期刊名称	论文篇数
1	*Building and Environment*	52
2	*Journal of Cleaner Production*	45
3	*ACS Applied Materials and Interfaces*	37
3	*Journal of Materials Chemistry A*	37
5	*Optics Express*	34
6	*IEEE Access*	31
7	*Construction and Building Materials*	30
8	*Applied Energy*	29
8	*IEEE Transactions on Power Electronics*	29
10	*Science of the Total Environment*	28

（3）Ei 收录中国澳门特区科技论文情况分析

2018 年 Ei 收录中国澳门特区为第一作者的论文共计 329 篇。其中，澳门大学发表论文 240 篇，澳门科技大学发表 82 篇；从学科来看，生物学，计算技术，电子、通信与自动控制，动力与电气论文数较多（如图 18-10 所示）。

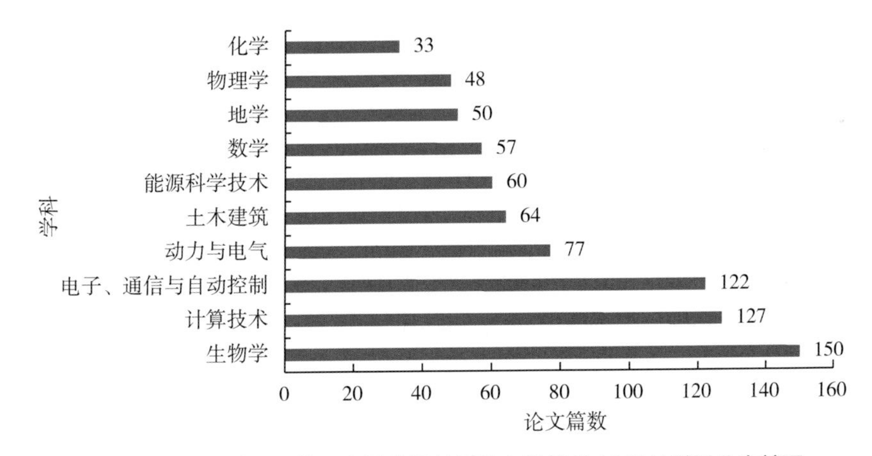

图 18-10 2018 年 Ei 收录中国澳门特区论文数居前 10 位的学科分布情况

18.3 讨论

2018 年，SCI 和 Ei 收录的中国台湾地区、香港特区和澳门特区的论文数均比 2017 年有不同程度的增长；而 CPCI-S 收录中国台湾地区、香港特区和澳门特区的论文数均比 2017 年有不同程度的减少。在 InCites 数据库中，与 2017 年相比，2018 年中国台湾地区、香港特区和澳门特区的论文数与中国内地论文数的差距更加大；从论文被引次数情况看，三地区的论文被引次数都比2017年有较大幅度的增加；从学科规范化的引文影响力和被引次数排名居前1%的论文比例看，中国香港特区的该两项指标最高，中国澳门特区论文的该两项指标次之，中国台湾地区的该两项指标在三地区中最低；从高被引论文看，中国香港特区高被引论文数最多，中国台湾地区次之，中国澳门特区最少；从国际合作论文数看，中国台湾地区的国际合作论文数较多。从相对于全球平均水平的影响力看，中国香港特区最高，其次是中国澳门特区，中国台湾地区的该指标稍低，但三地区的该指标均大于1%。

以两类文献，即Article和Review，作为各论文统计的依据看，2018年SCI收录的中国台湾地区为第一作者发表的论文共计21552篇，占总数的76.72%。在第一作者为非中国台湾地区论文的主要国家（地区）中，第一作者为中国内地和美国的论文数最多，共占非中国台湾地区第一作者论文总数的49.73%；2018年SCI收录第一作者为中国香港特区的论文共计7839篇，占总数的45.67%。第一作者为非中国香港特区论文的主要国家（地区）中，中国内地的论文数仍是最多的，共计6007篇，占中国香港论文总数的35.00%。

2018年，中国台湾地区SCI论文被引次数为101081次，较2017年有较大幅度的增长，学科规范化的引文影响力为0.98，国际合作论文9310篇，有39.27%的论文参与了国际合作，高被引论文数指标高于2017年；中国香港特区论文被引次数为110764，较2017年也有较大幅度的增长，学科规范化的引文影响力为1.62，略低于2017年的1.63，国际合作论文6234篇，有42.36%的论文参与了国际合作，略低于2017年的42.60%。

从论文的机构分布看，中国台湾地区、香港特区和澳门特区的论文均主要产自高等院校。中国香港特区发表论文的单位主要集中于6家高校；中国台湾地区除高等院校外，发表论文较多的还有台湾“中央研究院”等研究机构；中国澳门特区的论文则主要出自澳门大学。

从学科分布看，按中国学科分类标准40个学科分类，2018年SCI收录中国台湾地区论文较多的学科是临床医学、物理学、生物学、化学和材料科学；SCI收录中国香港特区论文数较多的学科是临床医学，物理学，化学，生物学和电子、通信与自动控制，与中国台湾地区大致相同；2018年SCI收录中国澳门特区论文数较多的学科是电子、通信与自动控制，生物学，药物学，化学和临床医学。

参考文献

[1] 中国科学技术信息研究所.2017年度中国科技论文统计与分析（年度研究报告）[M].北京：科学技术文献出版社，2019.

19 科研机构创新发展分析

19.1 引言

实施创新驱动发展战略，最根本的是要增强自主创新能力。中国科研机构作为科学研究的重要阵地，是国家创新体系的重要组成部分。增强科研机构的自主创新能力，对于我国加速科技创新、建设创新型国家具有重要意义。为了进一步推动科研机构的创新能力和学科发展，提高其科研水平，本章以中国科研机构作为研究对象，从中国高校科研成果转化、中国高校学科发展布局、中国高校学科交叉融合、中国高校国际合作地图、中国医疗机构医工结合到科教协同融合多个角度进行了统计和分析，以期对中国研究机构提升创新能力起到推动和引导作用。

19.2 中国高校产学共创排行榜

19.2.1 数据与方法

高校科研活动与产业需求的密切联系，有利于促进创新主体将科研成果转化为实际应用的产品与服务，创造丰富的社会经济价值。“中国高校产学共创排行榜”评价关注高校与企业科研活动协作的全流程，设置指标表征高校和企业合作创新过程中 3 个阶段的表现：从基础研究阶段开始，经过企业需求导向的应用研究阶段，再到成果转化形成产品阶段。“中国高校产学共创排行榜”评价采用 10 项指标：

①校企合作发表论文数。基于 2016—2018 年 Scopus 收录的中国高校论文，统计高校和企业共同合作发表的论文数。

②校企合作发表论文占比。基于 2016—2018 年 Scopus 收录的中国高校论文，统计高校和企业共同合作发表的论文数与高校发表总论文数的比值。

③校企合作发表论文总被引次数。基于 2016—2018 年 Scopus 收录的中国高校论文，统计高校和企业共同合作发表的论文被引总次数。

④企业资助项目产出的高校论文数。基于 2016—2018 年中国科技论文与引文数据库，统计高校论文中获得企业资助的论文数。

⑤高校与国内上市公司企业关联强度。基于 2016—2018 年中国上市公司年报数据库，统计从上市公司年报中所报道的人员任职、重大项目、重要事项等内容中，利用文本分析方法测度高校与企业联系的范围和强度。

⑥校企合作发明专利数。基于 2016—2018 年德温特世界专利索引和专利引文索引收录的中国高校专利，统计高校和企业合作发明的专利数。

⑦校企合作专利占比。基于 2016—2018 年德温特世界专利索引和专利引文索引收

录的中国高校专利，统计高校和企业合作发明专利数与高校发明专利总量的比值。

⑧有海外同族的合作专利数。基于2016—2018年德温特世界专利索引和专利引文索引收录的中国高校专利，统计高校和企业合作发明的专利内容同时在海外申请的专利数。

⑨校企合作专利施引专利数。基于2016—2018年德温特世界专利索引和专利引文索引收录的中国高校专利，统计高校和企业合作发明专利的施引专利数。

⑩校企合作专利总被引次数。基于2016—2018年德温特世界专利索引和专利引文索引收录的中国高校专利，统计高校和企业合作发明专利的总被引次数，用于测度专利学术传播能力。

19.2.2 研究分析与结论

统计中国高校上述10项指标，经过标准化转换后计算得出了十维坐标的矢量长度数值，用于测度各个高校的产学共创水平。如表19-1所示为根据上述指标统计出的2018年产学共创能力排名居前20位的高校。

表19-1 2018年产学共创能力排名居前20位的高校

排名	高校名称	计分	排名	高校名称	计分
1	清华大学	266.53	11	北京理工大学	96.55
2	华北电力大学	198.96	12	北京大学	95.13
3	中国石油大学	165.32	13	天津大学	91.21
4	哈尔滨工业大学	121.52	14	中南大学	86.45
5	武汉大学	117.51	15	西南交通大学	86.42
6	上海交通大学	112.43	16	同济大学	83.54
7	浙江大学	111.29	17	华中科技大学	82.93
8	中国地质大学	110.03	18	四川大学	80.85
9	西安交通大学	98.58	19	北京协和医学院	77.74
10	北京科技大学	98.11	20	中国矿业大学	75.58

19.3 中国高校学科发展矩阵分析报告——论文

19.3.1 数据与方法

高校的论文发表和引用情况是测度高校科研水平和影响力的重要指标。以中国主要大学为研究对象，采用各大学在2014—2018年发表论文数和2009—2013年、2014—2018年引文总量作为源数据，根据波士顿矩阵方法，分析各个大学学科发展布局情况，构建学科发展矩阵。

按照波士顿矩阵方法的思路，我们以2014—2018年各个大学在某一学科论文产出占全球论文的份额作为科研成果产出占比的测度指标；以各个大学从2009—2013年到

2014—2018 年在某一学科领域论文被引总量的增长率作为科研影响增长的测度指标。

根据高校各个学科的占比和增长情况，我们以占比 0.5% 和增长 200% 作为分界线，划分了 4 个学科发展矩阵空间，如图 19-1 所示。

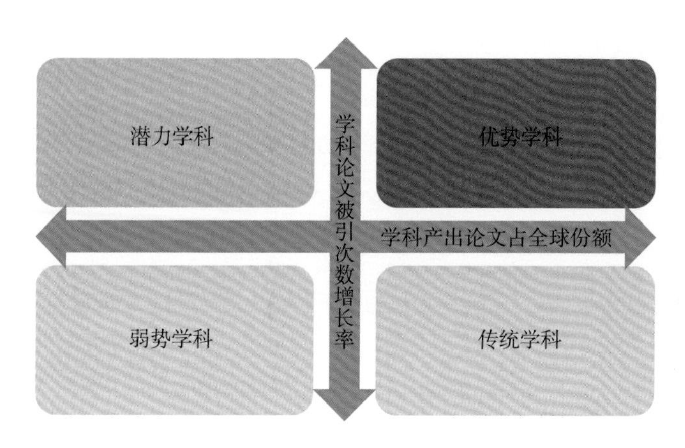

图 19-1 中国高校论文产出矩阵

第一区：优势学科（高占比、高增长）。该区学科论文份额及引文增长率都处于较高水平，可明确产业发展引导的路径。

第二区：传统学科（高占比、低增长）。该区学科论文所占份额较高，引文增长率较低，可完善管理机制以引导发展。

第三区：潜力学科（低占比、高增长）。该区学科论文所占份额较低，引文增长率较高，可采用加大科研投入的方式进行引导。

第四区：弱势学科（低占比、低增长）。该区学科论文占份额及引文增长率都处于较低水平，可考虑加强基础研究。

19.3.2 研究分析与结论

表 19-2 统计了中国双一流建设高校论文产出的学科发展矩阵，即学科发展布局情况（按高校名称拼音排序）。

表 19-2 中国双一流建设高校学科发展布局情况

高校名称	优势学科数	传统学科数	潜力学科数	弱势学科数
安徽大学	0	0	77	20
北京大学	30	34	47	64
北京工商大学	0	0	56	25
北京工业大学	1	0	87	41
北京航空航天大学	36	2	59	38
北京化工大学	2	2	69	31
北京交通大学	6	0	68	36
北京科技大学	8	2	80	19

续表

高校名称	优势学科数	传统学科数	潜力学科数	弱势学科数
北京理工大学	16	1	62	41
北京林业大学	4	1	67	38
北京师范大学	10	1	66	78
北京体育大学	0	0	15	7
北京外国语大学	0	0	3	11
北京协和医学院	10	9	60	55
北京邮电大学	7	0	42	23
北京中医药大学	1	0	59	32
渤海大学	0	0	51	20
长安大学	2	0	69	20
成都理工大学	3	0	56	32
成都中医药大学	0	1	28	27
重庆大学	20	0	84	38
重庆医科大学	1	0	65	37
大连海事大学	2	0	53	38
大连理工大学	25	8	43	67
海军军医大学	4	3	50	57
空军军医大学	1	1	42	77
电子科技大学	19	0	89	23
东北大学	14	2	78	25
东北林业大学	2	0	59	51
东北农业大学	0	0	69	25
东北师范大学	0	0	53	68
东华大学	3	2	53	50
东南大学	22	2	68	65
对外经济贸易大学	0	0	29	7
福州大学	0	1	77	39
复旦大学	17	22	63	66
广西大学	1	0	82	45
广州中医药大学	1	0	63	22
贵州大学	1	0	68	41
哈尔滨工程大学	4	0	61	33
哈尔滨工业大学	38	7	55	34
哈尔滨医科大学	4	0	44	65
海南大学	0	0	72	24
合肥工业大学	0	1	92	22
河北工业大学	0	0	66	18
河海大学	12	0	81	18
河南大学	0	0	80	37
河南理工大学	0	0	134	62

续表

高校名称	优势学科数	传统学科数	潜力学科数	弱势学科数
湖南大学	6	1	81	37
湖南师范大学	0	0	66	58
华北电力大学	2	0	63	21
华东理工大学	4	6	93	103
华东师范大学	0	1	78	72
华南理工大学	28	3	71	44
华南师范大学	0	0	69	61
华中科技大学	38	6	74	51
华中农业大学	2	7	81	35
华中师范大学	1	1	56	52
吉林大学	16	10	86	54
暨南大学	2	1	110	44
江南大学	8	0	95	38
兰州大学	2	3	64	87
辽宁大学	0	0	37	49
南昌大学	0	0	116	36
南方医科大学	7	0	83	36
南京大学	17	13	70	69
南京航空航天大学	12	1	42	42
南京理工大学	5	0	85	25
南京林业大学	3	0	77	21
南京农业大学	7	6	62	41
南京师范大学	1	0	72	65
南京信息工程大学	4	0	74	23
南京医科大学	6	3	72	34
南京邮电大学	2	0	55	14
南京中医药大学	1	0	60	28
南开大学	1	3	59	88
内蒙古大学	0	0	56	51
宁波大学	1	0	106	33
宁夏大学	0	0	42	43
青海大学	0	0	57	26
清华大学	43	21	61	47
厦门大学	2	2	103	61
山东大学	15	10	73	73
山西大学	0	0	69	41
山西农业大学	0	0	39	27
山西师范大学	0	0	38	32
山西医科大学	0	0	57	34
陕西师范大学	0	0	91	43

续表

高校名称	优势学科数	传统学科数	潜力学科数	弱势学科数
上海财经大学	0	0	34	13
上海大学	2	0	86	48
上海工程技术大学	0	0	54	16
上海海洋大学	2	0	58	36
上海交通大学	57	37	38	41
上海体育学院	0	0	18	7
上海外国语大学	0	0	5	3
上海中医药大学	0	1	51	33
深圳大学	3	0	123	14
石河子大学	0	0	64	43
首都师范大学	0	1	66	49
首都医科大学	14	7	54	51
四川大学	19	13	81	58
四川农业大学	1	0	69	33
苏州大学	13	3	100	42
太原理工大学	1	0	80	18
天津大学	36	2	69	42
天津工业大学	1	0	107	56
天津医科大学	4	0	64	46
天津中医药大学	1	0	47	26
同济大学	28	0	96	43
温州医科大学	3	0	73	48
武汉大学	22	3	97	47
武汉理工大学	9	0	67	36
西安电子科技大学	13	3	55	26
西安交通大学	30	6	140	53
西北大学	0	1	70	65
西北工业大学	22	0	65	25
西北农林科技大学	11	2	82	35
西藏大学	0	0	27	26
西南财经大学	0	0	27	10
西南大学	2	0	100	35
西南交通大学	4	0	74	36
西南石油大学	1	0	64	11
新疆大学	0	0	62	45
延边大学	0	0	58	45
云南大学	0	0	67	64
浙江大学	45	40	42	48
郑州大学	5	0	112	37
中北大学	0	0	52	23

续表

高校名称	优势学科数	传统学科数	潜力学科数	弱势学科数
中国传媒大学	0	0	13	11
中国地质大学	12	2	74	27
中国海洋大学	4	2	70	58
中国科学技术大学	17	14	68	60
中国矿业大学	12	0	73	30
中国农业大学	3	9	55	62
中国人民大学	1	0	58	39
中国石油大学	10	0	70	25
中国药科大学	3	1	60	44
中国医科大学	4	0	45	59
中国政法大学	0	0	7	10
中南财经政法大学	0	0	20	16
中南大学	20	1	110	34
中山大学	18	19	74	61
中央财经大学	0	0	31	15
中央民族大学	0	0	40	46

参照哈佛大学和麻省理工学院等国际一流大学的学科分布情况，并结合中国主要高校的学科发展分布状态，为中国高校设定了 4 类学科发展目标：

①世界一流大学：优势学科与传统学科数量之和在 50 个以上，整体呈现繁荣状态。以世界一流大学为发展目标，“夯实科技基础，在重要科技领域跻身世界领先行列”。目前，北京大学、浙江大学、清华大学、上海交通大学已显露端倪。

②中国领先大学：优势学科与传统学科数量之和在 25 个以上，潜力学科数量在 50 个以上。以中国领先大学为目标，致力专业发展，“跟上甚至引领世界科技发展新方向”。

③区域核心大学：以区域核心高校为目标，以基础研究为主，“力争在基础科技领域做出大的创新，在关键核心技术领域取得大的突破”。

④学科特色大学：该类大学的传统学科和潜力学科都集中在该校的特有专业中。该类大学可加大科研投入，发展潜力学科，形成专业特色。

19.4　中国高校学科发展矩阵分析报告——专利

19.4.1　数据与方法

发明专利情况是测度高校知识创新与发展的一项重要指标。对高校专利发明情况的分析可以有效地帮助高校了解其在各领域的创新能力和发展，针对不同情况做出不同的发展决策。采用各高校近 5 年在 21 个德温特分类的发表专利数和前后 5 年期间的专利引用总量作为源数据构建中国高校专利产出矩阵。

同样按照波士顿矩阵方法的思路，我们以 2014—2018 年各个大学在某一分类的专利产出数作为科研成果产出的测度指标，以各个大学从 2009—2013 年到 2014—2018 年在某一分类专利被引总量的增长率作为科研影响增长的测度指标。并以专利数 1000 件和增长率 100% 作为分界点，将坐标图划分为 4 个象限，依次是优势专业、传统专业、潜力专业、弱势专业（如图 19-2 所示）。

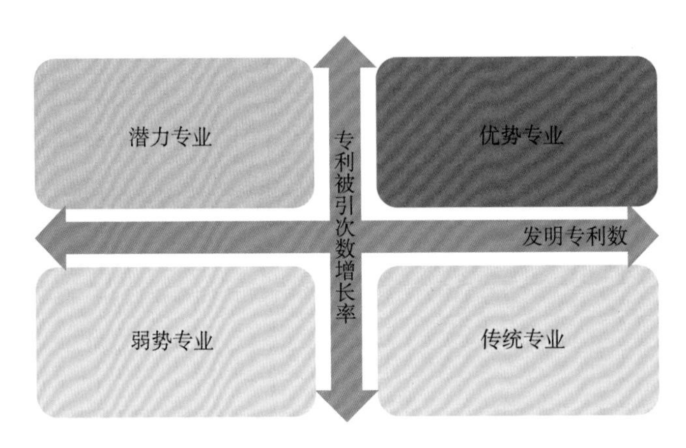

图 19-2 中国高校专利产出矩阵

19.4.2 研究分析与结论

表 19-3 列出了中国一流大学建设高校专利发明和引用的德温特学科类别发展布局情况（按高校名称拼音排序）。

表 19-3 中国一流大学建设高校在德温特 21 个学科类别的发展布局情况

高校名称	优势专业数	传统专业数	潜力专业数	弱势专业数
安徽大学	0	0	20	1
北京大学	1	0	20	0
北京工业大学	4	0	17	0
北京航空航天大学	3	0	18	0
北京化工大学	1	0	20	0
北京交通大学	1	0	19	1
北京科技大学	3	0	18	0
北京理工大学	4	0	17	0
北京林业大学	0	0	21	0
北京师范大学	0	0	21	0
北京体育大学	0	0	8	13
北京外国语大学	0	0	0	21
北京协和医学院	1	0	17	3
北京邮电大学	2	0	16	3
北京中医药大学	0	0	9	12

续表

高校名称	优势专业数	传统专业数	潜力专业数	弱势专业数
长安大学	4	0	16	1
成都理工大学	0	0	21	0
成都中医药大学	0	0	16	5
重庆大学	4	0	17	0
大连海事大学	0	0	20	1
大连理工大学	5	0	16	0
电子科技大学	6	0	15	0
东北大学	4	0	17	0
东北林业大学	0	0	21	0
东北农业大学	0	0	20	1
东北师范大学	0	0	21	0
东华大学	0	0	21	0
东南大学	7	0	14	0
对外经济贸易大学	0	0	0	21
福州大学	2	0	19	0
复旦大学	3	0	18	0
广西大学	5	0	16	0
广州中医药大学	0	0	9	12
贵州大学	3	0	18	0
哈尔滨工程大学	4	0	17	0
哈尔滨工业大学	10	0	11	0
海南大学	0	0	21	0
合肥工业大学	4	0	17	0
河北工业大学	0	0	21	0
河海大学	4	0	17	0
河南大学	0	0	20	1
湖南大学	0	0	21	0
湖南师范大学	0	0	20	1
华北电力大学	0	0	21	0
华东理工大学	0	0	21	0
华东师范大学	0	0	21	0
华南理工大学	13	0	8	0
华南师范大学	0	0	21	0
华中科技大学	7	0	14	0
华中农业大学	1	0	19	1
华中师范大学	0	0	20	1
吉林大学	10	0	11	0
暨南大学	8	0	13	0

续表

高校名称	优势专业数	传统专业数	潜力专业数	弱势专业数
江南大学	8	0	13	0
兰州大学	0	0	21	0
辽宁大学	0	0	21	0
南昌大学	1	0	20	0
南京大学	1	0	20	0
南京航空航天大学	5	0	16	0
南京理工大学	4	0	17	0
南京林业大学	1	0	19	1
南京农业大学	1	0	19	1
南京师范大学	0	0	21	0
南京信息工程大学	3	0	17	1
南京邮电大学	2	0	19	0
南京中医药大学	0	0	18	3
南开大学	0	0	20	1
内蒙古大学	0	0	21	0
宁波大学	1	0	19	1
宁夏大学	0	0	19	2
青海大学	0	0	18	3
清华大学	11	0	10	0
厦门大学	0	0	21	0
山东大学	7	0	14	0
陕西师范大学	0	0	21	0
上海财经大学	0	0	1	20
上海大学	2	0	19	0
上海海洋大学	0	0	19	2
上海交通大学	9	0	12	0
上海体育学院	0	0	8	13
上海外国语大学	0	0	0	21
上海中医药大学	0	0	12	9
石河子大学	0	0	20	1
首都师范大学	0	0	21	0
四川大学	7	0	14	0
四川农业大学	3	0	17	1
苏州大学	3	0	18	0
太原理工大学	0	0	21	0
天津大学	11	0	10	0
天津工业大学	1	0	20	0
天津医科大学	0	0	15	6

续表

高校名称	优势专业数	传统专业数	潜力专业数	弱势专业数
天津中医药大学	0	0	14	7
同济大学	7	0	14	0
外交学院	0	0	0	21
武汉大学	5	0	16	0
武汉理工大学	6	0	15	0
西安电子科技大学	3	0	18	0
西安交通大学	6	0	15	0
西北大学	0	0	21	0
西北工业大学	2	0	19	0
西北农林科技大学	1	0	20	0
西藏大学	0	0	4	17
西南财经大学	0	0	0	21
西南大学	0	0	20	1
西南交通大学	4	0	17	0
西南石油大学	3	0	18	0
新疆大学	0	0	21	0
延边大学	0	0	15	6
云南大学	0	0	20	1
浙江大学	14	0	7	0
郑州大学	1	0	20	0
中国传媒大学	0	0	9	12
中国地质大学	2	0	19	0
中国海洋大学	0	0	20	1
中国科学技术大学	0	0	21	0
中国矿业大学	0	0	8	13
中国农业大学	3	0	17	1
中国人民大学	0	0	21	0
中国石油大学	7	0	14	0
中国药科大学	1	0	17	3
中国政法大学	0	0	0	21
中南财经政法大学	0	0	4	17
中南大学	7	0	14	0
中山大学	3	0	18	0
中央财经大学	0	0	2	19
中央民族大学	0	0	14	7

19.5 中国高校学科融合指数

多学科交叉融合是高校学科发展的必然趋势，也是产生创新性成果的重要途径。高校作为知识创新的重要阵地，多学科交叉融合是提高学科建设水平，提升高校创新能力的有力支撑。对高校学科交叉融合的分析可以帮助高校结合实际调整学科结构，促进多学科交叉融合。

学科融合指数的计算方法如下：根据 Scopus 数据中论文的学科分类体系，重新构建了一个高度 h=6 的学科树。学科树中每个节点代表一个学科，任意两个节点间的距离表示其代表的两个学科研究内容的相关性。距离越大表示学科相关性越弱，学科跨越程度越大。对一篇论文，根据其所属不同学科，在学科树中可以找到对应的节点并计算出该论文的学科跨越距离。统计各高校统计年度所有论文的学科跨越距离之和，定义为各高校的学科融合指数。

19.6 医疗机构医工结合排行榜

19.6.1 数据与方法

医学与工程学科交叉是现代医学发展的必然趋势。“医工结合”倡导学科间打破壁垒，围绕医学实际需求交叉融合、协同创新。医工结合不仅强调医学与医学以外的理工科的学科交叉，也包括医工与产业界的融合。从 2017 年开始，中国科学技术信息研究所开始评价和发布“中国医疗机构医工结合排行榜”。“中国医疗机构医工结合排行榜”设置 5 项指标表征“医工结合”创新过程中 3 个阶段的表现：从基础研究阶段开始，经过企业需求导向的应用研究阶段，再到成果转化形成产品阶段。5 项指标如下：

①发表 Ei 论文数。基于 2016—2018 年 Ei 收录的医疗机构论文数。

②发表工程技术类论文数。基于 2016—2018 年中国科技论文与引文数据库收录的医疗机构发表工程技术类的论文数。

③企业资助项目产出的论文数。基于 2016—2018 年中国科技论文与引文数据库统计医疗机构论文中获得企业资助的论文数。

④发明专利数。基于 2016—2018 年德温特世界专利索引收录的医疗机构专利数。

⑤与上市公司关联强度。基于 2016—2018 年中国上市公司年报数据库统计，从上市公司年报中所报道的人员任职、重大项目、重要事项等内容中，利用文本分析方法测度医疗机构与企业联系的范围和强度。

19.6.2 研究分析与结论

统计各医疗机构上述 5 项指标，经过标准化转换后计算得出了五维坐标的矢量长度数值，用于测度各医疗机构的医工结合水平。如表 19-4 所示为根据上述指标统计出的 2018 年医疗机构医工结合排行榜。

表 19-4 医工结合居前 20 位的医疗机构

排名	医疗机构名称	计分	排名	医疗机构名称	计分
1	解放军总医院	194.22	12	陆军军医大学大坪医院	72.99
2	北京协和医院	142.6	13	上海交通大学医学院附属第九人民医院	72.3
3	武汉大学人民医院	108.17			
4	四川大学华西医院	106.81	14	南方医院	71.75
5	江苏省人民医院	106.74	15	北京大学第一医院	70.06
6	青岛大学附属医院	104.93	16	陆军军医大学新桥医院	67.89
7	南京军区南京总医院	92.59	17	中国医科大学附属盛京医院	62.56
8	空军军医大学西京医院	85.06			
9	上海市第六人民医院	83.92	18	北京大学第三医院	60
10	陆军军医大学西南医院	83.12	19	郑州大学第一附属医院	59.88
11	华中科技大学同济医学院附属同济医院	77.02	20	复旦大学附属中山医院	59.25

19.7 中国高校国际合作地图

19.7.1 数据与方法

科学研究的国际合作是国家科技发展战略中的重要组成部分。通过加强国际合作，可以达到有效整合创新资源、提高创新效率的作用。因此，国际合作在建设世界一流高校和一流学科中具有非常重要的积极作用。对高校国际合作情况的分析从一定程度上可以反映出高校理论研究的能力、科研合作的管理能力和吸引外部合作的主导能力。

“中国高校国际合作地图”以中国高校与国外机构合作的论文数作为合作强度的评价指标。同时，评价方法强调合作关系中的主导作用。中国高校主导的国际合作论文的判断标准：①国际合作论文的作者中第一作者的第一单位所属国家为中国；②论文完成单位至少有一个国外单位。某高校主导的国际合作论文数越高，说明该高校科研创新能力及国际合作强度越高。

19.7.2 研究分析与结论

“中国高校国际合作地图”基于 2018 年 SCI 收录的论文数据，从学科领域的角度展示以中国高校为主导的论文国际合作情况。分别选取了中国的综合类院校北京大学、浙江大学、中山大学，工科类院校清华大学、上海交通大学、哈尔滨工业大学，以及农科类院校中国农业大学、西北农林科技大学来进行对比分析。表 19-5 分别列出了各高校国际合作论文数排名居前 3 位的学科领域及在相应学科领域中国际合作排名居前 3 位的国家。

表 19-5 基于学科领域的中国高校国际合作情况

高校名称	排名	国际合作论文篇数排名居前3位的学科领域	在相应学科领域国际合作论文篇数排名居前3位的国家
北京大学	1	临床医学（341篇）	美国（168篇）、英国（36篇）、澳大利亚（23篇）
	2	生物学（214篇）	美国（122篇）、德国（13篇）、英国（13篇）
	3	物理学（197篇）	美国（72篇）、日本（23篇）、德国（21篇）
浙江大学	1	生物学（308篇）	美国（148篇）、加拿大（26篇）、英国（23篇）
	2	化学（217篇）	美国（94篇）、新加坡（15篇）、英国（13篇）
	3	物理学（203篇）	美国（55篇）、英国（24篇）、瑞典（19篇）
中山大学	1	临床医学（334篇）	美国（192篇）、澳大利亚（38篇）、加拿大（15篇）
	2	生物学（180篇）	美国（91篇）、加拿大（12篇）、澳大利亚（11篇）
	3	地学（142篇）	美国（50篇）、澳大利亚（20篇）、加拿大（13篇）
清华大学	1	电子、通信与自动控制（229篇）	美国（101篇）、英国（35篇）、加拿大（14篇）
	2	物理学（227篇）	美国（104篇）、英国（24篇）、日本（16篇）
	3	化学（220篇）	美国（101篇）、日本（26篇）、德国（15篇）
上海交通大学	1	临床医学（277篇）	美国（147篇）、澳大利亚（18篇）、荷兰（12篇）
	2	生物学（185篇）	美国（87篇）、英国（12篇）、澳大利亚（12篇）
	3	物理学（170篇）	美国（62篇）、英国（15篇）、苏格兰（12篇）
哈尔滨工业大学	1	材料科学（174篇）	美国（40篇）、英国（26篇）、澳大利亚（16篇）
	2	电子、通信与自动控制（171篇）	美国（40篇）、加拿大（28篇）、澳大利亚（20篇）
	3	化学（149篇）	美国（55篇）、英国（12篇）、澳大利亚（12篇）
中国农业大学	1	生物学（217篇）	美国（88篇）、英国（14篇）、澳大利亚（10篇）
	2	农学（116篇）	美国（60篇）、德国（7篇）、澳大利亚（7篇）
	3	食品（67篇）	美国（34篇）、加拿大（6篇）、丹麦（4篇）

续表

高校名称	排名	国际合作论文篇数排名居前 3 位的学科领域	在相应学科领域国际合作论文篇数排名居前 3 位的国家
西北农林科技大学	1	生物学（216 篇）	美国（81 篇）、澳大利亚（19 篇）、加拿大（17 篇）
	2	农学（93 篇）	美国（31 篇）、加拿大（16 篇）、丹麦（12 篇）
	3	环境（76 篇）	美国（23 篇）、加拿大（14 篇）、巴基斯坦（5 篇）

19.8　中国高校科教协同融合指数

19.8.1　数据与方法

2018 年 5 月 28 日，习近平总书记在两院院士大会上提出了对科技创新和人才培养的指示要求："中国要强盛、要复兴，就一定要大力发展科学技术，努力成为世界主要科学中心和创新高地""谁拥有了一流创新人才、拥有了一流科学家，谁就能在科技创新中占据优势"。6 月 11 日，科技部、教育部召开科教协同工作会议，研究推动高校科技创新工作，加强新时代科教协同融合。中国高校作为科学研究和人才培养的重要阵地，是国家创新体系的重要组成部分。构建科学合理的高校科技创新能力评价体系是新时代科教协同融合的"指挥棒"，对提高高校科技创新能力、提升高校科研水平具有重要的推动和引导作用。

"中国高校科教协同融合指数"在中国高校科技创新能力评价体系中融入科学研究和人才培养的要素，从学科领域层面基于创新投入、创新产出、学术影响力和人才培养 4 个方面设置 9 项指标。其中，创新投入用获批项目数和获批项目经费来表征，创新产出用发表论文数和发明专利数来表征，学术影响力用论文被引次数和专利被引次数来表征，人才培养用活跃 R&D 人员数、国际合作强度和国际合作广度来表征。具体指标说明如下：

①获批项目数。基于 2018 年度中国高校获批的国家自然科学基金项目数据统计中国高校获批的项目数量，包括创新研究群体项目、地区科学基金项目、国际（地区）合作与交流项目、国家重大科研仪器研制项目、海外与港澳学者合作研究基金、联合基金项目、国家自然科学基金面上项目、国家自然科学基金青年科学基金项目、应急管理项目、优秀青年科学基金项目、国家自然科学基金重大项目、重大研究计划、重点项目、专项基金项目。

②获批项目经费。基于 2018 年度中国高校获批的国家自然科学基金项目数据统计中国高校获批的项目总经费。

③发表论文数。基于 2018 年 SCI 收录的论文数据，统计中国高校发表的论文数。

④发明专利数。基于 2018 年德温特世界专利索引和专利引文索引收录的中国高校专利，统计高校发明的专利数。

⑤论文被引次数。基于2018年SCI收录的论文数据，统计中国高校发表的论文被引的总次数。

⑥专利被引次数。基于2018年德温特世界专利索引和专利引文索引收录的中国高校专利，统计高校发明专利的总被引次数，用于测度专利学术传播能力。

⑦活跃R&D人员数。基于2018年SCI收录的论文数据，统计中国高校发表SCI论文的作者数。

⑧国际合作强度。基于2018年SCI收录的论文数据，统计中国高校主导的国际合作论文篇数。

⑨国际合作广度。基于2018年SCI收录的论文数据，统计中国高校主导的国际合作涉及的国家数。

19.8.2 研究分析与结论

统计各个高校上述9项指标，经过标准化转换后计算得出高校在创新投入、创新产出、学术影响力和人才培养4个方面的得分，求和得到各个高校的科教协同融合指数。如表19-6所示为双一流高校中分别在数理科学、化学科学、生命科学、地球科学、工程与材料科学、医学科学、信息科学、管理科学8个学科领域里科教协同融合指数排名居前3位的高校。

表19-6 不同学科领域科教协同融合指数排名居前3位的高校

学科领域	高校名称
数理科学	清华大学、华中科技大学、中国科学技术大学
化学科学	浙江大学、清华大学、华南理工大学
生命科学	浙江大学、中国农业大学、南京农业大学
地球科学	中国地质大学、中国石油大学、南京大学
工程与材料科学	清华大学、哈尔滨工业大学、西北工业大学
医学科学	中山大学、上海交通大学、中南大学
信息科学	清华大学、西安电子科技大学、电子科技大学
管理科学	上海交通大学、清华大学、北京航空航天大学

19.9 中国医疗机构科教协同融合指数

19.9.1 数据与方法

医院的可持续发展需要人才的培养与技术创新，创建研究型医院是中国医院可持续发展的成功模式，也是提高医院核心竞争力的重要途径，更是建设国际一流医院的必由之路。

“中国医疗机构科教协同融合指数”在科技创新能力评价体系中融入科学研究和人才培养的要素，从学科领域层面基于创新投入、创新产出、学术影响力和人才培养4

个方面设置9项指标。其中，创新投入用获批项目数和获批项目经费来表征，创新产出用发表论文数和发明专利数来表征，学术影响力用论文被引次数和专利被引次数来表征，人才培养用活跃R&D人员数、国际合作强度和国际合作广度来表征。具体指标说明如下:

①获批项目数。基于2018年度中国医疗机构获批的国家自然科学基金项目数据统计中国高校获批的项目数量，包括创新研究群体项目、地区科学基金项目、国际（地区）合作与交流项目、国家重大科研仪器研制项目、海外与港澳学者合作研究基金、联合基金项目、面上项目、青年科学基金项目、应急管理项目、优秀青年科学基金项目、重大项目、重大研究计划、重点项目、专项基金项目。

②获批项目经费。基于2018年度中国医疗机构获批的国家自然科学基金项目数据统计中国高校获批的项目总经费，包括创新研究群里项目、地区科学基金项目、国际（地区）合作与交流项目、国家重大科研仪器研制项目、海外与港澳学者合作研究基金、联合基金项目、国家自然科学基金面上项目、国家自然科学基金青年科学基金项目、应急管理项目、优秀青年科学基金项目、国家自然科学基金重大项目、重大研究计划、重点项目、专项基金项目。

③发表论文数。基于2018年SCI收录的论文数据，统计中国医疗机构发表的论文数。

④发明专利数。基于2018年德温特世界专利索引和专利引文索引收录的中国医疗机构专利，统计高校发明的专利数。

⑤论文被引次数。基于2018年SCI收录的论文数据，统计中国医疗机构发表的论文被引的总次数。

⑥专利被引次数。基于2018年德温特世界专利索引和专利引文索引收录的中国医疗机构专利，统计医疗机构发明专利的总被引次数，用于测度专利学术传播能力。

⑦活跃R&D人员数。基于2018年SCI收录的论文数据，统计中国医疗机构发表SCI论文的作者数。

⑧国际合作强度。基于2018年SCI收录的论文数据，统计中国医疗机构主导的国际合作论文篇数。

⑨国际合作广度。基于2018年SCI收录的论文数据，统计中国医疗机构主导的国际合作涉及的国家数。

19.9.2 研究分析与结论

统计各个医疗机构上述9项指标，经过标准化转换后计算得出医疗机构在创新投入、创新产出、学术影响力和人才培养4个方面的得分，求和得到各个医疗机构的科教协同融合指数。如表19-7所示为分别在数理科学、化学科学、生命科学、地球科学、工程与材料科学、医学科学、信息科学、管理科学8个学科领域里科教协同融合指数排名居前3位的医疗机构。

表 19-7 不同学科领域科教协同融合指数排名居前 3 位的医疗机构

学科领域	医疗机构名称
数理科学	复旦大学附属中山医院、四川大学附属华西口腔医院、四川大学附属华西医院
化学科学	四川大学附属华西医院、北京大学医学院附属第三医院、南京大学医学院附属金陵医院
生命科学	中国人民解放军总医院、四川大学附属华西医院、中南大学附属湘雅医院
地球科学	上海交通大学医学院附属新华临床医学院、温州医学院第二附属医院、郑州大学第一附属医院
工程与材料科学	上海交通大学医学院附属第九人民医院、四川大学附属华西口腔医院、中国人民解放军总医院
医学科学	复旦大学医学院附属中山医院、中南大学附属湘雅医院、北京大学医学院附属人民医院
信息科学	首都医科大学医学院附属宣武学院、南京医科大学第一附属医院、陆军军医大学附属新桥医院
管理科学	—

19.10 中国高校国际创新资源利用指数

随着科学技术的不断进步，科学研究的范围逐渐扩展，科学研究的难度逐渐加大。高校的国际科技合作对于充分利用全球科技资源、提高自主创新能力有积极的作用。高校在探索和开展科技合作工作时会面临两个重要问题：①如何选择最理想的合作资源？②现有的合作资源是不是最好的？从 2019 年开始，中国科学技术信息研究所开始评价和发布“中国高校国际创新资源利用指数”，反映高校对国际创新资源的布局和利用能力，引导高校积极精准开展国际科技合作，提高科技创新效率和创新水平。

高校的国际创新资源利用指数用高校已开展国际合作的科研机构和学科领域内高校理想国际合作机构交集个数标准化后的数值来表示。其中，高校理想国际合作机构通过对全球科研机构的研究水平和合作可能性两个维度进行测度和筛选而得出。科研机构的研究水平用该机构在 2014—2018 年 5 年内发表的高被引论文总数来表征，科研机构的合作可能性用该机构在 2014—2018 年与中国合著发表论文数来表征。以声学、天文学与天体物理学、自动化与控制系统、生物学、人工智能、航天工程、生物医学工程领域为例，选取中国的综合类院校北京大学、浙江大学、中山大学，工科类院校清华大学、上海交通大学、哈尔滨工业大学来进行分析。指数的数值越高，说明高校在该学科领域对国际创新资源的利用能力越高。

19.11 讨论

本章以中国科研机构作为研究对象，从中国高校科研成果转化、中国高校学科发展布局、中国高校学科交叉融合、中国高校国际合作地图、中国医疗机构医工结合、中国高校科教协同融合指数、中国医疗机构科教协同融合指数、中国高校国际创新资源利用指数等多个角度进行了统计和分析，我们可以得知：

①产学共创能力排名居前 3 位的高校是清华大学、华北电力大学和中国石油大学。

②从高校学科布局来看，北京大学、浙江大学、清华大学、上海交通大学已接近国际一流高校水平。

③医工结合排名居前 3 位的医疗机构是中国人民解放军总医院、北京协和医院和武汉大学人民医院。

20　为发表高质量高影响力的国际论文而努力

20.1　前言

一篇好的论文应是引领世界科学的发展，传播力大，受众面广，具有时效性，影响力持久等。据此，什么样的论文才具有影响力？什么样的论文才能算作高质量论文？以下，我们提出几个学术指标来研判中国已产出论文的影响力和质量。

2018 年中国 SCI 论文的产出达 357603 篇，比 2017 年的 309898 篇增加 47705 篇，增长 15.4%。在论文数量增长的同时，中国科技论文质量和国际影响力也有一定的提升。中国国际论文被引次数排名上升，高被引次数增加，国际合著论文占比超过四分之一，参与国际大科学和大科学工程产出的论文数持续增加。其保障因素之一是中国的研发人员规模已居世界第 1 位，已形成了规模庞大、学科齐备、结构完善的科技人才体系，科技人员能力与素质显著提升，为科技和经济发展奠定了坚实的基础。人才是科学技术研究最关键的因素。“十二五”以来，中国研发人员已由 2010 年的 255.4 万人年增加到 2014 年的 371.1 万人年；“十二五”的前 4 年，中国累计培养博士毕业生 20.9 万人，年度海外学成归国人员由 2010 年的 13.5 万人迅速提高到 2014 年的 36.5 万人。再一重大保障是中国 2013 年 R&D 经费支出已居世界第 2 位。

科技部主任王志刚在 2019 年 3 月 10 日全国两会新闻记者会上表示，到 2020 年要进入创新型国家，这是个非常重要的时刻，也是个重大的任务。什么叫作进入创新型国家？可能要有一个基本的界定。2019 年科技部召开的全国科技工作会议上，我们对创新型国家进行了一个描述，即科技实力和创新能力要走在世界前列。具体来讲，应该从定性和定量两方面来看这个事情。从定量来讲，2018 年我们国家按照世界知识产权组织排名，综合科技创新排在第 17 位，到 2020 年原定目标在 15 位左右。另外，我们的科技贡献率要达到 60%，2018 年达到了 58.5%。同时，还有一些定量指标，如研发投入、论文数、专利数、高新区等。

就科技论文方面，中国近年来已有不俗的表现：自然科学基金委员会杨卫主任曾在《光明日报》发文说：“中国学科发展的全面加速出人意料。”材料科学、化学、工程科学 3 个学科发展进入总量并行阶段，发表的论文数均居世界第 1 位，学术影响力超过或接近美国。由数学、物理学、天文学、信息系统科学等学科组成的数理科学群虽尚不及美国，但亮点纷呈。例如，在几何与代数交叉、量子信息学、暗物质、超导、人工智能等方面成果突出。大生命科学高速发展。宏观生命科学领域，如农业科学、药物学、生物学等发展接近于世界前列，中国高影响力研究工作占世界份额达到甚至超过总学术产出占世界的份额。中国各学科领域加权的影响力指数接近世界均值。

中国的基础科学研究经费投入增长。“十一五”末期，中国 R&D 经费支出总额排名在美国和日本之后，居世界第 3 位。到 2013 年，中国已经超越日本，成为世界第二大 R&D 经费支出国，经费规模接近美国的二分之一，是日本的 1.1 倍，中国 R&D 投入强度已接近欧盟 15 国的整体水平。

国家财政对研发经费的大力投入，中国科研人员的增加及科研的积累和研究环境的宽松，是科技论文质量和学术影响力提升的保证。反映基础研究成果的 SCI 论文数已连续多年排名世界第 2 位，仅落后于美国。在此情况下，我们不仅要发表论文，关键的是要发表高质量高影响力的论文，要对民生、国家的发展起到推动作用。

20.2 中国具有国际影响力的各类论文简要统计与分析

20.2.1 中国在国际合作的大科学和大科学工程项目中产生的论文

大科学研究一般来说是具有投资强度大、多学科交叉、实验设备庞大复杂、研究目标宏大等特点的研究活动，大科学工程是科学技术高度发展的综合体现，是显示各国科技实力的重要标志，中国经过多年的努力和科技力量的积蓄，已与当前科技强国的美国、欧洲、日本等开展平等合作，为参与制定国际标准，在解决全球性重大问题上做出了应有的贡献。

“大科学”（Big Science，Megascience，Large Science）是国际科技界近年来提出的新概念。从运行模式来看，大科学研究国际合作主要分为 3 个层次：科学家个人之间的合作、科研机构或大学之间的对等合作（一般有协议书）、政府间的合作（有国家级协议，如国际热核聚变实验研究 ITER、欧洲核子研究中心的强子对撞机 LHC 等）。

就其研究特点来看，主要表现为：投资强度大、多学科交叉、需要昂贵且复杂的实验设备、研究目标宏大等。根据大型装置和项目目标的特点，大科学研究可分为两类：

第一类是需要巨额投资建造、运行和维护大型研究设施的“工程式”的大科学研究，又称“大科学工程”，其中包括预研、设计、建设、运行、维护等一系列研究开发活动。如国际空间站计划、欧洲核子研究中心的大型强子对撞机计划（LHC）、Cassini 卫星探测计划、Gemini 望远镜计划等，这些大型设备是许多学科领域开展创新研究不可缺少的技术和手段支撑，同时，大科学工程本身又是科学技术高度发展的综合体现，是各国科技实力的重要标志。

第二类是需要跨学科合作的大规模、大尺度的前沿性科学研究项目，通常是围绕一个总体研究目标，由众多科学家有组织、有分工、有协作、相对分散开展研究，如人类基因图谱研究、全球变化研究等即属于这类“分布式”的大科学研究。

多年来，中国科技工作者已参与了各项国际大科学计划项目，和国际同行们合作发表了多篇论文。2018 年，中国参与的作者数大于 1000 人、机构数大于 50 个的国际大科学论文有 303 篇，比 2017 年的 265 篇增加 38 篇。2010—2018 年的 7 年间，发表论文 1704 篇，呈逐年上升之势。涉及的学科为高能物理、天文学、天体物理、大型仪器和生命科学。2018 年，世界有 125 个国家（地区）的科技人员参加了大科学的合作研究并产出论文，参加大科学和大工程合作国际研究的国家和地区更加扩大，人员增多。国家（地区）数由 123 个增到 125 个。除一些科技发达国家外，一些第三世界国家（地区）的科技工作者也参与了大科学项目的研究工作（如表 20-1 所示）。在中国参与的单位中，除高等院校、研究院所外，也有比较多的医疗单位参与了大科学合作研究项目。参加的高等院校、研究院所和医疗机构如表 20–2、表 20–3 所示。作者数大于 100 人、机构数大于 50 个的论文数共计 571 篇，比 2017 年的 519 篇增加 52 篇，涉及的学科主要为高能物理、仪器仪表、生命科学方面。在 571 篇论文中，以中国大陆单位为牵头的论文数由 2017 年的 40 篇增加到 43 篇，参与合作研究的国家（地区）有 12 个，如表 20–4 所示，涉及的学科有高能物理、核物理和生命科学。在 43 篇论文中，中国牵头单位中国科学院高能物理所 38 篇，北京大学 2 篇，北京航空航天大学 2 篇，南京军区总医院 1 篇。中国参与工作并发表论文的单位有 153 个，其中，高等院校 36 所，各类医院 112 个，研究所 4 个，参与发表论文 2 篇及以上的单位 23 个，如表 20–5 所示。

表 20–1　2018 年参加大科学合作研究产出论文作者的国家（地区）

序号	国家（地区）	序号	国家（地区）	序号	国家（地区）	序号	国家（地区）	序号	国家（地区）
1	阿尔及利亚	26	不丹	51	科特迪瓦	76	南非	101	乌克兰
2	阿根廷	27	丹麦	52	科威特	77	尼泊尔	102	乌拉圭
3	阿联酋	28	德国	53	克罗地亚	78	尼日利亚	103	乌兹别克斯坦
4	阿曼	29	多哥	54	肯尼亚	79	挪威	104	西班牙
5	阿塞拜疆	30	多米尼加	55	拉脱维亚	80	葡萄牙	105	希腊
6	埃及	31	俄罗斯	56	黎巴嫩	81	日本	106	新加坡
7	埃塞俄比亚	32	厄瓜多尔	57	立陶宛	82	瑞典	107	新西兰
8	爱尔兰	33	法国	58	利比里亚	83	瑞士	108	匈牙利
9	爱沙尼亚	34	菲律宾	59	利比亚	84	塞尔维亚	109	亚美尼亚
10	安圭拉	35	芬兰	60	卢森堡	85	塞浦路斯	110	也门
11	奥地利	36	刚果	61	卢旺达	86	沙特阿拉伯	111	伊拉克
12	澳大利亚	37	哥伦比亚	62	罗马尼亚	87	圣马力诺	112	伊朗
13	巴基斯坦	38	哥斯达黎加	63	马耳他	88	斯里兰卡	113	以色列
14	巴拉圭	39	格鲁吉亚	64	马拉维	89	斯洛伐克	114	意大利
15	巴勒斯坦	40	古巴	65	马来西亚	90	斯洛文尼亚	115	印度
16	巴林	41	哈萨克斯坦	66	毛里塔尼亚	91	苏丹	116	印度尼西亚
17	巴拿马	42	韩国	67	美国	92	泰国	117	英国
18	巴西	43	荷兰	68	孟加拉国	93	坦桑尼亚	118	约旦
19	白俄罗斯	44	吉尔吉斯斯坦	69	秘鲁	94	特立尼德和多巴哥	119	越南
20	保加利亚	45	加拿大	70	密克罗尼西亚	95	突尼斯	120	赞比亚
21	贝宁	46	加纳	71	摩洛哥	96	土耳其	121	乍得
22	比利时	47	柬埔寨	72	摩纳哥	97	危地马拉	122	智利
23	冰岛	48	捷克	73	莫桑比克	98	委内瑞拉	123	中国台湾
24	波兰	49	喀麦隆	74	墨西哥	99	文莱	124	中国
25	博茨瓦纳	50	卡塔尔	75	纳米比亚	100	乌干达		

表 20-2　2018 年参与大科学国际合作的高等院校

序号	高等院校	序号	高等院校	序号	高等院校
1	北京大学	9	清华大学	17	香港科技大学
2	北京航空航天大学	10	山东大学	18	香港理工大学
3	电子科技大学	11	上海交通大学	19	香港中文大学
4	杜克昆山大学	12	上海科技大学	20	中国科技大学
5	复旦大学	13	四川大学	21	中国科学院大学
6	华中师范大学	14	武汉大学	22	中南大学
7	南方科技大学	15	西安交通大学	23	中山大学
8	南京大学	16	香港大学		

表 20-3　2018 年参与大科学国际合作的单位（不含高等院校）

序号	单位名称	序号	单位名称
1	北京友谊医院	7	四川生殖医学中心
2	国家妇幼保健办公室	8	中国疾控中心
3	开滦总医院	9	中国科学院高能物理所
4	量子物质科学协同创新中心	10	中国科学院合肥物质科学院
5	慢性病控制中心	11	中国原子能科学院
6	深圳中山心血管病医院		

表 20-4　2018 年参与以中国为主的国际合作研究的国家（地区）

序号	国家（地区）	序号	国家（地区）	序号	国家（地区）
1	塞浦路斯	5	蒙古	9	韩国
2	德国	6	荷兰	10	瑞典
3	印度	7	巴基斯坦	11	土耳其
4	意大利	8	俄罗斯	12	美国

表 20-5　2018 年参与以中国为主发表论文 2 篇及以上的单位

单位	论文篇数	单位	论文篇数	单位	论文篇数
上海交通大学	14	湖南大学	2	山东大学	2
中国科学技术大学	5	华中师范大学	2	山西大学	2
复旦大学	4	济南大学	2	四川大学	2
东南大学	3	兰州大学	2	武汉大学	2
中科院高能物理所	3	辽宁大学	2	浙江大学	2
北京大学	2	南华大学	2	郑州大学	2
广西大学	2	南京师范大学	2	中南大学湘雅医院	2
河南师范大学	2	青岛大学附属医院	2		

2016 年 9 月 25 日，有着“超级天眼”之称的 500 米口径球面射电望远镜已在中国贵州平塘的喀斯特洼坑中落成启用，吸引着世界目光。1609 年，意大利科学家伽利略用自制的天文望远镜发现了月球表面高低不平的环形山，成为利用望远镜观测天体第

一人。400 多年后，代表中国科技高度的大射电望远镜，将首批观测目标锁定在直径 10 万光年的银河系边缘，探究恒星起源的秘密，也将在世界天文史上镌刻下新的刻度。这个里程碑的大科学事件是中国为世界做出的极大贡献，是一个极其重要的大科学工程。随着中国科技实力的增强，参与国际大科学研究人员和研究机构将会增多，特别是会在以我方为主的大科学项目的研究中，将产生大量高质量高影响力的论文。

2019 年，科技部主任王志刚介绍，中国已与 160 个国家建立科技合作关系，签署政府间合作协议 114 项，人才交流协议 346 项，参加国际组织和多边机制超过 200 个，积极参与了国际热核聚变等一系列国际大科学计划和工程。2018 年累计发放外国人才工作许可证 33.6 万份，在中国境内工作的外国人超过 95 万人。可以说，中国已开始具备主持大科学工程项目研究的条件了。

20.2.2 被引次数居世界各学科前 0.1% 的论文数（同行关注）继续增加

2018 年，中国作者发表的论文中，被引次数进入各学科前 0.1% 的论文数为 1118 篇，比 2017 年的 1467 篇减少 349 篇，下降 23.8%。第一作者为大陆的论文为 881 篇，比 2017 年的 1150 篇减少 269 篇，下降 23.4%。进入被引次数居世界前 0.1% 的学科数为 30 个。化学的论文数排名保持第一，材料科学的论文数增加较多，居第 3 位，如表 20-6 和图 20-1 所示。

表 20-6　2018 年被引次数居前 0.1% 的中国各学科论文数

学科	论文篇数	学科	论文篇数	学科	论文篇数
化学	173	地学	20	轻工、纺织	3
化工	105	临床医学	19	食品	3
材料科学	95	力学	17	交通运输	3
电子、通信与自动控制	75	信息、系统科学	16	预防医学与卫生学	2
计算技术	65	药物学	15	工程与技术基础学科	2
环境科学	58	基础医学	8	管理学	2
数学	56	农学	8	其他	1
生物学	50	土木建筑	6	水产学	1
能源科学技术	38	机械、仪表	5	核科学技术	1
物理学	29	水利	4	航空航天	1

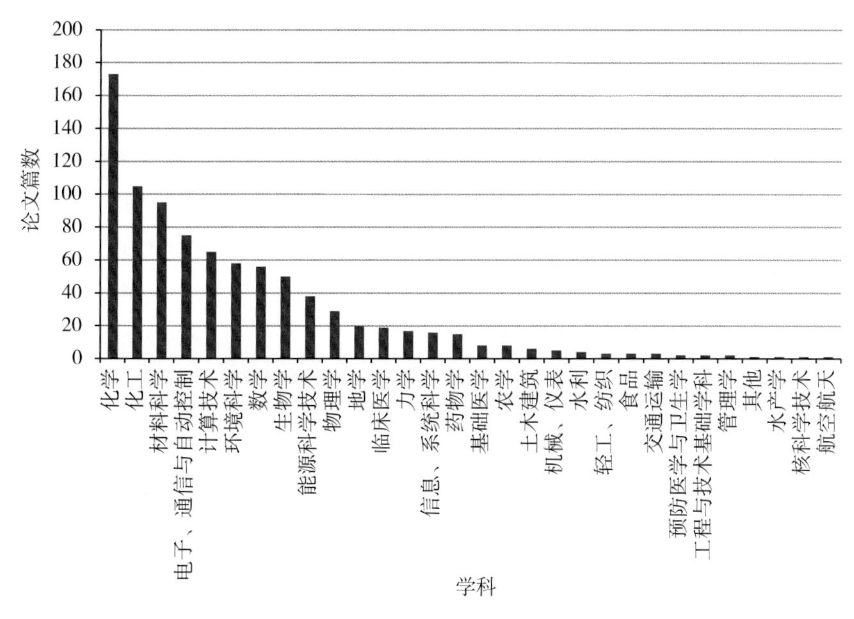

图 20-1　2018 年论文被引次数居前 0.1% 的学科

881 篇大陆第一作者论文中，中国高等院校（仅计校园本部，不含附属机构）181 所，共发表 783 篇论文，占 88.9%；研究院所 35 个，共发表 57 篇，占 6.5%；医疗机构 25 个，共发表 42 篇，占 4.8%。发表 10 篇以上的单位 25 个，如表 20-7 所示，除中国科学院化学所和解放军总医院外，其余都是中国的高等院校，电子科技大学居首位。

表 20-7　2018 年发表各学科被引次数前 0.1% 10 篇以上论文的单位

单位	论文篇数	单位	论文篇数	单位	论文篇数
电子科技大学	33	华中科技大学	15	苏州大学	12
湖南大学	31	清华大学	15	浙江大学	12
中南大学	23	中国矿业大学（徐州）	15	南京大学	11
武汉理工大学	19	解放军总医院	14	武汉大学	11
西北工业大学	18	大连理工大学	13	重庆大学	11
北京大学	17	哈尔滨工业大学	13	江苏大学	10
山东科技大学	17	中国科学院化学所	13	中国科学技术大学	10
四川师范大学	16	广州大学	12		
北京理工大学	15	华北电力大学	12		

20.2.3　中国各学科影响因子首位期刊中的论文数还在上升

2018 年，*JCR* 176 个学科中，各学科影响因子（IF）居首位的国家及学科数与 2017 年相比有了一点变化，即国家数增多，由 11 个增到 13 个，美国拥有的学科数继续增加，亚洲有 2 个国家期刊进入学科影响因子首位。不过，期刊学科影响因子居首位的国家还是科技较发达的国家居多。美国由 83 个增到 88 个，英国保持 61 个，荷兰 15 个，德国 4 个，澳大利亚 2 个，爱尔兰、中国、加拿大、丹麦、意大利、奥地利、新加坡和瑞士各 1 个（如表 20-8 所示）。由以上数据可以看出，在 176 个学科中，期刊的影响因子排在首位的国家基本上都是科技发达的欧美国家，能在这类期刊中发表论文具有一定的难度，发表以后会产生较大的影响。由于期刊的学科交叉，一种期刊可能交叉出现在多个学科中，因此，176 个学科影响因子首位的期刊实际只有 152 种。中国 2018 年在其中的 122 种期刊中有论文发表，比 2017 年的 128 种减少 6 种。中国影响因子学科首位的期刊比 2017 年减少 1 种，仅保留 *FUNGAL DIVERSITY*。

表 20-8 影响因子居首位的国家及期刊数

国家	期刊数	国家	期刊数	国家	期刊数
美国	88	奥地利	1	中国	1
英国	61	加拿大	1	新加坡	1
荷兰	15	丹麦	1	瑞士	1
德国	4	爱尔兰	1		
澳大利亚	2	意大利	1		

数据来源：JCR 2018。

2018 年，大陆作者在 SCI 各主题学科影响因子首位期刊中发表论文 8912 篇，比 2017 年增加 2284 篇，分布于我们划分的 29 个学科中，多于 100 篇的学科由 14 个增到 18 个，化学、能源科学技术、材料科学的发表数仍居前 3 位。与 2017 年相比，发表数都增加了，大于 1000 篇的学科增加 1 个，如表 20-9 和图 20-2 所示。没有论文发表的学科有：力学，天文学，测绘科学技术，冶金、金属学，动力与电气，交通运输，安全科学技术和管理学。

表 20-9 176 个影响因子居首位期刊的学科论文

学科	论文篇数	学科	论文篇数
化学	1971	数学	115
能源科学技术	1430	矿山工程技术	110
材料科学	833	基础医学	106
生物学	600	临床医学	77
轻工、纺织	564	土木建筑	55
电子、通信与自动控制	558	核科学技术	34
化工	534	军事医学与特种医学	30
计算技术	449	预防医学与卫生学	25
水利	265	工程与技术基础学科	17
地学	231	食品	12
信息、系统科学	226	航空航天	6
农学	214	水产学	3
物理学	186	环境科学	2
药物学	129	中医学	1
林学	128		

数据来源：SCIE 2018。

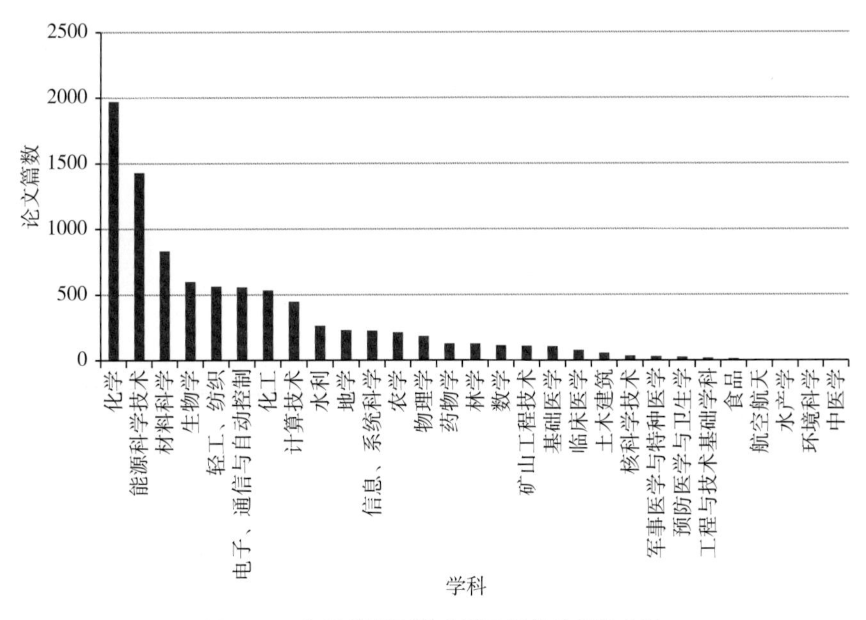

图 20-2　各学科期刊影响因子居首位的论文数

影响因子居首位的 152 种期刊中，大陆作者只在其中的 122 种期刊（比 2017 年减少 6 种）中有论文发表。发表论文数大于 1000 篇的期刊 1 种，仍为 *APPLIED SURFACE SCIENCE*，大于 100 篇的 23 种（比 2017 年增加 8 种），如表 20-10 所示。

表 20-10　各学科影响因子居首位期刊中发表论文数大于 100 篇的期刊

期刊名称	论文篇数
APPLIED SURFACE SCIENCE	1849
BIORESOURCE TECHNOLOGY	924
APPLIED CATALYSIS B-ENVIRONMENTAL	533
BIOSENSORS & BIOELECTRONICS	429
IEEE TRANSACTIONS ON INDUSTRIAL ELECTRONICS	383
DYES AND PIGMENTS	346
IEEE TRANSACTIONS ON NEURAL NETWORKS AND LEARNING SYSTEMS	319
JOURNAL OF THE EUROPEAN CERAMIC SOCIETY	291
WATER RESEARCH	265
IEEE TRANSACTIONS ON INDUSTRIAL INFORMATICS	226
BIOMATERIALS	220
CELLULOSE	218
IEEE TRANSACTIONS ON CYBERNETICS	169
RENEWABLE & SUSTAINABLE ENERGY REVIEWS	160
ULTRASONICS SONOCHEMISTRY	154
COMPOSITES PART B-ENGINEERING	149
ACTA MATERIALIA	138
INTERNATIONAL JOURNAL OF ENERGY RESEARCH	135

续表

期刊名称	论文篇数
AGRICULTURAL AND FOREST METEOROLOGY	128
SOIL BIOLOGY & BIOCHEMISTRY	122
PHYTOMEDICINE	115
COMMUNICATIONS IN NONLINEAR SCIENCE AND NUMERICAL SIMULATION	113
INTERNATIONAL JOURNAL OF ROCK MECHANICS AND MINING SCIENCES	110

注：论文篇数仅为 Article 和 Review 类。

2018 年，中国作者发表于各学科影响因子居首位期刊中的论文为 8912 篇，比 2017 年增加 2286 篇，增长 34.5%，分布于大陆 790 个机构，其中，高等院校（只计校园本部）448 所，比 2017 年减少 13 所，发表论文 7718 篇，增加 2019 篇，占 86.6%；研究院所 226 个，发表论文 971 篇，占 10.9%；医疗机构 93 个，发表 175 篇，占 2.0%；另有公司企业 17 个，发表 21 篇（如图 20–3 所示）。发表 100 篇以上的高等院校 17 个，哈尔滨工业大学和清华大学保持前两位的位置，论文数都有增加，如表 20–11 所示。在 226 个研究机构中，发表 15 篇以上的研究院所仅有 13 个，中国科学院自动化研究所发表 41 篇，居第 1 位，如表 20–12 所示。发表 3 篇以上的医疗机构 8 个，华中科技大学附属同济医院超四川大学华西医院居第 1 位，如表 20–13 所示。.

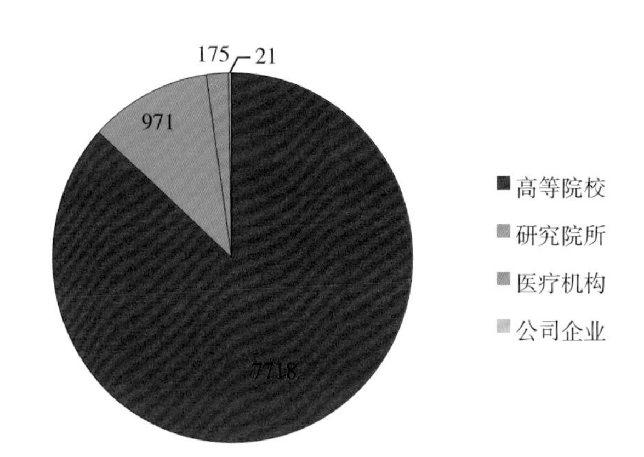

图 20–3 2018 年中国大陆各类机构发表于各学科影响因子居首位期刊中的论文数

表 20–11 2018 年各学科影响因子居首位期刊中论文数大于 100 篇的高等院校

高等院校	论文篇数	高等院校	论文篇数	高等院校	论文篇数
哈尔滨工业大学	241	华中科技大学	130	中南大学	112
清华大学	208	湖南大学	124	北京大学	111
西安交通大学	157	上海交通大学	122	西北工业大学	108
天津大学	151	重庆大学	119	四川大学	105
浙江大学	149	江苏大学	113	大连理工大学	101
华南理工大学	146	南京大学	113		

表 20-12 2018 年影响因子居首位期刊中论文数大于 15 篇的研究院所

研究院所	论文篇数
中国科学院自动化研究所	41
中国科学院上海硅酸盐研究所	39
中国科学院生态环境研究中心	38
中国科学院金属研究所	27
中国科学院兰州化学物理研究所	26
中国科学院南京土壤研究所	25
中国科学院过程工程所	24
中国科学院宁波材料技术与工程研究所	24
中国科学院城市环境研究所	18
中国科学院地理科学与资源研究所	18
中国科学院大连化学物理研究所	17
中国科学院合肥物质科学研究院	17
中国科学院化学研究所	16

表 20-13 2018 年影响因子居首位期刊中论文数大于 3 篇的医疗机构

医疗机构	论文篇数
华中科技大学附属同济医院	9
四川大学华西医院	7
浙江大学医学院附属第一医院	6
复旦大学附属华山医院	5
华中科技大学附属协和医院	5
南方医科大学附属南方医院	5
上海交通大学附属第六人民医院	4
解放军总医院	4

20.2.4 发表于高影响区（影响因子、总被引次数同时居学科前 1/10 区）期刊中的论文数再次增加

总被引次数和影响因子同时居学科前 1/10 区的期刊，应归于高影响的期刊，在这类期刊中发表论文有一定的难度，但在这类期刊中发表的论文的影响也大。期刊的影响因子反映的是期刊论文的平均影响力，受期刊每年发表文献数的变化、发表评述性文献量的多少等因素制约，各年间的影响因子值会有较大的波动，会产生大的跳跃。一些刚创刊不久的期刊，会因发表文献数少但已有文献被引，而出现较高的影响因子值，但实际的影响力和影响面都还不算大。而期刊的总被引次数会因期刊的规模、刊期的长短、创刊时间等因素而有较大的差别，有些期刊因发文量大而被引机会多从而被引次数高，但篇均被引次数并不高，总体影响力也不大。因此，同时考虑两个指标因素才能表现期刊的影响。影响因子和总被引次数同时居学科前位的期刊才能算是真正影响大的期刊。

2018 年，中国大陆作者在学科影响因子和总被引次数同时居前 1/10 区的期刊中

共发表论文（Article，Review）53512篇，比2017年的30568篇增加22944篇，增长75.1%。在划分的39个学科中，仅有3学科没有此类论文发表，它们是：测绘科学技术，冶金、金属学和安全科学技术，各学科论文数增长不同，作为学科论文数居首位的化学，发表量由2017年的9546篇增到14198篇，增加4652篇，增长48.7%。发表论文数大于1000篇的学科已达14个，比2017年增加4个，如表20-14和图20-4所示。

表20-14 在影响因子和总被引次数同时居前1/10区的期刊中发文的学科

学科	论文篇数	学科	论文篇数	学科	论文篇数
化学	14198	数学	1306	林学	226
材料科学	6915	临床医学	1108	核科学技术	190
生物学	4040	农学	896	交通运输	162
能源科学技术	3760	动力与电气	810	预防医学与卫生学	155
环境科学	2762	药物学	635	畜牧、兽医	121
计算技术	2616	水产学	565	矿山工程技术	110
化工	2406	轻工、纺织	564	工程与技术基础学科	78
电子、通信与自动控制	1911	物理学	527	管理学	59
食品	1748	基础医学	466	军事医学与特种医学	48
土木建筑	1494	水利	345	天文学	4
地学	1337	信息、系统科学	316	中医学	3
力学	1309	机械、仪表	295	航空航天	1

数据来源：SCIE 2018。

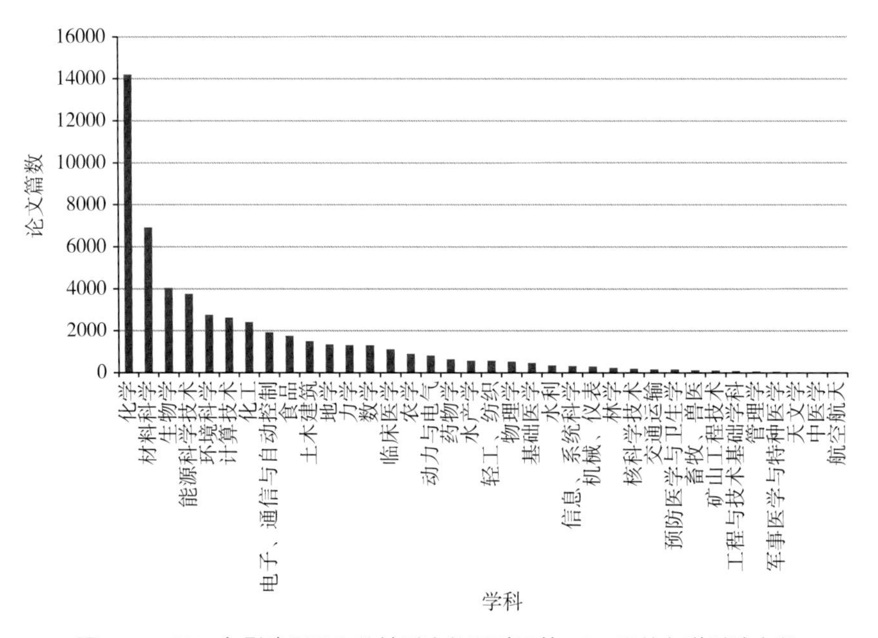

图20-4 2018年影响因子和总被引次数同时居前1/10区的各学科论文数

2018年，中国作者在IF、TC同时居前1/10区的论文53512篇，分布于397种期刊中，大于100篇的期刊119种，大于200篇的期刊68种，大于500篇的期刊28种，还有 9 种期刊的发表量大于 1000 篇。2018 年发表数大于 500 篇的期刊由 11 种增到 28 种，如表 20–15 所示。

表 20–15　影响因子和总被引次数同时居前 1/10 区论文数大于 500 篇的期刊

期刊名称	论文篇数
ACS APPLIED MATERIALS & INTERFACES	2381
JOURNAL OF ALLOYS AND COMPOUNDS	2101
APPLIED SURFACE SCIENCE	1849
CERAMICS INTERNATIONAL	1711
JOURNAL OF MATERIALS CHEMISTRY A	1475
SENSORS AND ACTUATORS B-CHEMICAL	1353
CHEMICAL ENGINEERING JOURNAL	1349
JOURNAL OF CLEANer PRODUCTION	1190
CONSTRUCTION AND BUILDING MATERIALS	1040
BIORESOURCE TECHNOLOGY	924
INTERNATIONAL JOURNAL OF BIOLOGICAL MACROMOLECULES	865
ORGANIC LETTERS	809
APPLIED THERMAL ENGINEERING	798
ENERGY	788
JOURNAL OF AGRICULTURAL AND FOOD CHEMISTRY	743
ANGEWANDTE CHEMIE-INTERNATIONAL EDITION	721
NATURE COMMUNICATIONS	720
FUEL	715
INTERNATIONAL JOURNAL OF HEAT AND MASS TRANSFER	708
ANALYTICAL CHEMISTRY	695
MATERIALS SCIENCE AND ENGINEERING A-STRUCTURAL MATERIALS PROPERTIES	665
FRONTIERS IN PLANT SCIENCE	660
ADVANCED FUNCTIONAL MATERIALS	620
ADVANCED MATERIALS	608
APPLIED ENERGY	568
FOOD CHEMISTRY	567
APPLIED CATALYSIS B-ENVIRONMENTAL	533
SMALL	515

数据来源：SCIE 2018。

2018 年中国大陆作者在学科影响因子和总被引次数同时居前 1/10 区中发表论文 53512 篇，分布于大陆 1576 个单位，单位数比 2017 年增加 336 个，其中，高等院校（仅指校园本部，不含附属机构）716 所，增加 171 所，共发表论文 45717 篇，增加 21444 篇，占全部该类论文的 85.4%；研究机构 484 个，共发表论文 4246 篇，占 11.3%；医疗机构 273 个，共发表论文 1581 篇，占 3.0%。清华大学仍占据首位，发表数大于 1000 篇的大学增到 3 所。发表数大于 500 篇的大学 25 所，如表 20–16 所示；发表数大于 100 篇的研究院所13个，如表20-17所示；发表数大于20篇（含20篇）的医疗机构21个，如表20-18所示。

表20-16　前1/10区发表论文数大于500篇的高等院校

高等院校	论文篇数	高等院校	论文篇数	高等院校	论文篇数
清华大学	1420	中国科学技术大学	733	大连理工大学	568
哈尔滨工业大学	1111	南京大学	641	重庆大学	563
浙江大学	1054	山东大学	637	北京航空航天大学	552
天津大学	948	中南大学	628	北京科技大学	547
华中科技大学	946	四川大学	614	吉林大学	546
上海交通大学	869	西北工业大学	604	东南大学	508
华南理工大学	837	武汉大学	595	同济大学	501
西安交通大学	808	中山大学	577		
北京大学	767	湖南大学	574		

数据来源：SCIE 2018。

表20-17　前1/10区发表论文数大于100篇的研究院所

研究机构	论文篇数
中国科学院化学研究所	271
中国科学院长春应用化学研究所	189
中国科学院生态环境研究中心	179
中国科学院大连化学物理研究所	172
中国科学院金属研究所	157
中国科学院上海硅酸盐研究所	155
中国科学院合肥物质科学研究院	131
中国科学院过程工程研究所	126
中国工程物理研究院	124
中国科学院宁波材料技术与工程研究所	119
中国科学院福建物质结构研究所	117
国家纳米科学中心	106
中国科学院理化技术研究所	103

数据来源：SCIE 2018。

表20-18　前1/10区发表论文数大于20篇（含20篇）的医疗机构

医疗机构	论文篇数	医疗机构	论文篇数
四川大学华西医院	76	复旦大学中山医院	27
上海交通大学第九人民医院	42	解放军总医院	27
浙江大学第二医院	40	上海交通大学瑞金医院	25
上海交通大学仁济医院	39	复旦大学肿瘤医院	24
复旦大学华山医院	35	中山大学第一医院	24
浙江大学第一医院	35	陆军军医大学西南医院	23
中山大学肿瘤医院	35	南京军区南京总医院	23

续表

医疗机构	论文篇数	医疗机构	论文篇数
华中科技大学协和医院	34	上海交通大学第六人民医院	22
南方医科大学南方医院	32	空军军医大学西京医院	20
四川大学华西口腔医院	31	同济大学东方医院	20
华中科技大学同济医院	29		

数据来源：SCIE 2018。

20.2.5　中国作者在世界有影响的生命科学系列期刊中的发文情况

《自然出版指数》是以国际知名学术出版机构英国自然出版集团（Nature Publishing Group）的《自然》系列期刊在前一年所发表的论文为基础，衡量不同国家和研究机构的科研实力，并对往年的数据进行比较。该指数为评估科研质量提供了新渠道。

2018 年，《自然》系列期刊共 47 种，周刊 1 种，其余都是月刊，其中，18 种为评述刊。以国际知名学术出版机构英国自然出版集团（Nature Publishing Group）的《自然》系列期刊中所发表的论文为基础，可衡量不同国家和研究机构在生命科学领域所取得的成果，以此数据做比较，还可显示各国在生命科学研究领域的国际地位。

2018 年，中国大陆作者在 39 种 *NATURE* 系列期刊中发表 Article、Review 论文 1036 篇，比 2017 年的 777 篇增加 259 篇，增长 33.3%。中国作者发表在《自然》系列刊物中的论文数占全部论文数（10301 篇）的 10.1%，比 2017 年增加近 2 个百分点。

中国作者发表论文的 *NATURE* 系列期刊共 39 种，比 2017 年增加 5 种，仍有 8 种期刊中无论文发表。发文量最大的期刊仍是 *NATURE COMMUNICATIONS*，2018 年发表了 720 篇，比 2017 年增加 190 篇，中国发文量占期刊全部发文量的比例高于 5% 的期刊数为 20 种，比 2017 年增加 6 种，发文量 10 篇（含 10 篇）以上的期刊为 14 种，也比 2017 年增加 6 种。中国作者发表论文的期刊中，发表论文数占全部论文的比例高于 10% 的期刊有 8 种，如表 20-19 所示。

表 20-19　中国作者在 *NATURE* 系列期刊中的发文情况

期刊名称	中国论文篇数	全部论文篇数	比例	期刊影响因子	期刊总被引次数
NATURE PLANTS	23	105	21.905%	13.297	3979
NATURE CONSERVATION-BULGARIA	6	40	15.000%	1.220	227
NATURE COMMUNICATIONS	720	5058	14.235%	11.878	243793
NATURE CATALYSIS	13	102	12.745%	0.000	644
NATURE CELL BIOLOGY	14	120	11.667%	17.728	40615
NATURE REVIEWS CHEMISTRY	5	43	11.628%	30.628	1531
NATURE REVIEWS MATERIALS	5	47	10.638%	74.449	7901
NATURE PROTOCOLS	15	146	10.274%	11.334	40341
NATURE ENERGY	11	111	9.910%	54.000	11113

续表

期刊名称	中国论文篇数	全部论文篇数	比例	期刊影响因子	期刊总被引次数
NATURE MATERIALS	14	146	9.589%	38.887	97792
NATURE IMMUNOLOGY	11	116	9.483%	23.530	44298
NATURE BIOTECHNOLOGY	9	105	8.571%	31.864	60971
NATURE GENETICS	16	188	8.511%	25.455	93920
NATURE MICROBIOLOGY	11	141	7.801%	14.300	4996
NATURE CHEMISTRY	12	157	7.643%	23.193	32858
NATURE NANOTECHNOLOGY	10	159	6.289%	33.407	63245
NATURE PHOTONICS	6	103	5.825%	31.583	43932
NATURE	48	904	5.310%	43.070	745692
NATURE CHEMICAL BIOLOGY	7	136	5.147%	12.154	21428
NATURE GEOSCIENCE	7	140	5.000%	14.480	24174
NATURE METHODS	7	141	4.965%	28.467	64324
NATURE STRUCTURAL & MOLECULAR BIOLOGY	6	123	4.878%	12.109	27166
NATURE CLIMATE CHANGE	7	146	4.795%	21.722	23544
NATURE PHYSICS	9	188	4.787%	20.113	36156
NATURE MEDICINE	9	190	4.737%	30.641	79243
NATURE ECOLOGY & EVOLUTION	10	214	4.673%	10.965	3206
NATURE REVIEWS NEPHROLOGY	2	44	4.545%	19.684	5767
NATURE REVIEWS ENDOCRINOLOGY	2	46	4.348%	24.646	8908
NATURE REVIEWS CARDIOLOGY	2	50	4.000%	17.420	6301
NATURE REVIEWS IMMUNOLOGY	2	52	3.846%	44.019	41499
NATURE ASTRONOMY	4	107	3.738%	10.500	1493
NATURE NEUROSCIENCE	5	170	2.941%	21.126	63390
NATURE BIOMEDICAL ENGINEERING	2	72	2.778%	17.135	1540
NATURE AND SCIENCE OF SLEEP	1	40	2.500%	3.054	520
NATURE REVIEWS MOLECULAR CELL BIOLOGY	1	46	2.174%	43.351	45869
NATURE REVIEWS GASTROENTEROLOGY & HEPATOLOGY	1	48	2.083%	23.570	8506
NATURE REVIEWS CANCER	1	52	1.923%	51.848	50529
NATURE REVIEWS MICROBIOLOGY	1	56	1.786%	34.648	29637
NATURE HUMAN BEHAVIOUR	1	87	1.149%	10.575	1230
NATURE REVIEWS CLINICAL ONCOLOGY	0	42	0.000%	34.106	9626
NATURE REVIEWS DISEASE PRIMERS	0	43	0.000%	32.274	4339
NATURE REVIEWS DRUG DISCOVERY	0	36	0.000%	57.618	32266
NATURE REVIEWS GENETICS	0	50	0.000%	43.704	36697
NATURE REVIEWS NEUROLOGY	0	48	0.000%	21.155	9548
NATURE REVIEWS NEUROSCIENCE	0	50	0.000%	33.162	43107
NATURE REVIEWS RHEUMATOLOGY	0	48	0.000%	18.545	7761
NATURE REVIEWS UROLOGY	0	45	0.000%	9.333	3262

数据来源：SCIE 2018。

2018 年，中国作者发表的属于 Article、Review 的论文 1036 篇。其中，中国高等院校 120 所（仅计校园本部，2017 年为 97 所），作者发表 677 篇，占 65.3%；研究院所 82 个，发表 266 篇，占 25.7%；医疗机构 52 个，发表 92 篇，占 8.9%。发表 9 篇以上的单位 21 个，除中国科学院所属 6 个所外，其余 15 个为中国高等院校，如表 20–20 所示。与 2017 年相比，在此系列发表论文的医疗机构数和医疗机构发表数增长高于高等院校和研究机构。

表 20–20　2018 年 *NATURE* 系列发表 9 篇以上论文的单位

单位名称	论文篇数	单位名称	论文篇数
北京大学	59	华中科技大学	17
清华大学	55	苏州大学	17
中国科学技术大学	42	中国科学院化学研究所	15
中国科学院上海生命科学研究院	33	中山大学	15
浙江大学	31	西安交通大学	12
南京大学	30	中国科学院物理研究所	12
复旦大学	27	南京工业大学	11
上海交通大学	22	天津大学	11
中国科学院生物物理研究所	20	中国科学院遗传与发育生物学研究所	11
厦门大学	19	中国科学院大连化学物理研究所	10
武汉大学	19		

20.2.6　极高影响国际期刊中的发文数继续领先金砖国家

所谓世界极高影响的期刊是指一年中总被引次数大于 10 万次，影响因子超过 30 的国际期刊。2018 年这类期刊数与 2017 年相同，仍为 8 种，如表 20–21 所示。但这 8 种极高影响的期刊，其总被引次数和影响因子都有不同程度的提升，世界影响进一步扩大。能在此类期刊中发表的论文，被引次数都比较高，影响也较大。2018 年，中国大陆作为第一作者在此 8 种期刊中（仅计 Article、Review）发表论文 296 篇，比 2017 年增加 60 篇，增长 25.4%。296 篇论文分布于大陆 115 个单位，发表的单位数比 2017 年增加 3 个。发表大于 2 篇的单位 28 个，高等院校 20 所，其余 8 个为中国科学院所属研究所，如表 20–22 所示。

表 20–21　2018 年 8 种刊物的主要文献计量指标

期刊名称	总被引次数	影响因子	论文数	中国大陆论文数	比例	被引半衰期	引用半衰期
CELL	242829	36.216	454	27	5.95%	9.1	5.9
CHEM REV	188635	54.301	222	28	12.61%	7.7	8.2
CHEM SOC REV	139751	40.443	299	95	31.77%	5.5	5.6
JAMA-J AM MED ASSOC	156350	51.273	212	4	1.89%	10.3	4.9
LANCET	247292	59.102	264	2	0.76%	8.8	4.4
NATURE	745692	43.070	904	48	5.31%	10.8	6.1

续表

期刊名称	总被引次数	影响因子	论文数	中国大陆论文数	比例	被引半衰期	引用半衰期
NEW ENGNL J MED	344581	70.670	321	2	0.62%	8.6	5.0
SCIENCE	680994	41.037	799	45	5.63%	11.0	5.8

注：“比例”为中国大陆论文数占全部论文数的比例。

数据来源：JCR 2018。

表 20-22 2018 年 8 个顶级期刊中发表 3 篇以上的大陆单位

单位	论文篇数	单位	论文篇数
清华大学	17	中国科学院上海药物研究所	4
北京大学	16	东南大学	3
复旦大学	8	厦门大学	3
中国科学院生物物理研究所	8	上海大学	3
华中科技大学	7	上海科技大学	3
深圳大学	7	四川大学	3
浙江大学	6	苏州大学	3
湖南大学	5	武汉大学	3
上海交通大学	5	中国科学院过程工程研究所	3
中国科学技术大学	5	中国科学院金属研究所	3
中山大学	5	中国科学院上海有机化学研究所	3
南京大学	4	中国科学院物理研究所	3
天津大学	4	中国科学院遗传与发育生物学研究所	3
西安交通大学	4	中国科学院长春应用化学研究所	3

数据来源：SCI 2018。

2018 年，从金砖五国的发文量看，中国大陆在 8 刊的各刊发文量都是最高的，可以说，中国大陆的重大基础研究产出量大大高于金砖其他 4 国，如表 20-23 所示。但与美国相比，还有较大的差距。

表 20-23 2018 年金砖五国和美国在 8 刊中的发文数

期刊名称	美国	中国	印度	巴西	南非	俄罗斯
CELL	456	71	3	8	3	3
CHEM REV	115	40	5	3	3	4
CHEM SOC REV	95	125	4	5	0	6
JAMA-J AM MED ASSOC	565	12	6	8	3	1
LANCET	289	58	53	39	48	17
NATURE	817	203	10	8	12	23
NEW ENGL J MED	538	27	12	17	12	12
SCIENCE	912	147	11	23	12	22

注：各国论文数（Article、Review）含非第一作者数，中国各刊数中还含大陆外地区数。

20.2.7　中国作者的国际论文吸收外部信息的能力继续增强

论文的参考文献数，即引文数，是论文吸收外部信息量大小的标示。对外部信息了解越多，吸收外部信息能力越强，才能正确评价自己的论文在同学科中的位置。2018 年，中国大陆作者发表了 357603 篇论文，其中，Article 343645 篇，平均引文数为 39.0 篇，与 2017 年发表的论文相比，Article 的平均引文数增加了 1.57 篇；Review 13958 篇，平均引文数达 92.3 篇，与 2017 年发表的论文相比，Review 的平均引文数增加了 2.15 篇。就 2010—2018 年看，Article 的平均引文数依次为 28.5 篇、29.8 篇、31.3 篇、32.4 篇、33.6 篇、35.0 篇、36.2 篇、37.4 篇和 39.0 篇；Review 的平均引文数依次为 77.5 篇、79.8 篇、80.4 篇、82.8 篇、86.5 篇、87.7 篇、87.4 篇、90.1 篇和 92.3 篇，如图 20-5 所示。Article、Review 的平均引文数都呈直线上升。

从中国科学技术信息研究所对自然科学科技论文划分的 40 个学科看，2018 年发表的 Article 论文中，仍有 38 个学科的平均引文数超过 30 篇，仅 2 个学科稍低于 30 篇，如表 20-24 所示。引文数高达 500 篇的 Article 有 6 篇，中国科学院理论物理研究所的一篇引文数达 717 篇。2018 年发表的 Review 论文中，平均引文数超 100 篇的学科达 16 个，比 2017 年增加 4 个。超 70 篇（国际平均水平）的学科有 30 个，如表 20-25 所示。引文数超 500 篇的 Review 32 篇，最高的一篇达 1011 篇，为天津大学发表。不管是 Article 还是 Review，中国的天文学论文的平均引文数都是最高的。仅从这组数据看，中国作者 SCI 论文吸收外部信息的能力持续增高，可读水平也不错。

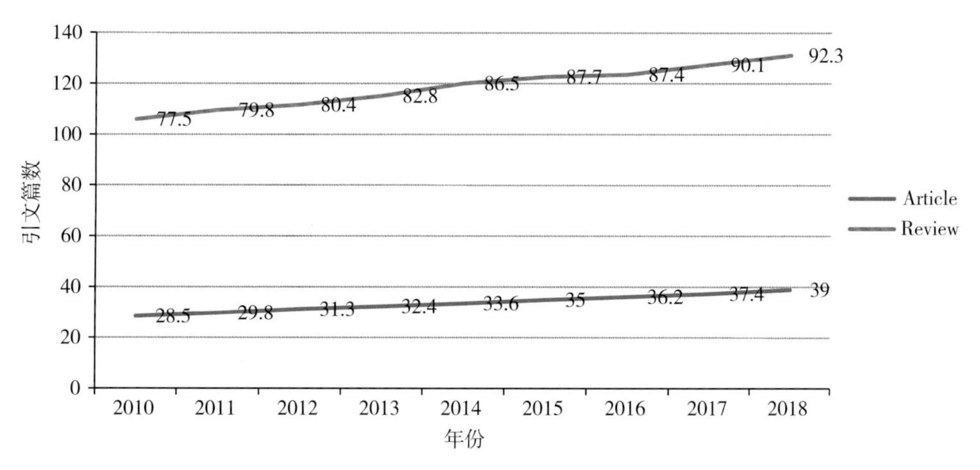

图 20-5　2010—2018 年 Article 和 Review 平均引文数变化

表 20-24　各学科 Article 类论文平均引文数

学科	平均引文数	学科	平均引文数	学科	平均引文数
天文学	57.4	食品	39.4	物理学	35.8
林学	51.5	轻工、纺织	39.2	土木建筑	35.3
地学	51.4	其他	39.2	临床医学	33.9
环境科学	48.9	矿山工程技术	38.4	军事医学与特种医学	33.7

续表

学科	平均引文数	学科	平均引文数	学科	平均引文数
测绘科学技术	48.7	预防医学与卫生学	38.1	工程与技术基础学科	32.6
水产学	47.1	计算技术	38.1	动力与电气	31.9
农学	45.5	畜牧、兽医	38.0	电子、通信与自动控制	30.6
化工	44.5	中医学	37.2	航空航天	30.6
化学	44.2	力学	36.9	冶金、金属学	30.2
管理学	43.2	交通运输	36.8	机械、仪表	30.0
生物学	42.7	材料科学	36.5	核科学技术	29.5
安全科学技术	41.4	基础医学	36.4	数学	28.4
水利	40.1	药物学	36.3		
能源科学技术	40.0	信息、系统科学	35.8		

数据来源：SCIE 2018。

表 20-25　各学科 Review 类论文平均引文数

学科	平均引文数	学科	平均引文数	学科	平均引文数
天文学	199.3	轻工、纺织	107.8	畜牧、兽医	77.6
安全科学技术	145.8	药物学	103.8	林学	77.0
矿山工程技术	135.6	力学	102.1	计算技术	75.5
化学	134.2	生物学	98.9	基础医学	73.6
化工	133.9	土木建筑	98.2	预防医学与卫生学	68.6
材料科学	128.6	水产学	96.3	航空航天	65.9
管理学	121.5	交通运输	95.4	核科学技术	64.6
物理学	120.5	农学	93.5	军事医学与特种医学	60.1
水利	117.7	机械、仪表	93.4	信息、系统科学	60.0
食品	115.8	动力与电气	93.2	临床医学	56.6
地学	113.5	电子、通信与自动控制	91.8	中医学	55.6
环境科学	109.7	工程与技术基础学科	85.3	其他	51.3
能源科学技术	109.3	冶金、金属学	81.1	数学	50.5

数据来源：SCIE 2018。

20.2.8　以我为主的国际合作论文数正不断增加

国际合作是完成国际重大科技项目和计划必然要采取的方式，中国作为科技发展中国家，经多年的努力，已取得国际举目的成就，但还需通过国际合作来提升国家的科学技术水平和提高科技的国际地位。而在合作研究中，最能反映一个国家研究实力和水平的还是以我为主的研究，经多年的努力工作，随着中国科技实力的增强，中国在国际的影响力的提高，以我为主，参与中国的合作研究项目增多，中国科技工作者已发表了相当数量的以我为主的合作论文。

2018 年，中国产生的国际合作论文数（只计 Article 和 Review 两类文献）为 104460 篇，其中，以我为主的合作论文数是 73684 篇，占全部合作论文的 70.5%. 比 2017 年增长 3.3 个百分点。合作论文数比 2017 年（97386 篇）增加 7074 篇，增长 7.3%，以我为主的论文数由 65508 篇增到 73684 篇，增加 8176 篇，增长 12.5%。这些论文分布在中国大陆的 31 个省（市、自治区），如表 20-26 所示。合作论文数多的地区仍是科技相对发达、科技人员较多、高等院校和科研机构较为集中的地区，北京产生的这类论文超 10000 篇，达 13464 篇，占全国 31 个省（市、自治区）的 18.3%。论文数居前 5 位的地区，以我为主的合作论文总数达 38209 篇，占全国的该类论文比就超过一半以上，占全部的 51.9%。临近香港的广东省，具有便利的地区优势，与海外机构合作研究机会也多，产生的这类论文数进入全国前 5 位。全国 31 个省（市、自治区）都有以我为主的国际合作论文发表。也就是说，各地区都有自己特有的学科优势来吸引海外人士参与合作研究。

表 20-26　以我为主的国际合作论文的地区分布

地区	论文篇数	比例	地区	论文篇数	比例	地区	论文篇数	比例
北京	13463	18.271%	天津	2110	2.864%	河北	488	0.662%
江苏	8562	11.620%	安徽	1945	2.640%	广西	419	0.569%
上海	6377	8.655%	黑龙江	1905	2.585%	贵州	295	0.400%
广东	5081	6.896%	福建	1749	2.374%	新疆	277	0.376%
湖北	4726	6.414%	重庆	1609	2.184%	内蒙古	144	0.195%
陕西	4011	5.444%	吉林	1406	1.908%	海南	138	0.187%
浙江	3778	5.127%	河南	1165	1.581%	青海	57	0.077%
山东	3065	4.160%	云南	786	1.067%	宁夏	55	0.075%
四川	3026	4.107%	甘肃	762	1.034%	不详	40	0.054%
湖南	2475	3.359%	山西	724	0.983%	西藏	15	0.020%
辽宁	2363	3.207%	江西	668	0.907%			

数据来源：SCI 2018。

2018 年，从以我为主的国际合作论文的学科分布看，SCI 论文数多的学科合作论文数也多。与 2017 年相比，合作论文数排在前 10 位的学科变化不大，化学，生物学，物理学，临床医学，材料科学和电子、通信与自动控制居前 6 位，与 2017 年相同，前 6 个学科的以我为主的合作论文数达 38567 篇，占总数（73684 篇）的 52.3%。除所划分的自然科学学科中都有此类论文发表外，自然科学与社会科学交叉的教育学和经济学等学科也有该类论文发表。发表 1000 篇以上的学科由 2017 年的 16 个增到 17 个，如表 20-27 和图 20-6 所示。

表 20-27　以我为主的国际合作论文的学科分布

学科	论文篇数	学科	论文篇数	学科	论文篇数
化学	8497	土木建筑	1331	信息、系统科学	292
生物学	8017	食品	1186	动力与电气	251

续表

学科	论文篇数	学科	论文篇数	学科	论文篇数
物理学	6007	农学	1153	水产学	238
材料科学	5772	预防医学与卫生学	940	冶金、金属学	205
电子、通信与自动控制	5386	力学	902	航空航天	187
临床医学	4888	机械、仪表	881	矿山工程技术	139
地学	4767	天文学	841	轻工、纺织	130
计算技术	4274	水利	560	军事医学与特种医学	125
环境科学	3874	交通运输	408	中医学	111
基础医学	2684	工程与技术基础学科	391	其他	77
能源科学技术	2452	管理学	368	安全科学技术	75
数学	2197	林学	324	测绘科学技术	1
化工	1612	畜牧、兽医	316		
药物学	1522	核科学技术	303		

数据来源：SCIE 2018。

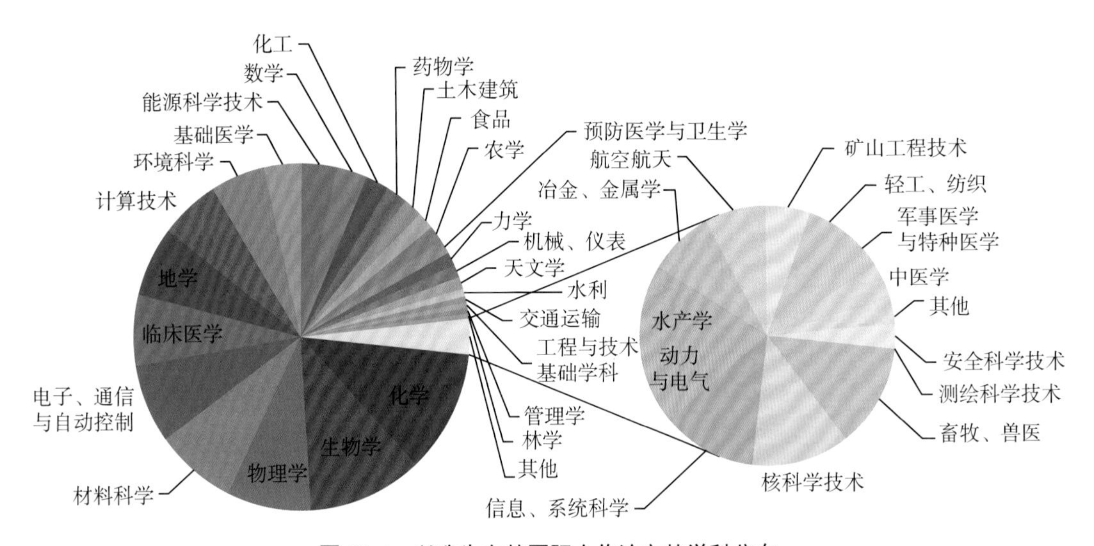

图 20-6 以我为主的国际合作论文的学科分布

数据来源：SCIE 2018。

2018 年，以我为主的国际合作研究发表论文的大陆单位达 2337 个，其中，发表论文的高等院校 852 所（仅为校园本部，不含附属机构），共计 58877 篇，占全部的 79.9%；研究单位 682 个，共计 8359 篇，占全部的 11.3%；医疗机构 628 个，共计 6062 篇，占全部的 8.2%。另有 176 个公司等部门也发表了以我为主的国际合作论文 333 篇。

以我为主发表论文的高等院校 852 所（仅为校园本部，不含附属机构），共计 58877 篇，比 2017 年增加 7669 篇，占全部的 79.9%，发表 1000 篇以上的高等院校仍为 5 个，大于 500 篇的高等院校数由 2017 年的 27 个增到 35 个，如表 20-28 所示。

表 20-28 2018 年以我为主的国际合作论文数大于 500 篇的高等院校

高等院校	论文篇数	高等院校	论文篇数	高等院校	论文篇数
清华大学	1599	大连理工大学	763	厦门大学	584
浙江大学	1509	电子科技大学	740	北京科技大学	583
上海交通大学	1113	北京航空航天大学	737	中国农业大学	550
北京大学	1101	山东大学	731	北京理工大学	545
哈尔滨工业大学	1035	中南大学	727	武汉理工大学	543
西安交通大学	997	武汉大学	716	西北农林科技大学	543
华中科技大学	923	同济大学	690	湖南大学	540
天津大学	828	复旦大学	687	北京师范大学	525
南京大学	776	华南理工大学	664	四川大学	521
东南大学	775	西北工业大学	625	苏州大学	517
中国科学技术大学	766	吉林大学	600	深圳大学	511
中山大学	764	重庆大学	597		

以我为主的国际合作研究产生论文的研究单位 682 个，共计 8359 篇，比 2017 年增加 381 篇，占全部论文的 11.3%，论文数达 100 篇的研究机构 13 个，除中国工程物理研究院外，其余都是中科院所属机构。中国科学院合肥物质科学研究院发表数保持第一。2018 年度，该类论文的研究单位数比 2017 年增加 66 个，如表 20-29 所示。

表 20-29 2018 年以我为主的国际合作论文数大于 100 篇的研究机构

研究机构	论文篇数
中国科学院合肥物质科学研究院	201
中国科学院地理科学与资源研究所	164
中国科学院地质与地球物理研究所	151
中国科学院物理研究所	144
中国科学院生态环境研究中心	140
中国科学院上海生命科学研究院	132
中国科学院深圳先进技术研究院	131
中国科学院大气物理研究所	128
中国工程物理研究院	126
中国科学院遥感与数字地球研究所	121
中国科学院昆明植物研究所	119
中国科学院长春应用化学研究所	118
中国科学院北京纳米能源与系统研究所	110

发表以我为主合作论文的医疗机构 628 个，共计 6062 篇，占 8.2%，医疗机构数由 2017 年的 589 个增到 629 个，增加 40 个，论文数由 6040 篇增到 6062 篇，增加 22 篇，论文数大于 50 篇的医疗机构为 30 个，如表 20-30 所示。四川大学华西医院发表论文数比 2017 年增加 54 篇。

表 20-30 2018 年以我为主的国际合作论文数高于 50 篇的医疗机构

医疗机构	论文篇数	医疗机构	论文篇数
四川大学华西医院	246	上海交通大学属第九人民医院	76
中南大学湘雅医院	131	四川大学华西口腔医院	76
华中科技大学同济医院	108	上海交通大学仁济医院	73
吉林大学白求恩第一医院	100	首都医科大学宣武医院	73
华中科技大学协和医院	96	北京协和医院	74
解放军总医院	95	南方医科大学南方医院	70
中南大学湘雅二医院	95	浙江大学第二医院	70
西安交通大学第一医院	94	浙江大学邵逸夫医院	58
重庆医科大学第一医院	93	南京医科大学第一医院	56
中山大学第一医院	92	同济大学第十人民医院	56
上海交通大学瑞金医院	87	武汉大学中南医院	54
郑州大学第一医院	84	山东大学齐鲁医院	52
浙江大学第一医院	83	中国医科大学第一医院	52
复旦大学华山医院	81	上海交通大学第六人民医院	51
复旦大学中山医院	78	北京大学第一医院	50

20.2.9 中国作者在国际更多的期刊中发表的热点论文

2018年，中国大陆作者发表论文（Article和Review）357603篇，比2017年（307455篇）增加50148篇，增长16.3%。当年即得到引用的论文207306篇，比2017年增加45918篇，增长28.5%。2018年论文被引比例达58.0%，比2017年增长5.5个百分点。论文当年发表后即被引，一般来说都是当前大家关注的研究热点。

期刊论文当年发表当年即被引用的次数与期刊全部论文之比计量学名词叫作即年指标（IMM），即篇均被引次数。论文发表后快速被人们引用，应该说这类论文反映的是研究热点或是大家较为关注的研究，也显示论文的实际影响。如果发表论文的当年被引次数超过期刊论文的篇均值，说明这是些活跃的论文。2018年，中国大陆即年得到引用的207306篇论文中，有184183篇论文的被引次数超过期刊的篇均被引次数，占比高达88.8%。

2018年，中国发表的论文中，被引次数高于IMM的期刊为6250种，比2017年（6004种）增加246种。发表数大于100篇的期刊有392种，其中，大于1000篇的期刊有11种，大于500篇的期刊有46种，如表20-31所示。在中国论文被引次数大于期刊IMM的篇数大于500篇的46种期刊中，占全部期刊论文数的比例超过20%的有38种，*MOLECULAR MEDICINE REPORTS*的该数值高达49.3%，说明中国作者发表于该类期刊的论文具有较高的影响，可以说，该类期刊影响因子值的提升是中国这类论文做出的贡献。

表 20-31　2018 年中国作者热点论文数大于 500 篇的期刊

期刊名称	论文篇数	全部论文篇数	比例
IEEE ACCESS	2170	6537	33.196%
SCIENTIFIC REPORTS	1735	17152	10.115%
ACS APPLIED MATERIALS & INTERFACES	1652	4890	33.783%
RSC ADVANCES	1539	4667	32.976%
JOURNAL OF ALLOYS AND COMPOUNDS	1399	3841	36.423%
APPLIED SURFACE SCIENCE	1353	3407	39.712%
CERAMICS INTERNATIONAL	1203	3167	37.985%
JOURNAL OF MATERIALS CHEMISTRY A	1135	2505	45.309%
SENSORS	1081	4481	24.124%
SCIENCE OF THE TOTAL ENVIRONMENT	1056	4246	24.870%
CHEMICAL ENGINEERING JOURNAL	1040	2148	48.417%
ONCOLOGY LETTERS	972	2274	42.744%
SENSORS AND ACTUATORS B-CHEMICAL	929	2648	35.083%
OPTICS EXPRESS	903	3063	29.481%
MOLECULAR MEDICINE REPORTS	867	1757	49.345%
JOURNAL OF CLEANer PRODUCTION	842	3801	22.152%
BIOCHEMICAL AND BIOPHYSICAL RESEARCH COMMUNICATIONS	816	2514	32.458%
MATERIALS LETTERS	795	1805	44.044%
BIOMEDICINE & PHARMACOTHERAPY	789	1832	43.068%
ELECTROCHIMICA ACTA	780	2122	36.758%
ENERGIES	777	3515	22.105%
CHEMICAL COMMUNICATIONS	776	2831	27.411%
PLOS ONE	754	17879	4.217%
NANOSCALE	736	2439	30.176%
CONSTRUCTION AND BUILDING MATERIALS	734	2918	25.154%
BIORESOURCE TECHNOLOGY	717	1688	42.476%
MEDICINE	689	4188	16.452%
SUSTAINABILITY	676	4814	14.042%
ENVIRONMENTAL SCIENCE AND POLLUTION RESEARCH	671	3160	21.234%
MATERIALS	643	2583	24.894%
MOLECULES	643	3348	19.205%
CHEMOSPHERE	608	2155	28.213%
ORGANIC LETTERS	583	1839	31.702%
ACS SUSTAINABLE CHEMISTRY & ENGINEERING	580	1856	31.250%
JOURNAL OF MATERIALS SCIENCE-MATERIALS IN ELECTRONICS	575	2348	24.489%
REMOTE SENSING	573	2030	28.227%
NEW JOURNAL OF CHEMISTRY	564	2233	25.258%
EXPERIMENTAL AND THERAPEUTIC MEDICINE	551	1519	36.274%

续表

期刊名称	论文篇数	全部论文篇数	比例
APPLIED SCIENCES-BASEL	546	2672	20.434%
INTERNATIONAL JOURNAL OF BIOLOGICAL MACROMOLECULES	538	2549	21.106%
EUROPEAN REVIEW FOR MEDICAL AND PHARMACOLOGICAL SCIENCES	535	1108	48.285%
JOURNAL OF AGRICULTURAL AND FOOD CHEMISTRY	535	1448	36.948%
JOURNAL OF MATERIALS CHEMISTRY C	530	1443	36.729%
ANGEWANDTE CHEMIE-INTERNATIONAL EDITION	517	2752	18.786%
PHYSICAL CHEMISTRY CHEMICAL PHYSICS	508	3015	16.849%
INTERNATIONAL JOURNAL OF MOLECULAR SCIENCES	501	4065	12.325%

2018年，中国大陆作者的论文即年被引次数高于期刊IMM的论文分布在我们所划分的39个学科中，论文数超10000篇的学科为6个，比2017年增加1个。论文数居多的学科与2017年基本相同，化学、生物学、物理学、临床医学和材料科学仍处于前5位。超1000篇的学科为21个，如表20-32所示。

表20-32　2018年热点论文的学科分布

学科	论文篇数	学科	论文篇数	学科	论文篇数
化学	31360	食品	3143	冶金、金属学	607
生物学	19549	土木建筑	2564	轻工、纺织	489
材料科学	17223	机械、仪表	2153	林学	457
物理学	16721	农学	2097	管理学	444
临床医学	14332	力学	1975	信息、系统科学	434
电子、通信与自动控制	10457	预防医学与卫生学	1641	交通运输	423
基础医学	8011	水利	1006	中医学	382
环境科学	7663	水产学	815	矿山工程技术	289
地学	6943	天文学	794	军事医学与特种医学	219
药物学	6345	工程与技术基础学科	692	安全科学技术	99
计算技术	6167	畜牧、兽医	676	其他	78
能源科学技术	6163	航空航天	647	测绘科学技术	2
化工	5323	核科学技术	635		
数学	3607	动力与电气	630		

数据来源：SCIE 2018。

20.2.10　中国在主要产出学术成果的各类实验室发表论文状况

2018年，中国的SCI论文（Article、Review）共计357603篇，论文被引1次以上的论文数为207306篇，被引率为58.0%；中国各类实验室发表的论文数为127952篇，论文被引1次以上的论文数为81535篇，被引率为63.7%。实验室论文的被引率高于全国 5.7 个百分点，实验室被引率也比 2017 年高出 4 个百分点。

从发表论文的地区分布看，大陆 31 个省（市、自治区）都有产生于实验室的论文。高等院校、研究院所多是拥有实验室数量高的地区论文数大。北京、上海、江苏发表的论文数超 10000 篇，仅北京发表的论文数就占全国近 20%。论文的地区分布十分不均，由于资源配置、人才不均等情况差别大，近期还会维持这种状况，如表 20–33 所示。

每个学科基本都有论文发表，从发表数量看，化学、生物学、物理学、材料科学实验室的发表量已超 10000 篇，超 1000 篇的学科已达 19 个，如表 20–34 所示。

表 20–33　中国各类实验室论文地区分布

地区	论文数	比例	地区	论文数	比例	地区	论文数	比例
北京	24703	19.306%	吉林	3635	2.841%	江西	1031	0.806%
江苏	13166	10.290%	安徽	3473	2.714%	广西	1000	0.782%
上海	10719	8.377%	湖南	3420	2.673%	新疆	679	0.531%
湖北	8294	6.482%	黑龙江	3140	2.454%	贵州	579	0.453%
广东	7516	5.874%	重庆	3021	2.361%	海南	489	0.382%
陕西	7471	5.839%	福建	2675	2.091%	内蒙古	243	0.190%
山东	5810	4.541%	甘肃	2333	1.823%	青海	220	0.172%
天津	5197	4.062%	河南	1423	1.112%	宁夏	110	0.086%
四川	5064	3.958%	云南	1157	0.904%	西藏	9	0.007%
浙江	4850	3.790%	山西	1103	0.862%			
辽宁	3996	3.123%	河北	1100	0.860%			

数据来源：SCIE 2018。

表 20–34　中国各类实验室论文学科分布

学科	论文数	比例	学科	论文数	比例
化学	26313	20.565%	预防医学与卫生学	816	0.638%
生物学	15970	12.481%	畜牧、兽医	674	0.527%
物理学	13404	10.476%	数学	604	0.472%
材料科学	13358	10.440%	冶金、金属学	595	0.465%
地学	7022	5.488%	天文学	529	0.413%
电子、通信与自动控制	5623	4.395%	工程与技术基础学科	481	0.376%
环境科学	5578	4.359%	核科学技术	480	0.375%
临床医学	5347	4.179%	动力与电气	452	0.353%
基础医学	4283	3.347%	林学	419	0.327%
能源科学技术	4148	3.242%	轻工、纺织	348	0.272%
化工	4125	3.224%	航空航天	322	0.252%
药物学	3068	2.398%	交通运输	317	0.248%
计算技术	2805	2.192%	矿山工程技术	223	0.174%
食品	1890	1.477%	信息、系统科学	140	0.109%
农学	1797	1.404%	中医学	128	0.100%
机械、仪表	1701	1.329%	军事医学与特种医学	93	0.073%

续表

学科	论文数	比例	学科	论文数	比例
土木建筑	1555	1.215%	管理学	85	0.066%
力学	1383	1.081%	安全科学技术	33	0.026%
水利	1000	0.782%	其他	11	0.010%
水产学	832	0.650%			

数据来源：SCIE 2018。

中国各类实验室数量十分庞大，仅就2018年发表论文的数量看，有14000多个实验室发表论文，发表50篇以上的实验室523个，其中，大于100篇的233个，大于300篇的24个，如表20-35所示。不到10篇的约12000个。在大于300篇的24个实验室中，篇均被引次数最高的是*State Key Lab Adv Technol Mat Synth & Proc*，被引次数达7次；发表论文的期刊平均影响因子最高的是*Hefei Natl Lab Phys Sci Microscale*，达4.825；篇均引文数最高的是*State Key Lab Oral Dis*，达53.9；篇均即年指标最高的是*Hefei Natl Lab Phys Sci Microscale*，为1.630。2018年，全国论文平均被引次数为2.169，实验室为2.617；全国发表论文期刊影响因子为3.501，实验室为4.292。

表20-35　中国发表论文300篇以上的实验室

实验室名称	论文篇数	篇均被引次数	篇均影响因子	篇均引文数	篇均即年指标
State Key Lab Food Sci & Technol	654	3	4.305	44.7	1.017
State Key Lab Fine Chem	512	3	5.502	49.0	1.313
State Key Lab Solidificat Proc	494	3	3.923	38.4	1.000
State Key Lab Heavy Oil Proc	490	3	4.733	44.5	1.178
Hefei Natl Lab Phys Sci Microscale	482	3	6.825	50.0	1.630
State Key Lab Chem Resource Engn	482	4	5.580	49.1	1.359
State Key Lab Chem Engn	457	2	4.825	46.8	1.116
Wuhan Natl Lab Optoelect	402	4	5.872	40.0	1.355
State Key Lab Adv Technol Mat Synth & Proc	399	7	6.703	49.3	1.529
State Key Lab Integrated Optoelect	384	3	4.798	40.4	1.193
State Key Lab Pollut Control & Resource Reuse	376	4	5.847	52.5	1.408
State Key Lab Mat Oriented Chem Engn	366	3	4.972	48.2	1.174
State Key Lab Oncol South China	354	2	4.875	35.4	1.177
State Key Lab Polymer Mat Engn	345	3	4.768	45.5	1.148
State Key Lab Petr Resources & Prospecting	339	3	2.807	50.1	0.745
State Key Lab Oil & Gas Reservoir Geol & Exploita	335	2	2.683	42.1	0.674
Natl Lab Solid State Microstruct	328	3	6.682	47.1	1.503

续表

实验室名称	论文篇数	篇均被引次数	篇均影响因子	篇均引文数	篇均即年指标
State Key Lab Powder Met	326	3	3.764	38.2	0.916
State Key Joint Lab Environm Simulat & Pollut Con	322	4	5.650	49.9	1.423
State Key Lab Elect Insulat & Power Equipment	316	2	3.321	33.8	0.780
Key Lab Adv Mat	310	5	5.795	51.9	1.429
State Key Lab Informat Photon & Opt Commun	306	3	3.048	32.9	0.800
State Key Lab Oral Dis	304	2	3.431	53.9	0.764
State Key Lab Urban Water Resource & Environm	300	5	6.429	48.3	1.602

数据来源：SCIE 2018。

20.3　结语

20.3.1　中国作者国际论文学术影响力再次提升

2018 年，各项指标显示论文增长率基本呈增长趋势。例如，参加国际大科学和大科学项目研究的中国人员和机构数都有所增加；影响因子和总被引次数同时居学科前 1/10 区的论文数增长 75.1%；发表于《自然》系列期刊的论文数占全部发表数的比例达到 10% 以上；显示中国学术研究能力的以我为主的国际合作论文增长 10.5% 等，说明中国的科技论文在数量增加的同时，论文的学术影响力继续提升。

20.3.2　中国参与国际大科学合作的领域扩大

2018 年，中国不仅在高能物理、天体物理、大型仪器装备等领域积极参与国际合作研究，在关系人们生命安全和健康领域也与世界各国加强合作研究，并取得多项成果。参加单位和人员更加扩大，不仅有中国的著名高等院校和研究院所，还有较多的医疗机构。国际合作是各国解决世界共同难题的重要方式，加强国际合作，特别是以我为主的合作，是我们今后努力的方向。

20.3.3　大学，既是培养人才的摇篮，也是科研创新的重要阵地

目前，中国高等院校在前沿领域不断取得突破，同时积极落地转化、服务民生发展。多元的学科背景、完善的人才梯队、丰富的研究资源，使得高等院校在科研创新中具备独特的竞争力，能够紧盯未来科技趋势，攀登一个又一个科研高峰。移动信息通信与安

全、超循环气动热力、材料生物学与动态化学、高能量物质……这些基础前沿领域，一直备受科学界关注。教育部在7所高等院校立项建设前沿科学中心，旨在打造相关前沿领域最具代表性的创新中心和人才摇篮，在国际取得领跑地位。作为科研创新的重要主体，中国高等院校一直发挥着重要作用。大学，既是培养人才的摇篮，也是科研创新的重要阵地。目前，中国产生高影响力论文的主力军仍为中国的高等院校，要继续发挥高等院校在这方面的作用。

20.3.4 继续发挥各类科学实验室在基础研究中的作用

科技部在关于国家重点实验室建设中重点说明：重点实验室是国家科技创新体系的重要组成部分，是国家组织高水平基础研究和应用基础研究、聚集和培养优秀科技人才、开展高水平学术交流、科研装备先进的重要基地。其主要任务是针对学科发展前沿和国民经济、社会发展及国家安全的重要科技领域和方向，开展创新性研究。国家还会根据需要建立更多的国家级别的实验室。为此，我们要继续加大和发挥各类实验室在基础研究中的作用。

20.3.5 中国科技工作者还需艰苦奋斗

中国论文的各项学术指标与2017年相比都有提升，但与一些科技发达国家相比还有差距，建立创新型国家，中国科技工作者还需艰苦奋斗。

党的十九大的主要精神是科技创新和建立一个强大的中国，而基础科学是创新的基础，只有基础打好了，创新才有动力和来源。SCI论文就是基础科学研究成果的表现。我们的论文的影响力提高了，论文的质量提高了，表示基础科学研究水平也提高了。在科学技术和其他各个方面，中国正处于由大国变成强国的历史时期，我们有信心和力量在不远的未来实现建设一个世界科技强国的目标。

注：本文数据主要采集自可进行国际比较，并能进行学术指标评估的Clarivate Analytics（原Thomson）公司出产的SCI 2018和JCR 2018数据。以上文字和图表中所列据Web of Science、SCI、SCIE和JCR等，是作者根据这些系统提供的数据加工整理产生的。以上各章节中所描述的论文仅指文献类型中的Article和Review。

参考文献

[1] 中国科学技术信息研究所.2017年度中国科技论文统计与分析（年度研究报告）[M]. 北京：科学技术文献出版社，2019：224-246.

[2] 高等院校做科研，望向更远处[N]. 光明日报，2020-03-18.

[3] 中国已与160个国家建立科技合作关系[N]. 科技日报，2019-01-27.

[4] 2011—2017年中国基础科学研究经费投入[N]. 科普时报，2019-03-08.

[5] 中国高质量科研对世界总体贡献居全球第二位[N]. 光明日报，2016-01-10.

[6] 中国科技人力资源总量突破8000万[N]. 科技日报，2016-04-21.

[7] 2016自然指数排行榜：中国高质量科研产出呈现两位数增长[N]. 科技日报，2016-04-21.

[8] Thomson Scientific 2018.ISI Web of Knowledge：Web of Science[DB/OL].[2020−03−26]. http：//portal.isiknowledge.com/web of science.

[9] Thomson Scientific 2018.ISI Web of Knowledge [DB/OL]. journal citation reports 2018. [2020−03−26]. http：//portal.isiknowledge.com/journal citation reports.

附　录

附录 1　2018 年 SCI 收录的中国科技期刊

ACTA BIOCHIMICA ET BIOPHYSICA SINICA

ACTA CHIMICA SINICA

ACTA GEOLOGICA SINICA

ACTA MATHEMATICA SCIENTIA

ACTA MATHEMATICA SCIENTIA

ACTA MATHEMATICA SINICA-ENGLISH SERIES

ACTA MATHEMATICAE APPLICATAE SINICA-ENGLISH SERIES

ACTA MECHANICA SINICA

ACTA MECHANICA SOLIDA SINICA

ACTA METALLURGICA SINICA-ENGLISH LETTERS

ACTA OCEANOLOGICA SINICA

ACTA PETROLOGICA SINICA

ACTA PHARMACEUTICA SINICA B

ACTA PHARMACOLOGICA SINICA

ACTA PHYSICA SINICA

ACTA PHYSICO-CHIMICA SINICA

ACTA POLYMERICA SINICA

ADVANCES IN ATMOSPHERIC SCIENCES

ADVANCES IN MANUFACTURING

ALGEBRA COLLOQUIUM

APPLIED GEOPHYSICS

APPLIED MATHEMATICS AND MECHANICS ENGLISH EDITION

APPLIED MATHEMATICS-A JOURNAL OF CHINESE UNIVERSITIES SERIES B

ASIAN HERPETOLOGICAL RESEARCH

ASIAN JOURNAL OF ANDROLOGY

ASIAN JOURNAL OF PHARMACEUTICAL SCIENCES

AVIAN RESEARCH

BIOMEDICAL AND ENVIRONMENTAL SCIENCES

BONE RESEARCH

BUILDING SIMULATION

CANCER BIOLOGY & MEDICINE

CELL RESEARCH

CELLULAR & MOLECULAR IMMUNOLOGY

CHEMICAL JOURNAL OF CHINESE UNIVERSITIES-CHINESE

CHEMICAL RESEARCH IN CHINESE UNIVERSITIES

CHINA COMMUNICATIONS

CHINA FOUNDRY

CHINA OCEAN ENGINEERING

CHINA PETROLEUM PROCESSING & PETROCHEMICAL TECHNOLOGY

CHINESE ANNALS OF MATHEMATICS SERIES B

CHINESE CHEMICAL LETTERS

CHINESE GEOGRAPHICAL SCIENCE

CHINESE JOURNAL OF AERONAUTICS

CHINESE JOURNAL OF ANALYTICAL CHEMISTRY

CHINESE JOURNAL OF CANCER

CHINESE JOURNAL OF CANCER RESEARCH

CHINESE JOURNAL OF CATALYSIS

CHINESE JOURNAL OF CHEMICAL ENGINEERING

CHINESE JOURNAL OF CHEMICAL PHYSICS

CHINESE JOURNAL OF CHEMISTRY

CHINESE JOURNAL OF ELECTRONICS

CHINESE JOURNAL OF GEOPHYSICS-CHINESE EDITION

CHINESE JOURNAL OF INORGANIC CHEMISTRY

CHINESE JOURNAL OF INTEGRATIVE MEDICINE

CHINESE JOURNAL OF MECHANICAL ENGINEERING

CHINESE JOURNAL OF NATURAL MEDICINES

CHINESE JOURNAL OF OCEANOLOGY AND LIMNOLOGY

CHINESE JOURNAL OF ORGANIC CHEMISTRY

CHINESE JOURNAL OF POLYMER SCIENCE

CHINESE JOURNAL OF STRUCTURAL CHEMISTRY

CHINESE MEDICAL JOURNAL

CHINESE OPTICS LETTERS

CHINESE PHYSICS B

CHINESE PHYSICS C

CHINESE PHYSICS LETTERS

COMMUNICATIONS IN THEORETICAL PHYSICS

CROP JOURNAL

CSEE JOURNAL OF POWER AND ENERGY SYSTEMS

CURRENT ZOOLOGY

DEFENCE TECHNOLOGY

EARTHQUAKE ENGINEERING AND ENGINEERING VIBRATION

ENGINEERING

EYE AND VISION

FOREST ECOSYSTEMS

FRICTION

FRONTIERS IN ENERGY

FRONTIERS OF CHEMICAL SCIENCE AND ENGINEERING

FRONTIERS OF COMPUTER SCIENCE

FRONTIERS OF EARTH SCIENCE

FRONTIERS OF ENVIRONMENTAL SCIENCE & ENGINEERING

FRONTIERS OF INFORMATION TECHNOLOGY & ELECTRONIC ENGINEERING

FRONTIERS OF MATERIALS SCIENCE

FRONTIERS OF MATHEMATICS IN CHINA

FRONTIERS OF MECHANICAL ENGINEERING

FRONTIERS OF MEDICINE

FRONTIERS OF PHYSICS

FRONTIERS OF STRUCTURAL AND CIVIL ENGINEERING

FUNGAL DIVERSITY

GENOMICS PROTEOMICS & BIOINFORMATICS

GEOSCIENCE FRONTIERS

HEPATOBILIARY & PANCREATIC DISEASES INTERNATIONAL

HIGH POWER LASER SCIENCE AND ENGINEERING

INSECT SCIENCE

INTEGRATIVE ZOOLOGY

INTERNATIONAL JOURNAL OF DIGITAL EARTH

INTERNATIONAL JOURNAL OF DISASTER RISK SCIENCE

INTERNATIONAL JOURNAL OF MINERALS METALLURGY AND MATERIALS

INTERNATIONAL JOURNAL OF OPHTHALMOLOGY

INTERNATIONAL JOURNAL OF ORAL SCIENCE

INTERNATIONAL JOURNAL OF SEDIMENT RESEARCH

JOURNAL OF ADVANCED CERAMICS

JOURNAL OF ANIMAL SCIENCE AND BIOTECHNOLOGY

JOURNAL OF ARID LAND

JOURNAL OF BIONIC ENGINEERING

JOURNAL OF CENTRAL SOUTH UNIVERSITY

JOURNAL OF COMPUTATIONAL MATHEMATICS

JOURNAL OF COMPUTER SCIENCE AND TECHNOLOGY

JOURNAL OF DIGESTIVE DISEASES

JOURNAL OF EARTH SCIENCE

JOURNAL OF ENERGY CHEMISTRY

JOURNAL OF ENVIRONMENTAL SCIENCES

JOURNAL OF FORESTRY RESEARCH

JOURNAL OF GENETICS AND GENOMICS

JOURNAL OF GERIATRIC CARDIOLOGY

JOURNAL OF HUAZHONG UNIVERSITY OF SCIENCE AND TECHNOLOGY-MEDICAL SCIENCES

JOURNAL OF HYDRODYNAMICS

JOURNAL OF INFRARED AND MILLIMETER WAVES

JOURNAL OF INORGANIC MATERIALS

JOURNAL OF INTEGRATIVE AGRICULTURE

JOURNAL OF INTEGRATIVE PLANT BIOLOGY

JOURNAL OF IRON AND STEEL RESEARCH INTERNATIONAL

JOURNAL OF MATERIALS SCIENCE & TECHNOLOGY

JOURNAL OF METEOROLOGICAL RESEARCH

JOURNAL OF MODERN POWER SYSTEMS AND CLEAN ENERGY

JOURNAL OF MOLECULAR CELL BIOLOGY

JOURNAL OF MOUNTAIN SCIENCE

JOURNAL OF OCEAN UNIVERSITY OF CHINA

JOURNAL OF OCEANOLOGY AND LIMNOLOGY

JOURNAL OF PALAEOGEOGRAPHY-ENGLISH

JOURNAL OF PHARMACEUTICAL ANALYSIS

JOURNAL OF PLANT ECOLOGY

JOURNAL OF RARE EARTHS

JOURNAL OF SPORT AND HEALTH SCIENCE

JOURNAL OF SYSTEMATICS AND EVOLUTION

JOURNAL OF SYSTEMS ENGINEERING AND ELECTRONICS

JOURNAL OF SYSTEMS SCIENCE & COMPLEXITY

JOURNAL OF SYSTEMS SCIENCE AND SYSTEMS ENGINEERING

JOURNAL OF THERMAL SCIENCE

JOURNAL OF TRADITIONAL CHINESE MEDICINE

JOURNAL OF TROPICAL METEOROLOGY

JOURNAL OF WUHAN UNIVERSITY OF TECHNOLOGY-MATERIALS SCIENCE EDITION

JOURNAL OF ZHEJIANG UNIVERSITY-SCIENCE A

JOURNAL OF ZHEJIANG UNIVERSITY-SCIENCE B

LIGHT-SCIENCE & APPLICATIONS

MICROSYSTEMS & NANOENGINEERING

MOLECULAR PLANT

NANO RESEARCH

NANO-MICRO LETTERS

NATIONAL SCIENCE REVIEW

NEURAL REGENERATION RESEARCH

NEUROSCIENCE BULLETIN

NEW CARBON MATERIALS

NUCLEAR SCIENCE AND TECHNIQUES

NUMERICAL MATHEMATICS-THEORY METHODS AND APPLICATIONS

PARTICUOLOGY

PEDOSPHERE

PETROLEUM EXPLORATION AND DEVELOPMENT

PETROLEUM SCIENCE

PHOTONIC SENSORS

PHOTONICS RESEARCH

PLANT DIVERSITY

PLASMA SCIENCE & TECHNOLOGY

PROGRESS IN BIOCHEMISTRY AND BIOPHYSICS

PROGRESS IN CHEMISTRY
PROGRESS IN NATURAL SCIENCE-MATERIALS INTERNATIONAL
PROTEIN & CELL
RARE METAL MATERIALS AND ENGINEERING
RARE METALS
RESEARCH IN ASTRONOMY AND ASTROPHYSICS
RICE SCIENCE
SCIENCE BULLETIN
SCIENCE CHINA-CHEMISTRY
SCIENCE CHINA-EARTH SCIENCES
SCIENCE CHINA-INFORMATION SCIENCES
SCIENCE CHINA-LIFE SCIENCES
SCIENCE CHINA-MATERIALS
SCIENCE CHINA-MATHEMATICS
SCIENCE CHINA-PHYSICS MECHANICS & ASTRONOMY
SCIENCE CHINA-TECHNOLOGICAL SCIENCES
SIGNAL TRANSDUCTION AND TARGETED THERAPY
SPECTROSCOPY AND SPECTRAL ANALYSIS
TRANSACTIONS OF NONFERROUS METALS SOCIETY OF CHINA
TSINGHUA SCIENCE AND TECHNOLOGY
VIROLOGICA SINICA
WORLD JOURNAL OF EMERGENCY MEDICINE
WORLD JOURNAL OF PEDIATRICS
ZOOLOGICAL RESEARCH

附录 2　2018 年 Inspec 收录的中国期刊

ACTA PHOTONICA SINICA
ACTA PHYSICA SINICA
ACTA PHYSICO-CHIMICA SINICA
ACTA SCIENTIARUM NATURALIUM UNIVERSITATIS PEKINENSIS
ADVANCED TECHNOLOGY OF ELECTRICAL ENGINEERING AND ENERGY
APPLIED MATHEMATICS AND MECHANICS (CHINESE EDITION)
BATTERY BIMONTHLY
BUILDING ENERGY EFFICIENCY
CHINA MECHANICAL ENGINEERING
CHINA RAILWAY SCIENCE
CHINA SURFACTANT DETERGENT & COSMETICS
CHINA TEXTILE LEADER
CHINA TEXTILE SCIENCE
CHINESE JOURNAL OF ELECTRON DEVICES
CHINESE JOURNAL OF LIQUID CRYSTALS AND DISPLAYS
CHINESE JOURNAL OF NONFERROUS METALS
CHINESE JOURNAL OF SENSORS AND ACTUATORS
COMPUTATIONAL ECOLOGY AND SOFTWARE
COMPUTER AIDED ENGINEERING
COMPUTER ENGINEERING
COMPUTER ENGINEERING AND APPLICATIONS
COMPUTER ENGINEERING AND SCIENCE
COMPUTER INTEGRATED MANUFACTURING SYSTEMS
CONTROL THEORY & APPLICATIONS
CORROSION SCIENCE AND PROTECTION TECHNOLOGY
COTTON TEXTILE TECHNOLOGY
EARTH SCIENCE
ELECTRIC MACHINES AND CONTROL
ELECTRIC POWER AUTOMATION EQUIPMENT
ELECTRIC POWER CONSTRUCTION

ELECTRIC POWER SCIENCE AND ENGINEERING

ELECTRIC WELDING MACHINE

ELECTRICAL MEASUREMENT AND INSTRUMENTATION

ELECTRONIC COMPONENTS AND MATERIALS

ELECTRONIC SCIENCE AND TECHNOLOGY

ELECTRONICS OPTICS & CONTROL

ELECTROPLATING & FINISHING

ENGINEERING JOURNAL OF WUHAN UNIVERSITY

ENGINEERING LETTERS

GEOMATICS AND INFORMATION SCIENCE OF WUHAN UNIVERSITY

HIGH POWER LASER AND PARTICLE BEAMS

HIGH VOLTAGE APPARATUS

IAENG INTERNATIONAL JOURNAL OF APPLIED MATHEMATICS

IAENG INTERNATIONAL JOURNAL OF COMPUTER SCIENCE

IMAGING SCIENCE AND PHOTOCHEMISTRY

INDUSTRIAL ENGINEERING AND MANAGEMENT

INDUSTRIAL ENGINEERING JOURNAL

INDUSTRY AND MINE AUTOMATION

INFRARED AND LASER ENGINEERING

INSTRUMENT TECHNIQUE AND SENSOR

INSULATING MATERIALS

INTERNATIONAL JOURNAL OF AGRICULTURAL AND BIOLOGICAL ENGINEERING

JOURNAL OF ACADEMY OF ARMORED FORCE ENGINEERING

JOURNAL OF AERONAUTICAL MATERIALS

JOURNAL OF AEROSPACE POWER

JOURNAL OF APPLIED OPTICS

JOURNAL OF APPLIED SCIENCES - ELECTRONICS AND INFORMATION ENGINEERING

JOURNAL OF ATMOSPHERIC AND ENVIRONMENTAL OPTICS

JOURNAL OF BEIJING INSTITUTE OF TECHNOLOGY

JOURNAL OF BEIJING NORMAL UNIVERSITY (NATURAL SCIENCE)

JOURNAL OF BEIJING UNIVERSITY OF AERONAUTICS AND ASTRONAUTICS

JOURNAL OF BEIJING UNIVERSITY OF TECHNOLOGY

JOURNAL OF CENTRAL SOUTH UNIVERSITY (SCIENCE AND TECHNOLOGY)

JOURNAL OF CHINA THREE GORGES UNIVERSITY (NATURAL SCIENCES)

JOURNAL OF CHINA UNIVERSITY OF PETROLEUM (NATURAL SCIENCE EDITION)

JOURNAL OF CHINESE SOCIETY FOR CORROSION AND PROTECTION

JOURNAL OF CHONGQING UNIVERSITY (ENGLISH EDITION)

JOURNAL OF COMPUTATIONAL MATHEMATICS

JOURNAL OF COMPUTER APPLICATIONS

JOURNAL OF DALIAN UNIVERSITY OF TECHNOLOGY

JOURNAL OF DATA ACQUISITION AND PROCESSING

JOURNAL OF DETECTION & CONTROL

JOURNAL OF DONGHUA UNIVERSITY (ENGLISH EDITION)

JOURNAL OF EAST CHINA UNIVERSITY OF SCIENCE AND TECHNOLOGY (NATURAL SCIENCE EDITION)

JOURNAL OF ELECTRONIC SCIENCE AND TECHNOLOGY

JOURNAL OF FOOD SCIENCE AND TECHNOLOGY

JOURNAL OF GUANGDONG UNIVERSITY OF TECHNOLOGY

JOURNAL OF HEBEI UNIVERSITY OF SCIENCE AND TECHNOLOGY

JOURNAL OF HEBEI UNIVERSITY OF TECHNOLOGY

JOURNAL OF HENAN UNIVERSITY OF SCIENCE & TECHNOLOGY (NATURAL SCIENCE)

JOURNAL OF HUAZHONG UNIVERSITY OF SCIENCE AND TECHNOLOGY (NATURAL SCIENCE EDITION)

JOURNAL OF HUNAN UNIVERSITY (NATURAL SCIENCES)

JOURNAL OF JILIN UNIVERSITY (SCIENCE EDITION)

JOURNAL OF LANZHOU UNIVERSITY OF TECHNOLOGY

JOURNAL OF MECHANICAL ENGINEERING

JOURNAL OF MINERALOGY AND PETROLOGY

JOURNAL OF NANJING UNIVERSITY OF AERONAUTICS & ASTRONAUTICS

JOURNAL OF NANJING UNIVERSITY OF POSTS AND TELECOMMUNICATIONS (NATURAL SCIENCE EDITION)

JOURNAL OF NANJING UNIVERSITY OF SCIENCE AND TECHNOLOGY

JOURNAL OF NATIONAL UNIVERSITY OF DEFENSE TECHNOLOGY

JOURNAL OF NAVAL UNIVERSITY OF ENGINEERING

JOURNAL OF NORTHEASTERN UNIVERSITY (NATURAL SCIENCE)

JOURNAL OF PROJECTILES, ROCKETS, MISSILES AND GUIDANCE

JOURNAL OF QINGDAO UNIVERSITY OF SCIENCE AND TECHNOLOGY (NATURAL SCIENCE EDITION)

JOURNAL OF QINGDAO UNIVERSITY OF TECHNOLOGY

JOURNAL OF ROCKET PROPULSION

JOURNAL OF SHANGHAI JIAO TONG UNIVERSITY

JOURNAL OF SHENZHEN UNIVERSITY SCIENCE AND ENGINEERING

JOURNAL OF SOFTWARE

JOURNAL OF SOLID ROCKET TECHNOLOGY

JOURNAL OF SOUTH CHINA UNIVERSITY OF TECHNOLOGY (NATURAL SCIENCE EDITION)

JOURNAL OF SOUTHEAST UNIVERSITY (ENGLISH EDITION)

JOURNAL OF SOUTHEAST UNIVERSITY (NATURAL SCIENCE EDITION)

JOURNAL OF SYSTEM SIMULATION

JOURNAL OF TEST AND MEASUREMENT TECHNOLOGY

JOURNAL OF THE CHINA SOCIETY FOR SCIENTIFIC AND TECHNICAL INFORMATION

JOURNAL OF TIANJIN UNIVERSITY (SCIENCE AND TECHNOLOGY)

JOURNAL OF TRAFFIC AND TRANSPORTATION ENGINEERING

JOURNAL OF VIBRATION ENGINEERING

JOURNAL OF WUHAN UNIVERSITY (NATURAL SCIENCE EDITION)

JOURNAL OF XIAMEN UNIVERSITY (NATURAL SCIENCE)

JOURNAL OF XI'AN JIAOTONG UNIVERSITY

JOURNAL OF XI'AN UNIVERSITY OF TECHNOLOGY

JOURNAL OF XIDIAN UNIVERSITY

JOURNAL OF YANGZHOU UNIVERSITY (NATURAL SCIENCE EDITION)

JOURNAL OF ZHEJIANG UNIVERSITY (ENGINEERING SCIENCE)

JOURNAL OF ZHEJIANG UNIVERSITY (SCIENCE EDITION)

JOURNAL OF ZHEJIANG UNIVERSITY OF TECHNOLOGY

JOURNAL OF ZHENGZHOU UNIVERSITY (ENGINEERING SCIENCE)

LASER TECHNOLOGY

LIGHT INDUSTRY MACHINERY

MICROELECTRONICS

MICROMOTORS

MICRONANOELECTRONIC TECHNOLOGY

OPTICS AND PRECISION ENGINEERING

ORDNANCE INDUSTRY AUTOMATION

PROCESS AUTOMATION INSTRUMENTATION

SCIENCE & TECHNOLOGY REVIEW

SEMICONDUCTOR TECHNOLOGY

SHANGHAI METALS

SPACECRAFT ENGINEERING

SPECIAL CASTING & NONFERROUS ALLOYS

SPECIAL OIL & GAS RESERVOIRS

SYSTEMS ENGINEERING AND ELECTRONICS

TECHNICAL ACOUSTICS

TELECOMMUNICATION ENGINEERING

TOBACCO SCIENCE & TECHNOLOGY

TRANSACTIONS OF BEIJING INSTITUTE OF TECHNOLOGY

TRANSACTIONS OF NANJING UNIVERSITY OF AERONAUTICS & ASTRONAUTICS

WATER RESOURCES AND POWER

附录 3 2018 年 Medline 收录的中国期刊

ACTA BIOCHIMICA ET BIOPHYSICA SINICA

ACTA PHARMACOLOGICA SINICA

ANIMAL MODELS AND EXPERIMENTAL MEDICINE

ASIAN JOURNAL OF ANDROLOGY

BEIJING DA XUE XUE BAO. YI XUE BAN

BIO-DESIGN AND MANUFACTURING

BIOMEDICAL AND ENVIRONMENTAL SCIENCES : BES

BONE RESEARCH

CANCER BIOLOGY & MEDICINE

CELL RESEARCH

CELLULAR & MOLECULAR IMMUNOLOGY

CHENG SHI SHE JI (2015)

CHINESE JOURNAL OF CANCER

CHINESE JOURNAL OF CANCER RESEARCH

CHINESE JOURNAL OF CHROMATOGRAPHY

CHINESE JOURNAL OF INTEGRATIVE MEDICINE

CHINESE JOURNAL OF NATURAL MEDICINES

CHINESE MEDICAL JOURNAL

CHINESE MEDICAL SCIENCES JOURNAL

CHRONIC DISEASES AND TRANSLATIONAL MEDICINE

COMMUNICATIONS IN NONLINEAR SCIENCE & NUMERICAL SIMULATION

CURRENT MEDICAL SCIENCE

CURRENT ZOOLOGY

FA YI XUE ZA ZHI

FORENSIC SCIENCES RESEARCH

FRONTIERS IN BIOLOGY

FRONTIERS OF MEDICINE

GENOMICS, PROTEOMICS & BIOINFORMATICS

HUA XI KOU QIANG YI XUE ZA ZHI

HUAN JING KE XUE

INFECTIOUS DISEASES OF POVERTY

INSECT SCIENCE

INTERNATIONAL JOURNAL OF COAL SCIENCE & TECHNOLOGY
INTERNATIONAL JOURNAL OF MINING SCIENCE AND TECHNOLOGY
INTERNATIONAL JOURNAL OF NURSING SCIENCES
INTERNATIONAL JOURNAL OF OPHTHALMOLOGY
INTERNATIONAL JOURNAL OF ORAL SCIENCE
JOURNAL OF ANALYSIS AND TESTING
JOURNAL OF ANIMAL SCIENCE AND BIOTECHNOLOGY
JOURNAL OF BIOMEDICAL RESEARCH
JOURNAL OF ENVIRONMENTAL SCIENCES (CHINA)
JOURNAL OF GENETICS AND GENOMICS
JOURNAL OF GERIATRIC CARDIOLOGY : JGC
JOURNAL OF INTEGRATIVE MEDICINE
JOURNAL OF INTEGRATIVE PLANT BIOLOGY
JOURNAL OF MOLECULAR CELL BIOLOGY
JOURNAL OF OTOLOGY
JOURNAL OF PHARMACEUTICAL ANALYSIS
JOURNAL OF SPORT AND HEALTH SCIENCE
JOURNAL OF ZHEJIANG UNIVERSITY. SCIENCE. B
LIGHT, SCIENCE & APPLICATIONS
LIN CHUANG ER BI YAN HOU TOU JING WAI KE ZA ZHI
LIVER RESEARCH
MICROSYSTEMS & NANOENGINEERING
MILITARY MEDICAL RESEARCH
MOLECULAR PLANT
NAN FANG YI KE DA XUE XUE BAO
NANO RESEARCH
NATIONAL SCIENCE REVIEW
NEURAL REGENERATION RESEARCH
NEUROSCIENCE BULLETIN
PEDIATRIC INVESTIGATION
PETROLEUM SCIENCE
PLANT DIVERSITY
PRECISION CLINICAL MEDICINE
PROBABILITY, UNCERTAINTY AND QUANTITATIVE RISK
PROTEIN & CELL
QUANTITATIVE BIOLOGY
RARE METALS
SCIENCE BULLETIN
SCIENCE CHINA. CHEMISTRY
SCIENCE CHINA. LIFE SCIENCES
SHANGHAI ARCHIVES OF PSYCHIATRY
SHANGHAI KOU QIANG YI XUE
SHENG LI KE XUE JIN ZHAN
SHENG LI XUE BAO
SHENG WU GONG CHENG XUE BAO
SHENG WU YI XUE GONG CHENG XUE ZA ZHI
SICHUAN DA XUE XUE BAO. YI XUE BAN
SIGNAL TRANSDUCTION AND TARGETED THERAPY
VIROLOGICA SINICA
WEI SHENG YAN JIU
WORLD JOURNAL OF EMERGENCY MEDICINE
WORLD JOURNAL OF GASTROENTEROLOGY
WORLD JOURNAL OF OTORHINOLARYNGOLOGY - HEAD AND NECK SURGERY
XI BAO YU FEN ZI MIAN YI XUE ZA ZHI
YI CHUAN
YING YONG SHENG TAI XUE BAO
ZHEJIANG DA XUE XUE BAO. YI XUE BAN
ZHEN CI YAN JIU
ZHONG NAN DA XUE XUE BAO. YI XUE BAN
ZHONGGUO DANG DAI ER KE ZA ZHI
ZHONGGUO FEI AI ZA ZHI

ZHONGGUO GU SHANG

ZHONGGUO SHI YAN XUE YE XUE ZA ZHI

ZHONGGUO XIU FU CHONG JIAN WAI KE ZA ZHI

ZHONGGUO XU MU SHOU YI XUE HUI

ZHONGGUO XUE XI CHONG BING FANG ZHI ZA ZHI

ZHONGGUO YI LIAO QI XIE ZA ZHI

ZHONGGUO YI XUE KE XUE YUAN XUE BAO

ZHONGGUO YING YONG SHENG LI XUE ZA ZHI

ZHONGGUO ZHEN JIU

ZHONGGUO ZHONG YAO ZA ZHI

ZHONGHUA BING LI XUE ZA ZHI

ZHONGHUA CHUANG SHANG ZA ZHI

ZHONGHUA ER BI YAN HOU TOU JING WAI KE ZA ZHI

ZHONGHUA ER KE ZA ZHI

ZHONGHUA FU CHAN KE ZA ZHI

ZHONGHUA GAN ZANG BING ZA ZHI

ZHONGHUA JIE HE HE HU XI ZA ZHI

ZHONGHUA KOU QIANG YI XUE ZA ZHI

ZHONGHUA LAO DONG WEI SHENG ZHI YE BING ZA ZHI

ZHONGHUA LIU XING BING XUE ZA ZHI

ZHONGHUA NAN KE XUE

ZHONGHUA NEI KE ZA ZHI

ZHONGHUA SHAO SHANG ZA ZHI

ZHONGHUA WAI KE ZA ZHI

ZHONGHUA WEI CHANG WAI KE ZA ZHI

ZHONGHUA WEI ZHONG BING JI JIU YI XUE

ZHONGHUA XIN XUE GUAN BING ZA ZHI

ZHONGHUA XUE YE XUE ZA ZHI

ZHONGHUA YAN KE ZA ZHI

ZHONGHUA YI SHI ZA ZHI (BEIJING, CHINA : 1980)

ZHONGHUA YI XUE YI CHUAN XUE ZA ZHI

ZHONGHUA YI XUE ZA ZHI

ZHONGHUA YU FANG YI XUE ZA ZHI

ZHONGHUA ZHONG LIU ZA ZHI

ZOOLOGICAL RESEARCH

附录 4　2018 年 CA plus 核心期刊（Core Journal) 收录的中国期刊

ACTA PHARMACOLOGICA SINICA

BOPUXUE ZAZHI

CAILIAO RECHULI XUEBAO

CHEMICA SINICA

CHEMICAL RESEARCH IN CHINESE UNIVERSITIES

CHINESE CHEMICAL LETTERS

CHINESE JOURNAL OF CHEMICAL ENGINEERING

CHINESE JOURNAL OF CHEMICAL PHYSICS

CHINESE JOURNAL OF CHEMISTRY

CHINESE JOURNAL OF GEOCHEMISTRY

CHINESE JOURNAL OF POLYMER SCIENCE

CHINESE JOURNAL OF STRUCTURAL CHEMISTRY

CHINESE PHYSICS C

CUIHUA XUEBAO

DIANHUAXUE

DIQIU HUAXUE

FENXI HUAXUE

FENZI CUIHUA

GAODENG XUEXIAO HUAXUE XUEBAO

GAOFENZI CAILIAO KEXUE YU GONGCHENG

GAOFENZI XUEBAO

GAOXIAO HUAXUE GONGCHENG XUEBAO
GONGNENG GAOFENZI XUEBAO
GUANGPUXUE YU GUANGPU FENXI
GUIJINSHU
GUISUANYAN XUEBAO
GUOCHENG GONGCHENG XUEBAO
HECHENG XIANGJIAO GONGYE
HUADONG LIGONG DAXUE XUEBAO, ZIRAN KEXUEBAN
HUAGONG XUEBAO (CHINESE EDITION)
HUANJING HUAXUE
HUANJING KEXUE XUEBAO
HUAXUE
HUAXUE FANYING GONGCHENG YU GONGYI
HUAXUE SHIJI
HUAXUE TONGBAO
HUAXUE XUEBAO
JINSHU XUEBAO
JISUANJI YU YINGYONG HUAXUE
JOURNAL OF THE CHINESE ADVANCED MATERIALS SOCIETY
JOURNAL OF THE CHINESE CHEMICAL SOCIETY (WEINHEIM, GERMANY)
LINCHAN HUAXUE YU GONGYE
PHARMACIA SINICA
RANLIAO HUAXUE XUEBAO
RARE METALS (BEIJING, CHINA)
RENGONG JINGTI XUEBAO
SCIENCE CHINA: CHEMISTRY
SHIYOU HUAGONG
SHIYOU XUEBAO, SHIYOU JIAGONG
SHUICHULI JISHU
WULI HUAXUE XUEBAO
WULI XUEBAO
YINGXIANG KEXUE YU GUANG HUAXUE
YINGYONG HUAXUE
YOUJI HUAXUE
ZHIPU XUEBAO
ZHONGGUO SHENGWU HUAXUE YU FENZI SHENGWU XUEBAO
ZHONGGUO WUJI FENXI HUAXUE

附录5　2018年Ei收录的中国期刊

ACTA GEOCHIMICA
ACTA MECHANICA SOLIDA SINICA
ACTA METALLURGICA SINICA (ENGLISH LETTERS)
APPLIED MATHEMATICS AND MECHANICS (ENGLISH EDITION)
BAOZHA YU CHONGJI
BEIJING DAXUE XUEBAO ZIRAN KEXUE BAN
BEIJING HANGKONG HANGTIAN DAXUE XUEBAO
BEIJING LIGONG DAXUE XUEBAO
BEIJING YOUDIAN DAXUE XUEBAO
BIAOMIAN JISHU
BINGGONG XUEBAO
BUILDING SIMULATION
CAIKUANG YU ANQUAN GONGCHENG XUEBAO
CAILIAO DAOBAO
CAILIAO GONGCHENG
CAILIAO YANJIU XUEBAO
CEHUI XUEBAO
CHINA OCEAN ENGINEERING
CHINESE JOURNAL OF AERONAUTICS
CHINESE JOURNAL OF CATALYSIS
CHINESE JOURNAL OF CHEMICAL ENGINEERING

CHINESE JOURNAL OF ELECTRONICS

CHINESE JOURNAL OF MECHANICAL ENGINEERING (ENGLISH EDITION)

CHINESE OPTICS LETTERS

CHINESE PHYSICS B

CHUAN BO LI XUE

CONTROL THEORY AND TECHNOLOGY

DADI GOUZAO YU CHENGKUANGXUE

DEFENCE TECHNOLOGY

DIANGONG JISHU XUEBAO

DIANJI YU KONGZHI XUEBAO

DIANLI XITONG ZIDONGHUA

DIANLI ZIDONGHUA SHEBEI

DIANWANG JISHU

DIANZI KEJI DAXUE XUEBAO

DIANZI YU XINXI XUEBAO

DILI XUEBAO

DIQIU KEXUE ZHONGGUO DIZHI DAXUE XUEBAO

DIQIU WULI XUEBAO

DIXUE QIANYUAN

DIZHEN DIZHI

DIZHI XUEBAO

DONGBEI DAXUE XUEBAO

DONGNAN DAXUE XUEBAO (ZIRAN KEXUE BAN)

EARTHQUAKE ENGINEERING AND ENGINEERING VIBRATION

FAGUANG XUEBAO

FANGZHI XUEBAO

FENXI HUAXUE

FRONTIERS OF CHEMICAL SCIENCE AND ENGINEERING

FRONTIERS OF COMPUTER SCIENCE

FRONTIERS OF ENVIRONMENTAL SCIENCE AND ENGINEERING

FRONTIERS OF INFORMATION TECHNOLOGY & ELECTRONIC ENGINEERING

FRONTIERS OF OPTOELECTRONICS

FRONTIERS OF STRUCTURAL AND CIVIL ENGINEERING

FUHE CAILIAO XUEBAO

GAO XIAO HUA XUE GONG CHENG XUE BAO

GAODENG XUEXIAO HUAXUE XUEBAO

GAODIANYA JISHU

GAOFENZI CAILIAO KEXUE YU GONGCHENG

GONGCHENG KEXUE XUEBAO

GONGCHENG KEXUE YU JISHU

GONGCHENG LIXUE

GUANG PU XUE YU GUANG PU FEN XI

GUANGXUE JINGMI GONGCHENG

GUANGXUE XUEBAO

GUANGZI XUEBAO

GUOFANG KEJI DAXUE XUEBAO

HANGKONG DONGLI XUEBAO

HANGKONG XUEBAO

HANJIE XUEBAO

HANNENG CAILIAO

HARBIN GONGCHENG DAXUE XUEBAO

HARBIN GONGYE DAXUE XUEBAO

HEDONGLI GONGCHENG

HIGH TECHNOLOGY LETTERS

HONGWAI YU HAOMIBO XUEBAO

HONGWAI YU JIGUANG GONGCHENG

HSIAN CHIAO TUNG TA HSUEH

HUAGONG JINZHAN

HUAGONG XUEBAO

HUANAN LIGONG DAXUE XUEBAO

HUANJING KEXUE

HUAZHONG KEJI DAXUE XUEBAO (ZIRAN KEXUE BAN)

HUNAN DAXUE XUEBAO

HUOZHAYAO XUEBAO

HUPO KEXUE

INTERNATIONAL JOURNAL OF AUTOMATION AND COMPUTING

INTERNATIONAL JOURNAL OF INTELLIGENT COMPUTING AND CYBERNETICS

INTERNATIONAL JOURNAL OF MINERALS, METALLURGY AND MATERIALS

INTERNATIONAL JOURNAL OF MINING SCIENCE AND TECHNOLOGY

JIANZHU CAILIAO XUEBAO

JIANZHU JIEGOU XUEBAO

JIAOTONG YUNSHU GONGCHENG XUEBAO

JIAOTONG YUNSHU XITONG GONGCHENG YU XINXI

JILIN DAXUE XUEBAO (GONGXUEBAN)

JINGXI HUAGONG

JINSHU XUEBAO

JIQIREN

JISUANJI FUZHU SHEJI YU TUXINGXUE XUEBAO

JISUANJI JICHENG ZHIZAO XITONG

JISUANJI XUEBAO

JISUANJI YANJIU YU FAZHAN

JIXIE GONGCHENG XUEBAO

JOURNAL OF BEIJING INSTITUTE OF TECHNOLOGY (ENGLISH EDITION)

JOURNAL OF BIONIC ENGINEERING

JOURNAL OF CENTRAL SOUTH UNIVERSITY (ENGLISH EDITION)

JOURNAL OF CHINA UNIVERSITIES OF POSTS AND TELECOMMUNICATIONS

JOURNAL OF COMPUTER SCIENCE AND TECHNOLOGY

JOURNAL OF ENERGY CHEMISTRY

JOURNAL OF ENVIRONMENTAL SCIENCES (CHINA)

JOURNAL OF HYDRODYNAMICS

JOURNAL OF IRON AND STEEL RESEARCH INTERNATIONAL

JOURNAL OF MATERIALS SCIENCE AND TECHNOLOGY

JOURNAL OF RARE EARTHS

JOURNAL OF SHANGHAI JIAOTONG UNIVERSITY (SCIENCE)

JOURNAL OF SOUTHEAST UNIVERSITY (ENGLISH EDITION)

JOURNAL OF SYSTEMS ENGINEERING AND ELECTRONICS

JOURNAL OF SYSTEMS SCIENCE AND COMPLEXITY

JOURNAL OF SYSTEMS SCIENCE AND SYSTEMS ENGINEERING

JOURNAL OF THERMAL SCIENCE

JOURNAL OF ZHEJIANG UNIVERSITY: SCIENCE A

JOURNAL WUHAN UNIVERSITY OF TECHNOLOGY, MATERIALS SCIENCE EDITION

KEXUE TONGBAO (CHINESE)

KONGZHI LILUN YU YINGYONG

KONGZHI YU JUECE

KUEI SUAN JEN HSUEH PAO

KUNG CHENG JE WU LI HSUEH PAO

LIGHT: SCIENCE & APPLICATIONS

LINYE KEXUE

LIXUE JINZHAN

LIXUE XUEBAO

LIXUE XUEBAO

MEITAN XUEBAO

MOCAXUE XUEBAO

NANO RESEARCH

NANO-MICRO LETTERS

NEIRANJI XUEBAO

NONGYE GONGCHENG XUEBAO

NONGYE JIXIE XUEBAO

OPTOELECTRONICS LETTERS

PARTICUOLOGY

PHOTONIC SENSORS

PLASMA SCIENCE AND TECHNOLOGY

QIAOLIANG JIANSHE

QICHE GONGCHENG

QINGHUA DAXUE XUEBAO

RANLIAO HUAXUE XUEBAO

RARE METALS

RUAN JIAN XUE BAO

SCIENCE BULLETIN

SCIENCE CHINA CHEMISTRY

SCIENCE CHINA EARTH SCIENCES

SCIENCE CHINA INFORMATION SCIENCES

SCIENCE CHINA: PHYSICS, MECHANICS AND ASTRONOMY

SHANGHAI JIAOTONG DAXUE XUEBAO

SHENGWU YIXUE GONGCHENGXUE ZAZHI

SHENGXUE XUEBAO

SHIPIN KEXUE

SHIYOU DIQIU WULI KANTAN

SHIYOU KANTAN YU KAIFA

SHIYOU XUEBAO

SHIYOU XUEBAO, SHIYOU JIAGONG

SHIYOU YU TIANRANQI DIZHI

SHUIKEXUE JINZHAN

SHUILI XUEBAO

TAIYANGNENG XUEBAO

TIANJIN DAXUE XUEBAO (ZIRAN KEXUE YU GONGCHENG JISHU BAN)

TIANRANQI GONGYE

TIEDAO GONGCHENG XUEBAO

TIEDAO XUEBAO

TIEN TZU HSUEH PAO

TONGJI DAXUE XUEBAO

TONGXIN XUEBAO

TRANSACTIONS OF NANJING UNIVERSITY OF AERONAUTICS AND ASTRONAUTICS

TRANSACTIONS OF NONFERROUS METALS SOCIETY OF CHINA (ENGLISH EDITION)

TRANSACTIONS OF TIANJIN UNIVERSITY

TSINGHUA SCIENCE AND TECHNOLOGY

TUIJIN JISHU

TUMU GONGCHENG XUEBAO

WATER SCIENCE AND ENGINEERING

WUHAN DAXUE XUEBAO (XINXI KEXUE BAN)

WUJI CAILIAO XUEBAO

WULI XUEBAO

XI TONG GONG CHENG YU DIAN ZI JI SHU

XI'AN DIANZI KEJI DAXUE XUEBAO

XIBEI GONGYE DAXUE XUEBAO

XINAN JIAOTONG DAXUE XUEBAO

XINXING TAN CAILIAO

XITONG GONGCHENG LILUN YU SHIJIAN

XIYOU JINSHU

XIYOU JINSHU CAILIAO YU GONGCHENG

YANSHI XUEBAO

YANSHILIXUE YU GONGCHENG XUEBAO

YANTU GONGCHENG XUEBAO

YANTU LIXUE

YAOGAN XUEBAO

YI QI YI BIAO XUE BAO

YINGYONG JICHU YU GONGCHENG KEXUE XUEBAO

YUANZINENG KEXUE JISHU

YUHANG XUEBAO

ZHEJIANG DAXUE XUEBAO (GONGXUE BAN)

ZHENDONG CESHI YU ZHENDUAN

ZHENDONG GONGCHENG XUEBAO

ZHENDONG YU CHONGJI

ZHIPU XUEBAO

ZHONGGUO BIAOMIAN GONGCHENG

ZHONGGUO DIANJI GONGCHENG XUEBAO

ZHONGGUO GONGLU XUEBAO

ZHONGGUO GUANGXUE

ZHONGGUO GUANXING JISHU XUEBAO

ZHONGGUO HUANJING KEXUE

ZHONGGUO JIGUANG

ZHONGGUO JIXIE GONGCHENG

ZHONGGUO KEXUE JISHU KEXUE (CHINESE)

ZHONGGUO KEXUE: CAILIAOKEXUE (YINGWENBAN)

ZHONGGUO KUANGYE DAXUE XUEBAO

ZHONGGUO SHIPIN XUEBAO

ZHONGGUO SHIYOU DAXUE XUEBAO (ZIRAN KEXUE BAN)

ZHONGGUO TIEDAO KEXUE

ZHONGGUO YOUSE JINSHU XUEBAO

ZHONGGUO ZAOCHUAN

ZHONGNAN DAXUE XUEBAO (ZIRAN KEXUE BAN)

ZIDONGHUA XUEBAO

附录 6　2018 年中国内地第一作者在 *NATURE*、*SCIENCE* 和 *CELL* 期刊上发表的论文

论文题目	第一作者	所属机构	来源期刊	被引次数
Organic and solution-processed tandem solar cells with 17.3% efficiency	Meng, Lingxian	南开大学	*SCIENCE*	223
Gut bacteria selectively promoted by dietary fibers alleviate type 2 diabetes	Zhao, Liping	上海交通大学	*SCIENCE*	107
Enhanced photovoltage for inverted planar heterojunction perovskite solar cells	Luo, Deying	北京大学	*SCIENCE*	100
Ordered macro-microporous metal-organic framework single crystals	Shen, Kui	华南理工大学	*SCIENCE*	99
3D charge and 2D phonon transports leading to high out-of-plane ZT in n-type SnSe crystals	Chang, Cheng	北京航空航天大学	*SCIENCE*	85
Perovskite light-emitting diodes with external quantum efficiency exceeding 20 per cent	Lin, Kebin	华侨大学	*NATURE*	82
Mapping the Mouse Cell Atlas by Microwell-Seq	Han, Xiaoping	浙江大学医学院	*CELL*	80
Identifying Medical Diagnoses and Treatable Diseases by Image-Based Deep Learning	Kermany, Daniel S.	广州医科大学广州妇女儿童医疗中心	*CELL*	77
The evolutionary history of vertebrate RNA viruses	Shi, Mang	中国疾病预防控制中心	*NATURE*	62
Perovskite light-emitting diodes based on spontaneously formed submicrometre-scale structures	Cao, Yu	南京工业大学	*NATURE*	61
Ketamine blocks bursting in the lateral habenula to rapidly relieve depression	Yang, Yan	浙江大学	*NATURE*	60
Genomic variation in 3,010 diverse accessions of Asian cultivated rice	Wang, Wensheng	中国农业科学院作物科学研究所	*NATURE*	59
Single-crystal x-ray diffraction structures of covalent organic frameworks	Ma, Tianqiong	兰州大学	*SCIENCE*	53

续表

论文题目	第一作者	所属机构	来源期刊	被引次数
Polyamide membranes with nanoscale Turing structures for water purification	Tan, Zhe	浙江大学	*SCIENCE*	52
CD10(+) GPR77(+) Cancer-Associated Fibroblasts Promote Cancer Formation and Chemoresistance by Sustaining Cancer Stemness	Su, Shicheng	中山大学孙逸仙纪念医院	*CELL*	52
Metal-free three-dimensional perovskite ferroelectrics	Ye, Heng-Yun	东南大学	*SCIENCE*	49
Pursuing sustainable productivity with millions of smallholder farmers	Cui, Zhenling	中国农业大学	*NATURE*	46
alpha-Klotho is a non-enzymatic molecular scaffold for FGF23 hormone signalling	Chen, Gaozhi	温州医科大学	*NATURE*	46
Challenges for commercializing perovskite solar cells	Rong, Yaoguang	华中科技大学	*SCIENCE*	41
Astroglial Kir4.1 in the lateral habenula drives neuronal bursts in depression	Cui, Yihui	浙江大学	*NATURE*	41
Cloning of Macaque Monkeys by Somatic Cell Nuclear Transfer	Liu, Zhen	中国科学院上海生命科学研究院	*CELL*	40
Gate-tunable room-temperature ferromagnetism in two-dimensional Fe3GeTe2	Deng, Yujun	复旦大学	*NATURE*	37
Structure and mechanogating mechanism of the Piezol channel	Zhao, Qiancheng	清华大学	*NATURE*	37
Efficient and stable emission of warm-white light from lead-free halide double perovskites	Luo, Jiajun	华中科技大学	*NATURE*	36
Evidence for Majorana bound states in an iron-based superconductor	Wang, Dongfei	中国科学院物理研究所	*SCIENCE*	35
Selective functionalization of methane, ethane, and higher alkanes by cerium photocatalysis	Hu, Anhua	上海科技大学	*SCIENCE*	34
Phase-separation mechanism for C-terminal hyperphosphorylation of RNA polymerase II	Lu, Huasong	厦门大学	*NATURE*	34
Fatal swine acute diarrhoea syndrome caused by an HKU2-related coronavirus of bat origin	Zhou, Peng	中国科学院武汉病毒研究所	*NATURE*	34
Glucose-regulated phosphorylation of TET2 by AMPK reveals a pathway linking diabetes to cancer	Wu, Di	复旦大学附属中山医院	*NATURE*	33
A single-cell RNA-seq survey of the developmental landscape of the human prefrontal cortex	Zhong, Suijuan	中国科学院生物物理研究所	*NATURE*	32
Evolutionary history resolves global organization of root functional traits	Ma, Zeqing	中国科学院地理科学与资源研究所	*NATURE*	32
Rewiring of the Fruit Metabolome in Tomato Breeding	Zhu, Guangtao	中国农业科学院农业基因组研究所	*CELL*	30

续表

论文题目	第一作者	所属机构	来源期刊	被引次数
5-HT2C Receptor Structures Reveal the Structural Basis of GPCR Polypharmacology	Peng, Yao	上海科技大学	*CELL*	28
Genome sequence of the progenitor of wheat A subgenome Triticum urartu	Ling, Hong-Qing	中国科学院遗传与发育生物学研究所	*NATURE*	25
Complex silica composite nanomaterials templated with DNA origami	Liu, Xiaoguo	中国科学院过程工程研究所	*NATURE*	23
The logic of single-cell projections from visual cortex	Han, Yunyun	华中科技大学	*NATURE*	23
Chromatin Accessibility Landscape in Human Early Embryos and Its Association with Evolution	Gao, Lei	中国科学院北京基因组研究所	*CELL*	22
Ethane/ethylene separation in a metal-organic framework with iron-peroxo sites	Li, Libo	太原理工大学	*SCIENCE*	21
Atmospheric new particle formation from sulfuric acid and amines in a Chinese megacity	Yao, Lei	复旦大学	*SCIENCE*	21
A Genetically Encoded Fluorescent Sensor Enables Rapid and Specific Detection of Dopamine in Flies, Fish, and Mice	Sun, Fangmiao	北京大学	*CELL*	21
Enhanced thermal stability of nanograined metals below a critical grain size	Zhou, X.	中国科学院金属研究所	*SCIENCE*	20
The effect of hydration number on the interfacial transport of sodium ions	Peng, Jinbo	北京大学	*NATURE*	20
Evolutionary history of the angiosperm flora of China	Lu, Li-Min	中国科学院植物研究所	*NATURE*	20
Structure of the human voltage-gated sodium channel Na(v)1.4 in complex with beta 1	Pan, Xiaojing	清华大学	*SCIENCE*	18
A single transcription factor promotes both yield and immunity in rice	Wang, Jing	四川农业大学	*SCIENCE*	18
Cryo-EM structure of a herpesvirus capsid at 3.1 angstrom	Yuan, Shuai	中国科学院生物物理研究所	*SCIENCE*	18
Creating a functional single-chromosome yeast	Shao, Yangyang	中国科学院上海生命科学研究院	*NATURE*	18
Chromatin analysis in human early development reveals epigenetic transition during ZGA	Wu, Jingyi	清华大学	*NATURE*	18
Self-Recognition of an Inducible Host lncRNA by RIG-I Feedback Restricts Innate Immune Response	Jiang, Minghong	中国医学科学院基础医学科学研究所	*CELL*	18
Structural basis for the recognition of Sonic Hedgehog by human Patched1	Gong, Xin	清华大学	*SCIENCE*	17
The histone demethylase KDM6B regulates temperature-dependent sex determination in a turtle species	Ge, Chutian	浙江万里学院	*SCIENCE*	17

续表

论文题目	第一作者	所属机构	来源期刊	被引次数
Structure of a human catalytic step I spliceosome	Zhan, Xiechao	清华大学	*SCIENCE*	16
Topological negative refraction of surface acoustic waves in a Weyl phononic crystal	He, Hailong	武汉大学	*NATURE*	16
Structural basis for the modulation of voltage-gated sodium channels by animal toxins	Shen, Huaizong	清华大学	*SCIENCE*	15
Giant polarization in super-tetragonal thin films through interphase strain	Zhang, Linxing	北京科技大学	*SCIENCE*	14
Structure of the glucagon receptor in complex with a glucagon analogue	Zhang, Haonan	中国科学院上海药物研究所	*NATURE*	14
Observation of alkaline earth complexes M(CO)(8) (M = Ca, Sr, or Ba) that mimic transition metals	Wu, Xuan	复旦大学	*SCIENCE*	13
Carbonyl catalysis enables a biomimetic asymmetric Mannich reaction	Chen, Jianfeng	上海师范大学	*SCIENCE*	13
Imaging of nonlocal hot-electron energy dissipation via shot noise	Weng, Qianchun	中国科学院上海技术物理研究所	*SCIENCE*	13
Nuclear cGAS suppresses DNA repair and promotes tumorigenesis	Liu, Haipeng	同济大学附属肺科医院	*NATURE*	12
A selfish genetic element confers non-Mendelian inheritance in rice	Yu, Xiaowen	南京农业大学	*SCIENCE*	11
Enhanced strength and ductility in a high-entropy alloy via ordered oxygen complexes	Lei, Zhifeng	北京科技大学	*NATURE*	11
Alpha-kinase 1 is a cytosolic innate immune receptor for bacterial ADP-heptose	Zhou, Ping	北京生命科学研究所	*NATURE*	11
Structural basis of ligand binding modes at the neuropeptide Y Y-1 receptor	Yang, Zhenlin	中国科学院上海药物研究所	*NATURE*	11
Structure of the human PKD1-PKD2 complex	Su, Qiang	清华大学	*SCIENCE*	10
Dirac-source field-effect transistors as energy-efficient, high-performance electronic switches	Qiu, Chenguang	北京大学	*SCIENCE*	10
Structures of the fully assembled Saccharomyces cerevisiae spliceosome before activation	Bai, Rui	清华大学	*SCIENCE*	10
Efficient radical-based light-emitting diodes with doublet emission	Ai, Xin	吉林大学	*NATURE*	10
Moderate UV Exposure Enhances Learning and Memory by Promoting a Novel Glutamate Biosynthetic Pathway in the Brain	Zhu, Hongying	中国科学技术大学	*CELL*	10
Tumor-Induced Generation of Splenic Erythroblast-like Ter-Cells Promotes Tumor Progression	Han, Yanmei	中国人民解放军海军军医大学	*CELL*	10
Increased variability of eastern Pacific El Nino under greenhouse warming	Cai, Wenju	中国海洋大学	*NATURE*	9
Asymmetric phosphoric acid-catalyzed four-component Ugi reaction	Zhang, Jian	南方科技大学	*SCIENCE*	8

续表

论文题目	第一作者	所属机构	来源期刊	被引次数
Stella safeguards the oocyte methylome by preventing de novo methylation mediated by DNMT1	Li, Yingfeng	北京师范大学	*NATURE*	8
Device-independent quantum random-number generation	Liu, Yang	中国科学技术大学	*NATURE*	8
In-plane anisotropic and ultra-low-loss polaritons in a natural van der Waals crystal	Ma, Weiliang	苏州大学	*NATURE*	8
Hominin occupation of the Chinese Loess Plateau since about 2.1 million years ago	Zhu, Zhaoyu	中国科学院广州地球化学研究所	*NATURE*	8
Immune Checkpoint Inhibition Overcomes ADCP-Induced Immunosuppression by Macrophages	Su, Shicheng	中山大学孙逸仙纪念医院	*CELL*	8
Extra strengthening and work hardening in gradient nanotwinned metals	Cheng, Zhao	中国科学院金属研究所	*SCIENCE*	7
East Asian hydroclimate modulated by the position of the westerlies during Termination I	Zhang, Hongbin	中国地质大学（武汉）	*SCIENCE*	7
Lineage tracking reveals dynamic relationships of T cells in colorectal cancer	Zhang, Lei	北京大学	*NATURE*	7
Global surface warming enhanced by weak Atlantic overturning circulation	Chen, Xianyao	中国海洋大学	*NATURE*	7
Structural basis of ubiquitin modification by the Legionella effector SdeA	Dong, Yanan	北京化工大学	*NATURE*	7
The Mitochondrial Unfolded Protein Response Is Mediated Cell-Non-autonomously by Retromer-Dependent Wnt Signaling	Zhang, Qian	中国科学院遗传与发育生物学研究所	*CELL*	7
Cryo-EM Structure of Human Dicer and Its Complexes with a Pre-miRNA Substrate	Liu, Zhongmin	清华大学	*CELL*	7
Structural Insights into Yeast Telomerase Recruitment to Telomeres	Chen, Hongwen	中国科学院生物化学与细胞生物研究所	*CELL*	7
The earliest human occupation of the high-altitude Tibetan Plateau 40 thousand to 30 thousand years ago	Zhang, X. L.	中国科学院古脊椎动物与古人类研究所	*SCIENCE*	6
Visualizing Intracellular Organelle and Cytoskeletal Interactions at Nanoscale Resolution on Millisecond Timescales	Guo, Yuting	中国科学院生物物理研究所	*CELL*	6
Genomic Analyses from Non-invasive Prenatal Testing Reveal Genetic Associations, Patterns of Viral Infections, and Chinese Population History	Liu, Siyang	深圳华大基因科技有限公司	*CELL*	6
Targeting Epigenetic Crosstalk as a Therapeutic Strategy for EZH2-Aberrant Solid Tumors	Huang, Xun	中国科学院上海药物研究所	*CELL*	6
The paraventricular thalamus is a critical thalamic area for wakefulness	Ren, Shuancheng	陆军军医大学（第三军医大学）	*SCIENCE*	5

续表

论文题目	第一作者	所属机构	来源期刊	被引次数
A LIMA1 variant promotes low plasma LDL cholesterol and decreases intestinal cholesterol absorption	Zhang, Ying-Yu	中国科学院生物化学与细胞生物学研究所	*SCIENCE*	5
Modulating plant growth-metabolism coordination for sustainable agriculture	Li, Shan	中国科学院遗传与发育生物学研究所	*NATURE*	5
Crystal structure of the Frizzled 4 receptor in a ligand-free state	Yang, Shifan	上海科技大学	*NATURE*	5
The Mevalonate Pathway Is a Druggable Target for Vaccine Adjuvant Discovery	Xia, Yun	清华大学	*CELL*	5
Observation of the geometric phase effect in the H plus HD -> H-2 + D reaction	Yuan, Daofu	中国科学技术大学	*SCIENCE*	4
Single-cell multiomics sequencing and analyses of human colorectal cancer	Bian, Shuhui	北京大学第三医院	*SCIENCE*	4
The opium poppy genome and morphinan production	Guo, Li	西安交通大学	*SCIENCE*	4
Structure of the maize photosystem I supercomplex with light-harvesting complexes I and II	Pan, Xiaowei	中国科学院生物物理研究所	*SCIENCE*	4
VCAM-1(+) macrophages guide the homing of HSPCs to a vascular niche	Li, Dantong	中国科学院过程工程研究所	*NATURE*	4
A Huntingtin Knockin Pig Model Recapitulates Features of Selective Neurodegeneration in Huntington's Disease	Sen Yan	暨南大学	*CELL*	4
FBXO38 mediates PD-1 ubiquitination and regulates anti-tumour immunity of T cells	Meng, Xiangbo	中国科学院过程工程研究所	*NATURE*	3
Measurements of the gravitational constant using two independent methods	Li, Qing	华中科技大学	*NATURE*	3
Structure of the origin recognition complex bound to DNA replication origin	Li, Ningning	北京大学	*NATURE*	3
KLHL22 activates amino-acid-dependent mTORC1 signalling to promote tumorigenesis and ageing	Chen, Jie	北京大学	*NATURE*	3
Mutational Landscape of Secondary Glioblastoma Guides MET-Targeted Trial in Brain Tumor	Hu, Huimin	首都医科大学	*CELL*	3
mTOR Regulates Phase Separation of PGL Granules to Modulate Their Autophagic Degradation	Zhang, Gangming	中国科学院生物物理研究所	*CELL*	3
Multisite Substrate Recognition in Asf1-Dependent Acetylation of Histone H3 K56 by Rtt109	Zhang, Lin	中国科学院生物物理研究所	*CELL*	3
Structural Insights into Non-canonical Ubiquitination Catalyzed by SidE	Wang, Yong	中国科学院生物物理研究所	*CELL*	3

续表

论文题目	第一作者	所属机构	来源期刊	被引次数
An autoimmune disease variant of IgG1 modulates B cell activation and differentiation	Chen, Xiangjun	清华大学	*SCIENCE*	2
Structural insight into precursor tRNA processing by yeast ribonuclease P	Pengfei Lan	上海交通大学医学院附属第九人民医院	*SCIENCE*	2
Cryo-EM Structure of the Human Ribonuclease P Holoenzyme	Jian Wu	上海交通大学医学院附属第九人民医院	*CELL*	2
Atmospheric C-14/C-12 changes during the last glacial period from Hulu Cave	Cheng, Hai	西安交通大学	*SCIENCE*	1
An electron transfer path connects subunits of a mycobacterial respiratory supercomplex	Gong, Hongri	南开大学	*SCIENCE*	1
An Early Cretaceous eutherian and the placental-marsupial dichotomy	Bi, Shundong	云南大学	*NATURE*	1
Asymmetric Expression of LincGET Biases Cell Fate in Two-Cell Mouse Embryos	Wang, Jiaqiang	中国科学院动物研究所	*CELL*	1
Prolonged milk provisioning in a jumping spider	Chen, Zhanqi	中国科学院西双版纳热带植物园	*SCIENCE*	0
Maternal Huluwa dictates the embryonic body axis through beta-catenin in vertebrates	Yan, Lu	清华大学	*SCIENCE*	0
SIRT6 deficiency results in developmental retardation cynomolgus monkeys	Zhang, Weiqi	中国科学院生物物理研究所	*NATURE*	0
A Triassic stem turtle with an edentulous beak	Li, Chun	中国科学院古脊椎动物与古人类研究所	*NATURE*	0
Phosphorylation-Mediated IFN-gamma R2 Membrane Translocation Is Required to Activate Macrophage Innate Response	Xu, Xiaoqing	中国医学科学院基础医学研究所	*CELL*	0

附录 7　2018 年《美国数学评论》收录的中国科技期刊

ACTA MATH. APPL.SIN.	*CHINESE ANN. MATH.SER. A*
ACTA MATH. APPL.SIN.ENGL.SER.	*CINESE J. APPL. PROBAB. STATIST.*
ACTA MATH. SCI.SER.A CHIN. ED.	*COMMUN.MAHT.RES.*
ACTA MATH. SCI.SER.B ENGL.ED.	*FRONT. MATH. CHINA*
ACTA MATH. SIN. (ENGL.SER.)	*J. COMPUT. MATH.*
ACTA MATH. SINICA (CHIN.SER.)	*J. MATH. RES. APPL.*
ADV. MATH. (CHINA)	*MATH. NUMER. SIN.*
ANN. APPL. MATH	*NANJING DAXUE XUEBAO SHUXUE BANNIAN KAN*
APPL. MATH. J. CHINESE UNIV.SER. A	
APPL. MATH. J. CHINESE UNIV.SER. B	*NUMER.MATH.J. CHINESE UNIV.*
CHIN. ANN. MATH. SER. B	*SCI. CHINA MATH.*

附录 8 2018 年 SCIE 收录的中国论文数居前 100 位的期刊

排名	期刊名称	收录中国论文篇数
1	*IEEE ACCESS*	4222
2	*SCIENTIFIC REPORTS*	3737
3	*RSC ADVANCES*	2899
4	*MEDICINE*	2680
5	*ACS APPLIED MATERIALS & INTERFACES*	2623
6	*JOURNAL OF ALLOYS AND COMPOUNDS*	2180
7	*PLOS ONE*	2060
8	*SENSORS*	1984
9	*APPLIED SURFACE SCIENCE*	1901
10	*ONCOLOGY LETTERS*	1806
11	*CERAMICS INTERNATIONAL*	1752
12	*INTERNATIONAL JOURNAL OF CLINICAL AND EXPERIMENTAL MEDICINE*	1685
12	*SUSTAINABILITY*	1685
14	*JOURNAL OF MATERIALS CHEMISTRY A*	1636
15	*SCIENCE OF THE TOTAL ENVIRONMENT*	1582
16	*MOLECULAR MEDICINE REPORTS*	1578
17	*OPTICS EXPRESS*	1478
18	*ABSTRACTS OF PAPERS OF THE AMERICAN CHEMICAL SOCIETY*	1444
19	*ENERGIES*	1422
20	*CHEMICAL ENGINEERING JOURNAL*	1420
21	*SENSORS AND ACTUATORS B-CHEMICAL*	1415
22	*EXPERIMENTAL AND THERAPEUTIC MEDICINE*	1392
23	*JOURNAL OF CLEANER PRODUCTION*	1364
24	*CHEMICAL COMMUNICATIONS*	1326
25	*BIOCHEMICAL AND BIOPHYSICAL RESEARCH COMMUNICATIONS*	1306
26	*NANOSCALE*	1277
27	*ENVIRONMENTAL SCIENCE AND POLLUTION RESEARCH*	1266
28	*MOLECULES*	1224
29	*NATURE COMMUNICATIONS*	1213
30	*MATERIALS*	1182
31	*CELLULAR PHYSIOLOGY AND BIOCHEMISTRY*	1166
32	*ELECTROCHIMICA ACTA*	1157
33	*APPLIED SCIENCES-BASEL*	1153
34	*CONSTRUCTION AND BUILDING MATERIALS*	1151
35	*MATERIALS LETTERS*	1090
36	*MATHEMATICAL PROBLEMS IN ENGINEERING*	1076
37	*BIOMEDICINE & PHARMACOTHERAPY*	1061
38	*JOURNAL OF MATERIALS SCIENCE-MATERIALS IN ELECTRONICS*	1053

续表

排名	期刊名称	收录中国论文篇数
39	*INTERNATIONAL JOURNAL OF ADVANCED MANUFACTURING TECHNOLOGY*	1018
40	*CHEMOSPHERE*	1008
41	*BIORESOURCE TECHNOLOGY*	998
42	*NEUROCOMPUTING*	997
43	*FRONTIERS IN MICROBIOLOGY*	978
44	*CHINESE PHYSICS B*	975
45	*JOURNAL OF THE AMERICAN COLLEGE OF CARDIOLOGY*	959
46	*EUROPEAN REVIEW FOR MEDICAL AND PHARMACOLOGICAL SCIENCES*	958
47	*INTERNATIONAL JOURNAL OF MOLECULAR SCIENCES*	945
48	*ACS SUSTAINABLE CHEMISTRY & ENGINEERING*	937
49	*MEDICAL SCIENCE MONITOR*	925
50	*ANGEWANDTE CHEMIE-INTERNATIONAL EDITION*	907
51	*NEW JOURNAL OF CHEMISTRY*	906
52	*INTERNATIONAL JOURNAL OF BIOLOGICAL MACROMOLECULES*	895
53	*BASIC & CLINICAL PHARMACOLOGY & TOXICOLOGY*	894
54	*JOURNAL OF MATERIALS CHEMISTRY C*	884
55	*BIOMED RESEARCH INTERNATIONAL*	873
56	*REMOTE SENSING*	870
57	*INTERNATIONAL JOURNAL OF HYDROGEN ENERGY*	860
58	*ORGANIC LETTERS*	853
59	*APPLIED THERMAL ENGINEERING*	851
60	*PHYSICAL CHEMISTRY CHEMICAL PHYSICS*	846
61	*PHYSICAL REVIEW B*	841
62	*ENERGY*	838
63	*JOURNAL OF PHYSICAL CHEMISTRY C*	835
63	*OPTIK*	835
65	*JOURNAL OF HYPERTENSION*	818
66	*AIP ADVANCES*	806
67	*ADVANCED MATERIALS*	804
68	*JOURNAL OF AGRICULTURAL AND FOOD CHEMISTRY*	796
69	*ACTA PHYSICA SINICA*	788
70	*PHYSICA A-STATISTICAL MECHANICS AND ITS APPLICATIONS*	784
71	*INTERNATIONAL JOURNAL OF HEAT AND MASS TRANSFER*	778
72	*FUEL*	770
73	*ONCOTARGETS AND THERAPY*	766
74	*JOURNAL OF MATERIALS SCIENCE*	762
75	*ANALYTICAL CHEMISTRY*	758
76	*ADVANCED FUNCTIONAL MATERIALS*	756

续表

排名	期刊名称	收录中国论文篇数
77	*APPLIED OPTICS*	752
77	*INTERNATIONAL JOURNAL OF ENVIRONMENTAL RESEARCH AND PUBLIC HEALTH*	752
79	*APPLIED PHYSICS LETTERS*	751
80	*ENVIRONMENTAL POLLUTION*	745
81	*MATERIALS RESEARCH EXPRESS*	741
82	*FRONTIERS IN PLANT SCIENCE*	735
83	*INDUSTRIAL & ENGINEERING CHEMISTRY RESEARCH*	732
84	*DALTON TRANSACTIONS*	721
85	*CELL DEATH & DISEASE*	709
86	*MATERIALS SCIENCE AND ENGINEERING A-STRUCTURAL MATERIALS PROPERTIES MICROSTRUCTURE AND PROCESSING*	706
87	*OPTICS COMMUNICATIONS*	705
88	*APPLIED ENERGY*	698
88	*WATER*	698
90	*JOURNAL OF COLLOID AND INTERFACE SCIENCE*	679
91	*FRONTIERS IN PHARMACOLOGY*	670
92	*MULTIMEDIA TOOLS AND APPLICATIONS*	666
93	*INTERNATIONAL JOURNAL OF CLINICAL AND EXPERIMENTAL PATHOLOGY*	653
94	*ASTROPHYSICAL JOURNAL*	648
95	*GENE*	628
95	*OPTICS LETTERS*	628
97	*INTERNATIONAL JOURNAL OF MOLECULAR MEDICINE*	627
98	*JOURNAL OF THE AMERICAN CHEMICAL SOCIETY*	624
99	*RARE METAL MATERIALS AND ENGINEERING*	622
100	*SPECTROSCOPY AND SPECTRAL ANALYSIS*	619

附录 9　2018 年 Ei 收录的中国论文数居前 100 位的期刊

期刊名称	收录中国论文篇数	期刊名称	收录中国论文篇数
IEEE Access	4059	*Science of the Total Environment*	1587
RSC Advances	2901	*Energies*	1585
Journal of Alloys and Compounds	2569	*Journal of Materials Chemistry A*	1501
ACS Applied Materials and Interfaces	2377	*Chemical Engineering Journal*	1394
Ceramics International	1804	*Optics Express*	1389
Sensors (Switzerland)	1746	*Journal of Cleaner Production*	1268
Applied Surface Science	1732	*Electrochimica Acta*	1161

续表

期刊名称	收录中国论文篇数	期刊名称	收录中国论文篇数
Materials	1121	*Angewandte Chemie – International Edition*	724
Materials Letters	1083		
Nanoscale	1083	*Journal of Agricultural and Food Chemistry*	708
Construction and Building Materials	1064		
Mathematical Problems in Engineering	1059	*Chemosphere*	706
Sensors and Actuators, B: Chemical	1044	*Wuli Xuebao/Acta Physica Sinica*	702
Shipin Kexue/Food Science	1024	*Applied Optics*	698
Organic Chemistry Frontiers	1004	*Physica A: Statistical Mechanics and its Applications*	695
Journal of Materials Science: Materials in Electronics	944	*Bioresource Technology*	689
ACS Sustainable Chemistry and Engineering	930	*Applied Thermal Engineering*	683
		Chemical Engineering Transactions	683
International Journal of Hydrogen Energy	882	*Energy and Fuels*	675
Zhendong yu Chongji/Journal of Vibration and Shock	881	*Applied Physics Letters*	666
		Dalton Transactions	664
Chinese Physics B	878	*Advanced Functional Materials*	654
Nongye Gongcheng Xuebao/ Transactions of the Chinese Society of Agricultural Engin	851	*Guang Pu Xue Yu Guang Pu Fen Xi/ Spectroscopy and Spectral Analysis*	652
		Xiyou Jinshu Cailiao Yu Gongcheng/ Rare Metal Materials and Engineering	651
International Journal of Advanced Manufacturing Technology	825	*Optics Communications*	648
Zhongguo Dianji Gongcheng Xuebao/ Proceedings of the Chinese Society of Electrical	816	*Advanced Materials*	639
		Nongye Jixie Xuebao/Transactions of the Chinese Society for Agricultural Machiner	637
Optik	812		
Journal of Materials Chemistry C	809	*Energy*	628
Neurocomputing	801	*Food Chemistry*	622
Journal of Materials Science	792	*Boletin Tecnico/Technical Bulletin*	619
Journal of Physical Chemistry C	764	*Water (Switzerland)*	618
AIP Advances	761	*Inorganic Chemistry Frontiers*	601
Remote Sensing	761	*Jixie Gongcheng Xuebao/Journal of Mechanical Engineering*	599
Industrial and Engineering Chemistry Research	751		
		Cailiao Daobao/Materials Review	591
Analytical Chemistry	743	*Diangong Jishu Xuebao/Transactions of China Electrotechnical Society*	591
Fuel	741		
Materials Science and Engineering A	739	*Guangxue Xuebao/Acta Optica Sinica*	591
Journal of Colloid and Interface Science	733	*Dianli Xitong Zidonghua/Automation of Electric Power Systems*	581
International Journal of Heat and Mass Transfer	727	*Hongwai yu Jiguang Gongcheng/ Infrared and Laser Engineering*	569

续表

期刊名称	收录中国论文篇数	期刊名称	收录中国论文篇数
Talanta	552	*Small*	513
Zhongguo Huanjing Kexue/China Environmental Science	552	*Journal of Organic Chemistry*	505
		Multimedia Tools and Applications	501
Huagong Jinzhan/Chemical Industry and Engineering Progress	549	*Carbohydrate Polymers*	496
		Journal of Applied Polymer Science	492
Yantu Lixue/Rock and Soil Mechanics	548	*Physical Review A*	483
Zhongguo Jixie Gongcheng/China Mechanical Engineering	544	*IEEE Transactions on Industrial Electronics*	482
Polymers	536	*Nano Energy*	482
Huanjing Kexue/Environmental Science	533	*Applied Energy*	475
Optics Letters	533	*IFAC-PapersOnLine*	471
Environmental Science and Technology	520	*Dianwang Jishu/Power System Technology*	468
Journal of Chinese Institute of Food Science and Technology	520	*Gaodianya Jishu/High Voltage Engineering*	468
		Journal of Nanoscience and Nanotechnology	467
Nanotechnology	519		
Taiyangneng Xuebao/Acta Energiae Solaris Sinica	519	*Journal of Materials Chemistry B*	460
Chemistry – A European Journal	518	*Zhongguo Jiguang/Chinese Journal of Lasers*	459

附录 10 2018 年影响因子居前 100 位的中国科技期刊

序号	期刊名称	影响因子	序号	期刊名称	影响因子
1	经济研究	5.384	17	自动化学报	2.793
2	中国工业经济	4.518	18	中国农村经济	2.763
3	地理学报	4.22	19	电力系统自动化	2.748
4	石油学报	3.459	20	社会学研究	2.736
5	中国图书馆学报	3.34	21	电网技术	2.716
6	中国石油勘探	3.306	22	地理科学	2.704
7	地理研究	3.218	23	中国电机工程学报	2.654
8	中国社会科学	3.213	24	计算机学报	2.582
9	中国法学	3.199	25	中华护理杂志	2.565
10	石油勘探与开发	3.093	26	中国循环杂志	2.536
11	金融研究	3.05	27	南开管理评论	2.492
12	世界经济	3.042	28	地理科学进展	2.473
13	法学研究	2.97	29	土壤学报	2.468
14	电力系统保护与控制	2.946	30	中华消化外科杂志	2.418
15	管理世界	2.883	31	中国感染与化疗杂志	2.4
16	经济学	2.8	32	地球科学	2.385

续表

序号	期刊名称	影响因子	序号	期刊名称	影响因子
33	中国肿瘤	2.346	67	中华妇产科杂志	1.962
34	中国肺癌杂志	2.325	68	仪器仪表学报	1.961
35	遥感学报	2.324	69	农业工程学报	1.949
36	电工技术学报	2.322	70	经济地理	1.937
37	生态学报	2.294	71	应用气象学报	1.923
38	植物营养与肥料学报	2.294	72	中华心血管病杂志	1.915
39	中国人口资源与环境	2.281	73	中华儿科杂志	1.912
40	自然资源学报	2.263	74	针刺研究	1.9
41	人口研究	2.243	75	中国环境科学	1.892
42	地质学报	2.237	76	植物生态学报	1.889
43	第四纪研究	2.234	77	中华内科杂志	1.885
44	资源科学	2.221	78	中草药	1.878
45	油气地质与采收率	2.218	79	中国矿业大学学报	1.876
46	中国土地科学	2.217	80	中国实用外科杂志	1.869
47	数量经济技术经济研究	2.193	81	中国管理科学	1.863
48	高电压技术	2.189	82	石油实验地质	1.856
49	中国农业科学	2.159	83	岩石学报	1.85
50	天然气工业	2.153	84	中华流行病学杂志	1.842
51	高原气象	2.13	85	光学学报	1.837
52	环境科学	2.13	86	电力自动化设备	1.834
53	应用生态学报	2.13	87	软件学报	1.829
54	*CHINESE JOURNAL OF CANCER RESEARCH*	2.113	88	水科学进展	1.818
			89	法学家	1.808
55	中华外科杂志	2.106	90	中国生态农业学报	1.8
56	管理科学	2.075	91	岩性油气藏	1.797
57	社会	2.075	92	财贸经济	1.787
58	中国光学	2.072	93	农业机械学报	1.778
59	中华结核和呼吸杂志	2.036	94	产业经济研究	1.77
60	地学前缘	2.015	95	科研管理	1.764
61	*CELL RESEARCH*	2.009	96	中华危重病急救医学	1.758
62	中华预防医学杂志	1.998	97	石油地球物理勘探	1.757
63	煤炭学报	1.986	98	岩石力学与工程学报	1.757
64	农业经济问题	1.98	99	中华骨科杂志	1.756
65	地质论评	1.975	100	石油与天然气地质	1.753
66	管理科学学报	1.969			

附录 11　2018 年总被引次数居前 100 位的中国科技期刊

排名	期刊名称	总被引次数	排名	期刊名称	总被引次数
1	生态学报	23811	41	现代预防医学	6807
2	中国电机工程学报	21418	42	岩土工程学报	6758
3	农业工程学报	20187	43	实用医学杂志	6700
4	食品科学	17654	44	地质学报	6626
5	经济研究	15349	45	经济地理	6593
6	应用生态学报	13806	46	振动与冲击	6444
7	电力系统自动化	13436	47	中医杂志	6156
8	中国农业科学	12286	48	护理学杂志	6091
9	中国中药杂志	12080	49	生态环境学报	6088
10	岩石学报	11870	50	计算机工程与应用	6078
11	电网技术	11811	51	作物学报	6032
12	环境科学	11644	52	资源科学	5944
13	岩石力学与工程学报	11510	53	水土保持学报	5932
14	电工技术学报	10483	54	中华中医药学刊	5928
15	管理世界	10410	55	农业环境科学学报	5912
16	中国实验方剂学杂志	10393	56	植物营养与肥料学报	5896
17	中国农学通报	10297	57	地理科学	5876
18	食品工业科技	10226	58	石油学报	5800
19	地理学报	10018	58	护理研究	5800
20	中草药	9964	60	现代中西医结合杂志	5745
21	岩土力学	9642	61	地学前缘	5710
22	煤炭学报	9552	62	中国工业经济	5694
23	机械工程学报	9423	63	金融研究	5595
24	中华中医药杂志	9007	64	中国社会科学	5589
25	电力系统保护与控制	8891	65	中国医药导报	5553
26	地球物理学报	8779	66	自然资源学报	5512
27	农业机械学报	8466	67	土壤学报	5320
28	高电压技术	8382	68	中国人口・资源与环境	5318
29	中国组织工程研究	7857	69	仪器仪表学报	5257
30	中国全科医学	7376	70	中华现代护理杂志	5248
31	中华护理杂志	7317	71	石油勘探与开发	5246
32	科学通报	7290	72	光学学报	5230
33	中华医学杂志	7239	73	环境工程学报	5201
34	中国药房	7213	74	科学技术与工程	5196
35	物理学报	7172	75	中国科学 地球科学	5193
36	环境科学学报	7146	76	中成药	5140
37	生态学杂志	7146	77	江苏农业科学	5079
38	中国环境科学	7091	78	中华流行病学杂志	5055
39	山东医药	6981	79	中药材	5052
40	地理研究	6870	80	植物生态学报	5040

续表

排名	期刊名称	总被引次数	排名	期刊名称	总被引次数
81	医学综述	5017	91	化工学报	4765
82	光谱学与光谱分析	4978	92	地质通报	4721
83	中华心血管病杂志	4935	93	系统工程理论与实践	4716
84	天然气工业	4905	94	食品研究与开发	4678
85	园艺学报	4844	95	中国激光	4557
86	计算机应用研究	4842	96	草业学报	4532
87	现代生物医学进展	4839	97	工程力学	4497
88	辽宁中医杂志	4818	98	电力自动化设备	4468
89	地理科学进展	4784	99	中国公共卫生	4458
90	水利学报	4768	100	林业科学	4442

附　表

附表 1　2018 年度国际科技论文总数居世界前列的国家（地区）

国家（地区）	2018 年收录的科技论文篇数			2018 年收录的科技论文总篇数	占科技论文总数比例	排名
	SCI	Ei	CPCI-S			
世界科技论文总数	2069708	748596	500659	3318963	100.0%	
美国	551958	128870	150585	831413	25.1%	1
中国	418213	267734	68376	754323	22.7%	2
英国	165802	40455	30645	236902	7.1%	3
德国	133953	42216	26504	202673	6.1%	4
日本	102670	33851	24254	160775	4.8%	5
印度	82589	41656	23726	147971	4.5%	6
法国	90416	30446	17506	138368	4.2%	7
意大利	89250	24831	18251	132332	4.0%	8
加拿大	86164	24157	16097	126418	3.8%	9
澳大利亚	78848	22317	10042	111207	3.4%	10
韩国	69418	29290	11329	110037	3.3%	11
西班牙	73270	23478	13136	109884	3.3%	12
俄罗斯	44139	22373	16432	82944	2.5%	13
巴西	57049	15252	7770	80071	2.4%	14
荷兰	49841	10939	8678	69458	2.1%	15
伊朗	40852	22810	2395	66057	2.0%	16
瑞士	41086	9832	6978	57896	1.7%	17
波兰	33223	12144	7953	53320	1.6%	18
土耳其	33711	10435	5627	49773	1.5%	19
瑞典	33035	9269	5321	47625	1.4%	20
比利时	27782	7153	4921	39856	1.2%	21
丹麦	23950	5802	4176	33928	1.0%	22
奥地利	21000	5771	3866	30637	0.9%	23
葡萄牙	18442	6208	4384	29034	0.9%	24
新加坡	16513	8253	3631	28397	0.9%	25
墨西哥	18302	5722	2969	26993	0.8%	26
沙特阿拉伯	16952	7515	1931	26398	0.8%	27
马来西亚	12590	6666	6223	25479	0.8%	28
捷克	15555	5460	4447	25462	0.8%	29
以色列	16722	4470	3035	24227	0.7%	30

注：中国台湾地区三系统论文总数 46750 篇，占 1.4%，香港特区三系统论文总数 29530 篇，占 0.9%，澳门特区三系统论文总数 3328 篇，占 0.1%。

附表 2 2018 年 SCI 收录的主要国家（地区）科技论文情况

国家（地区）	历年排名					2018 年发表的科技论文总数（篇）	占收录科技论文总数比例 %
	2014 年	2015 年	2016 年	2017 年	2018 年		
世界科技论文总数						2069708	100.0%
美国	1	1	1	1	1	551958	26.7%
中国	2	2	2	2	2	418213	20.2%
英国	3	3	3	3	3	165802	8.0%
德国	4	4	4	4	4	133953	6.5%
日本	5	5	5	5	5	102670	5.0%
法国	6	6	6	6	6	90416	4.4%
意大利	7	7	7	7	7	89250	4.3%
加拿大	8	8	8	8	8	86164	4.2%
印度	9	10	9	9	9	82589	4.0%
澳大利亚	11	9	10	10	10	78848	3.8%
西班牙	10	11	11	11	11	73270	3.5%
韩国	12	12	12	12	12	69418	3.4%
巴西	13	13	13	13	13	57049	2.8%
荷兰	14	14	14	14	14	49841	2.4%
俄罗斯	16	15	15	15	15	44139	2.1%
瑞士	15	16	16	16	16	41086	2.0%
伊朗	18	18	18	17	17	40852	2.0%
土耳其	17	17	17	18	18	33711	1.6%
波兰	20	19	19	20	19	33223	1.6%
瑞典	19	20	20	19	20	33035	1.6%
比利时	21	21	21	21	21	27782	1.3%
丹麦	22	22	22	22	22	23950	1.2%
奥地利	23	23	23	23	23	21000	1.0%
葡萄牙	24	26	26	24	24	18442	0.9%
墨西哥	26	25	25	25	25	18302	0.9%
沙特阿拉伯		27	27	27	26	16952	0.8%
以色列	25	24	24	26	27	16722	0.8%
新加坡	27	28	28	28	28	16513	0.8%
挪威	31	31	30	29	29	16035	0.8%
捷克	28	29	29	30	30	15555	0.8%

注：2018 年 SCI 收录的中国台湾地区论文数为 28093 篇，占 1.4%；香港特区论文数为 17164 篇，占 0.8%；澳门特区论文数为 1911 篇，占 0.1%。

附表 3 2018 年 CPCI-S 收录的主要国家（地区）科技论文情况

国家（地区）	历年排名					2018 年发表的科技论文总篇数	占收录科技论文总数比例
	2014 年	2015 年	2016 年	2017 年	2018 年		
世界科技论文总数						500659	100.0%
美国	1	1	1	1	1	150585	30.1%
中国	2	2	2	2	2	68384	13.7%
英国	4	3	3	3	3	30645	6.1%
德国	3	4	4	4	4	26504	5.3%
日本	5	5	6	5	5	24254	4.8%
印度	8	6	5	6	6	23726	4.7%
意大利	6	7	8	8	7	18251	3.6%
法国	7	8	7	7	8	17506	3.5%
俄罗斯	12	12	10	9	9	16432	3.3%
加拿大	9	9	9	10	10	16097	3.2%
西班牙	10	10	11	11	11	13136	2.6%
印度尼西亚				13	12	12773	2.6%
韩国	11	11	12	12	13	11329	2.3%
澳大利亚	14	13	13	14	14	10042	2.0%
荷兰	15	15	15	18	15	8678	1.7%
波兰	17	16	14	15	16	7953	1.6%
巴西	13	14	16	17	17	7770	1.6%
瑞士	18	17	18	20	18	6978	1.4%
马来西亚		21	19	16	19	6223	1.2%
土耳其	20	20	17	19	20	5627	1.1%
瑞典	21	19	21	21	21	5321	1.1%
比利时	23	22	22	24	22	4921	1.0%
捷克	22	18	20	22	23	4447	0.9%
葡萄牙	24	23	24	25	24	4384	0.9%
丹麦	27	26	27	27	25	4176	0.8%
奥地利	25	25	25	26	26	3866	0.8%
罗马尼亚		24	23	23	27	3826	0.8%
新加坡	31	28	26	28	28	3631	0.7%
希腊	28	27	30	29	29	3044	0.6%
以色列	26	30	29	30	30	3035	0.6%

注：2018 年 CPCI-S 收录的中国台湾地区论文数为 6915 篇，占 1.4%；香港特区论文数为 3155 篇，占 0.6%；澳门特区论文数为 344 篇，占 0.1%。

附表 4　2018 年 Ei 收录的主要国家（地区）科技论文情况

国家（地区）	历年排名					2018 年收录的科技论文总篇数	占收录科技论文总数比例
	2014 年	2015 年	2016 年	2017 年	2018 年		
世界科技论文总数						748596	100.0%
中国	1	1	1	1	1	267734	35.8%
美国	2	2	2	2	2	128870	17.2%
德国	3	3	3	4	3	42216	5.6%
印度	4	5	4	3	4	41656	5.6%
英国	5	6	5	5	5	40455	5.4%
日本	6	4	6	6	6	33851	4.5%
法国	8	7	7	7	7	30446	4.1%
韩国	7	8	8	8	8	29290	3.9%
意大利	9	9	9	9	9	24831	3.3%
加拿大	11	10	10	10	10	24157	3.2%
西班牙	10	11	11	12	11	23478	3.1%
伊朗	14	14	14	11	12	22810	3.0%
俄罗斯	13	12	12	13	13	22373	3.0%
澳大利亚	12	13	13	14	14	22317	3.0%
巴西	16	15	15	15	15	15252	2.0%
波兰	17	16	16	16	16	12144	1.6%
荷兰	18	17	17	17	17	10939	1.5%
土耳其	20	19	18	18	18	10435	1.4%
瑞士	19	18	19	19	19	9832	1.3%
瑞典	21	20	20	20	20	9269	1.2%
新加坡	22	21	21	21	21	8253	1.1%
沙特阿拉伯	27	24	22	22	22	7515	1.0%
比利时	23	22	24	23	23	7153	1.0%
马来西亚	24	23	23	24	24	6666	0.9%
葡萄牙	26	25	25	25	25	6208	0.8%
丹麦	31	28	29	28	26	5802	0.8%
奥地利	28	26	26	26	27	5771	0.8%
墨西哥	30	30	27	29	28	5722	0.8%
埃及			30	30	29	5706	0.8%
捷克	29	27	28	27	30	5460	0.7%

注：2018 年 Ei 收录的中国台湾地区论文数为 11742 篇，占 1.6%；香港特区论文数为 9211 篇，占 1.2%；澳门特区论文数为 1073 篇，占 0.1%。

附表 5　2018 年 SCI、Ei 和 CPCI-S 收录的中国科技论文学科分布情况

学科	SCI		Ei		CPCI-S		论文总篇数	排名
	论文篇数	比例	论文篇数	比例	论文篇数	比例		
数学	10169	2.70%	6220	2.49%	272	0.44%	16661	14
力学	3799	1.01%	4787	1.92%	122	0.20%	8708	18
信息、系统科学	954	0.25%	614	0.25%	139	0.23%	1707	33

续表

学科	SCI		Ei		CPCI-S		论文总篇数	排名
	论文篇数	比例	论文篇数	比例	论文篇数	比例		
物理学	34403	9.14%	16558	6.62%	3781	6.15%	54742	4
化学	52582	13.97%	16564	6.63%	1361	2.21%	70507	1
天文学	1816	0.48%	500	0.20%	35	0.06%	2351	30
地学	14585	3.88%	11561	4.63%	1913	3.11%	28059	10
生物学	40243	10.69%	26736	10.70%	738	1.20%	67717	2
预防医学与卫生学	4095	1.09%	0	0.00%	47	0.08%	4142	24
基础医学	20689	5.50%	395	0.16%	709	1.15%	21793	12
药物学	13080	3.48%	0	0.00%	32	0.05%	13112	16
临床医学	41975	11.15%	0	0.00%	5578	9.08%	47553	6
中医学	1036	0.28%	0	0.00%	0	0.00%	1036	36
军事医学与特种医学	636	0.17%	0	0.00%	0	0.00%	636	38
农学	4346	1.15%	190	0.08%	263	0.43%	4799	22
林学	954	0.25%	0	0.00%	3	0.00%	957	37
畜牧、兽医	1784	0.47%	0	0.00%	0	0.00%	1784	31
水产学	1539	0.41%	0	0.00%	29	0.05%	1568	34
测绘科学技术	3	0.00%	2414	0.97%	0	0.00%	2417	29
材料科学	30790	8.18%	20334	8.14%	2314	3.76%	53438	5
工程与技术基础学科	2106	0.56%	823	0.33%	930	1.51%	3859	25
矿山工程技术	632	0.17%	1151	0.46%	0	0.00%	1783	32
能源科学技术	10195	2.71%	14120	5.65%	5183	8.43%	29498	9
冶金、金属学	1772	0.47%	10795	4.32%	1	0.00%	12568	17
机械、仪表	5011	1.33%	10816	4.33%	654	1.06%	16481	15
动力与电气	1202	0.32%	16783	6.71%	690	1.12%	18675	13
核科学技术	1456	0.39%	251	0.10%	1082	1.76%	2789	28
电子、通信与自动控制	21513	5.72%	26164	10.47%	16033	26.09%	63710	3
计算技术	14304	3.80%	13045	5.22%	15715	25.57%	43064	7
化工	8147	2.16%	305	0.12%	186	0.30%	8638	19
轻工、纺织	806	0.21%	325	0.13%	102	0.17%	1233	35
食品	5177	1.38%	55	0.02%	74	0.12%	5306	21
土木建筑	4902	1.30%	19308	7.72%	84	0.14%	24294	11
水利	2387	0.63%	358	0.14%	133	0.22%	2878	26
交通运输	1004	0.27%	4985	1.99%	330	0.54%	6319	20
航空航天	1303	0.35%	2782	1.11%	222	0.36%	4307	23
安全科学技术	161	0.04%	222	0.09%	83	0.14%	466	39
环境科学	13571	3.61%	18212	7.29%	2431	3.96%	34214	8
管理学	920	0.24%	1923	0.77%	21	0.03%	2864	27
其他	307	0.08%	652	0.26%	172	0.28%	1131	
合计	376354	100.00%	249948	100.00%	61462	100.00%	687764	

附表6　2018年SCI、Ei和CPCI-S收录的中国科技论文地区分布情况

地区	SCI		Ei		CPCI-S		论文总篇数	排名
	论文篇数	比例	论文篇数	比例	论文篇数	比例		
北京	59229	16.18%	41197	16.48%	13586	21.47%	114012	1
天津	11411	3.00%	8705	3.48%	1817	2.58%	21933	12
河北	4637	1.28%	3645	1.46%	759	1.75%	9041	19
山西	3957	1.05%	2965	1.19%	334	0.51%	7256	22
内蒙古	1248	0.33%	779	0.31%	261	0.34%	2288	27
辽宁	13833	3.66%	10427	4.17%	2009	4.24%	26269	10
吉林	9134	2.40%	6096	2.44%	860	2.23%	16090	15
黑龙江	10054	2.66%	8288	3.32%	1612	3.24%	19954	13
上海	30907	8.68%	18284	7.32%	5177	7.97%	54368	3
江苏	40062	10.73%	26759	10.71%	5491	8.31%	72312	2
浙江	19014	5.17%	10806	4.32%	2273	3.48%	32093	8
安徽	9899	2.61%	7261	2.91%	1506	2.44%	18666	14
福建	7683	2.05%	4677	1.87%	963	1.65%	13323	18
江西	4174	1.07%	2733	1.09%	494	1.21%	7401	21
山东	20226	5.20%	11255	4.50%	2613	4.95%	34094	7
河南	8809	2.32%	5381	2.15%	1046	1.80%	15236	17
湖北	20366	5.46%	13963	5.59%	3377	5.75%	37706	6
湖南	12944	3.30%	9929	3.97%	1888	3.11%	24761	11
广东	25942	6.53%	13247	5.30%	4559	6.27%	43748	4
广西	2974	0.81%	1563	0.63%	606	0.80%	5143	24
海南	942	0.22%	322	0.13%	103	0.28%	1367	28
重庆	8481	2.29%	5708	2.28%	1202	2.02%	15391	16
四川	16778	4.28%	11655	4.66%	2848	4.18%	31281	9
贵州	1888	0.44%	847	0.34%	251	0.49%	2986	25
云南	3703	0.98%	1708	0.68%	502	0.77%	5913	23
西藏	59	0.01%	21	0.01%	14	0.01%	94	31
陕西	20523	5.25%	17379	6.95%	4416	6.89%	42318	5
甘肃	4782	1.30%	3041	1.22%	508	0.82%	8331	20
青海	386	0.11%	181	0.07%	73	0.07%	640	30
宁夏	471	0.11%	242	0.10%	85	0.12%	798	29
新疆	1838	0.54%	884	0.35%	229	0.24%	2951	26
总计	376354	100.00%	249948	100.00%	61462	100.00%	687764	

附表 7　2018 年 SCI、Ei 和 CPCI-S 收录的中国科技论文分学科地区分布情况

学科	北京	天津	河北	山西	内蒙古	辽宁	吉林	黑龙江	上海	江苏	浙江
数学	2187	528	212	239	81	480	322	370	1167	1781	763
力学	1612	342	105	66	37	351	98	431	875	910	407
信息、系统科学	275	54	26	11	7	88	24	49	114	209	81
物理学	8602	1784	868	964	202	1766	1731	1587	4257	5386	2416
化学	9125	3047	808	1099	212	2768	2633	1744	5853	7625	3552
天文学	741	42	27	14	4	39	35	20	188	291	42
地学	7050	568	252	184	52	791	630	641	1515	2918	912
生物学	9538	2135	748	508	242	2218	1889	1740	5634	7620	3730
预防医学与卫生学	787	77	38	36	11	101	68	84	362	402	254
基础医学	2688	576	388	115	64	645	542	452	2459	1998	1418
药物学	1302	340	196	104	81	679	380	300	1012	1495	810
临床医学	7984	1170	693	247	113	1362	948	657	5899	3895	3218
中医学	247	38	14	5	3	21	16	12	120	88	68
军事医学与特种医学	102	16	6	2	1	32	4	9	72	59	35
农学	927	59	74	65	33	151	94	152	78	652	255
林学	292	3	3	6	4	39	19	81	14	96	46
畜牧、兽医	285	5	15	23	47	24	62	81	41	243	77
水产学	38	25	8	0	2	51	8	21	132	168	139
测绘科学技术	453	99	27	22	7	80	45	57	144	239	109
材料科学技术	7119	1999	696	950	232	2752	1451	1841	4178	5335	2141
工程与技术基础学科	634	135	79	36	6	227	74	128	233	457	116
矿山工程技术	398	28	29	44	5	118	24	23	45	251	36
能源科学技术	6197	1030	528	389	132	1012	528	960	1927	2965	1129
冶金、金属	2037	394	274	219	59	1285	248	437	819	967	369
机械、仪表	2569	543	285	190	31	899	397	791	1275	1728	664
动力与电气	3141	803	304	193	32	626	422	759	1388	2026	813
核科学技术	715	21	10	41	5	78	8	118	314	79	48
电子、通信与自动控制	11353	1808	865	449	118	2382	1106	2441	4284	7089	2717
计算技术	8315	1178	508	262	166	1786	686	1028	2951	4289	1804
化工	1287	519	74	141	30	459	128	240	718	987	498
轻工、纺织	98	57	16	29	8	24	44	22	134	172	66
食品	700	183	39	32	20	203	93	143	237	905	380
土木建筑	3565	764	298	213	81	1051	349	982	2311	2957	822
水利	501	125	25	26	16	96	50	87	159	441	111
交通运输	1308	151	51	26	11	230	205	174	648	704	222
航空航天	1234	99	18	14	2	119	38	328	226	556	73
安全科学技术	124	13	1	1	1	17	12	5	47	34	13
环境科学	7746	1030	386	265	124	1043	650	876	2156	3929	1524
管理学	511	112	39	18	3	134	21	59	241	271	159
其他	225	33	8	8	3	42	8	24	141	95	56
合计	114012	21933	9041	7256	2288	26269	16090	19954	54368	72312	32093

续表

学科	安徽	福建	江西	山东	河南	湖北	湖南	广东	广西	海南	重庆
数学	559	444	272	1026	642	858	758	896	159	30	448
力学	276	83	45	297	95	424	339	348	28	5	202
信息、系统科学	59	32	16	67	40	74	91	98	8	1	40
物理学	2351	1051	625	2293	1307	2804	1995	2673	341	44	1121
化学	2302	1947	991	3798	1977	3578	2330	4373	525	162	1341
天文学	115	24	6	76	40	104	64	83	25	4	35
地学	567	385	225	1813	317	2600	813	1363	146	51	345
生物学	1630	1690	796	4023	1777	3622	1935	5277	573	344	1691
预防医学与卫生学	104	60	21	208	75	257	120	423	41	22	97
基础医学	408	404	245	1704	512	1309	553	2116	287	57	536
药物学	277	196	174	1131	445	644	323	1122	153	55	332
临床医学	652	896	496	2345	1012	1928	1439	5303	474	84	1201
中医学	25	25	10	24	16	41	18	116	9	0	7
军事医学与特种医学	16	10	1	22	5	18	21	73	0	5	17
农学	92	127	46	199	182	256	111	232	38	46	82
林学	13	37	11	14	21	12	21	36	7	4	2
畜牧、兽医	31	19	18	101	72	90	34	129	22	6	21
水产学	14	77	11	276	17	165	20	245	18	27	19
测绘科学技术	41	52	14	103	71	229	96	96	16	3	57
材料科学技术	1453	1046	715	2468	1168	2725	2202	3077	398	72	1352
工程与技术基础学科	112	62	53	193	89	213	186	123	29	6	92
矿山工程技术	39	14	16	73	71	97	156	35	8	1	79
能源科学技术	734	444	199	1704	498	1761	930	1737	176	36	706
冶金、金属	324	148	191	502	224	599	871	492	71	12	336
机械、仪表	487	240	147	614	319	865	599	645	70	10	449
动力与电气	536	278	157	701	329	1039	665	1011	116	18	427
核科学技术	278	17	13	80	20	107	39	162	4	0	19
电子、通信与自动控制	1727	987	504	2505	1230	3579	2469	3812	434	63	1475
计算技术	1377	848	445	1687	1056	2418	1892	2763	425	74	949
化工	201	191	88	510	168	376	325	454	40	11	159
轻工、纺织	32	49	22	42	33	100	19	92	22	0	16
食品	149	130	145	266	128	243	88	508	35	28	82
土木建筑	500	377	203	896	418	1643	1388	1127	151	18	715
水利	47	52	36	133	77	198	65	154	16	1	42
交通运输	135	86	66	200	73	313	298	224	29	5	166
航空航天	43	29	17	78	33	169	254	82	4	0	29
安全科学技术	11	6	1	18	7	24	30	18	0	1	2
环境科学	785	668	316	1753	609	1986	1031	2025	226	56	619
管理学	136	67	36	101	45	168	130	140	15	4	62
其他	28	25	8	50	18	70	43	65	4	1	21
合计	18666	13323	7401	34094	15236	37706	24761	43748	5143	1367	15391

续表

学科	四川	贵州	云南	西藏	陕西	甘肃	青海	宁夏	新疆	合计
数学	658	137	159	1	1018	322	20	34	90	16661
力学	378	23	22	0	830	59	1	2	17	8708
信息、系统科学	71	3	8	0	141	16	0	1	3	1707
物理学	2848	240	332	1	3987	878	36	63	189	54742
化学	3033	384	669	0	2882	1226	66	88	369	70507
天文学	36	23	148	0	57	46	2	0	20	2351
地学	1194	194	201	4	1618	511	32	20	147	28059
生物学	2521	365	1099	19	3072	761	88	69	363	67717
预防医学与卫生学	191	27	40	2	156	45	6	3	24	4142
基础医学	871	145	189	3	712	163	26	48	160	21793
药物学	438	115	195	1	523	122	24	37	106	13112
临床医学	2570	213	309	10	1605	363	51	70	346	47553
中医学	58	14	6	0	18	5	1	3	8	1036
军事医学与特种医学	47	8	6	0	43	2	0	0	4	636
农学	180	36	73	4	341	123	12	17	62	4799
林学	35	2	42	1	63	27	1	1	4	957
畜牧、兽医	136	5	12	6	90	57	4	6	22	1784
水产学	48	7	7	1	19	3	2	0	0	1568
测绘科学技术	127	3	14	0	158	44	0	2	9	2417
材料科学技术	2564	224	504	2	3751	749	48	73	153	53438
工程与技术基础学科	174	12	22	0	314	30	6	8	10	3859
矿山工程技术	55	17	34	0	71	7	1	1	7	1783
能源科学技术	1295	88	203	3	1790	219	31	52	95	29498
冶金、金属	425	53	167	0	802	188	16	8	31	12568
机械、仪表	910	37	102	2	1397	176	5	8	27	16481
动力与电气	969	39	106	0	1546	162	11	14	44	18675
核科学技术	279	3	4	0	234	83	1	3	6	2789
电子、通信与自动控制	3499	141	277	4	5859	342	26	39	126	63710
计算技术	1858	116	304	7	3378	340	29	27	98	43064
化工	396	18	90	0	348	123	9	16	34	8638
轻工、纺织	33	6	11	0	56	16	4	0	10	1233
食品	110	22	60	2	295	37	10	8	25	5306
土木建筑	1180	42	89	3	1751	298	17	20	65	24294
水利	115	11	24	1	190	48	6	2	23	2878
交通运输	462	10	20	0	400	87	0	7	8	6319
航空航天	116	5	5	0	719	14	0	1	2	4307
安全科学技术	35	1	2	0	40	1	0	0	1	466
环境科学	1119	192	333	16	1806	615	48	46	236	34214
管理学	181	2	18	1	169	17	0	1	3	2864
其他	66	3	7	0	69	6	0	0	4	1131
合计	31281	2986	5913	94	42318	8331	640	798	2951	687764

附表8 2018年SCI、Ei和CPCI-S收录的中国科技论文分地区机构分布情况

地区	高等院校	科研机构	企业	医疗机构	其他	合计
北京	78374	29636	2542	2396	1064	114012
天津	20219	940	218	375	181	21933
河北	7956	437	114	462	72	9041
山西	6497	578	69	84	28	7256
内蒙古	2069	47	43	106	23	2288
辽宁	22883	2901	168	243	74	26269
吉林	13532	2406	56	60	36	16090
黑龙江	19347	367	69	122	49	19954
上海	47467	5452	573	559	317	54368
江苏	66825	3684	631	852	320	72312
浙江	28391	1855	314	1328	205	32093
安徽	16287	2149	59	94	77	18666
福建	11510	1455	65	217	76	13323
江西	6969	217	31	141	43	7401
山东	28818	2455	242	2436	143	34094
河南	13368	838	131	603	296	15236
湖北	34555	2397	263	302	189	37706
湖南	23766	469	165	273	88	24761
广东	37709	3929	820	912	378	43748
广西	4690	227	60	128	38	5143
海南	983	269	10	94	11	1367
重庆	14676	417	65	165	68	15391
四川	27067	3121	433	483	177	31281
贵州	2330	425	68	135	28	2986
云南	4554	1023	93	170	73	5913
西藏	64	19	3	6	2	94
陕西	39375	1885	408	417	233	42318
甘肃	6210	1890	78	124	29	8331
青海	329	263	3	38	7	640
宁夏	741	18	22	13	4	798
新疆	2035	668	23	183	42	2951
总计	589596	72437	7839	13521	4371	687764

附表 9　2018 年 SCI 收录 2 种文献类型论文数居前 50 位的中国高等院校

排名	高等院校	论文篇数	排名	高等院校	论文篇数
1	上海交通大学	7203	27	首都医科大学	2494
2	浙江大学	7147	28	中国石油大学	2458
3	清华大学	5706	29	北京理工大学	2443
4	四川大学	5463	30	中国矿业大学	2384
5	华中科技大学	5344	31	北京科技大学	2377
6	中南大学	4974	32	东北大学	2364
7	北京大学	4958	33	中国地质大学	2343
8	吉林大学	4927	34	中国医学科学院北京协和医学院	2233
9	中山大学	4872			
10	西安交通大学	4731	35	江苏大学	2143
11	哈尔滨工业大学	4730	36	厦门大学	2079
12	复旦大学	4442	37	湖南大学	2041
13	山东大学	4311	38	郑州大学	2035
14	天津大学	4062	39	南京航空航天大学	2027
15	武汉大学	4015	40	西北农林科技大学	1977
16	同济大学	3432	41	西安电子科技大学	1946
17	华南理工大学	3305	42	中国农业大学	1915
18	东南大学	3261	43	南京医科大学	1894
19	中国科学技术大学	3205	44	兰州大学	1857
20	北京航空航天大学	3196	45	南京理工大学	1828
20	南京大学	3196	46	华东理工大学	1805
22	大连理工大学	3144	47	武汉理工大学	1780
23	西北工业大学	2862	48	江南大学	1740
24	苏州大学	2684	49	西南大学	1686
25	重庆大学	2653	50	上海大学	1678
26	电子科技大学	2524			

附表 10　2018 年 SCI 收录 2 种文献类型论文数居前 50 位的中国研究机构

排名	研究机构	论文篇数	排名	研究机构	论文篇数
1	中国工程物理研究院	927	9	中国科学院物理研究所	492
2	中国科学院合肥物质科学研究院	830	10	中国科学院海洋研究所	484
3	中国科学院化学研究所	679	11	中国科学院过程工程研究所	478
4	中国科学院长春应用化学研究所	630	12	中国科学院地质与地球物理研究所	452
5	中国科学院生态环境研究中心	617	13	中国科学院上海硅酸盐研究所	438
6	中国科学院地理科学与资源研究所	589	14	国家纳米科学中心	414
			15	中国科学院海西研究院	408
7	中国科学院大连化学物理研究所	582	16	中国科学院宁波工业技术研究院	405
8	中国科学院金属研究所	494	17	中国水产科学研究院	386

续表

排名	研究机构	论文篇数	排名	研究机构	论文篇数
18	中国林业科学研究院	383	35	中国疾病预防控制中心	262
19	中国科学院大气物理研究所	355	36	中国科学院南海海洋研究所	246
20	中国科学院兰州化学物理研究所	354	37	中国科学院自动化研究所	239
21	中国科学院深圳先进技术研究院	322	38	中国科学院南京土壤研究所	238
22	中国科学院遥感与数字地球研究所	320	38	中国科学院上海应用物理研究所	238
23	中国科学院水利部水土保持研究所	315	40	中国科学院上海有机化学研究所	235
24	中国科学院理化技术研究所	306	41	中国医学科学院肿瘤研究所	234
25	中国科学院半导体研究所	304	42	中国科学院上海微系统与信息技术研究所	223
26	中国科学院高能物理研究所	293	43	中国科学院上海药物研究所	220
27	中国科学院上海生命科学研究院	290	44	中国科学院国家天文台	217
28	中国科学院长春光学精密机械与物理研究所	287	45	中国科学院城市环境研究所	209
29	中国科学院广州地球化学研究所	285	46	中国科学院数学与系统科学研究院	206
30	中国科学院水生生物研究所	281	47	中国科学院南京地理与湖泊研究所	205
31	中国科学院昆明植物研究所	279	47	中国科学院青岛生物能源与过程研究所	205
32	中国科学院上海光学精密机械研究所	277	49	中国科学院山西煤炭化学研究所	198
32	中国科学院动物研究所	277	50	中国科学院东北地理与农业生态研究所	195
34	中国农业科学院植物保护研究所	264			

附表 11　2018 年 CPCI-S 收录科技论文数居前 50 位的中国高等院校

排名	高等院校	论文篇数	排名	高等院校	论文篇数
1	清华大学	1520	18	北京交通大学	630
2	上海交通大学	1469	19	天津大学	604
3	北京航空航天大学	1102	20	华南理工大学	574
4	电子科技大学	1086	21	西安电子科技大学	548
5	北京大学	1034	22	中国科学技术大学	546
6	浙江大学	1027	23	山东大学	538
7	哈尔滨工业大学	1019	24	南京理工大学	520
8	西安交通大学	962	25	华北电力大学	516
9	北京邮电大学	949	26	武汉大学	493
10	中山大学	867	27	四川大学	453
11	华中科技大学	865	28	上海大学	451
12	东南大学	792	29	武汉理工大学	449
13	国防科技大学	776	30	中南大学	431
14	西北工业大学	754	31	大连理工大学	422
15	北京理工大学	686	32	哈尔滨工程大学	420
16	复旦大学	666	33	南京邮电大学	385
17	同济大学	652	34	吉林大学	378

续表

排名	高等院校	论文篇数	排名	高等院校	论文篇数
35	中国医学科学院北京协和医学院	377	43	西安理工大学	317
36	重庆大学	359	44	深圳大学	312
37	北京工业大学	349	45	苏州大学	299
38	南京航空航天大学	348	45	河海大学	299
39	南京大学	338	47	中国科学院大学	285
40	东北大学	324	48	北京科技大学	277
41	首都医科大学	319	49	中国地质大学	266
42	西南交通大学	318	50	厦门大学	265

附表 12　2018 年 CPCI-S 收录科技论文数居前 50 位的中国研究机构

排名	研究机构	论文篇数	排名	研究机构	论文篇数
1	中国科学院自动化研究所	164	27	中国科学院大连化学物理研究所	31
2	中国工程物理研究院	155	27	中国科学院软件研究所	31
3	中国科学院深圳先进技术研究院	146	29	中国科学院数学与系统科学研究院	30
4	中国科学院信息工程研究所	102	30	中国科学院空间应用工程与技术中心	28
5	中国科学院合肥物质科学研究院	97	31	中国科学院高能物理研究所	27
6	中国科学院计算技术研究所	96	31	中国科学院上海技术物理研究所	27
7	中国科学院西安光学精密机械研究所	95	33	中国科学院生态环境研究中心	26
8	中国科学院电工研究所	93	33	中国科学院地理科学与资源研究所	26
9	中国科学院沈阳自动化研究所	87	33	中国铁道科学研究院	26
10	中国科学院遥感与数字地球研究所	81	36	中国科学院物理研究所	23
11	中国计量科学研究院	67	36	北京有色金属研究总院	23
12	中国科学院声学研究所	65	38	中国科学院上海天文台	22
13	中国科学院宁波工业技术研究院	61	38	中国社会科学院研究生院	22
13	中国科学院微电子研究所	61	40	中国科学院化学研究所	21
13	中国科学院电子学研究所	61	40	中国科学院长春光学精密机械与物理研究所	21
16	中国科学院上海光学精密机械研究所	57	40	中国科学院工程热物理研究所	21
17	中国水产科学研究院	55	40	中国科学院国家授时中心	21
18	中国标准化研究院	43	44	中国空气动力研究与发展中心	19
19	中国科学院上海微系统与信息技术研究所	42	45	中国科学院海西研究院	18
20	中国科学院国家天文台	41	45	中国科学院重庆绿色智能技术研究院	18
21	中国医学科学院肿瘤研究所	39	45	南京水利科学研究院	18
22	中国农业科学院植物保护研究所	38	45	中国科学院光电研究院	18
22	中国科学院国家空间科学中心	38	45	北京跟踪与通信技术研究所	18
24	中国科学院半导体研究所	37	50	中国科学院武汉岩土力学研究所	17
25	中国科学院光电技术研究所	32			
25	机械科学研究总院	32			

附表 13　2018 年 Ei 收录科技论文数居前 50 位的中国高等院校

排名	高等院校	论文篇数	排名	高等院校	论文篇数
1	清华大学	5290	26	电子科技大学	2210
2	哈尔滨工业大学	4861	27	中国矿业大学	2191
3	浙江大学	4525	28	湖南大学	2128
4	上海交通大学	4201	29	西安电子科技大学	2074
5	天津大学	4138	30	北京大学	1995
6	华中科技大学	3487	31	南京理工大学	1985
7	西安交通大学	3419	32	西南交通大学	1943
8	中南大学	3336	33	北京交通大学	1823
9	北京航空航天大学	3276	34	中国地质大学	1815
10	华南理工大学	3268	35	江苏大学	1683
11	大连理工大学	3121	36	南京大学	1667
12	东南大学	2986	37	国防科技大学	1638
13	西北工业大学	2943	38	华北电力大学	1630
14	吉林大学	2923	39	北京工业大学	1587
15	同济大学	2910	40	武汉理工大学	1576
16	四川大学	2796	41	中山大学	1568
17	武汉大学	2732	41	合肥工业大学	1528
18	重庆大学	2633	43	上海大学	1500
19	中国石油大学	2595	44	江南大学	1466
20	北京理工大学	2582	45	厦门大学	1436
21	东北大学	2547	46	复旦大学	1425
22	北京科技大学	2500	47	苏州大学	1417
23	南京航空航天大学	2480	48	华东理工大学	1392
24	中国科学技术大学	2415	49	河海大学	1321
25	山东大学	2358	50	北京邮电大学	1297

附录 14　2018 年 Ei 收录的中国科技论文数居前 50 位的中国研究机构

排名	研究机构	论文篇数	排名	研究机构	论文篇数
1	中国科学院合肥物质科学研究院	918	11	中国科学院物理研究所	379
2	中国工程物理研究院	670	12	中国农业科学院其他	327
3	中国科学院化学研究所	528	13	中国科学院海西研究院	321
4	中国科学院长春应用化学研究所	525	14	中国科学院地理科学与资源研究所	318
5	中国科学院大连化学物理研究所	466			
6	中国科学院金属研究所	444	15	中国科学院半导体研究所	317
7	中国科学院生态环境研究中心	440	16	中国科学院兰州化学物理研究所	305
8	中国科学院上海硅酸盐研究所	410	17	中国科学院上海光学精密机械研究所	296
9	中国科学院长春光学精密机械与物理研究所	391			
			18	中国科学院理化技术研究所	279
10	中国科学院过程工程研究所	389	19	中国科学院宁波工业技术研究院	256

续表

排名	研究机构	论文篇数	排名	研究机构	论文篇数
20	中国科学院电子学研究所	247	35	中国科学院工程热物理研究所	165
21	中国科学院地质与地球物理研究所	243	36	中国科学院大气物理研究所	149
22	中国科学院深圳先进技术研究院	239	37	中国科学院电工研究所	146
23	中国科学院上海有机化学研究所	227	37	中国水利水电科学研究院	146
24	国家纳米科学中心	226	39	中国科学院沈阳自动化研究所	136
25	中国科学院自动化研究所	213	40	中国科学院海洋研究所	135
26	中国科学院武汉岩土力学研究所	210	41	中国科学院南京地理与湖泊研究所	130
27	中国林业科学研究院	191	42	中国科学院城市环境研究所	128
28	中国科学院上海微系统与信息技术研究所	187	43	中国科学院上海技术物理研究所	123
			44	中国科学院数学与系统科学研究院	122
29	中国科学院广州地球化学研究所	184	45	中国科学院高能物理研究所	121
30	中国科学院广州能源研究所	182	46	中国科学院南京土壤研究所	119
31	中国科学院上海应用物理研究所	180	47	中国科学院苏州纳米技术与纳米仿生研究所	118
32	中国科学院山西煤炭化学研究所	179			
33	中国科学院力学研究所	172	48	中国科学院光电技术研究所	100
33	中国科学院青岛生物能源与过程研究所	170	49	中国科学院地球化学研究所	94
			50	中国科学院近代物理研究所	93

附表 15　1999—2018 年 SCIE 收录的中国科技论文在国内外科技期刊上发表的比例

年度	论文总篇数	在中国期刊上发表		在非中国期刊上发表	
		论文篇数	所占比例	论文篇数	所占比例
1999	19936	7647	38.4%	12289	61.6%
2000	22608	9208	40.7%	13400	59.3%
2001	25889	9580	37.0%	16309	63.0%
2002	31572	11425	36.2%	20147	63.8%
2003	38092	12441	32.7%	25651	67.3%
2004	45351	13498	29.8%	31853	70.2%
2005	62849	16669	26.5%	46180	73.5%
2006	71184	16856	23.7%	54328	76.3%
2007	79669	18410	23.1%	61259	76.9%
2008	92337	20804	22.5%	71533	77.5%
2009	108806	22229	20.4%	86577	79.6%
2010	121026	25934	21.4%	95092	78.6%
2011	136445	22988	16.8%	113457	83.2%
2012	158615	22903	14.4%	135712	85.6%
2013	204061	23271	11.4%	180790	88.6%
2014	235139	22805	9.7%	212334	90.3%
2015	265469	22324	8.4%	243145	91.6%
2016	290647	21789	7.5%	268858	92.5%
2017	323878	21331	6.6%	302547	93.4%
2018	376354	21480	5.7%	354874	94.3%

附表 16　1995—2018 年 Ei 收录的中国科技论文在国内外科技期刊上发表的比例

年度	论文总篇数	在中国期刊上发表		在非中国期刊上发表	
		论文篇数	所占比例	论文篇数	所占比例
1995	6791	3038	44.70%	3753	55.30%
1996	8035	4997	62.20%	3038	37.80%
1997	9834	5121	52.10%	4713	47.90%
1998	8220	4160	50.61%	4060	49.40%
1999	13155	8324	63.30%	4831	36.70%
2000	13991	8293	59.30%	5698	40.70%
2001	15605	9055	58.00%	6550	42.00%
2002	19268	12810	66.50%	6458	33.50%
2003	26857	13528	50.40%	13329	49.60%
2004	32881	17442	53.00%	15439	47.00%
2005	60301	35262	58.50%	25039	41.50%
2006	65041	33454	51.40%	31587	48.60%
2007	75568	40656	53.80%	34912	46.20%
2008	85381	45686	53.50%	39695	46.50%
2009	98115	46415	47.30%	51700	52.70%
2010	119374	56578	47.40%	62796	52.60%
2011	116343	54602	46.90%	61741	53.10%
2012	116429	51146	43.90%	65283	56.10%
2013	163688	49912	30.50%	113776	69.50%
2014	172569	54727	31.73%	117842	68.29%
2015	217313	62532	28.78%	154781	71.22%
2016	213385	55263	25.90%	158122	74.10%
2017	214226	47545	22.19%	166681	77.81%
2018	249732	48527	19.43%	201205	80.57%

附表 17　2009—2018 年 Medline 收录的中国科技论文在国内外科技期刊上发表的比例

年度	论文总篇数	在中国期刊上发表		在非中国期刊上发表	
		论文篇数	所占比例	论文篇数	所占比例
2009	47581	15216	32.0%	32365	68.0%
2010	56194	15468	27.5%	40726	72.5%
2011	64983	15812	24.3%	49171	75.7%
2012	77427	16292	21.0%	61135	79.0%
2013	90021	15468	17.2%	74553	82.8%
2014	104444	15022	14.4%	89422	85.6%
2015	117086	16383	14.0%	100703	86.0%
2016	128163	12847	10.0%	115316	90.0%
2017	141344	15352	10.9%	125992	89.1%
2018	188471	15603	8.3%	172868	91.7%

数据来源：Medline 2009—2018。

附表 18　2018 年 Ei 收录的中国台湾地区和香港特区的论文按学科分布情况

学科	中国台湾地区			中国香港特区		
	论文篇数	所占比例	学科排名	论文篇数	所占比例	学科排名
数学	267	2.97%	13	141	3.75%	11
力学	168	1.87%	17	78	2.08%	16
信息、系统科学	61	0.68%	20	32	0.85%	20
物理学	586	6.52%	5	239	6.36%	5
化学	344	3.83%	11	112	2.98%	14
天文学	34	0.38%	24	10	0.27%	25
地学	506	5.63%	8	212	5.64%	7
生物学	1266	14.08%	1	407	10.84%	2
基础医学	41	0.46%	23	13	0.35%	23
临床医学	2	0.02%	32	0	0.00%	31
农学	8	0.09%	29	0	0.00%	31
测绘科学技术	106	1.18%	18	77	2.05%	17
材料科学	570	6.34%	6	187	4.98%	9
工程与技术基础学科	55	0.61%	21	18	0.48%	22
矿山工程技术	23	0.26%	26	5	0.13%	27
能源科学技术	418	4.65%	9	189	5.03%	8
冶金、金属学	245	2.72%	14	113	3.01%	13
机械、仪表	368	4.09%	10	118	3.14%	12
动力与电气	611	6.79%	4	226	6.02%	6
核科学技术	3	0.03%	31	2	0.05%	29
电子、通信与自动控制	1066	11.85%	2	390	10.38%	3
计算技术	834	9.27%	3	300	7.99%	4
化工	8	0.09%	29	3	0.08%	28
轻工、纺织	23	0.26%	25	7	0.19%	26
食品	5	0.06%	30	1	0.03%	30
土木建筑	516	5.74%	7	456	12.14%	1
水利	95	1.06%	19	33	0.88%	19
交通运输	172	1.91%	16	101	2.69%	15
航空航天	46	0.51%	22	28	0.75%	21
安全科学技术	16	0.18%	27	11	0.29%	24
环境科学	316	3.51%	12	172	4.58%	10
管理学	199	2.21%	15	73	1.94%	18
其他	15	0.17%	28	2	0.05%	29
总计	8993	100.00%		3756	100.00%	

附表 19　2009—2018 年 SCI 网络版收录的中国科技论文在 2018 年被引情况按学科分布

学科	未被引论文篇数	被引论文篇数	被引次数	总论文篇数	平均被引次数	论文未被引率
化学	42373	360700	8060527	403073	20.00	10.51%
其他	62	129	1519	191	7.95	32.46%

续表

学科	未被引论文篇数	被引论文篇数	被引次数	总论文篇数	平均被引次数	论文未被引率
环境科学	7850	62958	1154992	70808	16.31	11.09%
能源科学技术	4645	41593	799636	46238	17.29	10.05%
化工	3559	35901	630865	39460	15.99	9.02%
天文学	1782	14893	237129	16675	14.22	10.69%
材料科学	23834	158777	2601748	182611	14.25	13.05%
生物学	37668	235022	3482699	272690	12.77	13.81%
农学	4085	25992	379148	30077	12.61	13.58%
食品	4165	18285	254447	22450	11.33	18.55%
地学	12838	72911	1035154	85749	12.07	14.97%
动力与电气	564	4718	66442	5282	12.58	10.68%
管理学	958	6082	84244	7040	11.97	13.61%
药物学	12215	53201	669845	65416	10.24	18.67%
计算技术	15433	67238	1003572	82671	12.14	18.67%
基础医学	34163	106701	1398918	140864	9.93	24.25%
电子、通信与自动控制	19128	84175	1149315	103303	11.13	18.52%
水产学	1380	8037	91284	9417	9.69	14.65%
信息、系统科学	1607	6218	78776	7825	10.07	20.54%
工程与技术基础学科	4712	11447	157974	16159	9.78	29.16%
测绘科学技术	2	18	195	20	9.75	10.00%
军事医学与特种医学	657	2182	23656	2839	8.33	23.14%
物理学	43176	210648	2440291	253824	9.61	17.01%
预防医学与卫生学	5606	19603	237488	25209	9.42	22.24%
土木建筑	3258	16757	196676	20015	9.83	16.28%
临床医学	78902	193637	2515225	272539	9.23	28.95%
安全科学技术	72	703	10295	775	13.28	9.29%
力学	2877	18468	209092	21345	9.80	13.48%
机械、仪表	6117	25255	259312	31372	8.27	19.50%
矿山工程技术	501	2454	29915	2955	10.12	16.95%
水利	2033	8780	109638	10813	10.14	18.80%
林学	751	3899	37971	4650	8.17	16.15%
交通运输	898	4313	54152	5211	10.39	17.23%
数学	24299	74379	760399	98678	7.71	24.62%
航空航天	1186	5066	42980	6252	6.87	18.97%
核科学技术	2010	6248	44455	8258	5.38	24.34%
轻工、纺织	423	1610	10271	2033	5.05	20.81%
冶金、金属学	4147	16392	127992	20539	6.23	20.19%
中医学	1483	6639	53714	8122	6.61	18.26%
畜牧、兽医	2512	7601	59314	10113	5.87	24.84%

数据来源：2009—2018年SCI网络版。

附表 20 2009—2018 年 SCI 网络版收录的中国科技论文在 2018 年被引情况按地区分布

地区	未被引论文篇数	被引论文篇数	被引次数	总论文篇数	平均被引次数	论文未被引率
北京	64231	325299	5355166	389530	13.75	16.49%
天津	10772	54341	849302	65113	13.04	16.54%
河北	6102	20928	226012	27030	8.36	22.57%
山西	4250	16621	187390	20871	8.98	20.36%
内蒙古	1674	4972	44599	6646	6.71	25.19%
辽宁	14135	70656	1061572	84791	12.52	16.67%
吉林	9966	47789	844543	57755	14.62	17.26%
黑龙江	9676	50418	715621	60094	11.91	16.10%
上海	33586	176258	2970512	209844	14.16	16.01%
江苏	37135	189939	2819385	227074	12.42	16.35%
浙江	19690	97663	1457456	117353	12.42	16.78%
安徽	9813	50043	845176	59856	14.12	16.39%
福建	6956	37469	644490	44425	14.51	15.66%
江西	4806	17137	205039	21943	9.34	21.90%
山东	19351	90387	1165751	109738	10.62	17.63%
河南	10101	36717	397032	46818	8.48	21.58%
湖北	17891	97576	1522938	115467	13.19	15.49%
湖南	11764	61585	862490	73349	11.76	16.04%
广东	24569	110681	1686864	135250	12.47	18.17%
广西	3458	12901	132392	16359	8.09	21.14%
海南	1194	3385	29622	4579	6.47	26.08%
重庆	8650	40058	522598	48708	10.73	17.76%
四川	18137	74849	896629	92986	9.64	19.51%
贵州	2074	6046	60178	8120	7.41	25.54%
云南	3970	18216	206687	22186	9.32	17.89%
西藏	53	131	1006	184	5.47	28.80%
陕西	19933	92104	1150776	112037	10.27	17.79%
甘肃	4674	28034	443977	32708	13.57	14.29%
青海	448	1349	11925	1797	6.64	24.93%
宁夏	520	1540	13285	2060	6.45	25.24%
新疆	2538	8145	84367	10683	7.90	23.76%

数据来源：2009—2018 年 SCI 网络版。

附表 21　2009—2018 年 SCI 网络版收录的中国科技论文累计被引篇数居前 50 位的高等院校

排名	高等院校	被引篇数	被引次数	排名	高等院校	被引篇数	被引次数
1	浙江大学	48159	832434	26	华东理工大学	12666	248542
2	上海交通大学	44890	695065	27	西北工业大学	12641	155297
3	清华大学	36984	769381	28	兰州大学	12379	218370
4	北京大学	33593	647982	29	电子科技大学	12373	153077
5	四川大学	30566	417512	30	首都医科大学	12236	128795
6	复旦大学	29339	568901	31	中国农业大学	12220	188343
7	华中科技大学	29099	468005	32	南开大学	12205	289118
8	中山大学	27158	462121	33	北京理工大学	11785	177060
9	山东大学	25815	375522	34	北京科技大学	11580	158163
10	哈尔滨工业大学	25613	394223	35	湖南大学	10876	229344
11	吉林大学	25605	377430	36	北京师范大学	10676	169535
12	西安交通大学	24681	341928	37	中国地质大学	10262	154649
13	中南大学	24364	331773	38	中国石油大学	10241	123883
14	南京大学	23660	464680	39	东北大学	9813	116526
15	武汉大学	20534	346921	40	西北农林科技大学	9662	122189
16	中国科学技术大学	20134	447223	41	江南大学	9506	136581
17	天津大学	20084	301633	42	郑州大学	9453	120762
18	同济大学	18423	272102	43	南京医科大学	9402	141380
19	大连理工大学	18010	292004	44	江苏大学	9393	133471
20	东南大学	17615	280933	45	南京农业大学	9338	139768
21	华南理工大学	17076	319138	46	北京化工大学	9317	177911
22	北京航空航天大学	16030	207750	47	上海大学	9234	137228
23	苏州大学	15696	302386	48	西安电子科技大学	8894	100528
24	厦门大学	13064	245243	49	南京航空航天大学	8729	124526
25	重庆大学	12799	166339	50	南京理工大学	8654	126086

附表 22　2009—2018 年 SCI 网络版收录的中国科技论文累计被引篇数居前 50 位的研究机构

排名	研究机构	被引篇数	被引次数
1	中国科学院长春应用化学研究所	6920	265925
2	中国科学院化学研究所	6771	252621
3	中国工程物理研究院	5509	37129
4	中国科学院合肥物质科学研究院	5305	92933
5	中国科学院大连化学物理研究所	5090	155338
6	中国科学院物理研究所	4410	123125
7	中国科学院生态环境研究中心	4330	101678
8	中国科学院金属研究所	4064	116910
9	中国科学院上海硅酸盐研究所	3687	99692
10	中国科学院上海生命科学研究院	3459	98492
11	中国科学院兰州化学物理研究所	3306	80974

续表

排名	研究机构	被引篇数	被引次数
12	中国科学院地理科学与资源研究所	3295	55938
13	中国科学院海西研究院	3269	85940
14	中国科学院地质与地球物理研究所	3216	64068
15	中国科学院海洋研究所	2982	41157
16	中国科学院过程工程研究所	2975	61124
17	中国科学院上海有机化学研究所	2659	89675
18	中国科学院半导体研究所	2543	36154
19	中国科学院理化技术研究所	2484	62511
20	中国科学院大气物理研究所	2440	44332
21	中国科学院上海光学精密机械研究所	2346	26316
22	中国科学院广州地球化学研究所	2312	57484
23	中国科学院动物研究所	2278	38119
24	中国科学院高能物理研究所	2258	38650
25	中国疾病预防控制中心	2222	46757
26	中国科学院昆明植物研究所	2165	31839
27	中国科学院上海药物研究所	2150	45740
28	中国科学院宁波工业技术研究院	2118	43544
29	国家纳米科学中心	2110	78719
30	中国水产科学研究院	1988	19646
31	中国科学院植物研究所	1968	40599
32	中国林业科学研究院	1862	19690
33	中国科学院南海海洋研究所	1860	23746
34	中国科学院水生生物研究所	1842	26970
35	中国科学院微生物研究所	1746	31704
36	中国中医科学院	1737	16393
37	中国科学院数学与系统科学研究院	1720	28837
38	中国科学院南京土壤研究所	1692	33387
39	中国科学院长春光学精密机械与物理研究所	1651	26666
40	中国科学院寒区旱区环境与工程研究所	1627	26159
41	中国科学院遥感与数字地球研究所	1607	17546
42	中国科学院上海应用物理研究所	1555	29716
43	中国科学院自动化研究所	1493	33646
44	中国科学院上海微系统与信息技术研究所	1492	16857
45	中国医学科学院药物研究所	1396	17841
46	中国科学院国家天文台	1381	17629
47	中国科学院山西煤炭化学研究所	1356	28851
48	中国科学院深圳先进技术研究院	1345	26509
49	中国科学院生物物理研究所	1314	28107
50	中国医学科学院肿瘤研究所	1310	20523

附表 23　2018 年 CSTPCD 收录的中国科技论文按学科分布

学科	论文篇数	所占比例	排名
数学	4407	0.97%	26
力学	1942	0.43%	34
信息、系统科学	334	0.07%	39
物理学	4773	1.05%	25
化学	8552	1.88%	19
天文学	416	0.09%	38
地学	14202	3.13%	7
生物学	10918	2.40%	15
预防医学与卫生学	13948	3.07%	9
基础医学	11522	2.54%	13
药物学	12948	2.85%	10
临床医学	123140	27.10%	1
中医学	22101	4.86%	4
军事医学与特种医学	2018	0.44%	33
农学	21091	4.64%	5
林学	3658	0.81%	29
畜牧、兽医	6258	1.38%	20
水产学	1769	0.39%	35
测绘科学技术	2974	0.65%	31
材料科学	6076	1.34%	22
工程与技术基础学科	3837	0.84%	27
矿山工程技术	6078	1.34%	21
能源科学技术	5074	1.12%	24
冶金、金属学	11322	2.49%	14
机械、仪表	10495	2.31%	17
动力与电气	3720	0.82%	28
核科学技术	1283	0.28%	36
电子、通信与自动控制	24645	5.42%	3
计算技术	27604	6.07%	2
化工	12131	2.67%	12
轻工、纺织	2265	0.50%	32
食品	8977	1.98%	18
土木建筑	12660	2.79%	11
水利	3189	0.70%	30
交通运输	10622	2.34%	16
航空航天	5113	1.13%	23
安全科学技术	242	0.05%	40
环境科学	14097	3.10%	8
管理学	906	0.20%	37
其他	17095	3.76%	6
合计	454402	100.00%	

附表 24　2018 年 CSTPCD 收录的中国科技论文按地区分布

地区	论文篇数	所占比例	排名
北京	61885	13.62%	1
天津	12890	2.84%	13
河北	14785	3.25%	12
山西	7904	1.74%	20
内蒙古	4231	0.93%	27
辽宁	17676	3.89%	10
吉林	8088	1.78%	18
黑龙江	10235	2.25%	17
上海	27922	6.14%	3
江苏	40213	8.85%	2
浙江	17561	3.86%	11
安徽	11865	2.61%	15
福建	7918	1.74%	19
江西	6374	1.40%	25
山东	20393	4.49%	8
河南	18234	4.01%	9
湖北	23949	5.27%	6
湖南	12280	2.70%	14
广东	25817	5.68%	5
广西	7659	1.69%	22
海南	3244	0.71%	28
重庆	10792	2.37%	16
四川	21770	4.79%	7
贵州	6166	1.36%	26
云南	7666	1.69%	21
西藏	370	0.08%	32
陕西	27319	6.01%	4
甘肃	7649	1.68%	23
青海	1989	0.44%	29
宁夏	1882	0.41%	30
新疆	7285	1.60%	24
不详	391	0.09%	31
合计	454402	100.00%	

附表 25 2018 年 CSTPCD 收录的中国科技论文篇数分学科按地区分布

学科	北京	天津	河北	山西	内蒙古	辽宁	吉林	黑龙江
数学	344	112	103	145	140	120	97	99
力学	310	62	39	44	16	107	14	65
信息、系统科学	62	11	5	8	8	30	2	2
物理学	847	137	118	157	40	138	233	68
化学	863	302	220	235	71	395	400	209
天文学	116	6	2	3	2	6	7	4
地学	2990	406	405	119	114	351	364	230
生物学	1352	262	174	224	204	313	229	273
预防医学与卫生学	2517	329	390	151	84	331	120	226
基础医学	1552	338	368	160	137	387	180	200
药物学	1848	373	480	120	118	559	209	196
临床医学	15183	2758	6002	1305	897	4497	1856	2234
中医学	3401	760	717	235	130	750	482	578
军事医学与特种医学	417	78	68	17	18	71	16	19
农学	1835	166	565	848	368	644	475	750
林学	583	3	47	58	70	59	44	313
畜牧、兽医	698	48	189	100	255	82	327	233
水产学	53	42	9	10	3	72	12	24
测绘科学技术	393	79	24	20	10	132	20	16
材料科学	640	185	115	123	136	439	68	145
工程与技术基础学科	538	159	112	78	21	216	76	105
矿山工程技术	1053	22	259	479	136	513	49	55
能源科学技术	1307	359	155	24	10	185	24	286
冶金、金属学	1416	238	592	304	135	929	123	304
机械、仪表	1123	351	341	426	72	611	219	207
动力与电气	596	224	126	75	75	122	105	144
核科学技术	376	5	8	25	6	14	4	31
电子、通信与自动控制	3315	839	836	462	122	665	501	439
计算技术	3328	872	655	630	180	1246	540	645
化工	1372	580	298	324	102	635	180	316
轻工、纺织	116	109	37	8	13	57	16	43
食品	724	275	172	165	111	335	192	453
土木建筑	1657	542	215	136	118	476	83	295
水利	352	132	32	53	20	108	16	35
交通运输	1289	439	189	77	36	484	273	188
航空航天	1496	164	66	32	7	236	49	175
安全科学技术	62	9	3	1	2	6	3	5
环境科学	2181	658	381	264	118	660	186	280
管理学	146	25	9	7	3	75	7	19
其他	3434	431	5	252	123	620	287	326
总计	61885	12890	14785	7904	4231	17676	8088	10235

续表

学科	上海	江苏	浙江	安徽	福建	江西	山东	河南	湖北
数学	177	308	161	160	114	97	153	228	191
力学	163	255	70	52	19	26	68	29	133
信息、系统科学	29	36	5	8	5	4	15	15	12
物理学	346	366	137	259	90	65	134	135	197
化学	549	635	384	268	199	169	410	330	329
天文学	45	53	3	8	3	0	10	4	16
地学	339	1081	308	266	203	163	1077	315	803
生物学	661	788	500	262	323	188	504	327	459
预防医学与卫生学	1200	1087	627	323	239	149	700	379	778
基础医学	773	824	467	312	291	153	525	347	495
药物学	874	1134	627	367	245	187	592	600	812
临床医学	9137	10466	5836	3937	1961	1135	5012	5433	7307
中医学	1195	1684	897	433	298	342	1072	988	1060
军事医学与特种医学	175	152	79	56	16	13	108	80	79
农学	317	1513	674	333	571	412	1334	1265	733
林学	29	247	188	41	182	83	91	68	59
畜牧、兽医	118	592	150	96	170	82	322	328	137
水产学	297	132	151	22	60	14	251	26	117
测绘科学技术	73	255	48	47	34	56	145	280	508
材料科学	392	477	183	162	110	193	224	269	315
工程与技术基础学科	303	329	145	110	38	57	134	122	188
矿山工程技术	30	357	19	220	67	97	316	415	205
能源科学技术	80	126	59	16	10	3	604	91	285
冶金、金属学	554	937	228	225	127	331	490	478	536
机械、仪表	516	1250	416	292	100	141	506	537	529
动力与电气	383	324	145	66	18	25	154	63	171
核科学技术	149	35	18	70	8	22	20	7	42
电子、通信与自动控制	1547	2729	757	821	332	303	769	909	1405
计算技术	1641	3240	1053	962	533	424	964	1205	1290
化工	737	1106	520	253	165	247	812	494	493
轻工、纺织	181	385	225	30	49	30	93	161	63
食品	330	816	412	153	248	164	499	560	427
土木建筑	1270	1368	477	216	262	184	414	358	695
水利	67	561	95	50	17	53	91	209	353
交通运输	1075	877	220	158	144	159	353	196	1009
航空航天	303	606	47	48	27	49	113	66	85
安全科学技术	7	20	3	5	3	3	6	7	10
环境科学	692	1444	510	338	299	234	636	431	580
管理学	109	98	20	28	16	16	18	16	64
其他	1059	1520	697	392	322	301	654	463	979
总计	27922	40213	17561	11865	7918	6374	20393	18234	23949

续表

学科	湖南	广东	广西	海南	重庆	四川	贵州	云南
数学	106	153	127	22	174	178	115	82
力学	69	41	13	4	36	106	5	10
信息、系统科学	16	6	5	0	5	17	2	5
物理学	124	170	51	5	77	260	53	30
化学	245	464	169	35	156	359	179	202
天文学	4	12	9	0	3	8	11	35
地学	277	598	237	76	145	828	206	237
生物学	260	692	231	156	228	414	307	465
预防医学与卫生学	271	1134	266	90	395	770	170	242
基础医学	329	930	241	65	452	465	263	268
药物学	285	701	163	152	313	663	200	177
临床医学	2562	8784	2419	1297	2969	6891	1361	1601
中医学	784	2012	515	165	238	973	360	361
军事医学与特种医学	28	111	30	11	52	108	25	26
农学	621	783	496	498	372	642	717	865
林学	151	173	211	115	44	92	95	312
畜牧、兽医	150	290	134	37	112	299	141	142
水产学	13	240	53	29	38	27	23	13
测绘科学技术	91	151	52	2	63	108	15	44
材料科学	214	253	97	31	112	263	96	122
工程与技术基础学科	131	163	32	5	60	149	28	44
矿山工程技术	249	53	38	2	272	128	144	180
能源科学技术	23	139	11	13	67	459	19	8
冶金、金属学	560	360	132	2	259	529	95	253
机械、仪表	246	300	90	9	289	554	80	84
动力与电气	85	146	29	4	66	80	20	0
核科学技术	35	52	0	1	4	247	5	56
电子、通信与自动控制	748	1311	349	51	842	1306	177	264
计算技术	791	1145	397	53	651	1068	229	366
化工	255	628	185	48	144	439	218	172
轻工、纺织	50	122	22	3	11	105	22	67
食品	237	620	153	91	212	482	195	170
土木建筑	518	722	184	31	431	412	99	122
水利	70	80	38	5	48	195	38	58
交通运输	572	489	110	9	446	679	48	97
航空航天	150	38	6	2	22	270	12	3
安全科学技术	7	9	5	0	6	16	0	8
环境科学	411	698	206	41	355	609	215	263
管理学	32	50	6	1	17	25	5	9
其他	510	994	147	83	606	547	173	203
总计	12280	25817	7659	3244	10792	21770	6166	7666

学科	西藏	陕西	甘肃	青海	宁夏	新疆	不详	合计
数学	1	374	185	7	41	93	0	4407
力学	0	131	47	0	5	3	0	1942
信息、系统科学	0	19	1	0	1	0	0	334
物理学	0	362	129	4	6	32	3	4773
化学	3	430	131	49	45	116	1	8552
天文学	1	27	5	0	0	10	3	416
地学	19	897	460	269	33	376	10	14202
生物学	42	392	275	69	60	277	7	10918
预防医学与卫生学	22	351	149	50	108	293	7	13948
基础医学	6	433	177	59	64	250	11	11522
药物学	2	458	155	70	47	214	7	12948
临床医学	75	5476	1453	702	508	2012	74	123140
中医学	8	755	449	70	77	303	9	22101
军事医学与特种医学	2	92	12	14	11	33	1	2018
农学	59	1263	656	107	265	938	6	21091
林学	11	116	56	16	14	83	4	3658
畜牧、兽医	26	238	320	61	58	319	4	6258
水产学	6	14	1	2	2	13	0	1769
测绘科学技术	0	209	54	16	2	27	0	2974
材料科学	1	489	116	13	31	60	2	6076
工程与技术基础学科	0	376	82	9	9	17	1	3837
矿山工程技术	8	549	61	39	9	49	5	6078
能源科学技术	0	400	98	4	3	205	1	5074
冶金、金属学	0	850	205	32	48	48	2	11322
机械、仪表	0	906	194	6	15	70	15	10495
动力与电气	0	306	52	6	7	46	57	3720
核科学技术	0	59	35	0	0	5	0	1283
电子、通信与自动控制	4	2299	252	28	65	194	4	24645
计算技术	17	2665	436	54	78	237	9	27604
化工	5	863	230	68	60	166	16	12131
轻工、纺织	0	192	6	12	2	24	11	2265
食品	11	354	151	18	57	184	6	8977
土木建筑	2	919	281	26	31	73	43	12660
水利	7	228	53	16	27	81	1	3189
交通运输	2	774	180	8	7	27	8	10622
航空航天	0	991	45	0	0	4	1	5113
安全科学技术	0	28	5	1	0	1	1	242
环境科学	19	852	253	47	43	188	5	14097
管理学	0	60	7	0	1	4	13	906
其他	11	1122	192	37	42	210	43	17095
总计	370	27319	7649	1989	1882	7285	391	454402

附表 26　2018 年 CSTPCD 收录的中国科技论文篇数分地区按机构分布

地区	论文篇数					
	高等院校	研究机构	医疗机构①	企业	其他	合计
北京	21322	15377	18039	3729	3418	61885
天津	7288	1232	2881	1063	426	12890
河北	5614	950	6704	930	587	14785
山西	5268	852	1137	496	151	7904
内蒙古	2564	239	965	293	170	4231
辽宁	10024	1402	4775	774	701	17676
吉林	4713	916	2025	301	133	8088
黑龙江	6785	762	2259	247	182	10235
上海	12010	2773	10495	1745	899	27922
江苏	22621	3054	11673	1921	944	40213
浙江	7452	1649	6725	1078	657	17561
安徽	6086	857	4096	577	249	11865
福建	4154	846	2288	345	285	7918
江西	4251	514	1243	171	195	6374
山东	10870	2448	5087	1339	649	20393
河南	8451	1651	6437	1097	598	18234
湖北	11612	1810	8916	1020	591	23949
湖南	7796	682	2873	659	270	12280
广东	9305	2870	10131	2067	1444	25817
广西	3402	1029	2614	266	348	7659
海南	800	615	1594	71	164	3244
重庆	5796	775	3381	543	297	10792
四川	9754	2621	7786	1018	591	21770
贵州	3730	619	1225	315	277	6166
云南	3736	1347	1686	488	409	7666
西藏	174	95	52	19	30	370
陕西	17123	1914	5960	1635	687	27319
甘肃	4204	1196	1636	360	253	7649
青海	486	427	724	87	265	1989
宁夏	1023	202	450	128	79	1882
新疆	3462	956	2258	346	263	7285
不详	4	1	1	1	384	391
总计	221880	52681	138116	25129	16596	454402

数据来源：CSTPCD 2018。

①此处医院的数据不包括高等院校所属医院数据。

附表 27　2018 年 CSTPCD 收录的中国科技论文篇数分学科按机构分布

学科	论文篇数					
	高等院校	研究机构	医疗机构①	企业	其他	合计
数学	4295	65	12	13	22	4407
力学	1659	205	7	41	30	1942
信息、系统科学	294	28	0	6	6	334
物理学	3740	921	15	52	45	4773
化学	6119	1266	64	491	612	8552
天文学	208	188	0	1	19	416
地学	6805	3865	13	751	2768	14202
生物学	7035	2244	1349	125	165	10918
预防医学与卫生学	4242	3383	5250	110	963	13948
基础医学	4147	1263	5647	155	310	11522
药物学	3981	1025	6972	361	609	12948
临床医学	11914	3011	106294	248	1673	123140
中医学	10092	1119	10252	241	397	22101
军事医学与特种医学	317	136	1438	13	114	2018
农学	11976	7048	17	589	1461	21091
林学	2330	995	4	36	293	3658
畜牧、兽医	4298	1437	85	182	256	6258
水产学	1018	672	9	25	45	1769
测绘科学技术	1925	557	1	164	327	2974
材料科学	4840	730	16	418	72	6076
工程与技术基础学科	2949	576	26	207	79	3837
矿山工程技术	3393	468	0	2046	171	6078
能源科学技术	2323	1246	1	1414	90	5074
冶金、金属学	7844	1158	3	2183	134	11322
机械、仪表	7966	1165	76	956	332	10495
动力与电气	2800	359	1	496	64	3720
核科学技术	462	587	17	160	57	1283
电子、通信与自动控制	17196	3570	38	3128	713	24645
计算技术	23314	2226	203	1145	716	27604
化工	8354	1430	57	2038	252	12131
轻工、纺织	1566	177	8	408	106	2265
食品	6511	1393	37	595	441	8977
土木建筑	9371	1087	10	1855	337	12660
水利	2076	563	0	351	199	3189
交通运输	6965	855	12	2428	362	10622
航空航天	3109	1472	0	268	264	5113
安全科学技术	143	38	2	11	48	242
环境科学	9802	2254	40	1008	993	14097
管理学	807	43	3	20	33	906
其他	13614	1856	137	390	1098	17095
总计	221800	52681	138116	25129	16676	454402

数据来源：CSTPCD 2018。

①此处医院的数据不包括高等院校所属医院数据。

附表 28 2018 年 CSTPCD 收录各学科科技论文的引用文献情况

学科	论文篇数	参考文献篇数（A）	均篇参考文献篇数
数学	4407	29227	6.63
力学	1942	36545	18.82
信息、系统科学	334	18680	55.93
物理学	4773	59412	12.45
化学	8552	152806	17.87
天文学	416	7569	18.19
地学	14202	545646	38.42
生物学	10918	371741	34.05
预防医学与卫生学	13948	150534	10.79
基础医学	11522	211870	18.39
药物学	12948	155286	11.99
临床医学	123140	1473807	11.97
中医学	22101	295894	13.39
军事医学与特种医学	2018	32499	16.10
农学	21091	533703	25.30
林学	3658	95248	26.04
畜牧、兽医	6258	95725	15.30
水产学	1769	48406	27.36
测绘科学技术	2974	38295	12.88
材料科学	6076	79178	13.03
工程与技术基础学科	3837	34246	8.93
矿山工程技术	6078	61694	10.15
能源科学技术	5074	106111	20.91
冶金、金属学	11322	121334	10.72
机械、仪表	10495	95607	9.11
动力与电气	3720	66246	17.81
核科学技术	1283	5616	4.38
电子、通信与自动控制	24645	334328	13.57
计算技术	27604	303620	11.00
化工	12131	150564	12.41
轻工、纺织	2265	25158	11.11
食品	8977	161216	17.96
土木建筑	12660	138906	10.97
水利	3189	39477	12.38
交通运输	10622	90883	8.56
航空航天	5113	61585	12.04
安全科学技术	242	8042	33.23
环境科学	14097	310563	22.03
管理学	906	20434	22.55
其他	17095	306506	17.93

数据来源：CSTPCD 2018。

附表 29　2018 年 CSTPCD 收录科技论文数居前 50 位的高等院校

排名	高等院校	论文篇数	排名	高等院校	论文篇数
1	首都医科大学	6098	26	新疆医科大学	1728
2	上海交通大学	5743	27	南京航空航天大学	1720
3	北京大学	4178	28	南京医科大学	1712
4	四川大学	3871	29	重庆医科大学	1691
5	武汉大学	3629	30	河海大学	1669
6	中国医学科学院北京协和医学院	3575	31	海军军医大学	1621
7	吉林大学	3151	32	中国矿业大学	1610
8	复旦大学	2986	33	西南交通大学	1599
9	中南大学	2863	34	华南理工大学	1587
10	浙江大学	2809	34	江苏大学	1587
11	华中科技大学	2808	36	江南大学	1553
12	同济大学	2701	37	山东大学	1543
13	中山大学	2549	38	天津医科大学	1530
14	郑州大学	2433	39	南昌大学	1503
15	安徽医科大学	2208	40	西北农林科技大学	1450
16	西安交通大学	2191	41	中国地质大学	1436
17	中国医科大学	2129	41	苏州大学	1436
18	南京大学	2103	43	空军军医大学	1433
19	北京中医药大学	2049	44	东南大学	1423
20	天津大学	2019	45	贵州大学	1365
21	哈尔滨医科大学	1943	46	兰州大学	1362
22	清华大学	1840	47	合肥工业大学	1356
23	南京中医药大学	1813	48	昆明理工大学	1349
24	中国石油大学	1761	49	广西医科大学	1341
25	广东中医药大学	1745	50	华北电力大学	1338

附表 30　2018 年 CSTPCD 收录科技论文数居前 50 位的研究机构

排名	研究机构	论文篇数	排名	研究机构	论文篇数
1	中国中医科学院	1386	12	福建省农业科学院	315
2	中国疾病预防控制中心	772	13	中国科学院合肥物质科学研究院	308
3	中国林业科学研究院	631	14	山东省农业科学院	295
4	中国工程物理研究院	624	15	云南省农业科学院	282
5	中国水产科学研究院	607	16	中国水利水电科学研究院	240
6	中国热带农业科学院	509	17	广东省农业科学院	232
7	中国科学院地理科学与资源研究所	498	18	河南省农业科学院	231
8	中国食品药品检定研究院	430	19	中国科学院长春光学精密机械与物理研究所	230
9	山西省农业科学院	408			
10	中国医学科学院肿瘤研究所	377	20	中国科学院金属研究所	212
11	江苏省农业科学院	330	21	上海市农业科学院	209

续表

排名	研究机构	论文篇数	排名	研究机构	论文篇数
22	中国科学院生态环境研究中心	207	38	军事医学科学院	147
23	中国地质科学院	205	39	中国科学院上海微系统与信息技术研究所	144
24	广西农业科学院	202	40	南京电子技术研究所	141
25	湖北省农业科学院	194	41	河北省农林科学院	139
26	中国科学院海洋研究所	189	42	中国科学院沈阳自动化研究所	138
27	中国科学院地质与地球物理研究所	182	43	中国科学院大连化学物理研究所	133
28	解放军军事科学院	177	44	中国科学院长春应用化学研究所	131
29	四川省农业科学院	174	44	北京市农林科学院	131
30	中国科学院物理研究所	163	46	中国科学院新疆生态与地理研究所	128
31	中国空气动力研究与发展中心	158	47	中国科学院东北地理与农业生态研究所	124
31	中国环境科学研究院	158	47	甘肃省农业科学院	124
31	贵州省农业科学院	158	47	天津市疾病预防控制中心	124
34	中国科学院声学研究所	155	50	中国科学院电子学研究所	123
35	新疆农业科学院	154	50	中国科学院国家空间科学中心	123
36	中国科学院大气物理研究所	152			
37	南京水利科学研究院	149			

附表31 2018年CSTPCD收录科技论文数居前50位的医疗机构

排名	医疗机构	论文篇数	排名	医疗机构	论文篇数
1	四川大学华西医院	1480	17	南京鼓楼医院	639
2	解放军总医院	1427	18	北京大学第一医院	619
3	北京协和医院	1249	19	复旦大学附属中山医院	617
4	武汉大学人民医院	1223	20	昆山市中医医院	606
5	中国医科大学附属盛京医院	1095	21	重庆医科大学附属第一医院	599
6	郑州大学第一附属医院	1070	22	安徽医科大学第一附属医院	595
7	华中科技大学同济医学院附属同济医院	788	23	上海交通大学医学院附属第九人民医院	582
8	第二军医大学附属长海医院	751	24	首都医科大学附属北京友谊医院	576
9	北京大学第三医院	732	25	西安交通大学医学院第一附属医院	569
10	吉林大学白求恩第一医院	703	26	安徽省立医院	561
10	江苏省人民医院	703	27	中国医科大学附属第一医院	560
12	哈尔滨医科大学附属第一医院	701	28	北京大学人民医院	552
13	首都医科大学宣武医院	680	29	上海交通大学医学院附属瑞金医院	544
14	新疆医科大学第一附属医院	676	30	河南省人民医院	517
15	第四军医大学西京医院	673	31	上海市第六人民医院	514
16	首都医科大学附属北京安贞医院	645	32	广西医科大学第一附属医院	509

续表

排名	医疗机构	论文篇数	排名	医疗机构	论文篇数
33	哈尔滨医科大学附属第二医院	506	41	西南医科大学附属医院	453
34	四川省医学科学院·四川省人民医院	478	42	上海交通大学医学院附属仁济医院	451
			43	上海交通大学医学院附属新华医院	443
35	首都医科大学附属北京同仁医院	476	44	中国医学科学院阜外心血管病医院	442
36	中南大学湘雅医院	472	45	中国中医科学院广安门医院	440
37	武汉大学中南医院	470	46	首都医科大学附属北京朝阳医院	434
38	南京军区南京总医院	469	47	苏州大学附属第一医院	427
39	青岛大学附属医院	466	48	南方医院	417
40	华中科技大学同济医学院附属协和医院	454	49	首都医科大学附属北京儿童医院	411
			50	首都医科大学附属北京天坛医院	409

附表 32 2018 年 CSTPCD 收录科技论文数居前 30 位的农林牧渔类高等院校

排名	高等院校	论文篇数	排名	高等院校	论文篇数
1	西北农林科技大学	1450	16	河南农业大学	639
2	中国农业大学	1079	17	山西农业大学	588
3	南京农业大学	1014	18	吉林农业大学	566
4	东北林业大学	851	19	甘肃农业大学	562
5	北京林业大学	794	20	河北农业大学	516
6	福建农林大学	758	21	云南农业大学	487
7	东北农业大学	755	22	沈阳农业大学	462
8	新疆农业大学	725	23	江西农业大学	446
9	南京林业大学	718	24	浙江农林大学	371
10	华南农业大学	700	25	中南林业科技大学	368
11	四川农业大学	700	26	安徽农业大学	364
12	山东农业大学	697	27	西南林业大学	347
13	内蒙古农业大学	684	28	青岛农业大学	334
14	华中农业大学	674	29	黑龙江八一农垦大学	235
15	湖南农业大学	669	30	北京农学院	212

附表 33 2018 年 CSTPCD 收录科技论文数居前 30 位的师范类高等院校

排名	师范类高等院校	论文篇数	排名	师范类高等院校	论文篇数
1	北京师范大学	624	7	南京师范大学	414
2	陕西师范大学	491	8	杭州师范大学	320
3	华东师范大学	485	9	华南师范大学	295
4	西北师范大学	475	10	首都师范大学	273
5	贵州师范大学	446	11	河南师范大学	269
6	福建师范大学	436	12	湖南师范大学	259

续表

排名	师范类高等院校	论文篇数	排名	师范类高等院校	论文篇数
13	华中师范大学	256	21	山东师范大学	194
14	江西师范大学	245	23	四川师范大学	184
15	安徽师范大学	243	24	新疆师范大学	172
16	辽宁师范大学	242	25	内蒙古师范大学	170
17	云南师范大学	220	26	咸阳师范学院	166
18	重庆师范大学	219	27	广西师范大学	164
19	天津师范大学	216	28	沈阳师范大学	149
20	浙江师范大学	195	29	江苏师范大学	144
21	东北师范大学	194	30	山西师范大学	130

附表 34 2018 年 CSTPCD 收录科技论文数居前 30 位的医药学类高等院校

排名	医药学类高等院校	论文篇数	排名	医药学类高等院校	论文篇数
1	首都医科大学	6098	16	南方医科大学	1222
2	安徽医科大学	2208	17	河北医科大学	1205
3	中国医科大学	2129	18	温州医科大学	1158
4	北京中医药大学	2049	19	浙江中医药大学	1156
5	哈尔滨医科大学	1943	20	陆军军医大学	1102
6	南京中医药大学	1813	21	天津中医药大学	1024
7	广东中医药大学	1745	22	山东中医药大学	1015
8	新疆医科大学	1728	23	昆明医学院	1000
9	南京医科大学	1712	24	山西医科大学	996
10	重庆医科大学	1691	25	遵义医学院	884
11	海军军医大学	1621	26	辽宁中医药大学	871
12	天津医科大学	1530	27	湖北医药学院	842
13	空军军医大学	1433	28	湖南中医药大学	811
14	广西医科大学	1341	29	福建医科大学	791
15	上海中医药大学	1263	30	河南中医药大学	767

附表 35 2018 年 CSTPCD 收录科技论文数居前 50 位的城市

排名	城市	论文篇数	排名	城市	论文篇数
1	北京	61885	8	天津	12890
2	上海	27922	9	重庆	10792
3	南京	21590	10	郑州	9856
4	西安	20256	11	杭州	9675
5	武汉	17956	12	长沙	9440
6	广州	16227	13	沈阳	9094
7	成都	14640	14	哈尔滨	8153

续表

排名	城市	论文篇数	排名	城市	论文篇数
15	合肥	7459	33	徐州	2600
16	青岛	7373	34	呼和浩特	2484
17	兰州	6902	35	海口	2307
18	长春	6566	36	宁波	2284
19	昆明	6393	37	保定	2134
20	太原	5901	38	镇江	2127
21	济南	5593	39	唐山	2121
22	乌鲁木齐	5196	40	洛阳	1855
23	大连	4920	41	西宁	1847
24	南昌	4833	42	厦门	1825
25	石家庄	4734	43	绵阳	1802
26	贵阳	4433	44	银川	1753
27	福州	4379	45	桂林	1642
28	南宁	4253	46	常州	1566
29	深圳	3787	47	烟台	1548
30	苏州	3392	48	温州	1532
31	无锡	3352	49	扬州	1499
32	咸阳	3276	50	南通	1432

附表 36 2018 年 CSTPCD 统计科技论文被引次数居前 50 位的高等院校

排名	高等院校	被引次数	排名	高等院校	被引次数
1	北京大学	31657	19	中国矿业大学	15143
2	上海交通大学	28521	20	西安交通大学	13253
3	首都医科大学	25412	21	重庆大学	12738
4	浙江大学	23527	22	华北电力大学	11968
5	清华大学	20019	23	天津大学	11867
6	中南大学	19887	24	中国农业大学	11834
7	武汉大学	19855	25	华南理工大学	11329
8	中国医学科学院北京协和医学院	19837	26	南京农业大学	11166
9	同济大学	18755	27	哈尔滨工业大学	10787
10	华中科技大学	18323	28	南京医科大学	10643
11	四川大学	18290	29	山东大学	10578
12	中山大学	17894	30	东南大学	10106
13	南京大学	17637	31	北京中医药大学	9820
14	中国地质大学	16862	32	南京中医药大学	9805
15	西北农林科技大学	16218	33	西北工业大学	9622
16	复旦大学	16214	34	南京航空航天大学	9615
17	吉林大学	15340	35	安徽医科大学	9505
18	中国石油大学	15243	36	郑州大学	9355

续表

排名	高等院校	被引次数	排名	高等院校	被引次数
37	北京航空航天大学	9116	44	江苏大学	8530
38	西南大学	8943	45	兰州大学	8374
39	河海大学	8845	46	湖南大学	8142
40	南方医科大学	8809	47	海军军医大学	7954
41	大连理工大学	8782	48	北京师范大学	7900
42	中国医科大学	8674	49	合肥工业大学	7814
43	西南交通大学	8549	50	重庆医科大学	7717

附表 37　2018 年 CSTPCD 统计科技论文被引次数居前 50 位的研究机构

排名	研究机构	被引次数	排名	研究机构	被引次数
1	中国科学院地理科学与资源研究所	10831	26	中国农业科学院作物科学研究所	1948
2	中国中医科学院	8741	27	中国水利水电科学研究院	1942
3	中国疾病预防控制中心	7866	28	中国科学院沈阳应用生态研究所	1841
4	中国林业科学研究院	5891	29	北京市农林科学院	1735
5	中国水产科学研究院	4668	30	中国科学院武汉岩土力学研究所	1709
6	中国科学院地质与地球物理研究所	4471	31	中国地质科学院	1656
7	中国医学科学院肿瘤研究所	3940	32	山西省农业科学院	1647
8	中国科学院生态环境研究中心	3429	33	中国科学院遥感与数字地球研究所	1586
9	中国科学院长春光学精密机械与物理研究所	3073	34	福建省农业科学院	1572
10	中国科学院寒区旱区环境与工程研究所	3065	35	广东省疾病预防控制中心	1559
			36	中国地震局地质研究所	1524
11	江苏省农业科学院	2890	37	广东省农业科学院	1513
12	中国科学院南京土壤研究所	2860	38	中国科学院海洋研究所	1429
13	中国地质科学院矿产资源研究所	2824	39	中国科学院地球化学研究所	1411
14	中国地质科学院地质研究所	2631	40	云南省农业科学院	1397
15	中国农业科学院农业资源与农业区划研究所	2607	41	中国科学院亚热带农业生态研究所	1393
16	中国热带农业科学院	2414	42	中国医学科学院药用植物研究所	1332
17	中国环境科学研究院	2319	43	中国食品药品检定研究院	1312
18	中国科学院南京地理与湖泊研究所	2128	44	北京市疾病预防控制中心	1284
19	中国科学院新疆生态与地理研究所	2124	45	中国科学院合肥物质科学研究院	1265
20	中国科学院广州地球化学研究所	2123	46	中国科学院水利部成都山地灾害与环境研究所	1260
21	中国科学院大气物理研究所	2095	47	中国科学院植物研究所	1226
22	中国工程物理研究院	2061	48	中国地震局地球物理研究所	1224
23	山东省农业科学院	2048	49	中国农业科学院农业环境与可持续发展研究所	1214
24	中国科学院东北地理与农业生态研究所	2021	50	中国社会科学院研究生院	1210
25	中国气象科学研究院	2015			

附表 38 2018 年 CSTPCD 统计科技论文被引次数居前 50 位的医疗机构

排名	医疗机构	被引次数	排名	医疗机构	被引次数
1	解放军总医院	8640	27	复旦大学附属华山医院	2559
2	四川大学华西医院	6420	28	中山大学附属第一医院	2519
3	北京协和医院	6405	29	南京鼓楼医院	2482
4	华中科技大学同济医学院附属同济医院	4155	30	首都医科大学附属北京友谊医院	2476
5	北京大学第一医院	4083	31	华中科技大学同济医学院附属协和医院	2348
6	北京大学第三医院	3923	32	上海交通大学医学院附属仁济医院	2306
7	南京军区南京总医院	3877	33	上海交通大学医学院附属新华医院	2237
8	中国医科大学附属盛京医院	3606	34	广东省中医院	2219
9	北京大学人民医院	3457	35	中日友好医院	2212
10	江苏省人民医院	3450	36	青岛大学附属医院	2206
11	武汉大学人民医院	3416	37	安徽省立医院	2203
12	郑州大学第一附属医院	3321	38	中南大学湘雅二医院	2200
13	首都医科大学宣武医院	3155	39	广西医科大学第一附属医院	2178
14	第二军医大学附属长海医院	3107	40	中国医学科学院阜外心血管病医院	2170
15	南方医院	3087	41	第二军医大学附属长征医院	2166
16	上海交通大学医学院附属瑞金医院	3031	42	首都医科大学附属北京同仁医院	2151
17	复旦大学附属中山医院	2852	43	哈尔滨医科大学附属第一医院	2137
18	新疆医科大学第一附属医院	2830	44	首都医科大学附属北京朝阳医院	2123
19	重庆医科大学附属第一医院	2794	45	哈尔滨医科大学附属第二医院	2055
20	首都医科大学附属北京安贞医院	2782	46	西安交通大学医学院第一附属医院	2034
21	上海市第六人民医院	2768	47	昆山市中医医院	2018
22	中国医科大学附属第一医院	2734	48	上海交通大学医学院附属第九人民医院	1977
23	安徽医科大学第一附属医院	2701	49	陆军总医院	1973
24	第四军医大学西京医院	2642	50	上海中医药大学附属曙光医院	1931
25	中国中医科学院广安门医院	2598			
26	中南大学湘雅医院	2561			

附表 39 2018 年 CSTPCD 收录的各类基金资助来源产出论文情况

排名	基金来源	论文篇数	所占比例
1	国家自然科学基金委员会基金项目	119668	37.46%
2	科技部基金项目	36671	11.48%
3	国内大学、研究机构和公益组织资助	16418	5.14%
4	江苏省基金项目	6744	2.11%
5	上海市基金项目	6095	1.91%
6	广东省基金项目	5822	1.82%
7	北京市基金项目	5516	1.73%

续表

排名	基金来源	论文篇数	所占比例
8	教育部基金项目	5166	1.62%
9	陕西省基金项目	5084	1.59%
10	国内企业资助	4947	1.55%
11	河北省基金项目	4808	1.51%
12	浙江省基金项目	4615	1.44%
13	河南省基金项目	4540	1.42%
14	四川省基金项目	4314	1.35%
15	山东省基金项目	4215	1.32%
16	农业农村部基金项目	3902	1.22%
17	国家社会科学基金	3096	0.97%
18	湖北省基金项目	2993	0.94%
19	广西壮族自治区基金项目	2804	0.88%
20	安徽省基金项目	2774	0.87%
21	辽宁省基金项目	2761	0.86%
22	湖南省基金项目	2682	0.84%
23	重庆市基金项目	2659	0.83%
24	福建省基金项目	2484	0.78%
25	军队系统基金	2317	0.73%
26	贵州省基金项目	2301	0.72%
27	其他部委基金项目	2282	0.71%
28	山西省基金项目	2150	0.67%
29	黑龙江省基金项目	2103	0.66%
30	吉林省基金项目	2012	0.63%
31	天津市基金项目	1873	0.59%
32	国家中医药管理局基金项目	1864	0.58%
33	新疆维吾尔自治区基金项目	1823	0.57%
34	云南省基金项目	1735	0.54%
35	江西省基金项目	1692	0.53%
36	国土资源部基金项目	1570	0.49%
37	中国科学院基金项目	1484	0.46%
38	甘肃省基金项目	1323	0.41%
39	海南省基金项目	1317	0.41%
40	人力资源和社会保障部基金项目	1148	0.36%
41	内蒙古自治区基金项目	1117	0.35%
42	国家林业和草原局基金项目	691	0.22%
43	青海省基金项目	617	0.19%
44	宁夏回族自治区基金项目	581	0.18%

续表

排名	基金来源	论文篇数	所占比例
45	国家卫健委基金项目	508	0.16%
46	国家海洋局基金项目	366	0.11%
47	国家国防科技工业局基金项目	323	0.10%
48	中国地震局基金项目	303	0.09%
49	工业和信息化部基金项目	263	0.08%
50	中国工程院基金项目	262	0.08%
51	中国气象局基金项目	238	0.07%
52	水利部基金项目	233	0.07%
53	海外公益组织、基金机构、学术机构、研究机构资助	229	0.07%
54	西藏自治区基金项目	187	0.06%
55	交通运输部基金项目	160	0.05%
56	国内个人资助	140	0.04%
57	住房和城乡建设部基金项目	127	0.04%
58	环境保护部基金项目	97	0.03%
59	中国科学技术协会基金项目	71	0.02%
60	国家发展和改革委员会基金项目	64	0.02%
61	国家食品药品监督管理局基金项目	54	0.02%
62	国家测绘局基金项目	28	0.01%
63	中国社会科学院基金项目	14	0.00%
64	海外公司和跨国公司资助	11	0.00%
65	国家铁路局基金项目	8	0.00%
	其他资助	23000	7.20%
	合计	319464	

注：2018 年 3 月国务院机构改革，不再保留国土资源部、国家海洋局、国家测绘地理信息局，组建自然资源部。但由于统计口径不同，这三个部门仍沿用以前的名称。

附表 40　2018 年 CSTPCD 收录的各类基金资助产出论文的机构分布

机构类型	基金论文篇数	所占比例
高等院校	235750	73.80%
科研机构	39121	12.25%
医疗机构	25602	8.01%
公司企业	9721	3.04%
管理部门及其他	9270	2.90%
合计	319464	100.00%

附表 41　2018 年 CSTPCD 收录的各类基金资助产出论文的学科分布

序号	学科	基金论文篇数	所占比例	学科排名
1	数学	4055	1.27%	22
2	力学	1659	0.52%	32
3	信息、系统科学	279	0.09%	38
4	物理学	4361	1.37%	21
5	化学	7104	2.22%	18
6	天文学	378	0.12%	37
7	地学	12913	4.04%	6
8	生物学	10197	3.19%	8
9	预防医学与卫生学	7996	2.50%	12
10	基础医学	8453	2.65%	10
11	药物学	7247	2.27%	16
12	临床医学	63541	19.89%	1
13	中医学	17319	5.42%	5
14	军事医学与特种医学	1024	0.32%	34
15	农学	19547	6.12%	3
16	林学	3397	1.06%	25
17	畜牧、兽医	5744	1.80%	19
18	水产学	1716	0.54%	31
19	测绘科学技术	2402	0.75%	30
20	材料科学	5138	1.61%	20
21	工程与技术基础学科	2956	0.93%	28
22	矿山工程技术	3964	1.24%	24
23	能源科学技术	4014	1.26%	23
24	冶金、金属学	7576	2.37%	13
25	机械、仪表	7235	2.26%	17
26	动力与电气	2971	0.93%	27
27	核科学技术	742	0.23%	36
28	电子、通信与自动控制	17672	5.53%	4
29	计算技术	21538	6.74%	2
30	化工	8122	2.54%	11
31	轻工、纺织	1543	0.48%	33
32	食品	7300	2.29%	15
33	土木建筑	9490	2.97%	9
34	水利	2605	0.82%	29
35	交通运输	7303	2.29%	14
36	航空航天	3314	1.04%	26
37	安全科学技术	229	0.07%	39
38	环境科学	11832	3.70%	7
39	管理学	811	0.25%	35
40	其他	13777	4.31%	
	合计	319464	100.00%	

附表 42 2018 年 CSTPCD 收录的各类基金资助产出论文的地区分布

序号	地区	基金论文篇数	所占比例	排名
1	北京	41520	13.00%	1
2	天津	9137	2.86%	14
3	河北	9690	3.03%	12
4	山西	5715	1.79%	24
5	内蒙古	3159	0.99%	27
6	辽宁	12229	3.83%	10
7	吉林	5905	1.85%	21
8	黑龙江	7805	2.44%	17
9	上海	19107	5.98%	4
10	江苏	28683	8.98%	2
11	浙江	12306	3.85%	9
12	安徽	8412	2.63%	15
13	福建	6120	1.92%	19
14	江西	5139	1.61%	25
15	山东	13839	4.33%	8
16	河南	11940	3.74%	11
17	湖北	15544	4.87%	6
18	湖南	9384	2.94%	13
19	广东	18122	5.67%	5
20	广西	6258	1.96%	18
21	海南	2248	0.70%	28
22	重庆	7836	2.45%	16
23	四川	14216	4.45%	7
24	贵州	5102	1.60%	26
25	云南	5901	1.85%	22
26	西藏	273	0.09%	31
27	陕西	19406	6.07%	3
28	甘肃	5949	1.86%	20
29	青海	1200	0.38%	30
30	宁夏	1422	0.45%	29
31	新疆	5766	1.80%	23
32	不详	131	0.04%	
	合计	319464	100.00%	

附表 43 2018 年 CSTPCD 收录的基金论文数居前 50 位的高等院校

排名	高等院校	基金论文篇数	排名	高等院校	基金论文篇数
1	上海交通大学	3644	26	西北农林科技大学	1343
2	首都医科大学	3354	27	中国地质大学	1303
3	武汉大学	2552	28	新疆医科大学	1299
4	四川大学	2483	29	贵州大学	1291
5	北京大学	2197	30	南京大学	1287
6	中南大学	2190	31	江苏大学	1189
7	浙江大学	2064	32	昆明理工大学	1186
8	吉林大学	2039	33	合肥工业大学	1175
9	同济大学	1951	34	南京中医药大学	1173
10	复旦大学	1841	35	华北电力大学	1163
11	华中科技大学	1723	36	太原理工大学	1158
12	天津大学	1704	36	南昌大学	1158
13	西安交通大学	1657	38	重庆大学	1142
14	北京中医药大学	1639	39	大连理工大学	1141
15	中山大学	1624	40	山东大学	1126
16	中国石油大学	1565	41	东南大学	1122
17	郑州大学	1537	42	中国医科大学	1104
18	中国矿业大学	1460	42	重庆医科大学	1104
19	安徽医科大学	1441	44	北京工业大学	1085
20	清华大学	1433	45	上海中医药大学	1074
21	南京航空航天大学	1419	46	西南大学	1068
22	西南交通大学	1388	47	武汉理工大学	1066
23	华南理工大学	1384	48	广州中医药大学	1065
24	河海大学	1360	49	东北大学	1064
25	江南大学	1357	50	长安大学	1045

附表 44 2018 年 CSTPCD 收录的基金论文数居前 50 位的研究机构

排名	研究机构	基金论文篇数
1	中国林业科学研究院	601
2	中国水产科学研究院	600
3	中国疾病预防控制中心	496
4	中国热带农业科学院	489
5	中国科学院地理科学与资源研究所	486
6	中国工程物理研究院	440
7	中国中医科学院	407
8	山西省农业科学院	391
9	江苏省农业科学院	317
10	福建省农业科学院	304

续表

排名	研究机构	基金论文篇数
11	山东省农业科学院	282
12	云南省农业科学院	272
13	中国科学院合肥物质科学研究院	269
14	中国药品生物制品检定研究所	265
15	河南省农业科学院	222
16	广东省农业科学院	221
17	中国水利水电科学研究院	220
18	中国科学院长春光学精密机械与物理研究所	201
19	上海市农业科学研究院	200
20	中国科学院生态环境研究中心	196
20	中国地质科学院其他	196
22	广西壮族自治区农业科学院	195
23	中国科学院海洋研究所	184
24	湖北省农业科学院	176
25	军事医学科学院	173
26	中国科学院地质与地球物理研究所	169
27	四川省农业科学院	161
28	中国科学院金属研究所	159
29	贵州省农业科学院	154
30	中国环境科学研究院	151
31	新疆农业科学院	149
32	中国科学院大气物理研究所	148
32	中国科学院物理研究所	148
34	河北省农林科学院	135
35	中国科学院声学研究所	130
36	北京市农林科学院	127
36	南京水利科学研究院	127
38	中国科学院新疆生态与地理研究所	126
39	中国科学院东北地理与农业生态研究所	123
39	中国科学院长春应用化学研究所	123
41	甘肃省农业科学院	122
42	中国科学院广州地球化学研究所	115
42	中国科学院南海海洋研究所	115
44	中国科学院遥感应用研究所	114
45	中国科学院上海光学精密机械研究所	112
45	浙江省农业科学院	112
47	中国科学院大连化学物理研究所	111
47	中国科学院水利部成都山地灾害与环境研究所	111
47	军事科学院	111
50	中国科学院沈阳自动化研究所	107

附表 45 2018 年 CSTPCD 收录的论文按作者合著关系的学科分布

学科	单一作者		同机构合著		同省合著		省际合著		国际合著		论文总篇数
	论文篇数	比例	论文篇数	比例	论文篇数	比例	论文篇数	比例	论文篇数	比例	
数学	690	15.7%	2354	53.4%	616	14.0%	661	15.0%	86	2.0%	4407
力学	70	3.6%	1229	63.3%	200	10.3%	404	20.8%	39	2.0%	1942
信息、系统科学	51	15.3%	178	53.3%	53	15.9%	50	15.0%	2	0.6%	334
物理学	195	4.1%	2919	61.2%	577	12.1%	881	18.5%	201	4.2%	4773
化学	273	3.2%	5542	64.8%	1457	17.0%	1146	13.4%	134	1.6%	8552
天文学	36	8.7%	193	46.4%	29	7.0%	117	28.1%	41	9.9%	416
地学	610	4.3%	6181	43.5%	2460	17.3%	4599	32.4%	352	2.5%	14202
生物学	261	2.4%	6300	57.7%	2107	19.3%	1972	18.1%	278	2.5%	10918
预防医学与卫生学	917	6.6%	7865	56.4%	3680	26.4%	1367	9.8%	119	0.9%	13948
基础医学	485	4.2%	6591	57.2%	2934	25.5%	1405	12.2%	107	0.9%	11522
药物学	671	5.2%	7615	58.8%	3102	24.0%	1474	11.4%	86	0.7%	12948
临床医学	8387	6.8%	78599	63.8%	26179	21.3%	9486	7.7%	489	0.4%	123140
中医学	1249	5.7%	10708	48.5%	7423	33.6%	2581	11.7%	140	0.6%	22101
军事医学与特种医学	112	5.6%	1211	60.0%	416	20.6%	268	13.3%	11	0.5%	2018
农学	617	2.9%	11480	54.4%	5343	25.3%	3458	16.4%	193	0.9%	21091
林学	140	3.8%	1938	53.0%	825	22.6%	716	19.6%	39	1.1%	3658
畜牧、兽医	111	1.8%	3435	54.9%	1584	25.3%	1098	17.5%	30	0.5%	6258
水产学	25	1.4%	967	54.7%	377	21.3%	384	21.7%	16	0.9%	1769
测绘科学技术	186	6.3%	1478	49.7%	423	14.2%	850	28.6%	37	1.2%	2974
材料科学	144	2.4%	3566	58.7%	996	16.4%	1196	19.7%	174	2.9%	6076
工程与技术基础学科	145	3.8%	2510	65.4%	531	13.8%	603	15.7%	48	1.3%	3837
矿山工程技术	1094	18.0%	2894	47.6%	756	12.4%	1305	21.5%	29	0.5%	6078
能源科学技术	440	8.7%	2077	40.9%	786	15.5%	1724	34.0%	47	0.9%	5074
冶金、金属学	775	6.8%	6350	56.1%	1845	16.3%	2230	19.7%	122	1.1%	11322
机械、仪表	612	5.8%	6693	63.8%	1534	14.6%	1592	15.2%	64	0.6%	10495
动力与电气	137	3.7%	2170	58.3%	569	15.3%	811	21.8%	33	0.9%	3720
核科学技术	34	2.7%	826	64.4%	145	11.3%	268	20.9%	10	0.8%	1283
电子、通信与自动控制	1639	6.7%	13879	56.3%	3892	15.8%	4996	20.3%	239	1.0%	24645
计算技术	2285	8.3%	17622	63.8%	3808	13.8%	3584	13.0%	305	1.1%	27604
化工	861	7.1%	7539	62.1%	1974	16.3%	1657	13.7%	100	0.8%	12131
轻工、纺织	220	9.7%	1197	52.8%	389	17.2%	440	19.4%	19	0.8%	2265
食品	288	3.2%	5441	60.6%	1981	22.1%	1201	13.4%	66	0.7%	8977
土木建筑	1184	9.4%	6553	51.8%	2191	17.3%	2541	20.1%	191	1.5%	12660
水利	158	5.0%	1568	49.2%	581	18.2%	833	26.1%	49	1.5%	3189

续表

学科	单一作者		同机构合著		同省合著		省际合著		国际合著		论文总篇数
	论文篇数	比例	论文篇数	比例	论文篇数	比例	论文篇数	比例	论文篇数	比例	
交通运输	987	9.3%	5536	52.1%	1496	14.1%	2498	23.5%	105	1.0%	10622
航空航天	162	3.2%	3353	65.6%	637	12.5%	919	18.0%	42	0.8%	5113
安全科学技术	21	8.7%	117	48.3%	55	22.7%	48	19.8%	1	0.4%	242
环境科学	909	6.4%	7436	52.7%	2798	19.8%	2802	19.9%	152	1.1%	14097
管理学	89	9.8%	479	52.9%	172	19.0%	151	16.7%	15	1.7%	906
社会科学和其他	2226	13.0%	9182	53.7%	2699	15.8%	2694	15.8%	294	1.7%	17095
总计	29496	6.5%	263771	58.0%	89620	19.7%	67010	14.7%	4505	1.0%	454402

附表 46　2018 年 CSTPCD 收录的论文按作者合著关系的地区分布

地区	单一作者		同机构合著		同省合著		省际合著		国际合著		论文总篇数
	论文篇数	比例	论文篇数	比例	论文篇数	比例	论文篇数	比例	论文篇数	比例	
北京	3987	6.4%	35056	56.6%	11225	18.1%	10611	17.1%	1006	1.6%	61885
天津	752	5.8%	7602	59.0%	2227	17.3%	2185	17.0%	124	1.0%	12890
河北	831	5.6%	8482	57.4%	3352	22.7%	2073	14.0%	47	0.3%	14785
山西	642	8.1%	4487	56.8%	1409	17.8%	1285	16.3%	81	1.0%	7904
内蒙古	342	8.1%	2306	54.5%	877	20.7%	682	16.1%	24	0.6%	4231
辽宁	1204	6.8%	10735	60.7%	3004	17.0%	2574	14.6%	159	0.9%	17676
吉林	304	3.8%	4930	61.0%	1539	19.0%	1238	15.3%	77	1.0%	8088
黑龙江	494	4.8%	6357	62.1%	1702	16.6%	1575	15.4%	107	1.0%	10235
上海	1995	7.1%	17303	62.0%	4785	17.1%	3462	12.4%	377	1.4%	27922
江苏	2157	5.4%	24111	60.0%	7976	19.8%	5521	13.7%	448	1.1%	40213
浙江	949	5.4%	9774	55.7%	4261	24.3%	2362	13.5%	215	1.2%	17561
安徽	605	5.1%	7451	62.8%	1985	16.7%	1720	14.5%	104	0.9%	11865
福建	637	8.0%	4634	58.5%	1585	20.0%	950	12.0%	112	1.4%	7918
江西	298	4.7%	3767	59.1%	1150	18.0%	1107	17.4%	52	0.8%	6374
山东	1174	5.8%	10739	52.7%	5034	24.7%	3266	16.0%	180	0.9%	20393
河南	1676	9.2%	10332	56.7%	3277	18.0%	2862	15.7%	87	0.5%	18234
湖北	1517	6.3%	14503	60.6%	4325	18.1%	3363	14.0%	241	1.0%	23949
湖南	541	4.4%	7119	58.0%	2493	20.3%	2013	16.4%	114	0.9%	12280
广东	1505	5.8%	14564	56.4%	6404	24.8%	3055	11.8%	289	1.1%	25817
广西	471	6.1%	4364	57.0%	1805	23.6%	985	12.9%	34	0.4%	7659
海南	202	6.2%	1930	59.5%	598	18.4%	493	15.2%	21	0.6%	3244
重庆	852	7.9%	6562	60.8%	1711	15.9%	1588	14.7%	79	0.7%	10792
四川	1587	7.3%	12662	58.2%	4303	19.8%	3053	14.0%	165	0.8%	21770
贵州	277	4.5%	3290	53.4%	1507	24.4%	1062	17.2%	30	0.5%	6166
云南	376	4.9%	4311	56.2%	1889	24.6%	1042	13.6%	48	0.6%	7666

续表

地区	单一作者		同机构合著		同省合著		省际合著		国际合著		论文总篇数
	论文篇数	比例	论文篇数	比例	论文篇数	比例	论文篇数	比例	论文篇数	比例	
西藏	24	6.5%	162	43.8%	44	11.9%	139	37.6%	1	0.3%	370
陕西	2784	10.2%	15544	56.9%	4969	18.2%	3837	14.0%	185	0.7%	27319
甘肃	340	4.4%	4542	59.4%	1576	20.6%	1140	14.9%	51	0.7%	7649
青海	254	12.8%	1023	51.4%	385	19.4%	322	16.2%	5	0.3%	1989
宁夏	87	4.6%	1014	53.9%	452	24.0%	320	17.0%	9	0.5%	1882
新疆	285	3.9%	4094	56.2%	1767	24.3%	1109	15.2%	30	0.4%	7285
其他	347	88.7%	21	5.4%	4	1.0%	16	4.1%	3	0.8%	391
总计	29496	6.5%	263771	58.0%	89620	19.7%	67010	14.7%	4505	1.0%	454402

附表 47 2018 年 CSTPCD 统计被引次数较多的基金资助项目情况

排名	基金资助项目	被引次数	所占比例
1	国家自然科学基金项目	235354	35.26%
2	科学技术部基金项目	98006	14.68%
3	其他资助	27839	4.17%
4	国内大学、研究机构和公益组织资助	27402	4.10%
5	其他部委基金项目	25301	3.79%
6	广东省基金项目	15031	2.25%
7	江苏省基金项目	14680	2.20%
8	教育部基金项目	14334	2.15%
9	上海市基金项目	11538	1.73%
10	国家社会科学基金	11354	1.70%
11	浙江省基金项目	9807	1.47%
12	河北省基金项目	8497	1.27%
13	北京市基金项目	8223	1.23%
14	河南省基金项目	7412	1.11%
15	四川省基金项目	7238	1.08%
16	国内企业资助	7205	1.08%
17	山东省基金项目	7146	1.07%
18	陕西省基金项目	7112	1.07%
19	农业部基金项目	5697	0.85%
20	湖南省基金项目	5575	0.84%
21	湖北省基金项目	5461	0.82%
22	辽宁省基金项目	5326	0.80%
23	广西壮族自治区基金项目	5234	0.78%
24	福建省基金项目	4640	0.70%
25	黑龙江省基金项目	4409	0.66%
26	贵州省基金项目	4039	0.61%
27	安徽省基金项目	3743	0.56%
28	重庆市基金项目	3502	0.52%

续表

排名	基金资助项目	被引次数	所占比例
29	吉林省基金项目	3463	0.52%
30	军队系统基金	3299	0.49%
31	山西省基金项目	3246	0.49%
32	天津市基金项目	3105	0.47%
33	江西省基金项目	2992	0.45%
34	中国科学院基金项目	2947	0.44%
35	云南省基金项目	2902	0.43%
36	新疆维吾尔自治区	2766	0.41%
37	甘肃省基金项目	2630	0.39%
38	国家中医药管理局基金项目	2485	0.37%
39	国土资源部基金项目	2363	0.35%
40	内蒙古自治区基金项目	1648	0.25%
41	海南省基金项目	1622	0.24%
42	国家卫生计生委基金项目	1451	0.22%
43	国家林业局基金项目	1272	0.19%
44	地质行业科学技术发展基金	1110	0.17%
45	人力资源和社会保障部基金项目	1101	0.16%
46	国家国防科技工业局基金项目	1060	0.16%
47	宁夏回族自治区	834	0.12%
48	国家海洋局基金项目	780	0.12%
49	中国气象局基金项目	707	0.11%
50	水利部基金项目	706	0.11%

附表 48 2018 年 CSTPCD 统计被引的各类基金资助论文次数按学科分布情况

学科	被引次数	所占比例	排名
数学	4558	0.68%	29
力学	3491	0.52%	33
信息、系统科学	1094	0.16%	36
物理学	5570	0.83%	26
化学	12399	1.86%	18
天文学	680	0.10%	38
地学	35657	5.34%	4
生物学	26962	4.04%	8
预防医学与卫生学	15816	2.37%	11
基础医学	18565	2.78%	9
药物学	12891	1.93%	17
临床医学	102776	15.40%	1
中医学	34364	5.15%	6
军事医学与特种医学	2060	0.31%	35
农学	53740	8.05%	2
林学	9019	1.35%	21

续表

学科	被引次数	所占比例	排名
畜牧、兽医	10089	1.51%	20
水产学	4449	0.67%	30
测绘科学技术	4573	0.69%	28
材料科学	6584	0.99%	24
工程与技术基础学科	4440	0.67%	31
矿山工程技术	8581	1.29%	22
能源科学技术	11172	1.67%	19
冶金、金属学	14311	2.14%	13
机械、仪表	12907	1.93%	16
动力与电气	6862	1.03%	23
核科学技术	739	0.11%	37
电子、通信与自动控制	34815	5.22%	5
计算技术	43639	6.54%	3
化工	13173	1.97%	14
轻工、纺织	4412	0.66%	32
食品	14320	2.15%	12
土木建筑	18388	2.75%	10
水利	4897	0.73%	27
交通运输	13158	1.97%	15
航空航天	6518	0.98%	25
安全科学技术	436	0.07%	39
环境科学	30129	4.51%	7
管理学	2820	0.42%	34
其他	56516	8.47%	
合计	667570	100.00%	

附表 49　2018 年 CSTPCD 统计被引的各类基金资助论文次数按地区分布情况

地区	被引次数	所占比例	排名
北京	104160	15.60%	1
天津	17961	2.69%	13
河北	17206	2.58%	15
山西	9546	1.43%	25
内蒙古	5231	0.78%	27
辽宁	25432	3.81%	10
吉林	12812	1.92%	19
黑龙江	17376	2.60%	14
上海	39351	5.89%	3
江苏	62992	9.44%	2
浙江	27535	4.12%	8

续表

地区	被引次数	所占比例	排名
安徽	16006	2.40%	17
福建	12781	1.91%	20
江西	10109	1.51%	24
山东	28277	4.24%	7
河南	21305	3.19%	12
湖北	31578	4.73%	6
湖南	23292	3.49%	11
广东	39064	5.85%	4
广西	11003	1.65%	22
海南	3727	0.56%	28
重庆	17108	2.56%	16
四川	27521	4.12%	9
贵州	8238	1.23%	26
云南	10595	1.59%	23
西藏	335	0.05%	31
陕西	37436	5.61%	5
甘肃	12976	1.94%	18
青海	1622	0.24%	30
宁夏	2635	0.39%	29
新疆	11321	1.70%	21
其他	1039	0.16%	
合计	667570	100.00%	

附表 50　2018 年 CSTPCD 收录的科技论文数居前 30 位的企业

排名	单位	论文篇数
1	国家电网公司	639
2	中国海洋石油总公司	445
3	中国煤炭科工集团有限公司	433
4	中国石油天然气集团公司	308
5	中国铁路工程总公司	167
6	中国中车股份有限公司	111
7	中国交通建设集团有限公司	110
8	中国石油化工集团公司	106
9	广东电网有限责任公司	105
10	南瑞集团有限公司	103
11	西安热工研究院	86
12	北京矿冶科技集团有限公司	66
13	中国航空工业集团公司	62
14	中国电力建设集团有限公司	55
15	天地科技股份有限公司	53

续表

排名	单位	论文篇数
16	中国南方电网有限责任公司	51
17	中海油能源发展股份有限公司	50
18	中国铁道建筑总公司	38
19	黄河勘测规划设计有限公司	29
19	南京南瑞继保电气有限公司	29
21	中国核工业集团公司	23
21	全球能源互联网研究院有限公司	23
23	中海油田服务股份有限公司	22
24	上海市政工程设计研究总院（集团）有限公司	20
25	中国核电工程有限公司	18
26	中国冶金科工集团有限公司	17
26	中国食品发酵工业研究院有限公司	17
26	中国铁道科学研究院集团有限公司	17
29	中国机械工业集团有限公司	16
30	中国中钢集团公司	15

附表 51　2018 年 SCI 收录中国数学领域科技论文数居前 20 位的机构排名

排名	单位	论文篇数
1	山东大学	137
2	北京大学	125
3	西安交通大学	118
4	中国科学院数学与系统科学研究院	115
5	西北工业大学	114
6	武汉大学	112
7	南开大学	109
8	上海大学	106
9	曲阜师范大学	103
10	北京师范大学	102
11	中南大学	101
12	哈尔滨工业大学	100
13	中国科学技术大学	99
14	北京交通大学	96
15	北京航空航天大学	95
16	大连理工大学	93
17	中国矿业大学	92
18	中山大学	90
18	清华大学	90
20	兰州大学	89
20	吉林大学	89

附表 52　2018 年 SCI 收录中国物理领域科技论文居前 20 位的机构排名

排名	单位	论文篇数
1	清华大学	695
2	华中科技大学	691
3	中国科学技术大学	684
4	西安交通大学	629
5	浙江大学	620
6	哈尔滨工业大学	577
7	上海交通大学	540
8	北京大学	517
9	天津大学	473
10	南京大学	458
11	吉林大学	433
12	北京航空航天大学	416
13	电子科技大学	413
14	中国科学院物理研究所	377
15	四川大学	361
16	大连理工大学	360
17	西安电子科技大学	354
18	北京理工大学	352
19	山东大学	334
20	国防科学技术大学	332

附表 53　2018 年 SCI 收录中国化学领域科技论文居前 20 位的机构排名

排名	单位	论文篇数
1	吉林大学	1036
2	四川大学	939
3	浙江大学	935
4	清华大学	919
5	天津大学	753
6	中国科学技术大学	743
7	苏州大学	719
8	华南理工大学	712
9	哈尔滨工业大学	698
10	华东理工大学	659
11	北京大学	650
12	北京化工大学	599
13	华中科技大学	598
14	南开大学	594
15	南京大学	593
16	中南大学	591
17	武汉大学	583
18	山东大学	567
19	复旦大学	562
20	大连理工大学	557

附表 54　2018 年 SCI 收录中国天文领域科技论文居前 10 位的机构排名

排名	单位	论文篇数
1	中国科学院国家天文台	178
2	北京大学	112
3	中国科学院云南天文台	103
4	南京大学	93
5	中国科学技术大学	86
6	中国科学院高能物理研究所	85
7	中国科学院紫金山天文台	76
8	北京师范大学	60
9	中国科学院上海天文台	58
10	山东大学	45

附表 55　2018 年 SCI 收录中国地学领域科技论文数居前 20 位的机构排名

排名	单位	论文篇数
1	中国地质大学	1003
2	武汉大学	537
3	中国石油大学	441
4	中国科学院地质与地球物理研究所	365
5	中国海洋大学	332
6	南京信息工程大学	326
7	中国矿业大学	285
8	南京大学	282
8	北京师范大学	282
10	中国科学院大气物理研究所	273
11	河海大学	260
12	吉林大学	244
13	同济大学	242
13	中山大学	242
15	中国科学院地理科学与资源研究所	228
16	北京大学	217
17	浙江大学	214
18	中国科学院遥感与数字地球研究所	204
19	清华大学	187
20	长安大学	185

附表 56 2018 年 SCI 收录中国生物领域科技论文数居前 20 位的机构排名

排名	单位	论文篇数
1	南京农业大学	750
2	西北农林科技大学	726
3	浙江大学	668
4	中国农业大学	581
5	华中农业大学	538
6	北京大学	461
7	中山大学	402
8	清华大学	377
9	华南农业大学	361
10	山东大学	357
11	上海交通大学	349
12	西南大学	341
13	四川农业大学	340
14	福建农林大学	329
15	吉林大学	303
16	复旦大学	294
17	江南大学	286
18	四川大学	276
19	北京林业大学	274
20	中国海洋大学	260

附表 57 2018 年 SCI 收录中国医学领域科技论文数居前 20 位的机构排名

排名	单位	论文篇数
1	上海交通大学	3053
2	中山大学	2898
3	复旦大学	2743
4	首都医科大学	2722
5	四川大学	2594
6	北京大学	2360
7	浙江大学	2094
8	中南大学	1633
8	华中科技大学	1633
10	南京医科大学	1607
11	吉林大学	1514
12	山东大学	1446
13	中国医科大学	1245
14	南方医科大学	1155
15	中国医学科学院；北京协和医学院	1117

续表

排名	单位	论文篇数
16	武汉大学	1107
17	西安交通大学	1093
18	天津医科大学	1067
19	温州医学院	1055
20	苏州大学	906

附表 58　2018 年 SCI 收录中国农学领域科技论文数居前 10 位的机构排名

排名	单位	论文篇数
1	中国农业大学	270
2	西北农林科技大学	260
3	南京农业大学	228
4	华中农业大学	119
5	华南农业大学	109
6	浙江大学	101
7	四川农业大学	94
8	东北农业大学	93
9	中国科学院南京土壤研究所	78
10	福建农林大学	77

附表 59　2018 年 SCI 收录中国材料科学领域科技论文数居前 20 位的机构排名

排名	单位	论文篇数
1	哈尔滨工业大学	799
2	北京科技大学	656
3	西北工业大学	649
4	中南大学	611
5	清华大学	592
6	华南理工大学	565
7	东北大学	499
8	西安交通大学	498
9	天津大学	471
10	北京航空航天大学	467
11	上海交通大学	452
12	四川大学	418
13	重庆大学	416
14	吉林大学	414
15	武汉理工大学	402

续表

排名	单位	论文篇数
16	华中科技大学	393
17	浙江大学	376
18	大连理工大学	342
19	山东大学	315
20	中国科学院金属研究所	302

附表 60　2018 年 SCI 收录中国环境科学领域科技论文数居前 20 位的机构排名

排名	单位	论文篇数
1	清华大学	351
2	中国科学院生态环境研究中心	316
3	浙江大学	308
4	北京师范大学	291
5	南京大学	274
6	北京大学	259
7	同济大学	220
8	中国地质大学	201
9	哈尔滨工业大学	190
10	中国矿业大学	189
11	中国科学院地理科学与资源研究所	187
12	河海大学	185
13	西北农林科技大学	179
14	中山大学	169
15	华北电力大学	162
15	武汉大学	162
17	山东大学	154
18	天津大学	151
19	上海交通大学	141
20	中国农业大学	140

附表 61　2018 年 SCI 收录的科技期刊数量较多的出版机构排名

排名	出版机构	收录期刊数
1	SCIENCE PRESS	32
2	SPRINGER	30
3	ELSEVIER	20
4	HIGHER EDUCATION PRESS	11
5	ZHEJIANG UNIV	6
6	OXFORD UNIV PRESS	5

续表

排名	出版机构	收录期刊数
6	TSINGHUA UNIV PRESS	5
8	IOP PUBLISHING LTD	4
8	WILEY	4
10	CHINESE PHYSICAL SOC	3
10	MEDKNOW PUBLICATIONS & MEDIA PVT LTD	3
10	NATURE PUBLISHING GROUP	3

附表 62　2018 年 SCI 收录中国科技论文数居前 50 位的城市

排名	城市	论文篇数	排名	城市	论文篇数
1	北京	59229	26	南昌	3399
2	上海	30907	27	太原	3346
3	南京	24607	28	徐州	2868
4	广州	19253	29	镇江	2565
5	武汉	18970	30	宁波	2173
6	西安	17962	31	无锡	2135
7	成都	13695	31	咸阳	2135
8	杭州	13099	33	南宁	1811
9	天津	11411	34	温州	1787
10	长沙	10979	35	石家庄	1571
11	哈尔滨	9196	36	贵阳	1476
12	重庆	8481	37	乌鲁木齐	1404
13	合肥	8028	38	绵阳	1277
14	长春	7874	39	扬州	1242
15	济南	7724	40	烟台	1153
16	青岛	7218	41	常州	1124
17	沈阳	6918	42	新乡	1109
18	大连	5986	43	保定	1079
19	兰州	4702	44	秦皇岛	1031
20	郑州	4549	45	湘潭	933
21	深圳	4443	46	济宁	926
22	福州	3862	47	桂林	921
23	苏州	3698	48	吉林	887
24	昆明	3484	49	呼和浩特	864
25	厦门	3436	50	雅安	862

附表 63 2018 年 Ei 收录中国科技论文数居前 50 位的城市

排名	城市	论文篇数	排名	城市	论文篇数
1	北京	41255	26	镇江	2110
2	上海	18311	27	苏州	2041
3	南京	16806	28	徐州	2020
4	西安	16221	29	无锡	1666
5	武汉	13319	30	昆明	1620
6	成都	9922	31	宁波	1470
7	广州	9239	32	绵阳	1290
8	天津	8721	33	秦皇岛	1217
9	长沙	8480	34	保定	942
10	杭州	7952	35	咸阳	934
11	哈尔滨	7773	36	石家庄	884
12	合肥	5978	37	常州	856
13	重庆	5718	38	湘潭	828
14	长春	5508	39	南宁	739
15	青岛	4889	40	贵阳	737
16	大连	4755	41	桂林	702
17	沈阳	4652	42	乌鲁木齐	689
18	济南	4006	43	烟台	611
19	深圳	3135	44	扬州	575
20	兰州	2997	45	新乡	550
21	郑州	2751	46	呼和浩特	546
22	太原	2678	47	洛阳	500
23	厦门	2216	48	焦作	493
24	福州	2192	49	吉林	454
25	南昌	2136	50	开封	433

附表 64 2018 年 CPCI-S 收录中国科技论文数居前 50 位的城市

排名	城市	论文篇数	排名	城市	论文篇数
1	北京	13586	12	济南	1327
2	上海	5177	13	合肥	1299
3	西安	4336	13	深圳	1299
4	南京	3884	15	重庆	1202
5	武汉	3251	16	沈阳	893
6	广州	2758	17	大连	892
7	成都	2517	18	青岛	789
8	天津	1817	19	长春	760
9	杭州	1740	20	郑州	666
10	长沙	1634	21	苏州	528
11	哈尔滨	1467	22	兰州	470

续表

排名	城市	论文篇数	排名	城市	论文篇数
23	福州	460	37	徐州	183
24	昆明	439	38	呼和浩特	170
25	厦门	427	39	宁波	165
26	南昌	413	40	常州	161
27	桂林	329	41	洛阳	147
28	太原	312	42	温州	138
29	石家庄	284	43	秦皇岛	133
30	无锡	230	44	湘潭	124
31	乌鲁木齐	218	45	威海	100
32	保定	216	46	南通	93
33	镇江	215	47	佛山	90
34	南宁	204	48	中山	89
35	绵阳	195	49	烟台	87
35	贵阳	195	50	舟山	83